《卡通动画电脑创意与制作》研读笔记

进行之前

最近年轻的漫画家或开始画漫画的预备作者们都在提倡用电脑绘制漫画原稿。当然还有许多人认为使用钢笔和网点纸手工画出来的漫画原稿在各个方面上比电脑绘制的还要优秀。那是他们以为电脑绘制的图像带有很强的人为制作感觉。几年前这也是不可否认的事实。但现在电脑制作的原稿，不管是彩色漫画原稿或黑白漫画原稿都画得特别自然，几乎感觉不到和使用钢笔手工画的图像有什么差别了。解决了电脑绘画的最大缺点。使用钢笔粘上网点纸画出来的图像已经没有什么比漫画原稿的制作更好的优势。在编辑漫画杂志和单行本时，电脑也是非常必要的。是的，使用电脑绘画是时代的潮流。只是不懂电脑才是个问题。对于不太熟悉电脑技能的一部分作家和希望成为漫画家的人来说，这么快的时代变迁会带来不便的感觉。但变化就在眼前，我们不能逃避电脑绘画成为主流的现实。电脑绘画主要用Photoshop、Painter、Bryce三个软件来完成手工制作不能达到的 3D 图像的演出或将相片转换成钢笔线的背景效果的制作，还有将铅笔素描表现为钢笔线效果的制作之外，也有许多有效的表现方法来提高图像的质量。然后这样储存的图像也可以不用再画而只转变一下角度，还可以变成另幅图再次使用。

The Chinese Design Education Practice

中国设计教育实践

卡通动画电脑创意与制作

COMPUTER ORIGINALITY AND MAKING CARTOON

徐正根　著

辽宁美术出版社

在手工制作当中网点纸只能用一次，但在电脑绘画中同样纹样的网点纸可以使用10次，不，100次以上也可以使用，非常有效。现有手工制作原稿时的各种努力和需要的时间、网点纸的消耗、材料购买的经济负担等跟电脑绘画比起来是无法相比的。再说画画不小心弄坏时、用电脑绘画不用从头再画，而是在编辑菜单中选择撤销返回到上一步重新开始就可以了。是不是很诱人啊?

在这书里还有更诱人的三个方面。

第一、节约时间—在软件技能的学习中不用学会全部的技巧，只要学会必要的就可以了。所以在短时间内可以变成数码漫画的专家了。

第二、易学—跟着例题学习很快就可以学到有效的表现方法。

第三、附录CD—漫画材料：背景、效果 Toon、集中线插图30个，背景相片：街道、地铁、学校、自然、城市等插图742个，本文例题插图等共800个，在各位的电脑绘画作业中可以直接使用，会带来很大的帮助。

本书对电脑绘画的起步者会成为很好的向导。为了制作成容易快捷的电脑绘画引导书，本书收集了很多内容。但最必要的技能各位在跟着这本书学习的过程中自然就学会了。经常使用的应用方法自然会记住，除此之外，不用死记也不会影响原稿制作。利用附录CD的插图跟着本文例题学习的话，在不知不觉中会成为电脑绘画的实力派。

重要的不仅是要用眼来看更要直接进行尝试。

希望这本书能对广大学者学习漫画制作带来帮助。

Contents

- 电脑绘画作业必要的器材和材料 12
- 数码漫画必要的软件 14
  - ·使用方便的软件 15
  - ·电脑绘画的理解
- 位图和矢量图 16

PART

黑白漫画的制作

1. 开始画漫画 20
   - 扫描仪是A4尺寸，但原稿是B4尺寸时怎么办？ 20
   - 扫描漫画原稿的合成 21
   - 从网点纸到电脑的网点纸 22
2. 关于Photoshop 23
   - Photoshop的界面 23
   - 漫画中使用的Photoshop基本工具 24
   - 在漫画中使用Photoshop基本工具 24
   - 用Photoshop上色 34
3. 什么是Painter？ 39
   - 面板的种类 40
     - ·Tools面板 41
     - ·Brushes面板 42
     - ·Art Materials面板 43
     - ·Objects面板 44
     - ·Brush Controls面板 45
4. 开始画漫画(黑白网点纸漫画) 46
5. 钢笔线为主的漫画制作方法 47
   - 进行扫描 48
   - 扫描完的图像 49
   - 原稿修整 53
   - 上基本色调 55
   - 上明暗 57
   - 背景的合成 59
     - ·Free Transform的使用法 60
     - ·背景图像合成的两种方法 61
   - Mode（模式）的转换（转换成位图） 66
6. 纯情漫画里常用的明暗效果制作方法 70
7. 制作背景 84
   - 相片背景的制作 84
   - 3D软件的背景制作 88
   - 相片背景用Filter（滤镜）效果转换成钢笔线图像 93
   - 相片背景转换成图像背景（效果为主的制作用） 95
8. 效果线的利用 98
   - 效果线的基本合成 99
9. 明暗效果为主的制作方法 102
   - 网点纸的基本合成 103
   - 活用3D模型制造 105
   - 添加效果音字体 108
10. 铅笔漫画原稿的制作 110
    - 分离插图的铅笔漫画原稿制作 117
11. 水墨画式的漫画原稿制作 122
12. 铅笔素描转换成钢笔线效果 132

PART II 彩色漫画的制作

1. 从素描到上色 …… 140
   - 素描 …… 140
   - 上色为什么新建图层? …… 142
   - 上明暗 …… 145
   - 挑选明暗色的方法 …… 145
   - 关于喷枪工具 …… 146
   - 给图中的机械部分上颜色 …… 148
   - 给衣服上颜色的技巧 …… 149
   - 背景与人物图像相协调 …… 152
2. 漫画中经常使用的Filter(滤镜) …… 154
   - Blur(模糊) …… 154
   - 除此之外的可以用得上的Filters(滤镜) …… 157
3. 普通相片转换成美丽的图像 …… 158
   - 画头发的技巧 …… 163
   - 图像中添加字体 …… 168
4. 把人物相片转换成漫画 …… 170
5. 人物色彩插图的制作方法 …… 182
6. 用Painter上色 …… 192
   - ·现在开始制作背景 …… 201
7. 运用Painter的水彩画上色 …… 206
   - ·选择纸张后开始上色 …… 207
8. 非透明水彩画的漫画插图 …… 210
9. 利用Painter和Photoshop上色 …… 220
   - Painterly + Photoshop …… 220
10. 利用Path(路径)的人物插图 …… 230
11. Cell感觉的上色 …… 246
12. 手工图像的电脑制作 …… 252
13. 利用许多软件的插图 …… 258

PART III 漫画和3D

1. 理解Bryce …… 272
   - 制作面板 …… 273
   - Controls(控制)面板 …… 279
   - Edit(编辑)面板 …… 282
   - 天空和云雾面板 …… 287
2. 使用Bryce制作自然背景 …… 292
3. 使用Bryce制作都市背景 …… 298
4. 使用Bryce制作海底背景 …… 304
5. 使用Bryce制作梦幻背景 …… 310
6. 使用Bryce制作场景 …… 316
7. 2D漫画和3D的合成 …… 324
8. Bryce5 …… 332
   - Tree wrap的使用 …… 333
9. 制作有山有树的冬天风景 …… 338
10. 利用 Bryce5 的漫画合成 …… 342
   - Bryce画廊 …… 346
   - 数码彩色画廊 …… 349
   - Index …… 354

电脑绘画作业必要的器材和材料

用电脑制作漫画时有一些器材是不可缺少，首先让我们来介绍一下。

电脑(computer)

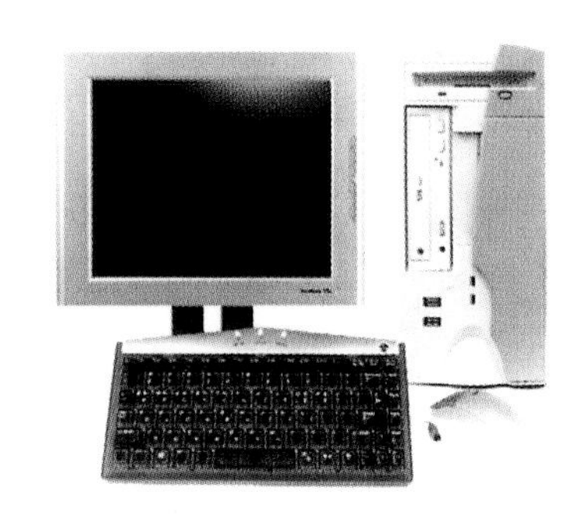

Pc与Mac

说起电脑Grapic(绘画)，如要在以前来讲只能用Mac才能制作，随着时间的变迁PC成了绘画者不可缺少的一个工具。这本书的说明虽然是以PC为基础，软件的应用范围几乎与Mac和PC类似，当然有一些差距的。不过这些差距尽量在别的部分去说明。

最近电脑市场更新速度非常之快，使的每隔半年一种设计构造会降价一半。所以比起价格高的机种价格低的机种也可以。再以前来说设计结构对电脑作业相当重要，不过近年来一般PC的水准也有大的提高，购买便宜的PC，在电脑Grapic(绘画)上也没有太大的困难。只不过在购买显卡和RAM之前，一定要知道它的性能。

显卡

显卡的用途不仅仅在单纯的显示画面上，发展到具有3D技能的高级设计结构。电脑Grapic(绘画)者在购买显卡前，先要对它进行了解。显卡一般使用DRAM，但在近期因速度的原因大多数使用新型号的RAM(EDO-DRAM, VRAM, WRAM, MDRAM, SGRAM等)。RAM的种类与量可以左右显卡的性能，很重要。显存越大处理清晰度更高。为了更好的电脑Grapic(绘画)增加更大的显存为益。

RAM

用电脑制作一张画时，电脑运算速度会下降。这时如内存不足电脑会发生停止现象。内存大会有益于电脑Grapic(绘画)，RAM大为30兆，72兆，168兆，现在是以72兆与168兆为主。因目前RAM的价格起伏偏大，要看好时机价格落到一定程度时购买为好。一般配置不得低于128M，如果为了做出出版程度的资料，RAM的容量大为好。

CD-R

外部记忆装置，虽然与一般CD模样一样，但与CD不同，它可以储存文件。普通漫画原稿容量很大，因为出版物的分辨率为300dpi，所以要保管非常多的文件，要移动文件，CD-R最为适当。

手写板

与鼠标同样用于电脑输入的装置，不过比起鼠标更善于画图。它本身还具有笔压装置，可以表现调整线的厚度和浓度。

购买手写板时要选择中等价格为好。最近手写板与彩色显示器为一体的产品问世了，一言以蔽之眼观电脑手拿手写板画画的那个时代虽然现已发展到了直接在彩色显示器面上画图并能表现柔嫩的感觉，但价格昂贵难以实施。

扫描仪

画好的图转到电脑上进行加工，扫描仪是不可缺少的工具。扫描仪是把相片或纸的图像转换成能被电脑认知的一种器材，它有把画好的画导入到电脑的作用。看扫描仪的性能，先要了解光学分辨率，彩色bit，界面等问题。光学分辨率是什么呢？是在扫描仪上实际能认读的像素数值。一般的为300分辨率。

300dpi是扫描磁头的一英寸处有感光素质，能感觉到300个光的意思。低价型是300×600dpi光学分辨率，中价型是600×1200dpi，高价型是1000×2000dpi。要出版Grapic（绘画）作品时，普通指定为300dpi程度就可以了。若要普通漫画笔线清晰，300dpi以上的为好。虽然低价型的也可用，最近中价型扫描仪也象低价型价格下滑，选中价型为好。

数码相机

不是照相后冲洗胶片，而是马上以电脑图像文件来识别，在电脑上显示并能用打印机打印的一种器械。以前是性能好的价格太贵，不好购买，但现在已经普及，性能好的价格上也普遍能够接受。它是应用于数码漫画必要的软件。

打印机

打印机普通有点式打印机和喷墨式打印机，激光打印机3种。为漫画出版A4规格激光式打印机比喷墨或和点式更适合。激光打印机中A3规格在价格上过高，所以选择A4规格比较合适。点式打印机和喷墨打印机分辨率高，做文件打印更为恰当。做漫画出版时还是用激光打印机好。

数码漫画必要的软件

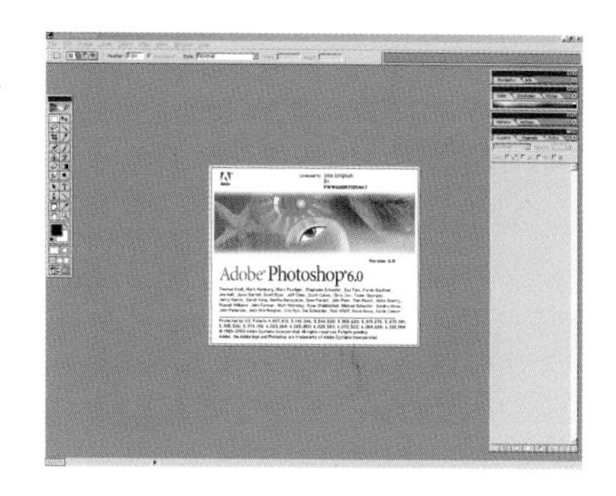

Photoshop

电脑Grapic (绘画)设计人员必选的基本软件之一，用于Image 变形，图片合成，编辑等等。被开发成用途广泛、变化复杂、更新快捷的工具，对数码漫画用途是不用多少Tool，便可以制作十分丰富的效果，主要用于漫画编辑，构成，制图方面。

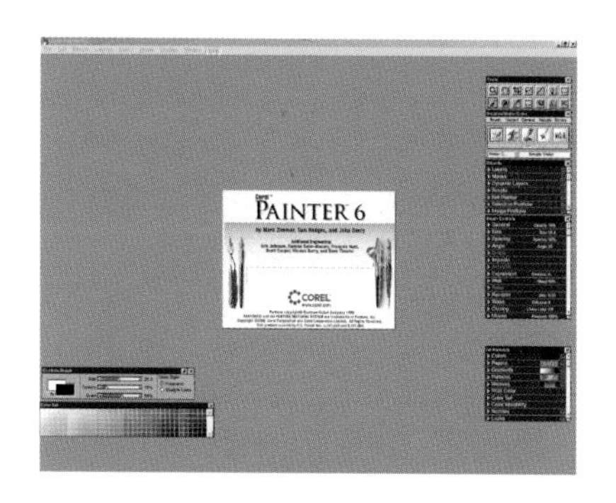

Painter

Painter 是绘图的软件。

搞美术的人员都已厌倦了电脑的单调调色系统（缺点），不过Painter是在电脑屏上最能表现出钢笔线瞄、毛笔质感的软件。

Photoshop与 Painter

Photoshop 是以Photo（相片）和Image 合成而设计出的软件。Painter 是纯粹按绘画型绘图焦点设计。因此两个软件有一些相似之处，但事实上还有相当大的差距。Photoshop虽有绘图的部分，但比起Painter 还是很少。Painter 的编辑功能不如Photoshop。因此两个软件都用效果更好些。

Bryce

Bryce 是Corel 制作的 3D 软件，主要制作背景和风景。地形或物体等只要点击一下就能完成，在 3D 软件中算是很简单的，制作漫画背景时用它会很轻松地做出壮观的背景。尤其是幻想背景效果好，如果有一定的应用Bryce 软件的水平的话，现代景物背景也比亲自画更容易、更详细地表现出来。

使用方便的软件

Ture space

Ture space 是一个3D 软件。比以往的3D 软件具有更简捷的图标和模型制造的简便性、稳定性、快捷性、物理模拟技能等特性。它有非常简便的界面和低廉的价格。作者第一次画3D 漫画时，就使用了这个软件。

Poser

Poser 是一个对表现人体或动物的姿态非常方便的软件。用人体姿势的木雕人形可以在电脑里画出高难的人体或动物的姿态。

3D MAX

3D MAX 在3D 软件中最普及，而且是一个非常好的3D 软件。作者在使用 Ture Space 时接触到3D MAX后，对它的3D 效果感到非常惊叹。但作者对学习上所花的时间和软件的不断更新，不断出现更好的特殊技能和插件而感到有点头痛。结果是2D 还是3D，是两个一起使劲？感到非常吃力，因此只好选择其中一个下工夫，其余的只会应用就可以了。

电脑绘画的理解

每个软件都有自己固有的扩展名。例如Photoshop 是PSD，Painterly 是RIF，Bryce是BR4，3D MAX 是Max 等专用的扩展名。还有根据图像文件的特性和用途建立图像文件和储存时也有扩展名。例如在Photoshop 中编辑后储存时，根据编辑的用途是压缩还是将整个编辑过程全部储存来使用适合的扩展名。

PSD	这是Photoshop 的文件专用格式。它不仅仅储存图像，而且将图层、通道、路径等Photoshop 的信息都可以储存下来。
TIFF(TIF)	因使用了LZW 格式容量小。特别自豪的是可以在PC 和MAC 甚至在所有机中都可以使用。
GIF	因局限在256 色，所以经常使用在网页文书的小图像中。
TGA	24 位以上的真彩色。可以提供支持32 位真彩色的很强技能。使用在高分辨率的专业编辑图像中。
BMP	Windows 提供的图像文件格式。
WMF	矢量图和绘画图像的中间形态。可以解除位图图像的阶梯形现象。
PICT	在Mackintosh 中经常使用的文件格式。
EPS	印刷时使用的文件格式。Photoshop 中编辑的图像，在Pagemaker 软件中编辑后，想要打印胶片时应当以这种格式储存。
JPEG	比其它的图像文件格式容量小而自豪。它的压缩率非常好。以最小的容量储存优质的图像，所以是一个在网上广为利用的文件格式。

位图和矢量图

电脑图像的形态如果从内容上看是一个数值的变换状态。根据数值的表现方法主要分为位图和矢量图的方式。这两种方式的特征在放大以后就明显了。位图是由大小均匀的色点（Pixel）构成，所以放大时可以看到色点。但矢量图放大多少倍也都是干净的线条。位图适合于相片和绘画式图像，但矢量图主要用在公司广告牌或商标上。以前将位图和矢量图区分开来位图只用在Photoshop，Painterly里矢量图只用在Illustrator或3D软件里，但现在两种都可以用了。我们必须懂得位图和矢量图，才能帮助理解软件的使用方法。

位图

矢量图

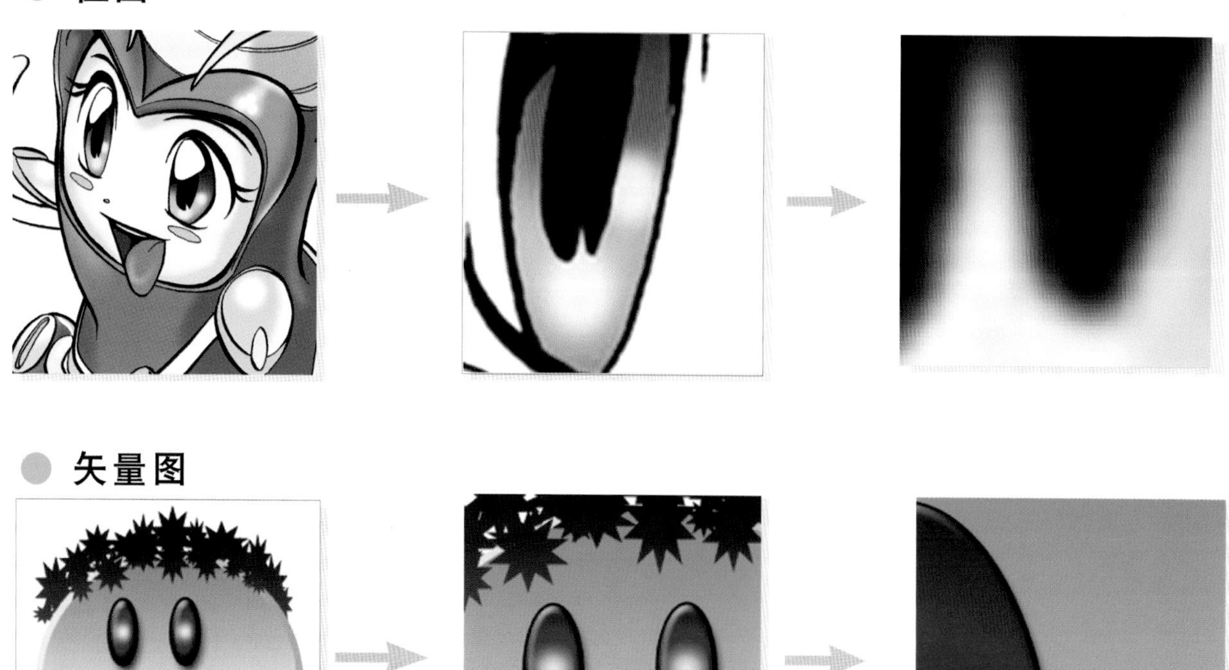

分辨率(Resolution)

分辨率在30时

分辨率在300时

分辨率是电脑图像显示的信息数据，为表示打印装置上打印出来的信息精密度时所用语言。也用在扫描器一样的扫描装置上。图像的鲜明度与分辨率有着非常重要的关联。

The Digital comic Techniques

I 黑白漫画的制作

1. 开始画漫画

2. 关于Photoshop

3. 什么是Painter？

4. 开始画漫画（黑白网点纸漫画）

5. 钢笔线为主的漫画制作方法

6. 纯情漫画里常用的明暗效果制作方法

7. 制作背景

8. 效果线的利用

9. 明暗效果为主的制作方法

10. 铅笔漫画原稿的制作

11. 水墨画式的漫画原稿制作

12. 铅笔素描转换成钢笔线效果

1 开始画漫画

扫描仪是A4尺寸，但原稿是B4尺寸时怎么办？

一般的扫描器是A4用的最多。A3大小的扫描器价格昂贵。常用的还是A4。但是在漫画原稿纸的大小中除了A4大小之外也有比A4大的原稿纸。杂志用漫画原稿就常用比A4大比B4小一点的22×31规格。

A4用扫描器扫描比A4大的原稿时，只能是扫描两次后在电脑里合为一张。但A4用扫描器一般为了A4专用有一个凹槽，所以比A4大的原稿扫描时会出现扭曲的现象。

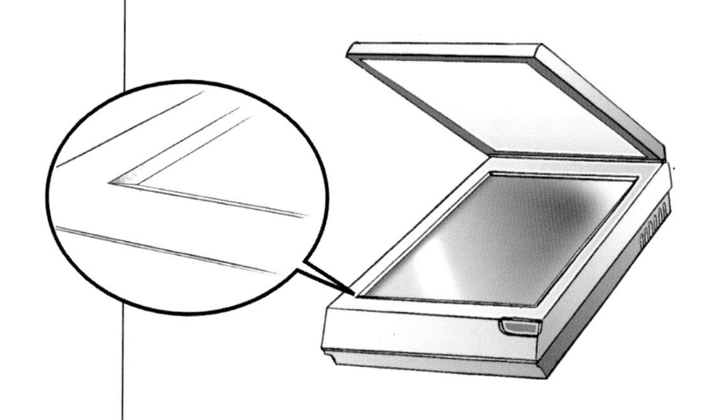

1、一般A4用扫描器扫描的部分是凹进去的A4规格。

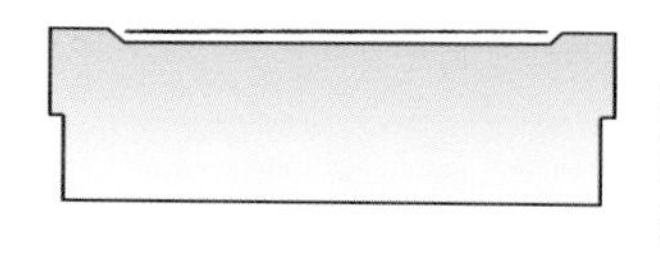

如果是A4纸时因为大小正好符合，所以会紧贴在玻璃板上，扫描起来非常方便。

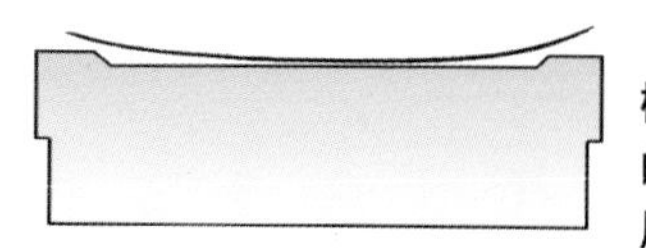

因为左图一样有凹槽，所以扫描时比A4大的原稿会扭曲。扫描时原稿扭曲的边角也会扭曲的扫进去，那样在电脑里合成时，因为图像之间的边角不一致很难合为一体。

解决方案

准备一个A3大小的玻璃板和薄的尺。

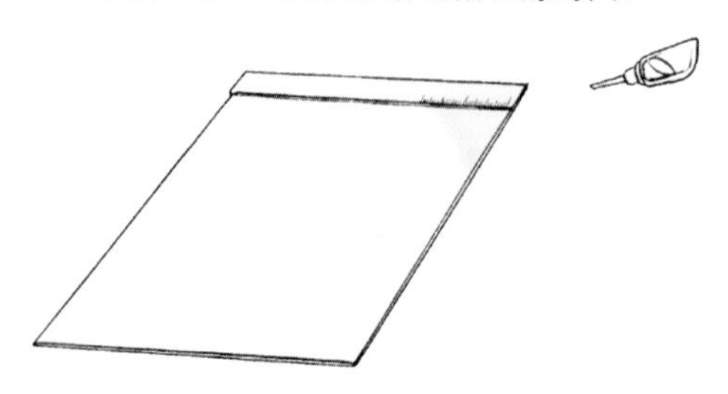

用粘合剂将尺水平的粘在玻璃板的一边。这尺的作用是将一张图像分两次扫描时起到支撑和固定原稿的作用。

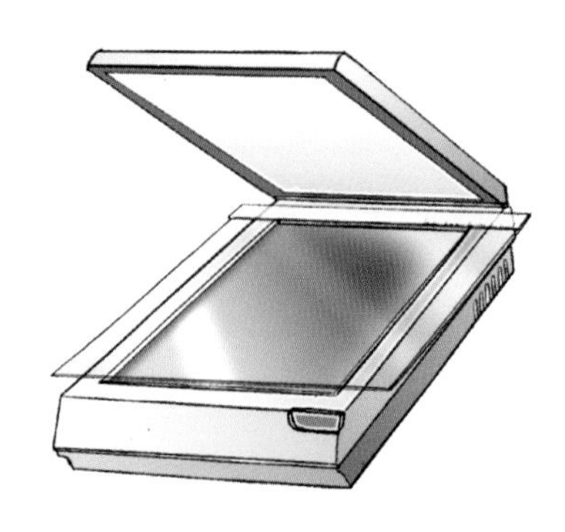

2、准备好的玻璃板放在扫描器上进行扫描。也可以将玻璃板固定在扫描器上。（周边用透明胶等…）

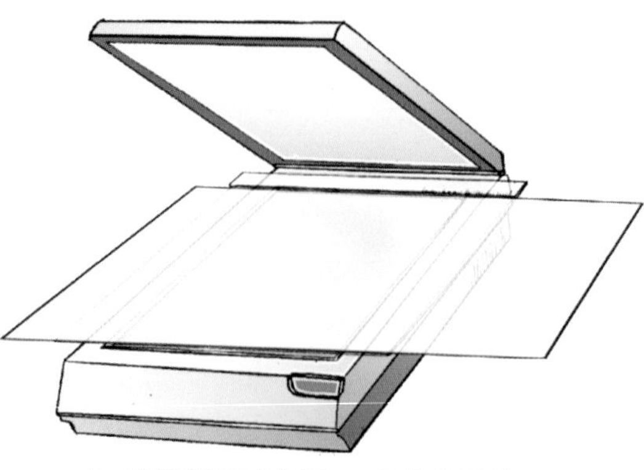

3、这样就可以扫描A3规格的原稿了，但扫描两次时必须将原稿支撑在尺上以后移动，这样在电脑里合成时比较容易。

扫描漫画原稿的合成

❶ 普通原稿时

300dpi 的分辨率扫描半张以上的图像。在Photoshop里打开扫描的原稿。

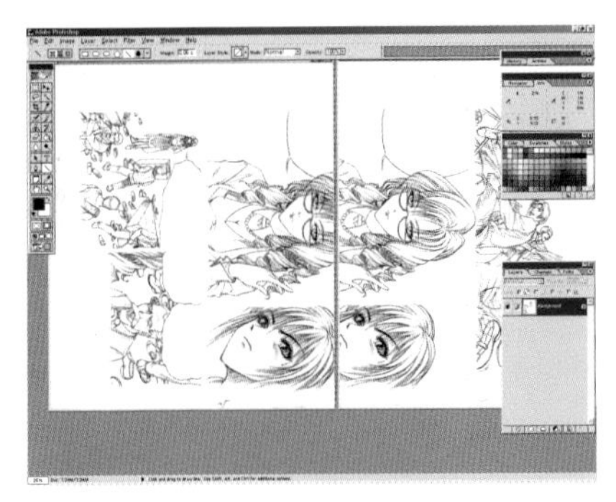

1 首先两个图像合成时要选择钢笔线最少的部分。因为就算是产生了误差也不用做太大的修改。在这图像里要对戴眼睛的女子脸部进行合成。

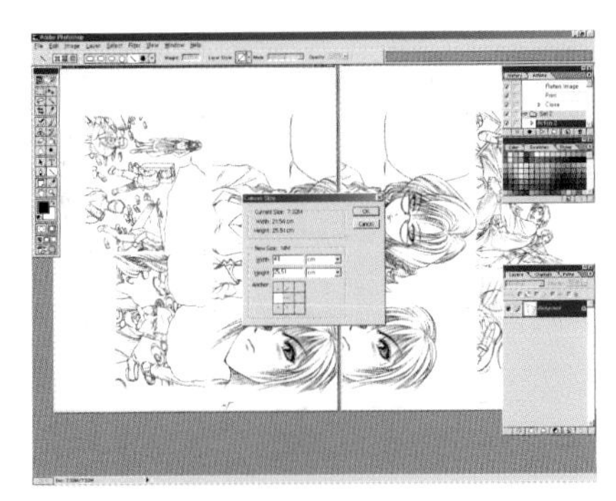

2 在图像中找个基准，选定后调节CanvasSize。选择Image－Canvas Size，将放大部分反方向的Anctor进行扩大。横向设置为41cm。（这时的背景应该是白色。）

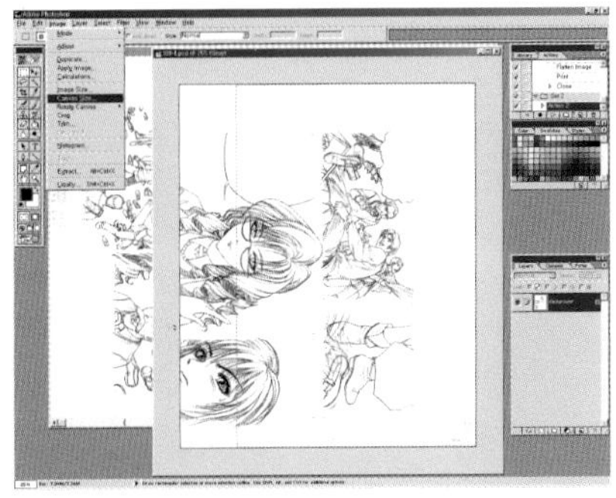

3 按照将要粘帖的大小在右侧图像里做Image－Copy。对这原稿做Edit－Copy后，在旁边的Canvas Size扩大的原稿中打开。

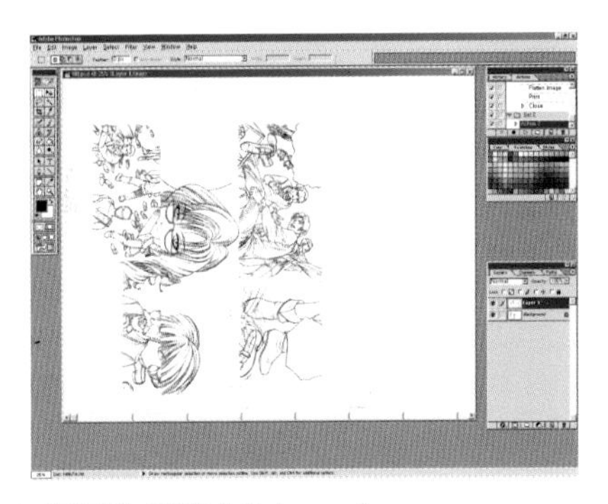

4 打开的原稿成为Layer1。将这个Layer1转换成Multiply。那样底层的原稿图像和打开的图像会重叠起来。

5 按住Shift－Ctrl状态下打开的图像移动到右侧。跟底层的图像对齐后Layer1转换成Normal状态。扫描的原稿可以模糊的看到漫画用纸的边线，也可以利用这个边线将两张图像合成起来。

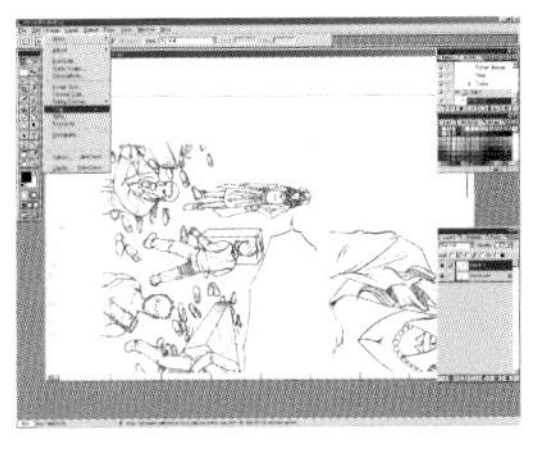

6 在画面中可以看到的漫画原稿本文线以外不必要的余白可以剪掉。

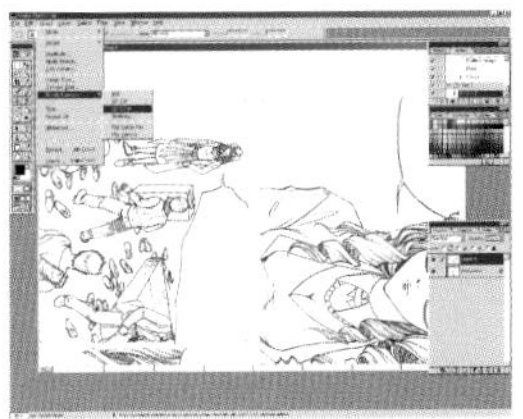

7 选择Image－Rotate Canvas－90 ccw，将原稿放正。

从网点纸到电脑的网点纸

最初的网点纸是印刷在纸张上的。经过用胶水粘贴白颜料给效果等繁琐的过程后，出现了装粘贴形塑料网点纸，才得以广泛使用。

网点纸出现之前所有东西都要用铅笔来表现，所以网点纸的出现给漫画的表现带来了很大的发展。

至今网点纸发展成多种多样的，连出众效果网点纸的使用技法也随之出现之外，背景网点纸出现的时间也不短了。但事实是网点纸的发展已到了尽头，它还有技能上划一的缺点。

现今已是多媒体时代，读者已经很难在网点纸上表现的漫画中寻找视觉上的满足感。

3D 绘画技术和数码化的影象带来的发展，将人们认为是漫画表现的想象世界其它媒体抢走了。

时代在发展。

所以漫画也要发展。

也有一些漫画家想要拒绝数码化的漫画作业，但似乎不尽快开始以后将无法再继续谈论漫画，漫画的未来已经逐渐被数码化替代了。

着因特网的成长，最活跃的还要说漫画中产生的其它形态，那就是动作和音效转变成不是字体的而是生动传神的声音了。
比起以前日本漫画家们在漫画书上演出的动态效果，现在可以用具有精彩场面的动画将动作生动地表现出来了。

现今的时代是破坏了漫画原有的形态成长为更高级形态的时代。所以不能再只依赖于网点纸上了。

那么网点纸为什么会被使用？还有网点纸在电脑里是以什么样的形式使用呢？

使用网点纸的第一个理由是纸和墨、为了白色和黑色中表现另一种色，即灰色。当然黑色和白色适当的调和就会变成灰色。

如果反复用钢笔线覆盖也是可能的，但这感觉不到网点纸那样的丰富的明暗差。

再说网点纸经常使用在给图象立体感的明暗处理和质感的表现上，感情上的效果和画面的构成上。

象这样的网点纸怎样在电脑里使用的呢？

首先打破了漫画只存在于书的现象，漫画已把范围扩大到书以外的世界。因此更换了只在书上使用的所有东西。现在从表现的限制中脱离出来，只要能想象的东西都可以表现出来了。以前如果想表现天空，就得粘贴Gradient Toon 后再用小刀照着云彩刮出来。但现在可以直接将云彩拍下来以后，利用3D软件制作出来或在电脑里画出来，象这样的表现的方法变得多种多样了。

虽说有 5000 多种的网点纸，但在电脑里的表现是无限的。

在电脑里网点纸不再是一次性的，它可以将个性发挥的淋漓尽致。

从现在开始我们向无边界的数码漫画世界迈一步吧!

开头好象又难又无边界，其实迈出的第一步又是始点，又是终点。

2 关于Photoshop

虽然Photoshop 主要用在合成图像或变形等相片的编辑上，但利用它的编辑功能和素描功能可以用在漫画的制作上。

Photoshop 可以用在多个方面的作业物上，但应用在漫画上不必把它的全部技能都学会，只学会必要的几个功能就可以了。

Photoshop的界面

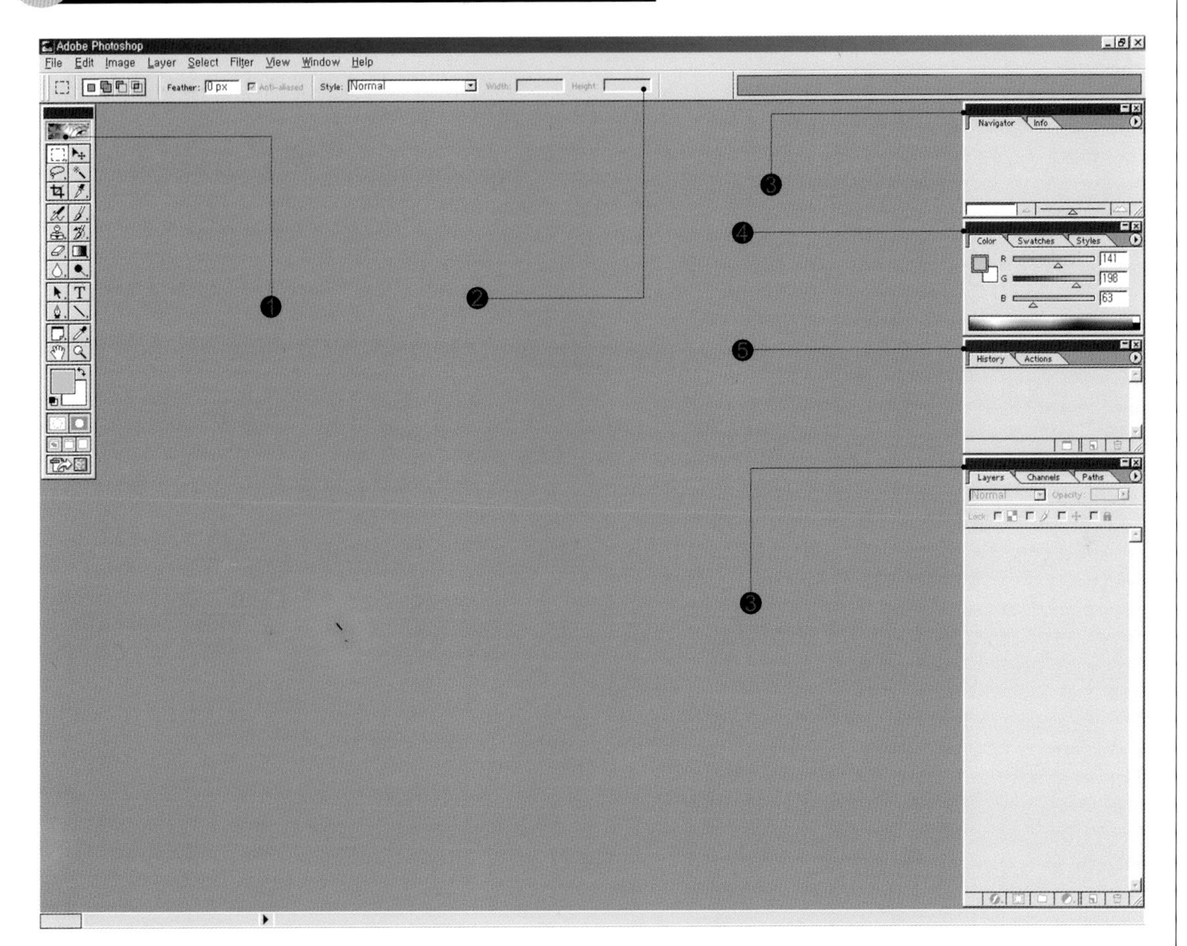

1 在Photoshop中使用的工具箱。

2 这是选项面板。这里会出现工具箱选定工具的选项。

3 这是编辑图像时使用的导航器面板和信息面板。工具箱中的缩放工具在放大缩小时按一定的比例进行变化，但调节导航器面板中的Zoom Slider 就可以随意的进行缩放了。

4 这里是可以选择颜色的颜色面板和按一定数值选择色调样本的色板，还有可以选择样式的样式面板。

5 这里是将编辑过程记录下来的历史记录面板和文件变得自动化的动作面板。

6 这里是将透明的塑料膜重叠起来似的图层面板和指定色调信息和选择领域的通道面板，还有为了制作选择领域设定一定领域的路径面板。

初次接触Photoshop 的初学者，也许因为英语板的菜单和复杂的界面、无数个工具和面板的缘故被吓住。但在这里只要熟悉说明的工具和面板，不仅电脑网点纸连上色也都可以操作。所以不必知道Photoshop 的全部功能。

漫画中使用的Photoshop基本工具

Photoshop是编辑相片时用的软件，所以画画时有几个不必要的部分。在这本书里我们只说明画画时必要部分的实际操作。

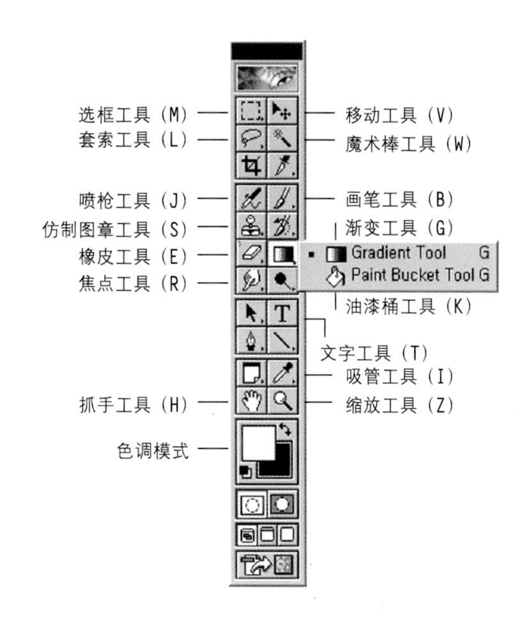

选框工具(M)
选择具体图象的工具。

移动工具(V)
移动图象是所用的工具。

套索工具(L)
自由选择图像的工具。

魔术棒工具(W)
选择图像的一部分或选择同一种颜色部位时使用。

喷枪工具(J)
最常使用的工具。给图像上阴影或剪掉阴影时使用。

画笔工具(B)
使用写字板时，可以表现体积感的笔刷。

仿制图章工具(S)
复制图像时使用。

橡皮工具(E)
擦掉图像时使用。

焦点工具(R)
让图像变模糊的模糊工具，让图像清晰的锐化工具，让图像感到涂抹效果的涂抹工具。

在漫画中使用Photoshop基本工具

矩形选框工具(M)

矩形选择工具一般用在选择方形部分时使用，在漫画里主要画插图边框时使用。

要点

用矩形选框工具或圆形选框工具进行选择时，按住Shift + Alt + 拖动就可以在中心部分开始选择。

没有画插图边线的原稿

利用矩形选框工具选择插图

画上插图边线。

圆形选框工具(M)

利用圆形选框工具可以自由地画出对白框。

移动工具(V)

一般用在移动图像时使用，将图像粘贴合成到背景时使用会很方便。

在原稿中打开背景图像

将背景图像移动到符合原稿的位子

合成完成了

魔术棒工具(W)　喷枪工具(J)

用魔术棒工具对明暗和网点纸部分进行选择后，利用喷枪工具上色。

用魔术棒选择上明暗的部分

选择的部分用喷枪工具上色

明暗完成了

作者的忠告

作者第一次接触Photoshop时，是1995年的Phoshop3。当时只懂得了魔术棒工具和喷枪工具，但用这两个工具也进行上色了。现在这两个工具主要用在上色或网点纸的使用上。

渐变工具(G)
对图象进行颜色的渐变时使用。

油漆桶工具(K)
对图象进行山色时使用。使用快捷键会很方便。
（Shift + Backspace），（Alt + Backspace）

文字工具(T)
输入文字时使用。

吸管工具(I)
选取图象中颜色时使用。快捷键(Alt)

抓手工具(H)
移动图象时使用。（Space）

缩放工具(Z)
对图象进行缩放时使用（Ctrl + 加号），（Ctrl + 减号）

色调模式

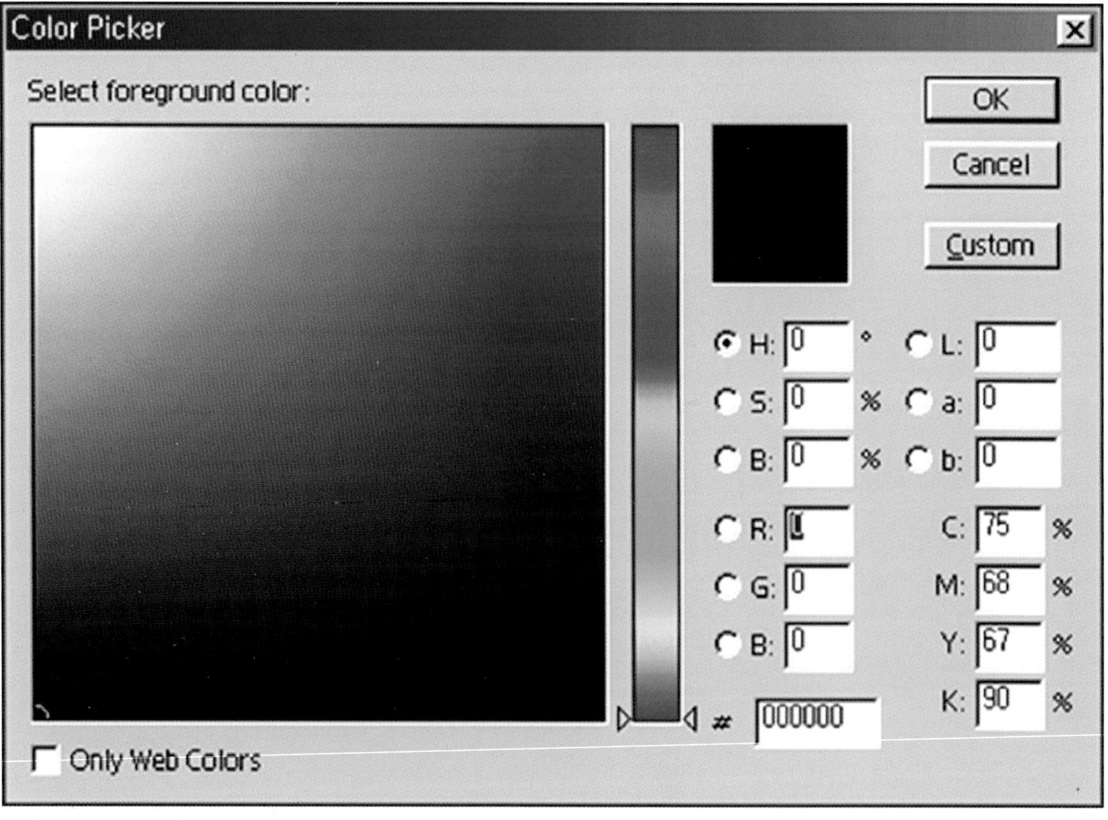

寻找必要的颜色时（Foreground 色调，Background 色调）使用。

色调模式(color control)：可以看到选定颜色的窗口。前面的颜色叫前景色，后面的颜色叫背景色。前景色是上彩色或画线时，涂到画布上的颜色。然后背景色是在背景(Background)或通道做Cut时出现的颜色。箭头表示前景色和背景的互换。

渐变工具(G)

从明色到暗色或转变成别的颜色时使用。

选择添加天空部分的背景后，用渐变工具上色时将背景从上到下变得亮起来。

再添加漂浮在天空中的云彩。

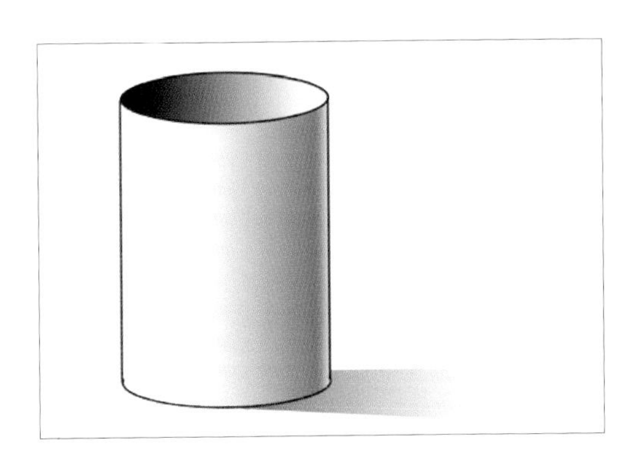

给物体上明暗的时候也使用渐变工具。

复杂的形态也可以用渐变工具表现。

文字工具(T)

漫画的效果音或对白中使用。

要点

要想移动输入的文字时用移动工具对选择的文字进行移动或使用其它工具时按住 Ctrl 移动就可以了。

抓手工具(H)

移动图像时使用。做细节上的编辑时因为看不到整个图像，所以使用抓手工具移动图像来进行编辑。按 Space bar 就会变成抓手工具状态。

File（文件）

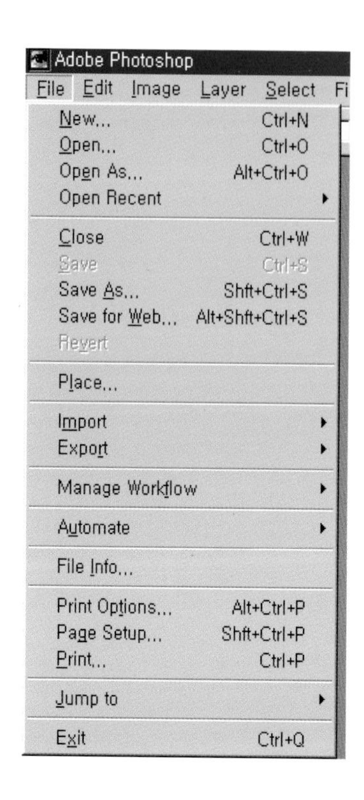

New
新建图像文件时使用。
规格和分辨率由电脑自己设定。

Open
打开扫描的原稿或相片时使用。

Save
储存时使用。

Save As
储存为其它文件名时使用。

Print
打印原稿时使用。

Exit
关闭Photoshop时使用。

Edit（编辑）

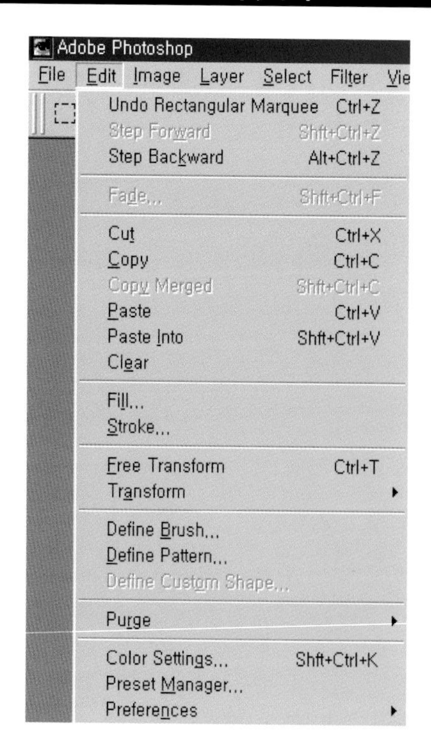

Undo (Ctrl+Z)
撤消刚刚执行的任务时使用。

Cut (Ctrl+X)
剪切选择的领域时使用。

Copy (Ctrl+C)
复制选择的领域时使用。

Paste (Ctrl+V)
粘贴选择的图像时使用。

Fill
添加颜色时使用。

Stroke
画线时使用。

Free Transform (Ctrl+T)
对选择的部分进行放大、缩小、扭曲、旋转时使用。

Cut 用在剪切选择的领域时使用。但在图层状态上剪切图像，剪切的部分会变成透明的状态。

为了与背景合成打开图像后，在重叠的图像中请选择背景部分。

重叠的部分用Cut 剪切下来完成合成。

在漫画原稿中画出插图边线后，将露出边线的多余图像也可以用Cut剪切掉。

Copy&Paste

添加到其它图像中或复制选择的图像时使用。

在A 图像中进行Copy 后，在B 图像中进行Paste，这样A 图像以图层的状态添加到B 图像中。

Stroke 对选择的区域画边线时非常有效。

用套索工具自由的画出对白框。

用Stroke 画出边线完成对白框。

Image（图像）

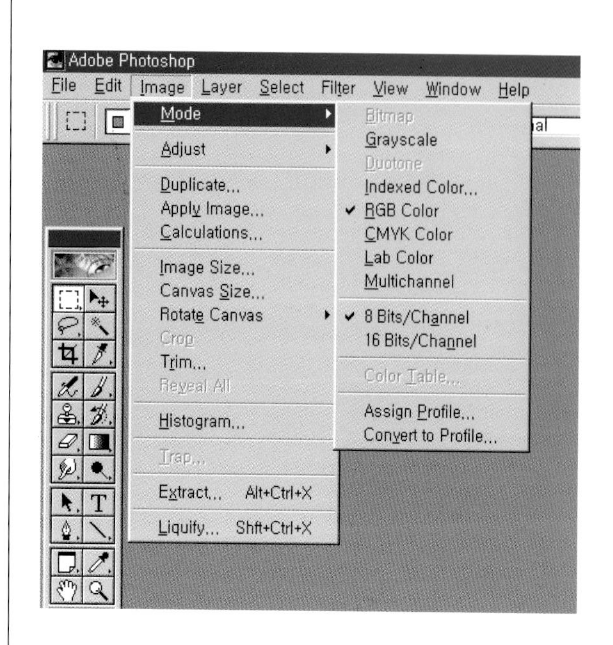

❶ Mode

● Grayscale

这是黑白图像模式。主要用在漫画原稿中。

● RGB Color

利用光的三要素Red（红）、Green（绿）、Blue（蓝）来构成图像。

主要用在上色时。

● CMYK Color

利用颜色的三要素Cyan（青）、Magenta（紫红）、Yellow（黄）构成图像。打印时用这个模式。

❷ Adjust

● Auto Levels

让扫描过的原稿变得更鲜明时使用。

● Curver

将鲜明的原稿变得浓的地方更浓，亮的地方更亮时使用。

● Color Balance

调整色感时使用。

● Brightness/Cast

· Brightness 可以调整图像的亮度和暗度。

· Contrast 可以调整图像的灰度和鲜明度。

● Hue/Saturation

调整Hue（色调）、Saturation（饱和度）、Lightness（亮度）。

● Desaturate

将图像转换成黑白图像。

● Invert

转化色调的作用。黑色变白，白色变黑。

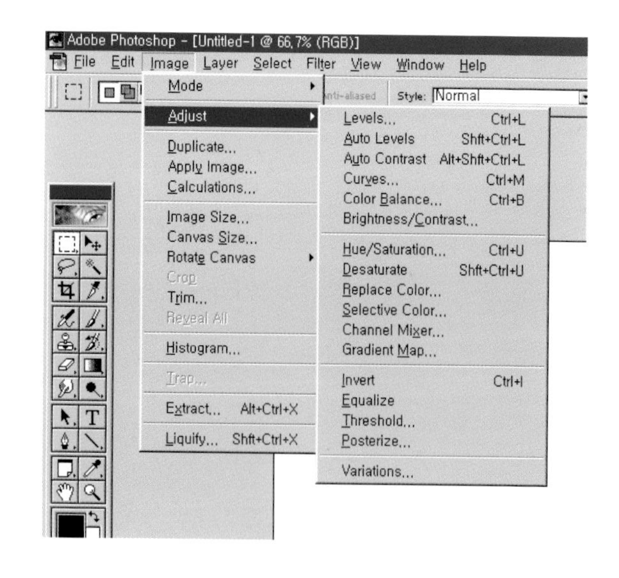

● Posterize

对图像的色调进行分色。

● Variations

图像的色调容易变换时使用。

制作一个在Photoshop中想要打印的彩色原稿时，不要一开始就用CMYK模式，而是在RGB模式中完成编辑后，转变成CMYK模式，再调整颜色更为理想。

在CMYK模式时，除了一些滤镜效果不能执行之外容量也会增大很多，所以编辑时间也会变长。

Mode 随着漫画数码表现方式的不同，Mode 部分的选择也要慎重。在黑白原稿时大致分为Bitmap 方式和Grayscale 方式。彩色原稿时分为RGB 模式和CMYK 模式。

黑白原稿

Bitmap—要鲜明地打印数码漫画的钢笔线时，选择Bitmap 效果会好。

Grayscale—打印注重效果的漫画类型时，选择Grayscale 会更好。

彩色原稿

RGB—适合于显示器桌面的漫画原稿。
甚至可以用在出版物上不出现的颜色。

CMYK—适合于出版目的的漫画原稿。
因为有些颜色不能在出版物上印刷，所以这是为了统一显示器中画出的色感和印刷后的色感而选择的模式。

Adjust－Invert－转变颜色时使用。

选择将黑色转变成白色的部分。

对选择的部分做Inver。

在黑白原稿中为了最佳的表现线条和效果适当使用Bitmap 和Grayscale 会更有效。

③ **Image Size** 调整图像的大小和分辨率。

④ **Canvas Size** 扩大图像上下左右的余白。

⑤ **Crop** 剪切选择区域以外的部分。

⑥ **Rotate Canvas** 旋转图像的角度 90°、180°、还可以调整很小的角度。

Layer（图层）

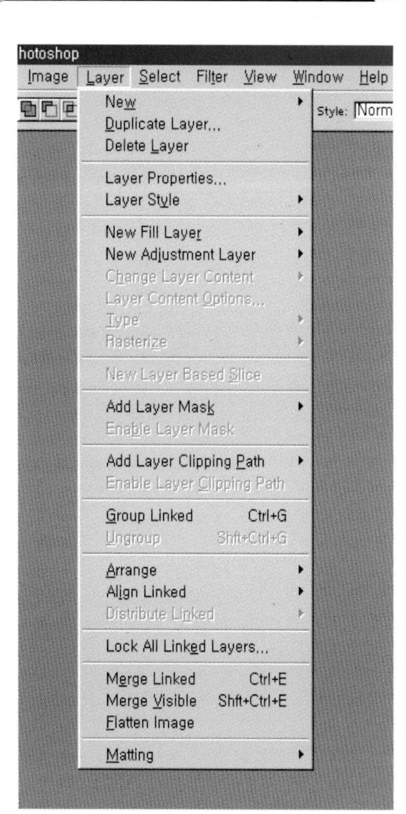

Merge Linked

合成做过Linked的图层时使用。

Flatten image

许多图层合成为一个时使用。

Select（选择）

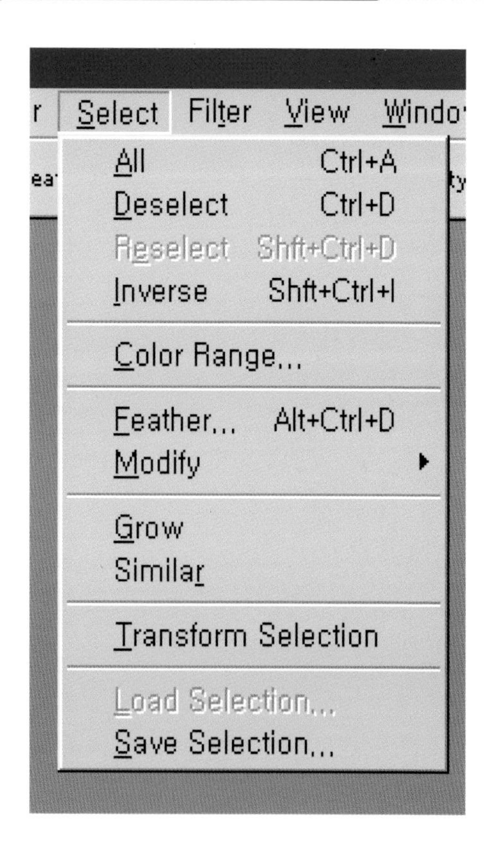

Inverse

指定选择区域以外的区域。

Similar

全部选择同样区域。

Load Selection

打开储存的通道时使用。

Save Selection

选择区域储存为通道时使用。

要点

什么是Select?

用魔术棒选择原画原稿Layer（Background）的图像中的一部分。对将要添加同样颜色的部分做Select后添加颜色的话，Select以外的区域就不能添加颜色了。还有在原画面板中调整Tolerance的值，也可以调整被指定为选择区域的范围。Tolerance的值越高指定同样区域的也多。

Image Size 调整漫画原稿的规格和分辨率。

黑白漫画原稿中强调效果的Gray-scale 模式的杂志原稿时，一般是横向 22 cm、纵向31 cm。但在横向 18.6 cm、纵向 26.3 cm 时的分辨率是300dpi左右。

黑白漫画原稿中强调线的Bitmap 模式的杂志原稿时，横向 18.6 cm、纵向 26.3cm 的分辨率应该是600dpi。

单行本时的规格是横向 13.9 cm、纵向是 19.6 cm。

Crop 除了扫描的漫画原稿的大小之外对剩余部分进行剪切时使用。

这是将漫画原稿纸上画出的原本进行扫描的图像。

按原稿的大小用矩形选择工具进行选择。

用 Crop 将选择的原稿中不必要的部分剪掉。

用Photoshop上色

为了第一次接触Photoshop的初学者，我们详细地说明上色的过程。首先是基本的上色，选择练习用例题文件中最简单的“漫多尔”来进行练习。

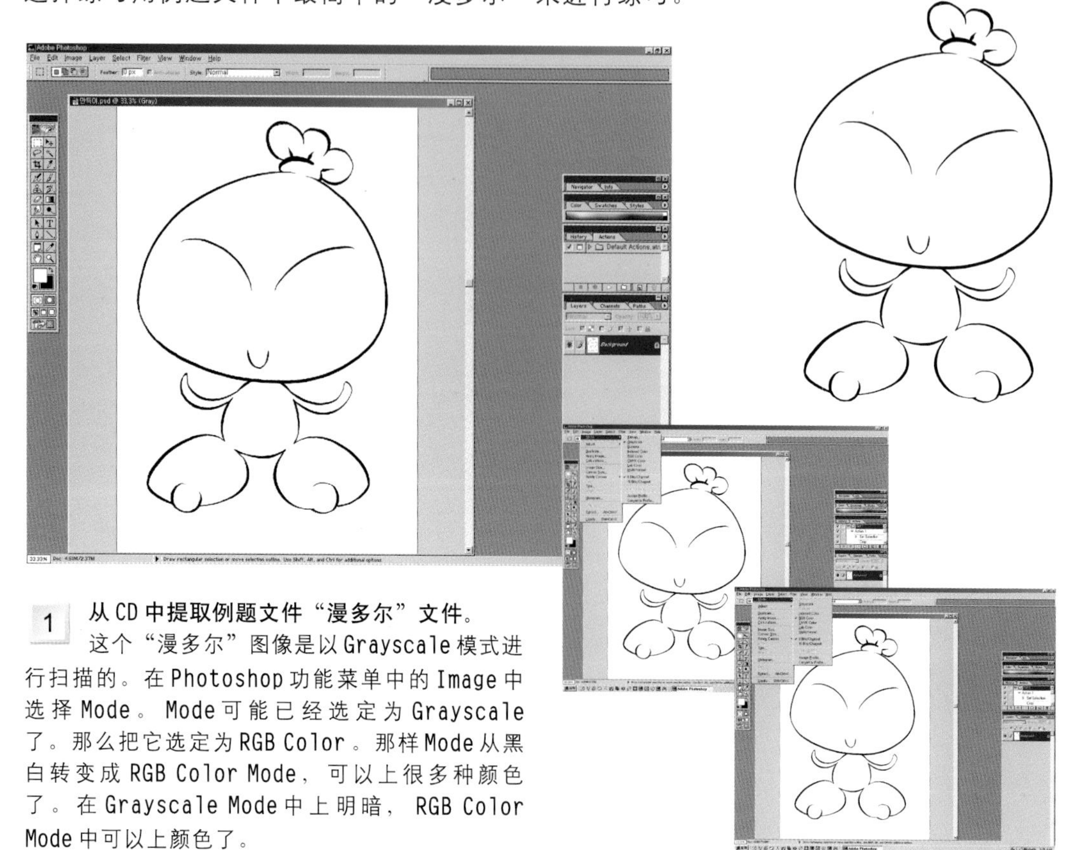

1 从CD中提取例题文件“漫多尔”文件。

这个“漫多尔”图像是以Grayscale模式进行扫描的。在Photoshop功能菜单中的Image中选择Mode。Mode可能已经选定为Grayscale了。那么把它选定为RGB Color。那样Mode从黑白转变成RGB Color Mode，可以上很多种颜色了。在Grayscale Mode中上明暗，RGB Color Mode中可以上颜色了。

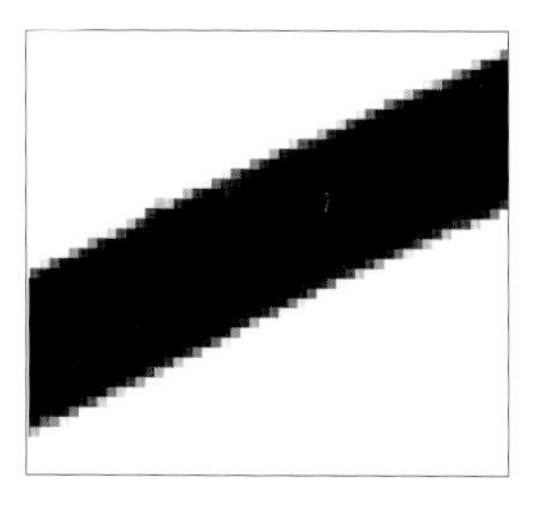

2 在工具箱中选择魔术棒工具。

魔术棒工具是选择上色区域的工具。首先选择魔术棒工具，在Option面板中将Tolerance部分的数值设定为55。“漫多尔”图像放大后观察不仅仅是黑线和白色底子，而且还存在着黑色和白色之间的中间色灰色。其实所有图像都是如此。Tolerance是用数值的方式表现Select区域的范围。将数值调到55的理由是，零时灰色部分就不太明显调到55就不费力气地连边界都清晰地上灰色。这样扩大选择区域的Select范围的理由是，添加颜色的部分是Multiply模式的图层。我们会在Layer里详细进行说明。重要的是给黑色线或白色底子地仅仅一处上色时不能出现叫灰色的第三个境界线。

Tolerance：在数值为0时，用魔术棒选择黑色钢笔线时。

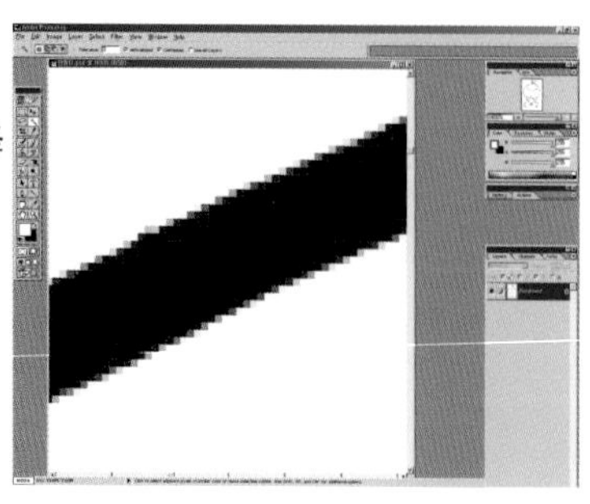

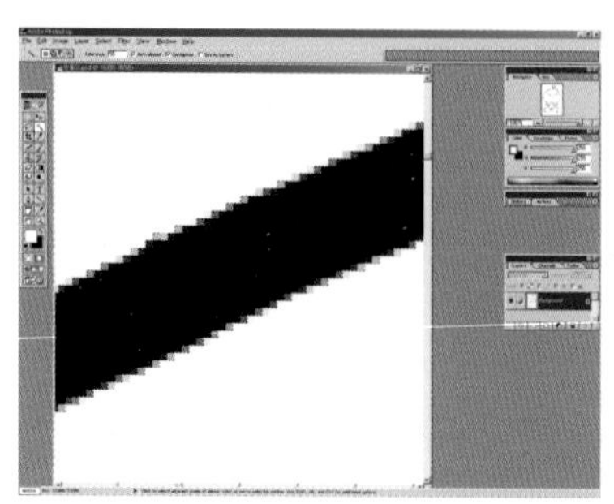

Tolerance：数值为55时，用魔术棒选择黑色钢笔线时。

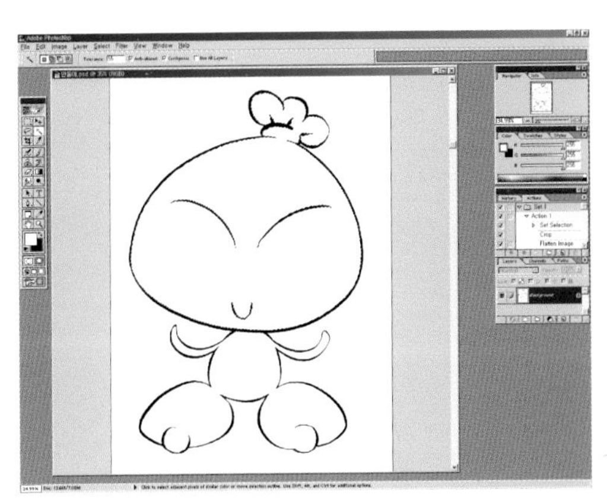

3 Tolerance 为55 的魔术棒在“漫多尔”图像中的脸部用鼠标单击一下，可以看到整个头部由点线变成Select 的样子。

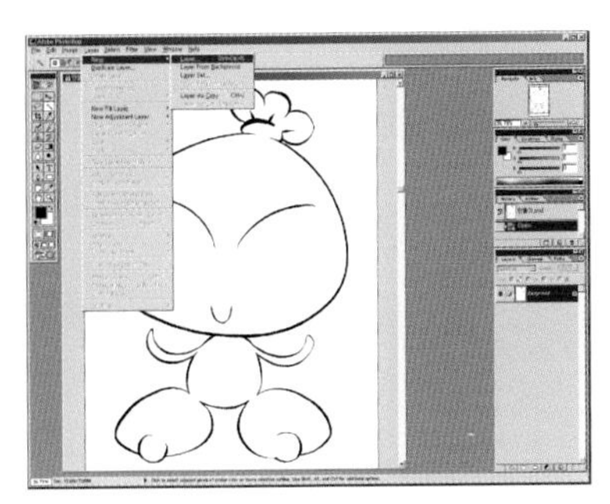

4 这时用鼠标在身体部位单击一下。那样会看到身体的整个部分由点线变成Select 的样子。然后可以在魔术棒选定的区域里用喷枪工具或油漆桶工具等上色了。这样只会被选定的区域添加颜色，其余部位就不能添加颜色了。现在我们可以试一试了。

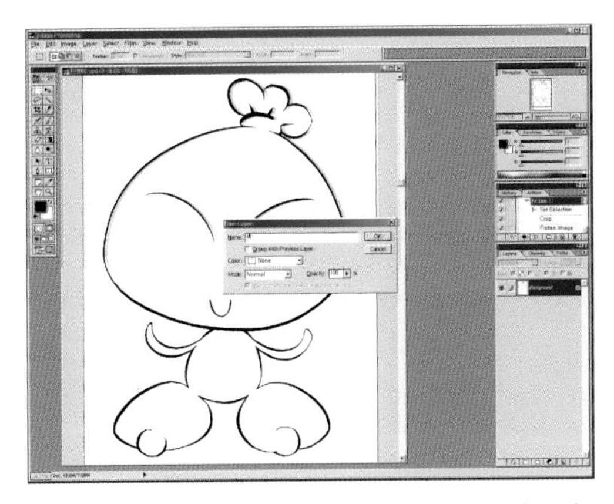

5 在上方的菜单栏中做Layer－New 新建一个图层，那样会出现一个对话框。
在对话框的Name栏里输入‘颜色’字样，然后再按Ok键。

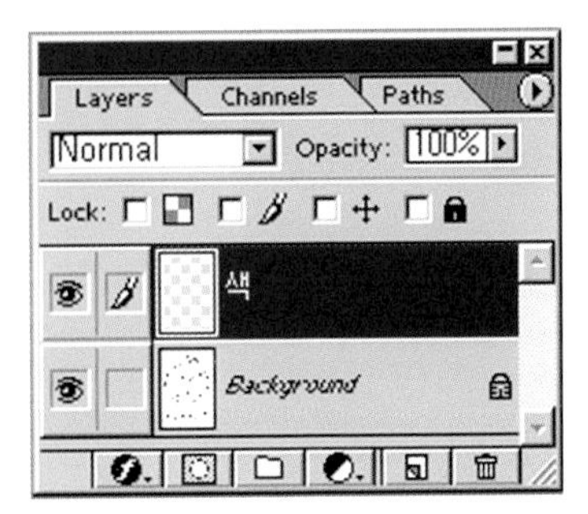

6 现在可以在Layers 面板中看到新生成的带有“颜色”字样的图层。通过这个新图层的Normal Mode 可以知道Poacity（不透明度）为100％。在新建图层的下面还可以看到带有“漫多尔”图像的Background layer。第一次打开文件时在Background中已经有了“漫多尔”图像，就算新建一个图层也不会影响到原有的图层。只是在原有的图层中增加了透明的图层一样。

7 在Layers 面板中选择新建图层后，点一下Normal 框右侧的小三角形。那样会弹出许多模式，其中选择Multiply。

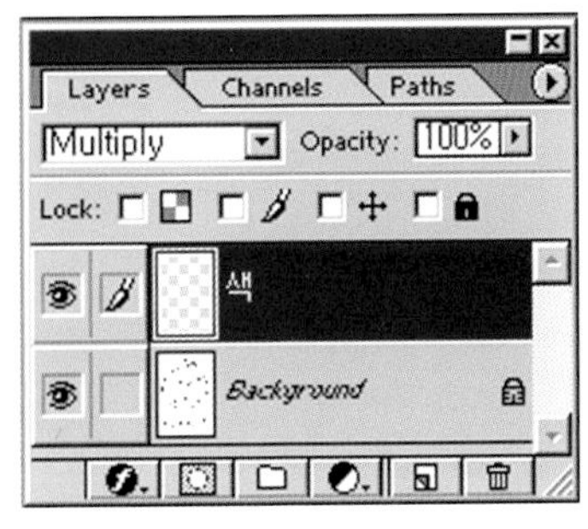

8 ‘颜色’图层已设定为Multiply 模式了。从现在开始就可以上色了。

9 用鼠标选择Background，使那里的绿色灯亮起来。那样记录Normal和Opacity地方地灯被熄灭。现在可以用魔术棒选择Background图层给“漫多尔”的脸部上色了。如果在新建图层中做Select，那样会选择全部图层。因为图层是透明。

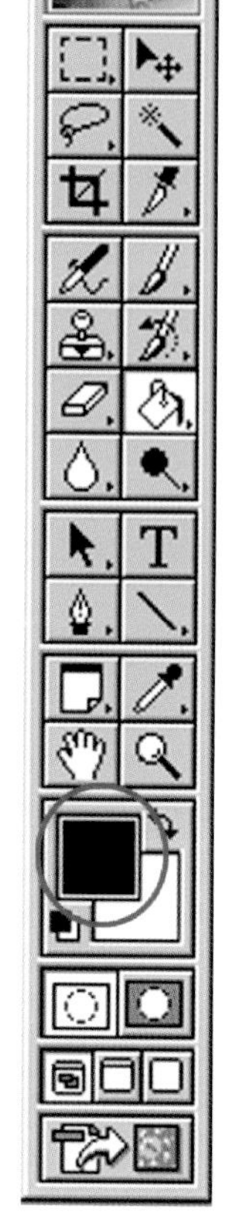

10 在“漫多尔”的头部看到有点晃动，那就是说明对头部做了Select。先选择油漆桶工具后，为了选定颜色选择工具箱下端的Foregr-ound。（画红圈的地方）

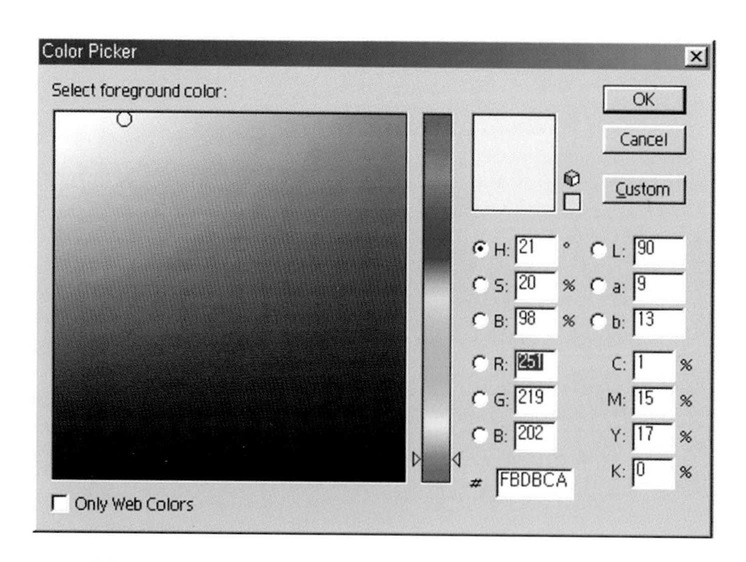

11 选择Foreground会出现Color picker对话框。在这里可以对颜色进行色调、明度、饱和度的调整。选到适合的颜色后按Ok键就可以了。我们要选的是“漫多尔”脸部的皮肤色，选好了请按Ok键。

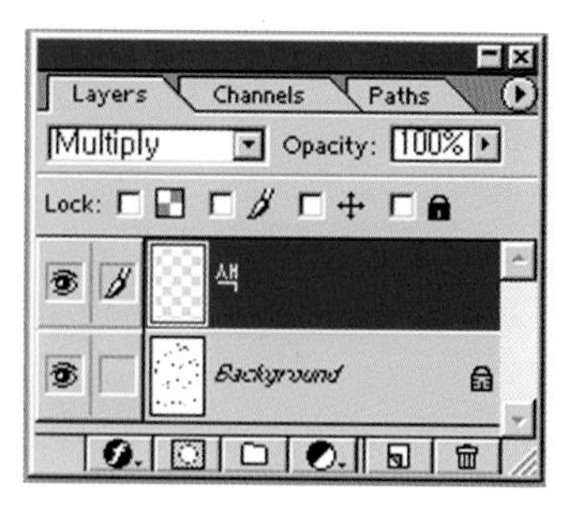

12 再次选择“颜色”图层。

13 现在可以用油漆桶工具对“漫多尔”的脸部上色了。我们可以看到只对选择区域上了颜色。

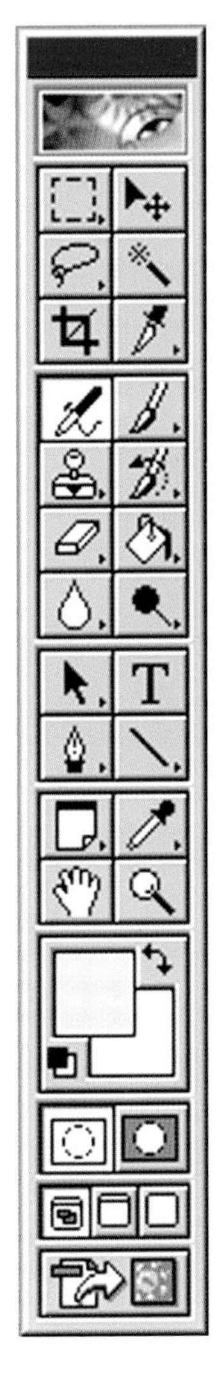

14 在工具箱中选择喷枪工具。为了上明暗用喷枪工具试一下上色。

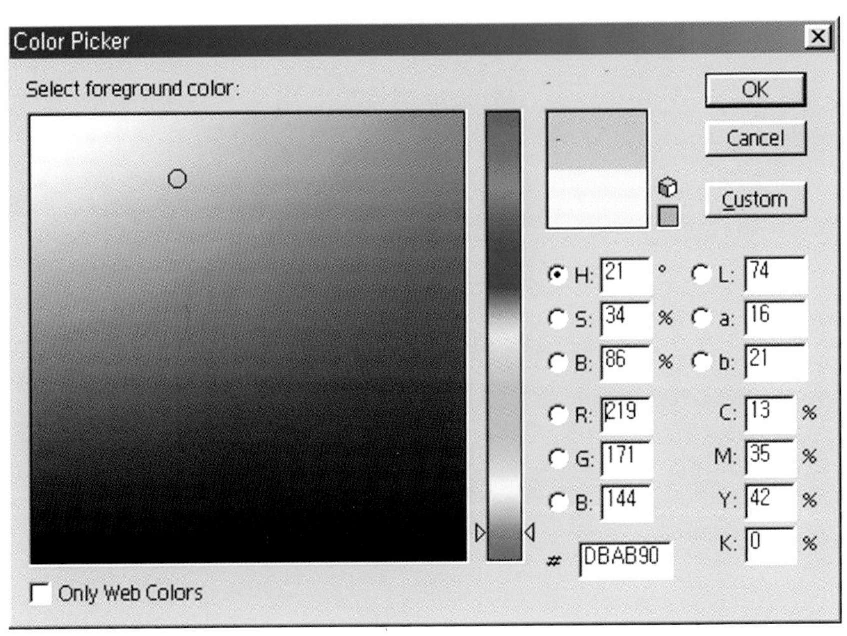

15 为了选择颜色再次选择Foreground，在弹出的对话框中还可以看到刚刚进行选择的颜色仍然还在。
在这里将圆形选择工具往下稍微调一下。我们可以看到颜色预览框里的上方颜色变了，但下方的颜色仍然还是原来的颜色。这样我们很容易识别出阴影色。请选择阴影部分的颜色。

16 选定了颜色可以给脸部上明暗了。但上明暗之前我们要先设定喷枪工具的大小。
在上端的Option面板中点击Brush旁边的小三角形，在弹出的选择框中请选择300。

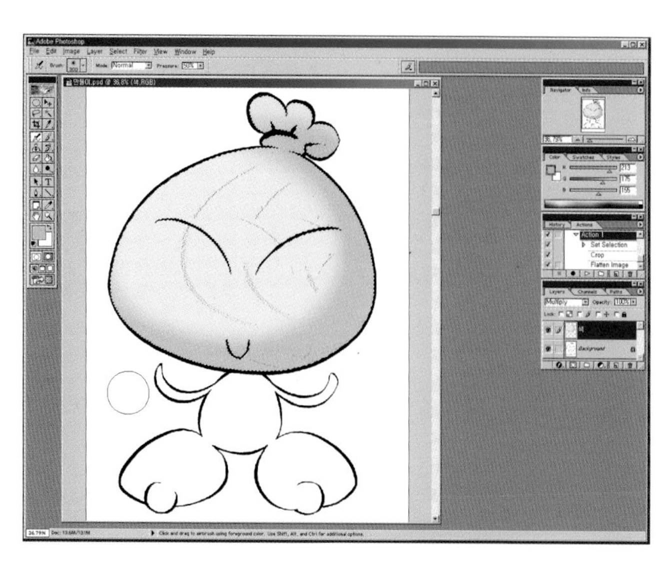

17 用喷枪工具对“漫多尔”的头部涂暗色后，给脸上明暗。

18 为了给身体上颜色再次选择魔术棒后，选定Background，点击“漫多尔”的身体部分就可以了。

19 身体部分出现点线以后再次选择“颜色”图层后，用油漆桶工具上色，用喷枪工具上明暗就可以了。跟头部的涂色方法一样。

• 注意点：在Background部分是不能上颜色的。颜色要上在‘颜色’图层里。

20 再次到Background做Select后，在颜色“图层中用喷枪工具对“漫多尔”的两腮添加红颜色。

在这里我们说明了最基本的上色方法。除此之外也有许多上色方法，但这是最简单最有效的方法。电脑绘画，特别是漫画的上色其实挺简单。只要从这里开始认真学习很快就可以制作动画片了。因为动画片也是从一个插图开始的。

3 什么是PAINTER？

PAINTER 和Photoshp 不一样，它是专门画画的程序。

PAINTER 里面还有很多Photoshop 里没有的功能。可是为了装太多的功能，至使这个软件相当的复杂。在PAINTER6.0 里面虽然把这些功能按照抽屉分门归类，看起来很复杂，其实非常简单。

PAINTER 里面有很多种类的绘画工具，想都试一试吗？

如果想要表现出水彩画或油画那种类型的画，你只要能理解几个工具、调色板和Layer 就完全可以做出专家级水平的制图。

专家们并不是用特别的技术或技巧，而是去理解那幅画，仅此而已。PAINTER 因为是画画的程序，所以你只要理解好工具就会感到特别简单。在这里所说的理解就是指'水彩画是用水和纸、颜料怎样去画'这个程度。油画是指在画布上用油画颜料画画。

这个程序对使用者的要求就是要理解画。

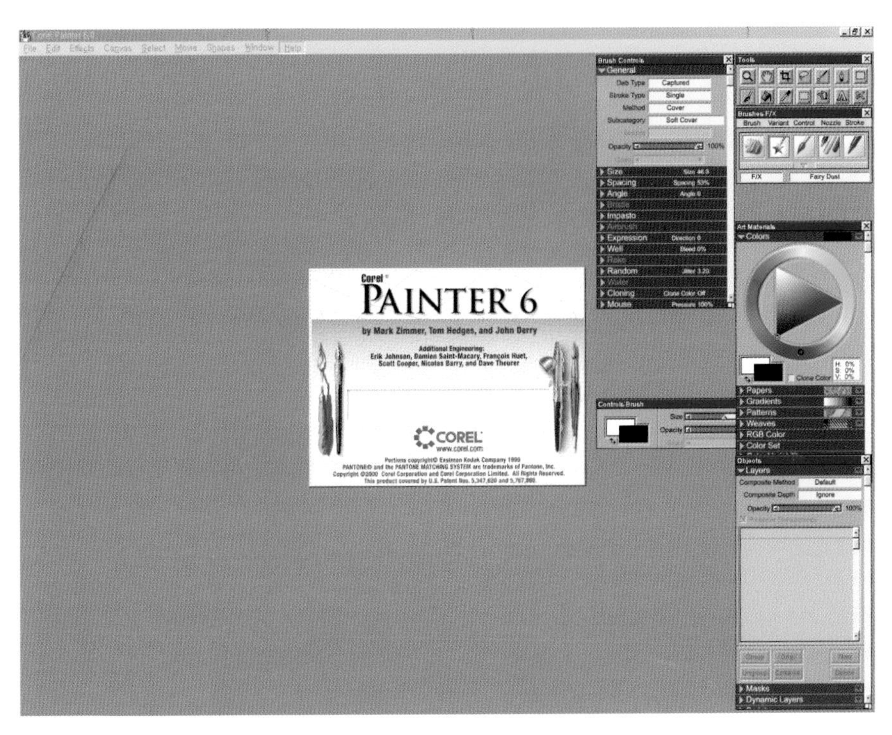

PAINTER 的界面几乎所有的功能都是通过调色板提供的。

它是以7 个面板构成的。

在PAINTER里起核心作用的是Tools面版和Brushes面版。

对其余的面版理解成辅助 Tools 面版和Brushes面版的功能就可以了。

开始之前的建议

学习PAINTER 的时候，想要精通这个程序是很难的。

首先要明确自己要做什么，然后进入学习PAINTER 程序。比如说，“我要画水彩画”，或者“我要画油画”。水彩画是使用水的画法。

PAINTER 将它程序化，发挥了具有水感，和重叠似的透明感的水彩画独有的特征。只要在整个调色板使用方法中掌握几个重要方法的基础上，研究一种画法，达到一定程度之后再学习别的画法，就能比较容易的学习这个程序。

面板的种类

① Tools 面板

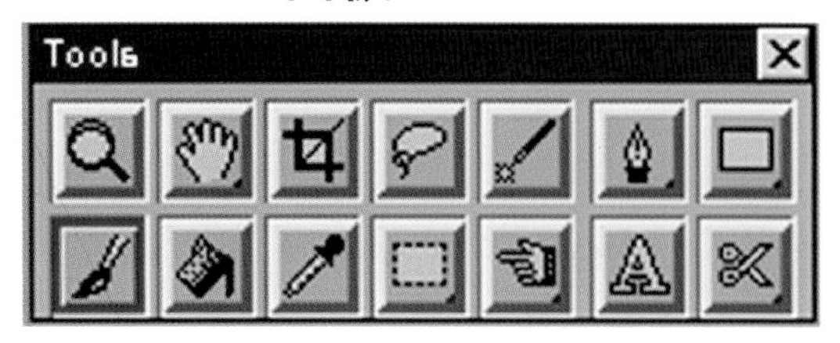

PAINTER 最基本的面板，由和Protoshop 的工具相似的工具所构成。

② Brushes 面板

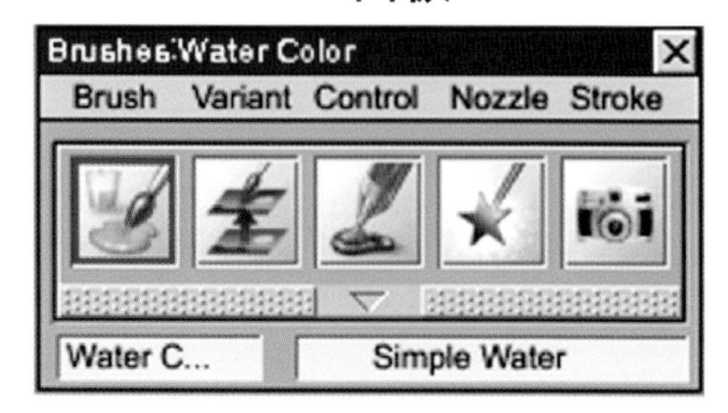

集中用于各种画法的材料和使用工具的画具桶似的面板。

③ Art Materials 面板

根据材质，正确选择颜色和画纸的面板。

④ Objects 面板

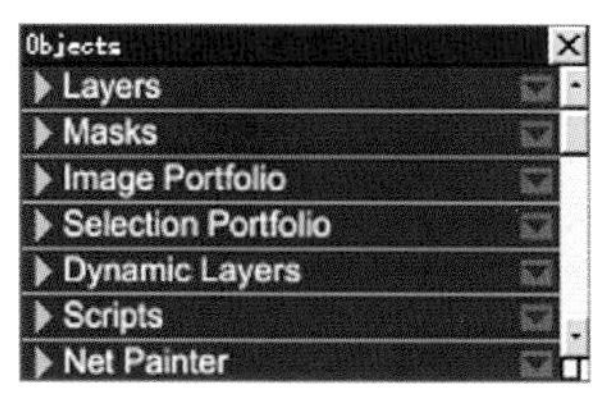

比画画的时更容易表现的技能面板。有Layer和Mask技能的面板。

⑤ Brush Controls 面板

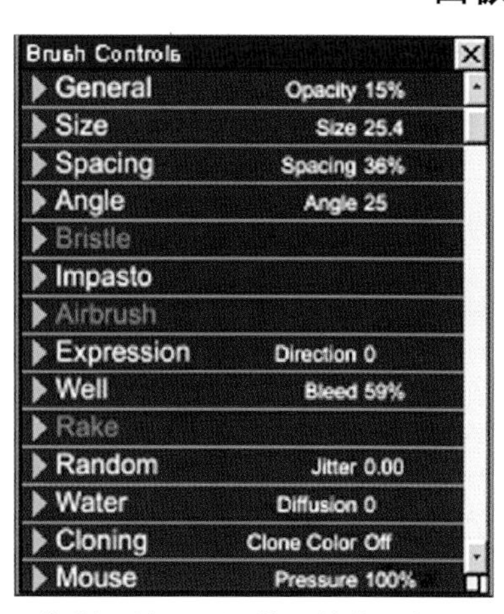

可控制、并可以调整画笔的面板。

⑥ Controls 面板

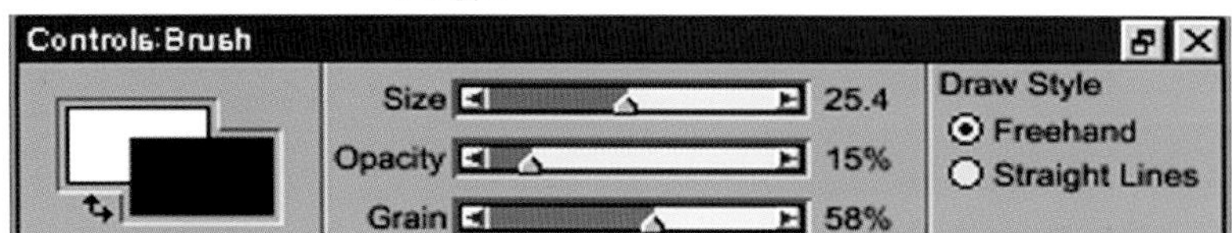

这是一个提供适合于在Tools 面板里选择工具的控制面板

⑦ Color Set 面板

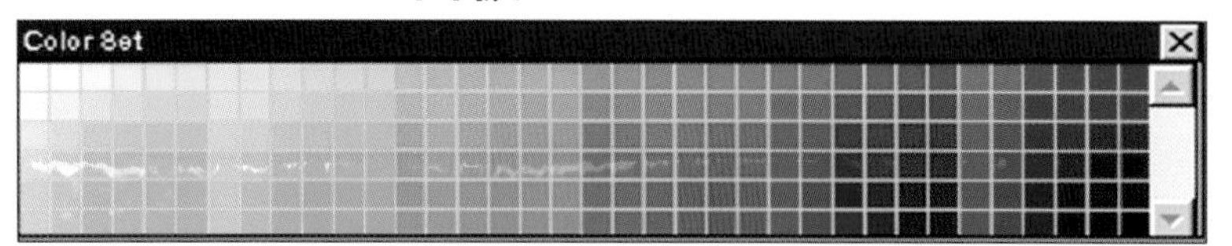

可以一次性选择自己所需要的颜色，而且集中常用颜色的面板。

Tools 面板

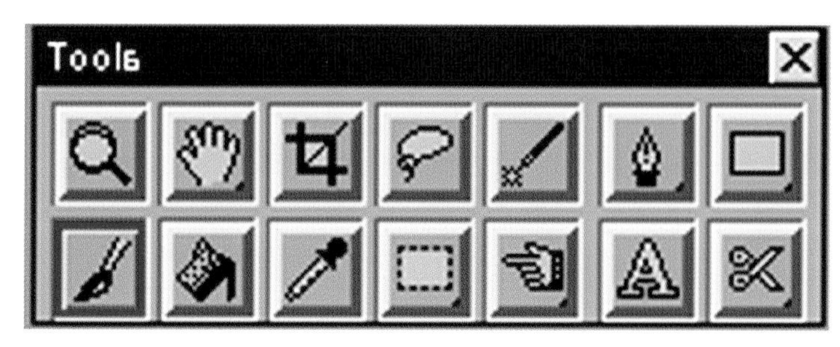

在很多工具中只说明必要的工具。

放大镜工具： 在显示器上把图像放大缩小，仔细描写或观看整体气氛时用的工具。

画笔工具： 在PAINTER里实际画画时用的工具，选择这个工具才能画画。

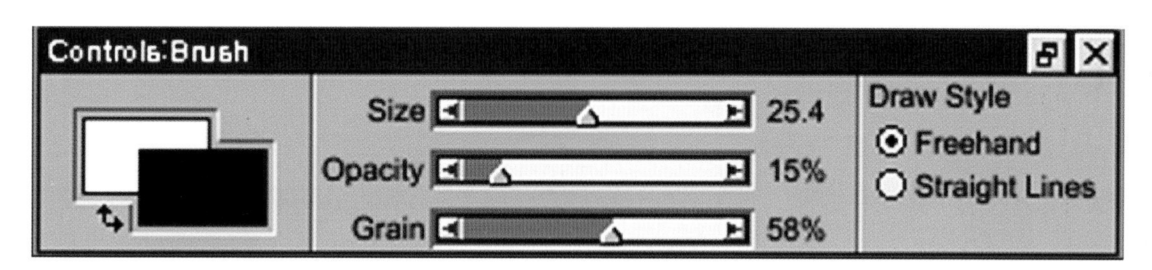

Size **调节器：** 调整画笔的粗细。把调节器越往右移画笔越粗。
Opacity **调节器：** 调整画笔的浓度。
Grain **调节器：** 调整纸的质感。

手抓工具： 放大工作的时候，把显示器画面上被遮住看不见的部分用这个工具按住画面可以左右上下移动或按空格键移动。

旋转纸的工具： 把画布在画面上旋转的工具。特别是用书板画的时候，按照右撇子和左撇子的不同画线的方向有顺的部分和不顺的部分，这时候可以用这个工具把图像旋转着画。

油漆桶工具： 就像把颜料倒满似的上颜色的工具。

吸管工具： 在图像内随时提供所需颜色的工具。也叫做颜色的提取工具。

自由选择工具(Lasso)： 也叫做套索工具，自由选择要选择区域的工具。

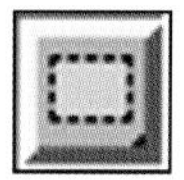

四角选择工具： 把所要选择的领域用四角型选择。

魔术棒工具： 点击部分的颜色或者在透明点上集中同一颜色似的选择。

层的选择工具： 选择层之后，移动层的位置或调整大小时使用。

Brushes面板

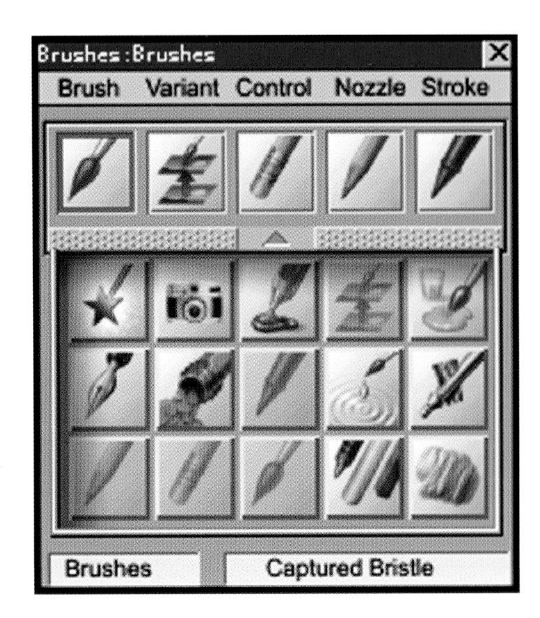

画画所需要的工具的画板。

用每个画笔画一画的话很快就会知道它所呈现出来的效果。

Pencil：最常用的铅笔工具。

Erasers：擦掉图像的橡皮。虽然用于改错，但有效使用时也可当做一个制图材料。

Brushes：是毛笔。呈现油画效果时经常使用。

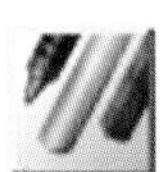
Dry Media：是没有水分的材料，跟木炭、 彩色颜料、蜡笔等相似的工具。

Impasto：给画布上厚厚的重涂感觉的画笔。

Pens：钢笔工具。

Image Hose：使图像呈现出喷的效果的工具。

Felt：签字笔效果的工具

Liquid：虽然不使用颜色，但是把画完的画像呈现出被水抹过的效果的工具。。

Airbrushes：根据空气的压力喷出彩色墨水的工具。

F/X：做出特殊效果形象的工具。

Photo：调整图像的颜色、色彩度、明暗等的工具。

Artists：显示模仿有名画家风格的画风工具。

Cloners：把图像复制移动之后画的时候使用的工具，把原版图像复制成克隆画板。

Water Color：使用水彩画颜料的工具。

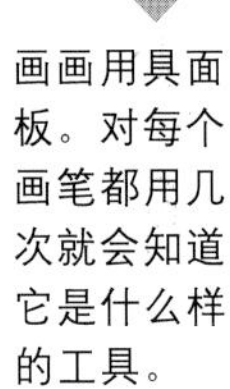
要点

画画用具面板。对每个画笔都用几次就会知道它是什么样的工具。

Art Materials面板

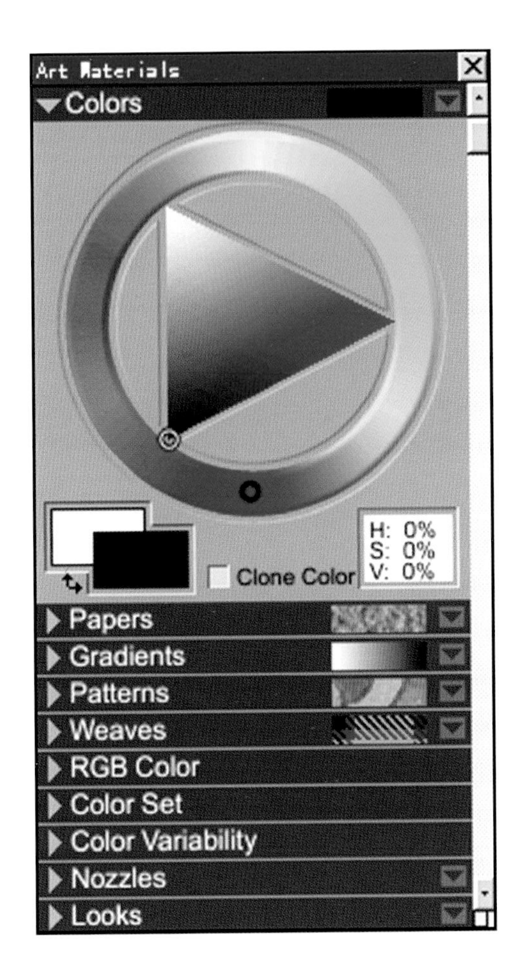

● **Colors:**选择颜色时使用的面板。

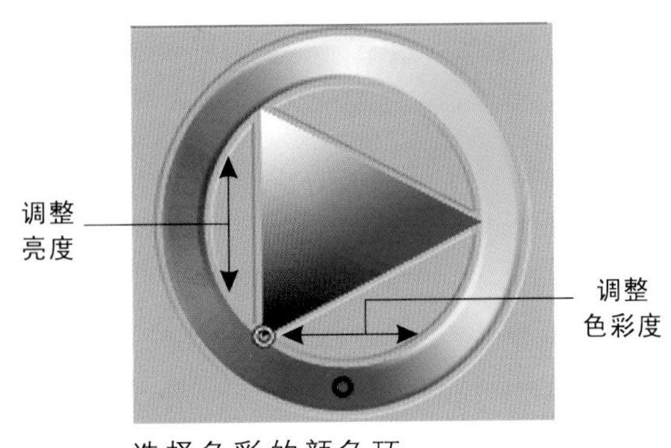

选择色彩的颜色环

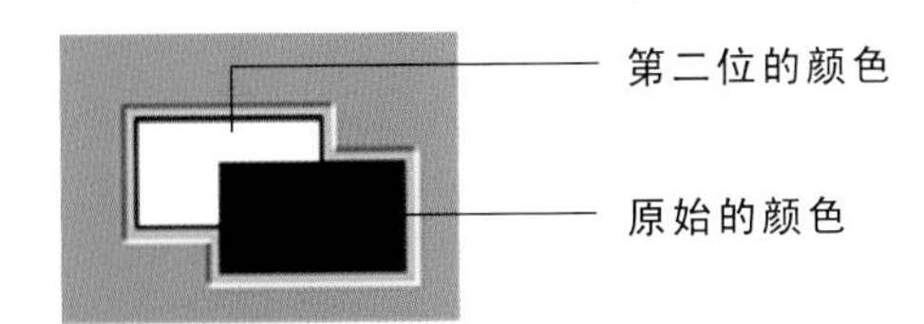

换两个颜色的图标

原始的颜色和第二位的颜色是使用两个颜色的时候按相互交替的图标可以轻松的选色，也可以同时用两个颜色。同时用时，如果减轻手写笔的压力会出现第二位的颜色，加强会出现原始颜色。

● **Papers:**选择纸。
上颜色的时可以调整显示纸张质感的纸的种类、大小和质感的鲜明度等。

● **Gradients:**最少有2个以上的颜色很自然地连接，层次渐变的面板，可以选择多种的颜色层次。

● **Patterns:**可以反复使用形象的面板。
在PAINTER里可以把做好的图案拿出来使用，也可以自己做图案的图像。

Objects面板

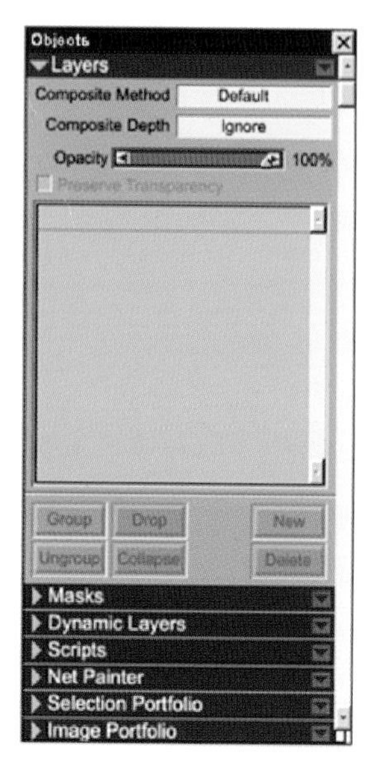

● **Layers**

从PAINTER6.0开始把绘图仪名改为Layer(层)，这之前的绘图仪功能换成相似于Photoshp功能。

Dynamic floater – Layers

绘图仪对于Photosh使用者来说多少带来一些不便，但是改成PAINTER 6.0的Layer(层)之后，不仅使用更方便而且功能也更好。

Composite Method – Default(normal)
Multiply
Screen
Overlay

掌握此程度，用起来没什么大的不便。

Default(Normal)

基本的Layer。好象上面的Layer盖住底下的Layer似的。跟Photoshop的Normal状态一样。

Multiply

可以使颜色透明。可能使颜色发暗，但白色是透明、透亮。因为各种颜色重叠，所以看起来有点暗。

Screen

跟Maltiply相反，使黑色透明。因为亮的颜色重叠，所以看起来很亮。

Overlay

彩度下降时为了提高彩度而使用的Mode。

Masks

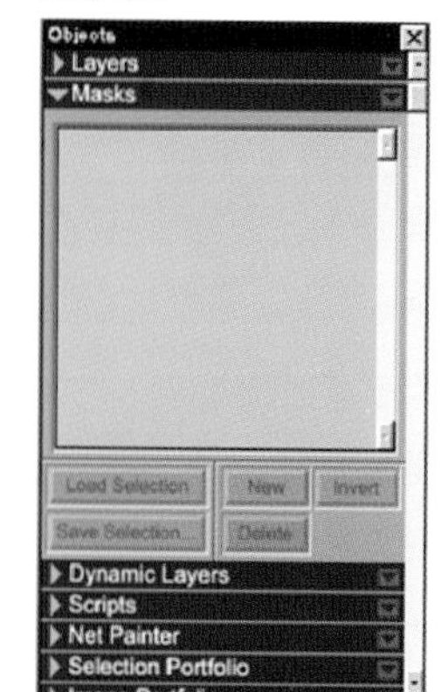

跟Photoshop的Select的功能一样使用。主要使用Selection和Save Selection, Invert。

Brush Controls面板

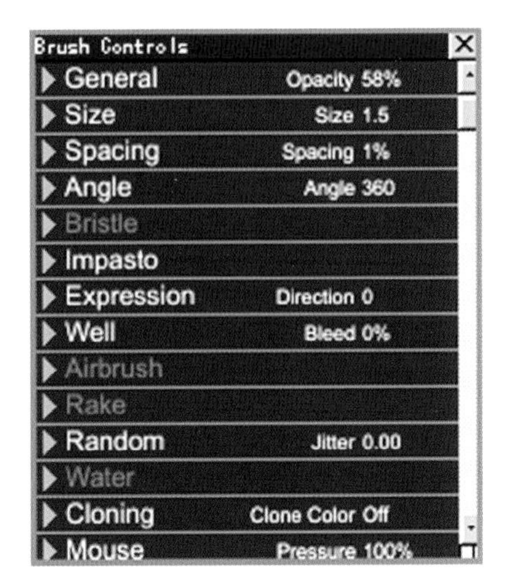

虽然和Controls 面板相似，但这是非常具体地制作画笔的面板。初学者可能一看见这个面板就头疼，可是这里面也有很多不太重要的功能。Brush Control 面板里面重要的要素是Control 面板部分。

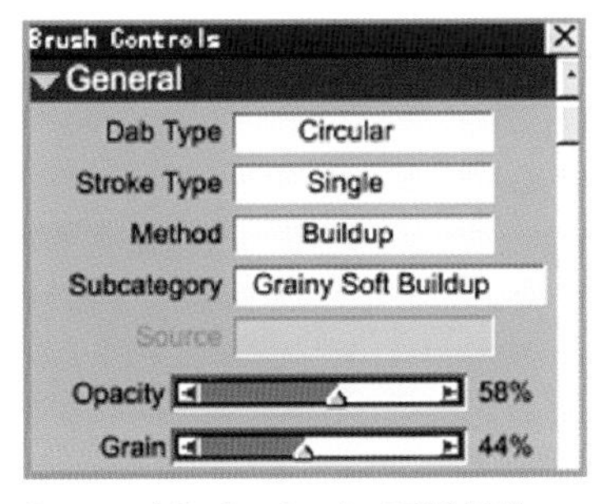

General:和 Controls 面板里的Opacity和Grain一样。

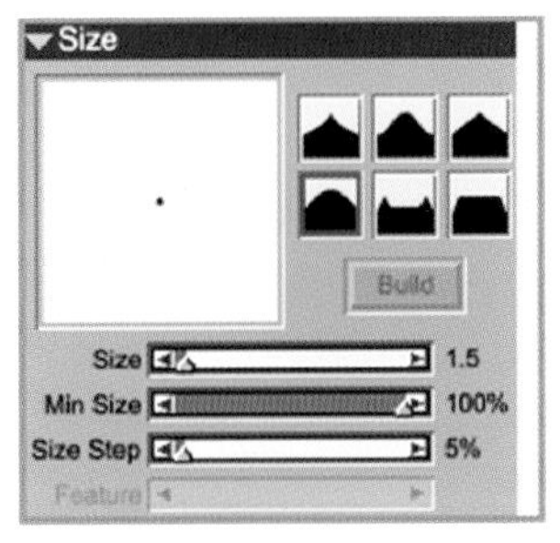

Size:选择画笔的粗细。

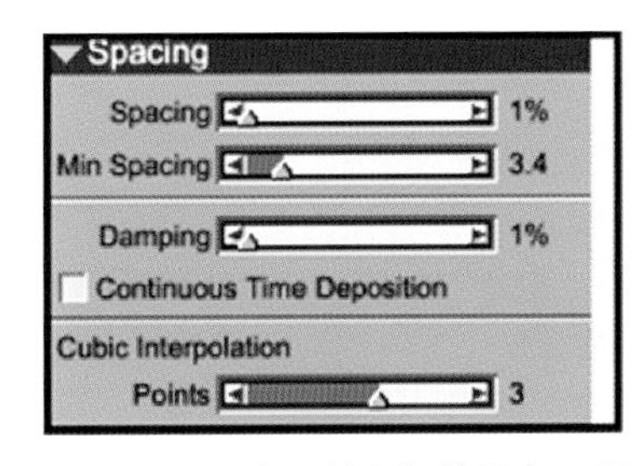

Spacing:设定画笔之间的距离。距离大显示为许多的点并列的摸样，距离越短显示为线条。

Angle:
使画笔的圆形倾斜，或者改成椭圆形。

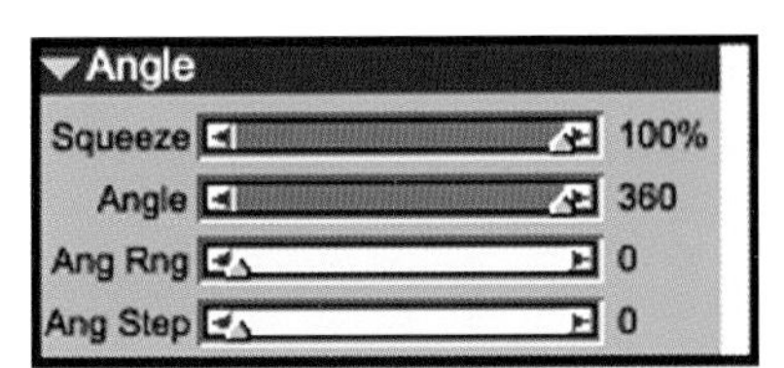

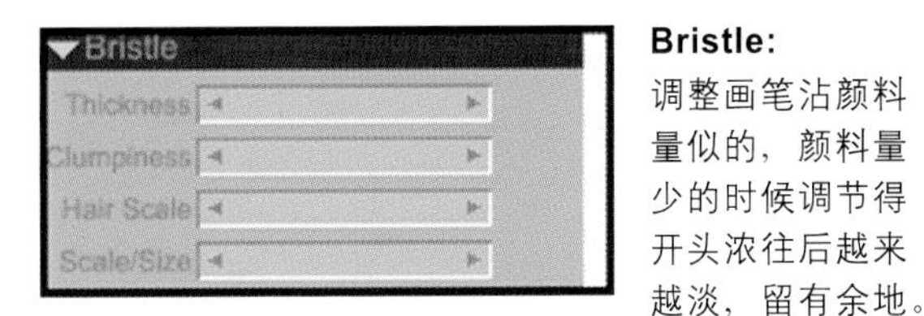

Bristle:
调整画笔沾颜料量似的，颜料量少的时候调节得开头浓往后越来越淡，留有余地。

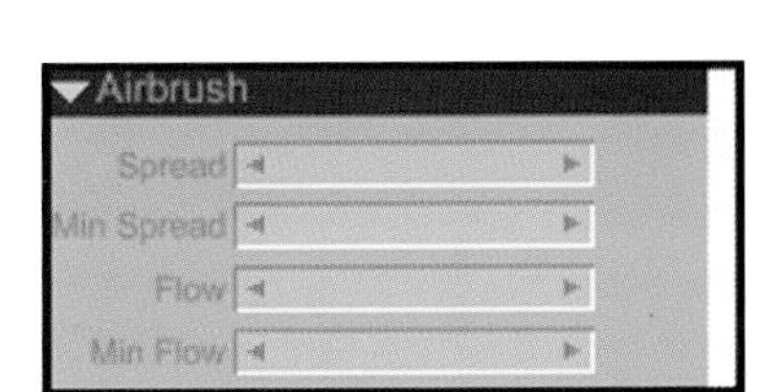

Airbrush:使用喷枪的时候调整墨的喷射方式。

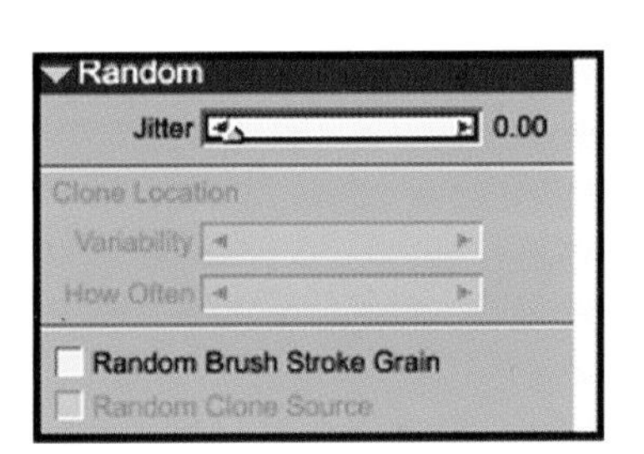

Random:绘图的时候设定不规则性的表现。

4 开始画漫画（黑白网点纸漫画）

漫画原稿的制作并不是都用电脑制作的，素描和钢笔线以手工制作画为好。当然也有用电脑完成所有作业的制作方法。

在这里介绍以黑白出刊的漫画原稿的制作方法。漫画制作方法可以分为两大类：为漫画性效果的以钢笔线为主的制作方法和以明暗调子效果为主的制作方法。

钢笔线为主的漫画

钢笔线为主的制作方法是把钢笔线表现为扫描以后原稿的模样。

这个方法在需要细密的钢笔线的时候，或漫画形象整体来说钢笔线比网点纸更为突出的时候使用。

文件形式：Bitmap　分辨率：600

明暗调子为主的漫画

明暗调子为主的制作方法跟字面上的意思一样，在打斗场面多而且需要华丽的网点纸效果的时候使用。

虽然钢笔线的有些地方会损伤，但是需要多姿多彩效果的时候使用它是最好的。

文件形式：PSD,EPS　分辨率：300

两种制作方法也可以一起使用。

5 钢笔线为主的漫画制作方法

在以分镜头为基础的漫画原稿纸上画素描。

22 × 31size 是普通杂志的漫画原稿纸。这个原稿纸很适合于以钢笔线为主的漫画。在进行扫描的时候如果用 A4size 的扫描仪，那么就分两次进行扫描后，还得在 Photoshop 上把两张画粘贴。但用支持 A3size 的扫描仪，只要一次性扫描就可以了。

18.6 × 26 Size 漫画原稿纸是第一次能接受 A4 Size，也可做杂志稿纸，但画现代剧似的漫画和画细致的漫画时需要更大的 Size。

扫描完的状态

在漫画原稿纸上画素描后再用钢笔线描。漫画的外框在电脑上画比较干净而且整理也方便，所以在原稿纸上不画外框。取而代之用铅笔在外框的四角上点点儿，定好在电脑上画外框的地方。

中间有断线的话选择范围会扩大。

线连着的话可以选择你所要选择的地方。

画钢笔线的时候外框线的开始线、终结线和其他的线都连接好不能有断线，这样在 Photoshop 工作起来比较简单。

进行扫描

钢笔线工作结束之后为了挪到电脑里进行工作会使用扫描仪。扫描仪可以选择不同的扩展名来进行扫描。首先扫描仪的扫描size 不会扩大缩小按原样扫描。况且在扫描仪上的亮度在Photoshop 直接调整比依靠扫描仪本身更能表现原稿上细微的钢笔线。在扫描的时候，虽然也可以用color Balance 平衡原稿和显示画面的差距，但最重要的是在Photoshop 上做原稿的补充整理工作。

扫描的时分辨率的选择是很重要的。普通的刊物是用300 dpi 扫描。在这里随着分辨率的下降线条会出现锯齿形。

75dpi

150dpi

300dpi

600dpi

300dpi以下可以用肉眼区别差别，但是300dpi 以上的微小的差别很难区分。况且随着原稿分辨率的加大相应的文件容量也会变大，所以300dpi是最适当的。根据扫描仪性能的不同，即使是一样的300dpi 也会有稍微的差距。当扫描仪的性能差的时候，首先用最常用的分辨率进行扫描后在Photoshop 上再把分辨率调整到300dpi。

扫描的种类是用Grayscale（黑白相片）接受。位图（Bitmap）或彩色相片（RGB Color）是按照种类，位图是扫描黑色和白色或扫描漫画原稿时使用。但是要补整扫描后的画像还得有灰色，才可以补整细微的线条。所以最好还是不要用位图。想把手工制作的彩色原稿用电脑进行补充整理时，用彩色相片（RGB Color）进行扫描就可以了。

扫描完的图像

打开在Photoshop上扫描的File-open。
（又击Photoshop底面也出来open对话框）

表示插图外框线的点。
为四角选择工具和多边形套索工具画外框线而表示的。

有3厘米的间距。这是出版书时裁纸的富余空间。
虽然编辑者用Quark Xpress制作时进行一定的调整，但是画画时留有剪裁空间比较好。

这是初次扫描完后的状态。
漫画原稿纸的兰色线显示为灰色。
扫描之后的画像显得乱七八糟。
往下就要补充和修整画像了。

要点

Photoshop里按键盘的Caps Lock键会把工具的模样改成十字型。这样可以更加准确的指定某个事物。重新按些键，就会恢复原状。

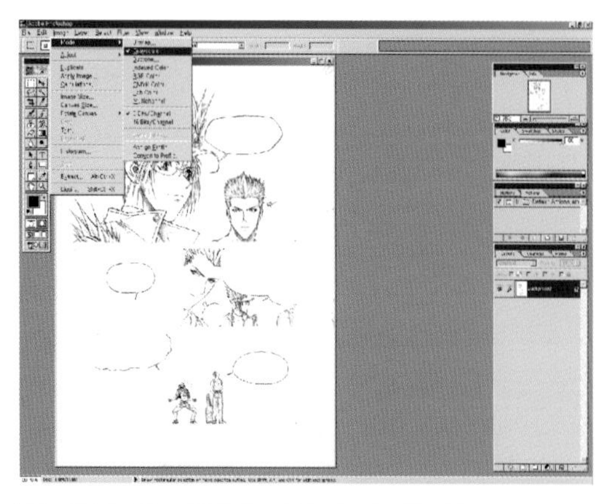

Image-Mode

用鼠标点击 Mode 可以看到 Grayscale 被选择。

制作黑白漫画原稿的基础是钢笔线为主的 Bitmap 方式和效果为主的 Psd 文件形式，这两种都是在 Grayscale 形式下制作。

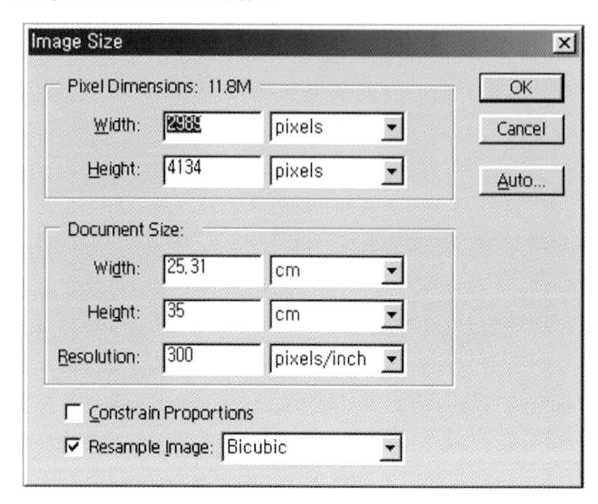

Image-Size

选择Image size会出现Image size对话框。

在这里可以看到这个漫画的画像大小和分辨率，还可以调整size的大小。

❶ 设定原稿 size

把100% 扫描的原稿制作成实际原稿的 size，首先要调整为所要制作原稿的 size，所以要按照 22×31 和18.6×26 size 把画像剪切。本制作物以 22×31 制作。

首先在工具箱里选用四角选择工具。

用四角选择工具把画像上端部分左侧角用鼠标左键按住往下拽到画像右侧下端角。以四解形选择始发点和终点。这样就决定了原稿的size。

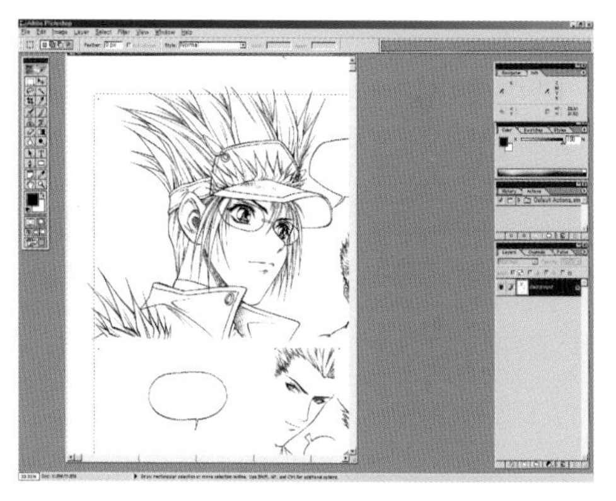

如果是 Photoshop 的面板就会出现 Size。包括裁减线是 22.6×31.6 左右。0.2 程度的误差范围不会有太大的影响。

只留用四角选择工具选择的区域。裁减剩下部分时选择Image-Crop。那样除了选择区域之外剩下的都会消失。

这样原稿size 就出来了。

❷ 画插图外框线

Cut 是在漫画里最基本的单位也是最小的单位。（插图＜间＜展览板）

重要到可以说cut 的排列就是漫画的程度。为了区分插图和插图画边框线。插图的模样有正方形、多角形、cut 线、网点纸等根据漫画的形式或效果采取的多种多样的形态。

可以用在Photoshop 里最基本的正方形插图里画多角形插图的方法。
利用四角选择工具和多角形选择工具，线工具画外框线。

选择Layer-New-Layer 会出来Layer 对话框。

在Name 上写‘外框线’然后按OK 会在Layer 面板上形成新规Layer‘外框线’。

在外框线的Layer 上显示绿灯表示外框线的Layer 活性化了。用鼠标选择Background 会在Background 上亮绿灯，Background 也相应的活性化了。可以用绿灯在活性化的部分上颜色或编辑、补充。

画笔模样的图标是Layer 已被选择的意思，只能在画笔模样的Layer 上表现的意思。

可以调整透明度。数值越低越透明，可以看见压在下面的东西。

按这个图标也可以做新的Layer。选择Layer 拽到这个图标还可以复制。

用这个图标可以把Layer 拽来或可以删除Layer。

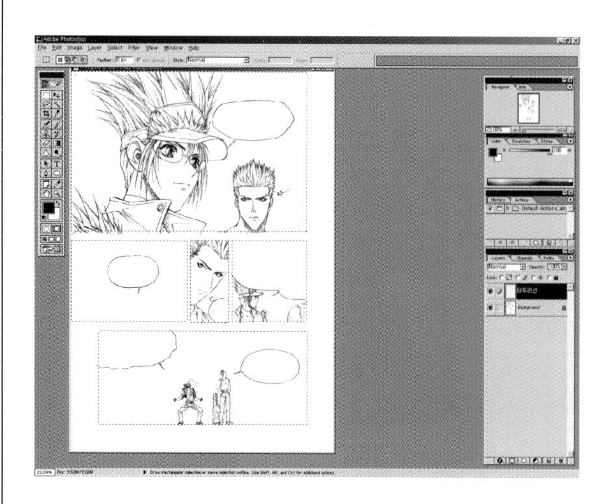

利用四角选择工具在外框线Layer 上选择插图外框线的区域。

把四角形的始发点和终点在原稿制作时点上点比较方便。用四角选择工具选择一个插图之后还想选择另外一个插图时按住Shift 键的状态下可以用四角选择工具选择其他的插图。相反按住Alt 键的状态政四角选择工具可以取消被选择的区域。

选择完插图外框模样之后再选择Edit-Stroke 会出现Stroke 对话框。Stroke 对话框的Stroke Width 是调整笔的粗细，Stroke Color 选择显示线条的颜色。5-7左右的Width 数值最适当。用7 以上可以做出厚的插图外框线。

选择Color 部分会出现Color Picker 对话框。在这里选择成为钢笔线的最深的颜色。

在Inside上 选择Location。Inside 是钢笔线进到选择线里面。因为有直角部分干净显示的优点。选择Outside 直角部分稍微有斜角，所以最好不要用在插图外框线上。选择完Inside 之后按OK 图标。

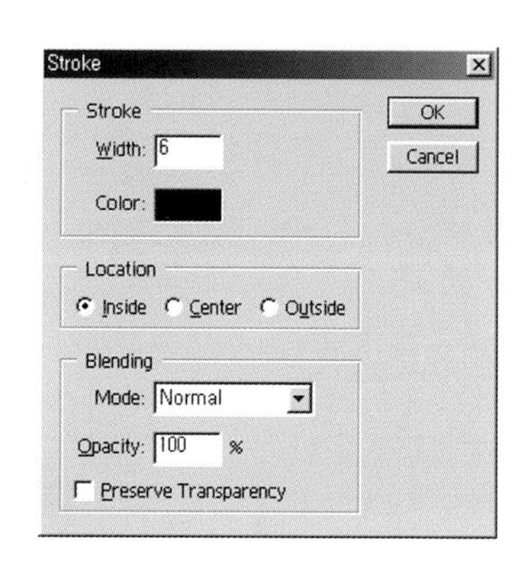

Inside

Center

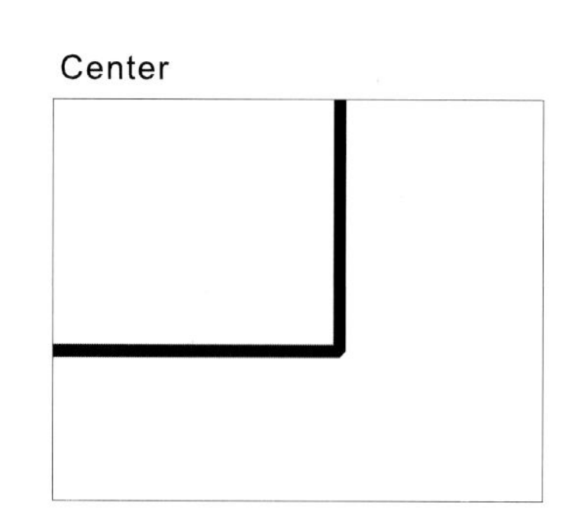

Outside

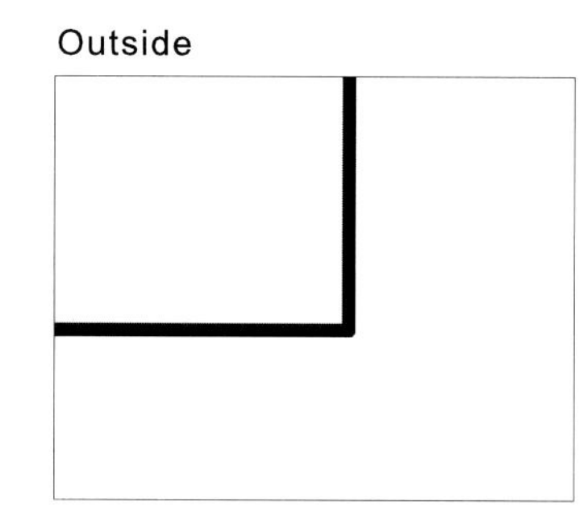

缩小扩大屏幕用快捷键Ctrl+ +、Ctrl+ -。按实际像素排列快捷键是Ctrl+0（数字零）

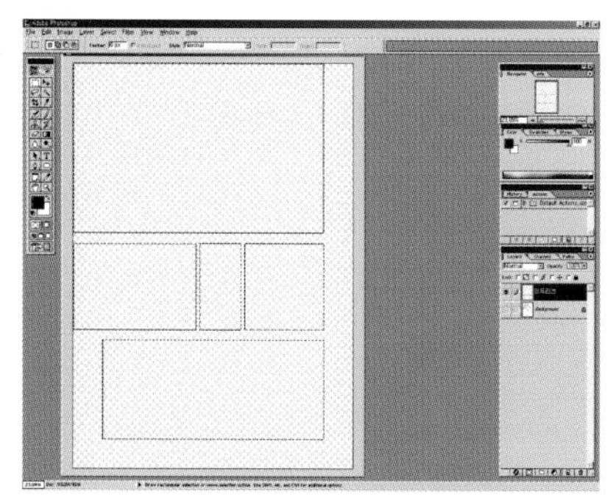

为了确认插图外框线是否画好，按Background Layer 的眼睛图标挡上了画布就可以看到外框线的Layer 状态。

这样就完成了插图外框线。在电脑上画插图外框线对于原稿制作有很多方便之处。即使是露到插图外框线的钢笔线也可以一资性删掉。

原稿修整

应该把扫描完的图像整理干净，即删掉露到插图外框线外的线或扫描时产生的灰尘痕迹，以及漫画原稿纸的蓝色线等，让底面白色更白，黑色的钢笔线要更浓，以鲜明的图像为目标做修整工作。

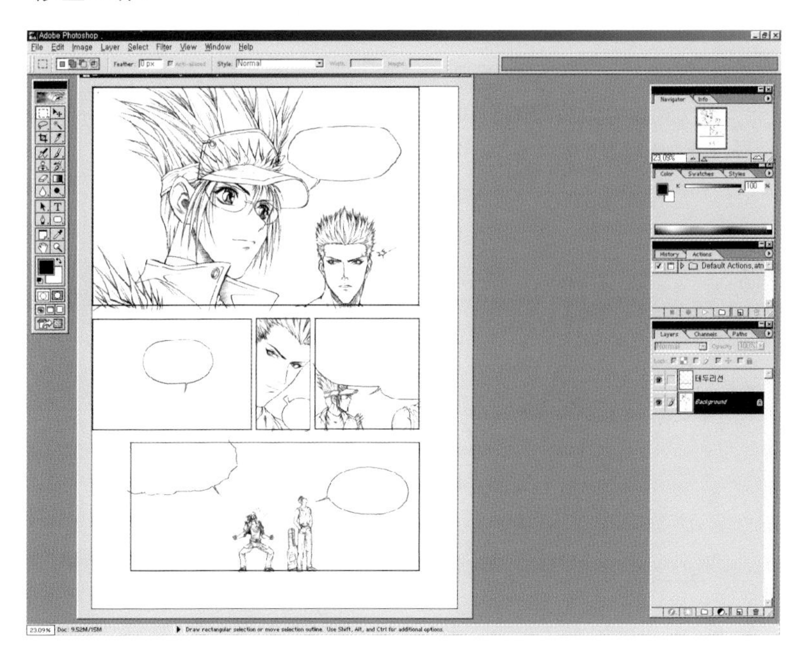

1 如果用Stroke画了插图外框线，按Ctrl+D会删掉画插图外框线时被选择过的选择区域。
从活性化的‘外框线’Layer上移动到Background Layer。按Background Layer选择图标。

修整扫描后图像的方法有好几种

用Curver,Brightness/Contrast，Threshold等可以明显地补整扫描完的图像。

不能一味的使黑色更浓、白色更白，把差距拉的太大使其成为只有黑色和白色的原稿。

在黑色和白色的境界上有一点灰色，才能使钢笔线不粗糙而有柔和感。这种调整我们用Auto Levels和Curver来进行。为了尽量不伤害钢笔线而让它柔和地表现出来，用A3激光打印机测试5000张的结果这个方法最理想。打印的时候黑色和白色之间的灰色对线的影虽然细微还是有的。随着些灰色的形象可以左右对线的感觉。

Threshold

Levels

Curves

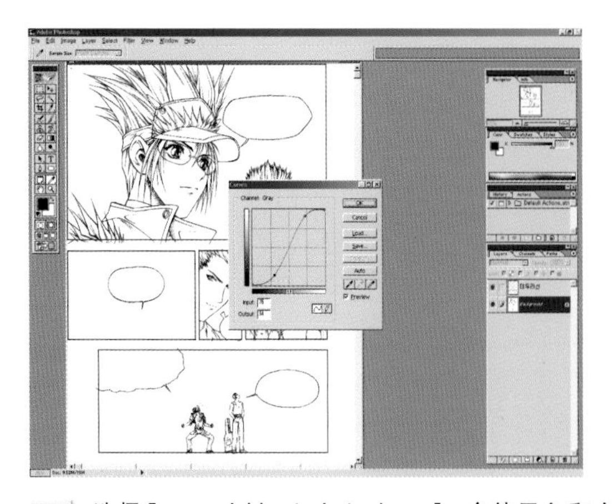

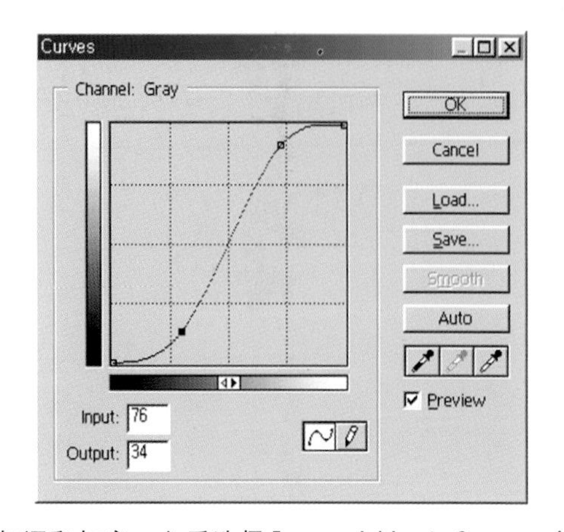

2 选择Image-Adjust-Auto Levels会使黑色和白色稍有加深和加亮。之后选择Image-Adjust-Curves会出现Curves对话框。调整Curves对话框四角形箱子里的线进行调整。
把那个浅黑的部分往下拽，白的部分往上推，以些使黑色线更黑，白色线更白，然后按Ok。这样乱七八糟的原稿会变得鲜明而干净。

3 在Layer面板上选择‘外框’Layer。
在工具箱里选择魔术棒工具选择插图的外部TolerAnce32左右。这样插图的外部就被选择了。

4 重新选择Background。把背景颜色为白色之后Edit-cut。那样，伸在插图外面的线会被切掉。在Background上Cut背景颜色被涂上，在Layer上Cut会形成透明状态。

5 剩下的删不掉的细小部分用画笔工具把前景色改为白色进行修正。
修正差不多之后选择Layer-Flatten Image把‘外框线’Layer和Background合并。
这样原稿修完了。先存储之后再进行下一步。

上基本色调

在钢笔线为主的制作方法里最重要的是颜色线和钢笔线的分离。原稿完成之后把Mode从Grayscale 换成Bitmap 的时候，钢笔线区域和颜色线区域会相互分离。详细的内容在操作时加以说明。

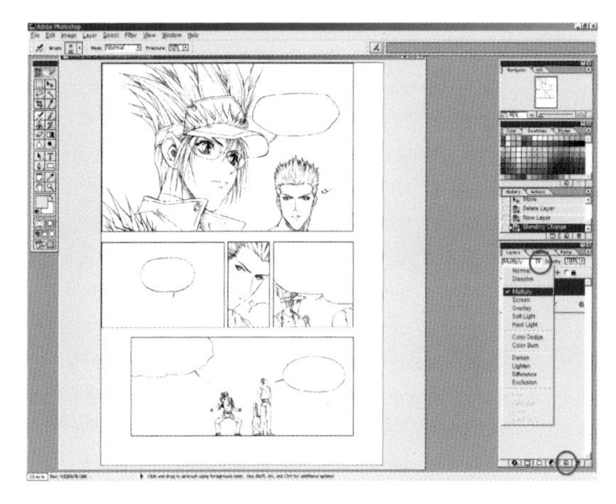

1 在Layer 面板上选择Create a new layer 做图层1。选择图层1 把Mode 从Normal 替换成MultIply。替换Multiply Mode 说明把图层该为透明状态。这是上颜色的图层。这时不能在Background 上添颜色。

刚开始制作的时候如果稍不留神就会犯在Background 上添颜色的失误。

2 选择Background。（Background上会亮绿灯。）为了在人物的头发部分上颜色Select（选择区域）。

把魔术棒工具的数值设定为Tolerance 55 左右之后选择Select。按住Shift 的状态之下把头发的部分用魔术棒全部选择。

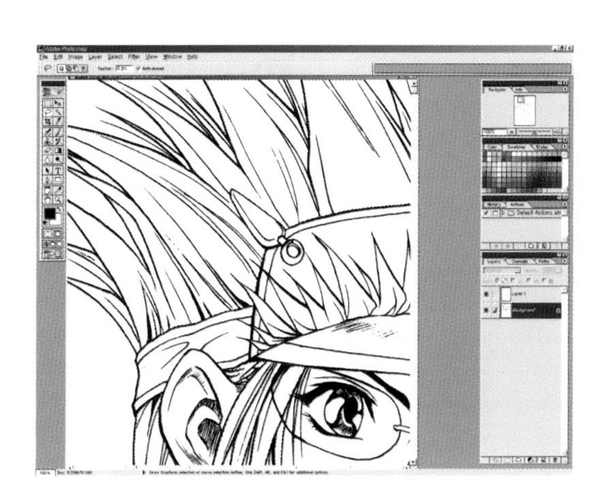

3 头发里面的线也用套索工具进行选择。

4 点击Multiply Mode，看一看Select 是否被选择。到头发内侧线为止选择Select。

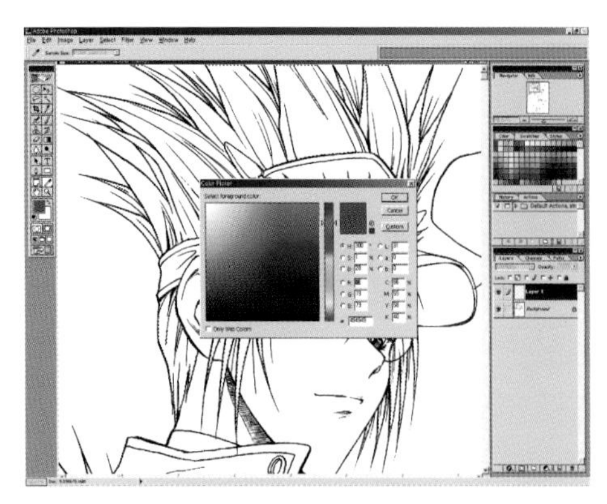

5 选择图层1之后点击前景色在Color Picker上选择头发的颜色。所选择的颜色即使是彩色，但因为图像的形式是Grayscale仍会表现为黑白。

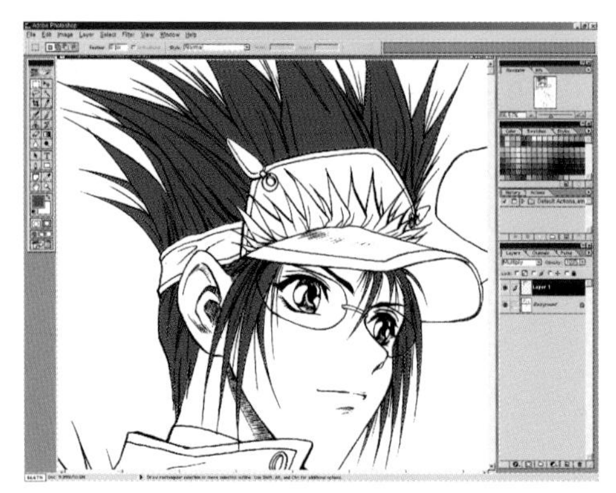

6 利用Edit-Fill添在前景色上选择的头发颜色。上颜色的时候使用快捷键比较方便。前景色是Alt+Backspace，背景色是Ctrl+Backspace。往后在选择区域里上颜色的时候使用Fill会比较好。

头发的颜色添完之后为了重新选择别的区域的颜色，为了下次可以再借用到现在的颜色，把现在选择的头发颜色储存到Channels面板上。

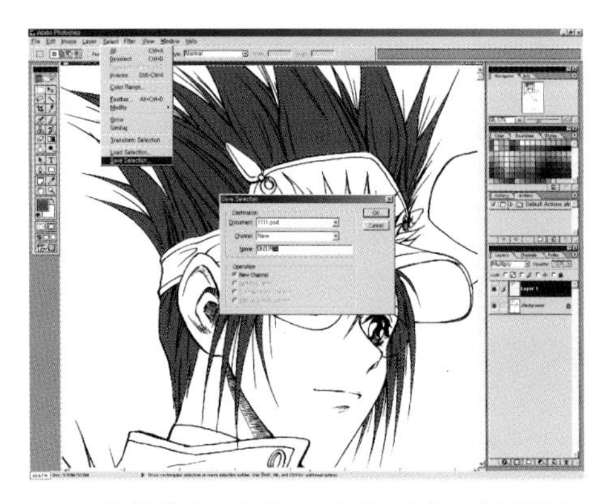

7 选择Select-Save Selection会显示Save Selection对话框，为了一目了然，设定名字之后再按OK。想把储存的借用出来时选择Select-Load Selection后按照名字查找。用这个上头发的颜色。为了选择别的部分按Ctrl+D进行Deselect，这样被选择的选择区域会被解除。

8 就像选择头发那样选择Background Layer再用魔术棒55选择帽子的部分。当然2个以上的选择区域时要按住Shift键。

要点

容易选择的部分不要保存。因为保存的图像越多容量变大，会出现复杂而麻烦。因此容易选择的部分，直接在Background里进行选择更有效果。

9 选择完帽子部分之后选择可以涂颜色的图层1，然后在前景色上选择颜色之后点击Alt+Back-Space开始涂颜色。

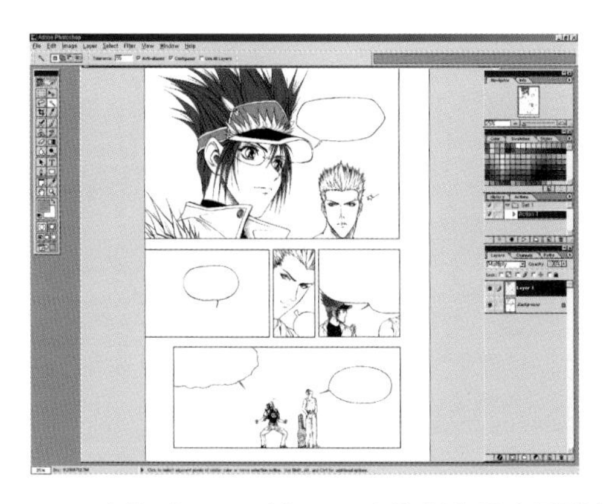

10 在Background Layer上选择之后在原则上要给图层1涂颜色后剩下的要涂基本色的部分也都涂上颜色。

上明暗

1 在画完钢笔线的原稿上用铅笔先画明暗，然后看着原稿在Photoshop上添明暗，这样就比较方便。

2 在Background Layer 把上明暗的部分用魔术棒工具和套索工具进行Select。

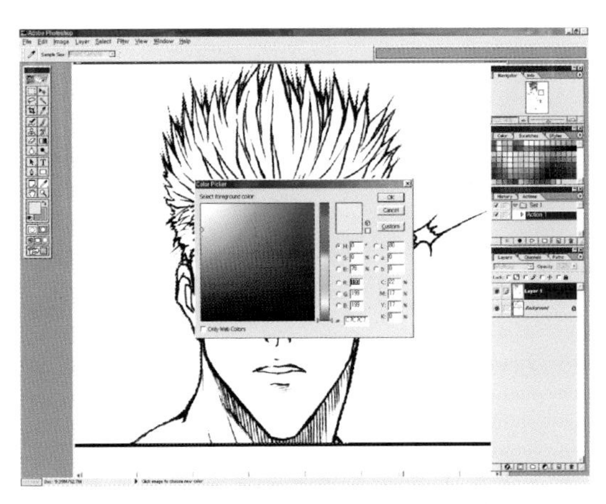

3 在Background Layer，选择完上明暗的部分后选择图层1。明暗也是用色调做的，所以在图层1上开始上颜色。在全景色上选择适合明暗的颜色。

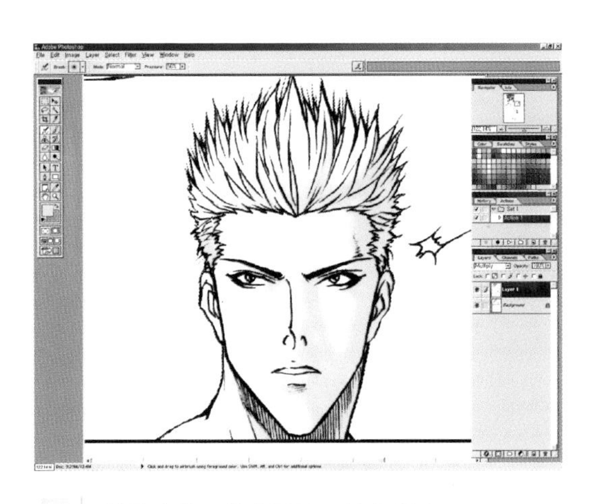

4 利用喷枪工具或画笔工具上明暗。

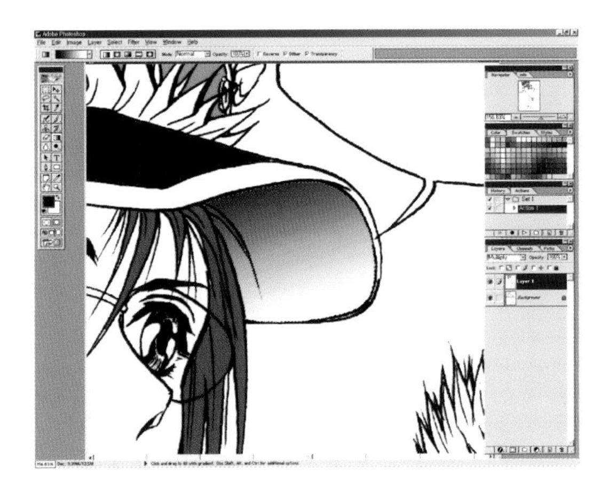

5 除了明暗之外，用渐变工具使颜色带有层次的时候也用这个方法。使用渐变工具的时候，前景色是始发点，背景色是终点，使前景色渐变成背景色。

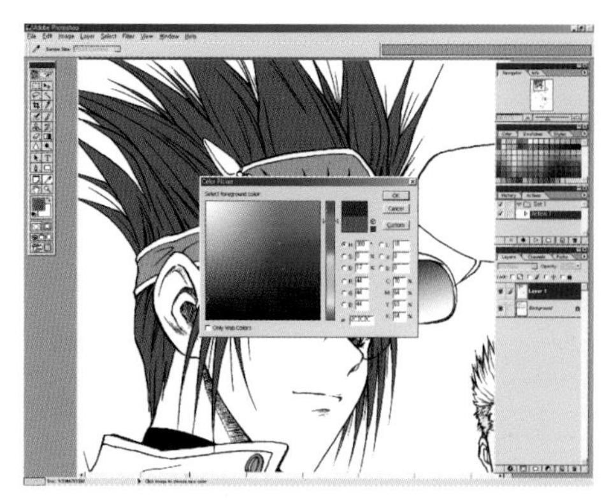

6 像头发和帽子那样已经有颜色的地方，要涂比基本色更暗的颜色或者新建图层用Multiply 上明暗。寻找比基本色更暗的深色的方法，是用吸管工具选择头发的颜色前景色就会变成头发的颜色。点击前景色之后，在Color Picker 对话框右侧上端的箱子上，可以进行比较选择颜色和头发的颜色。比较的时候容易找到深的颜色。

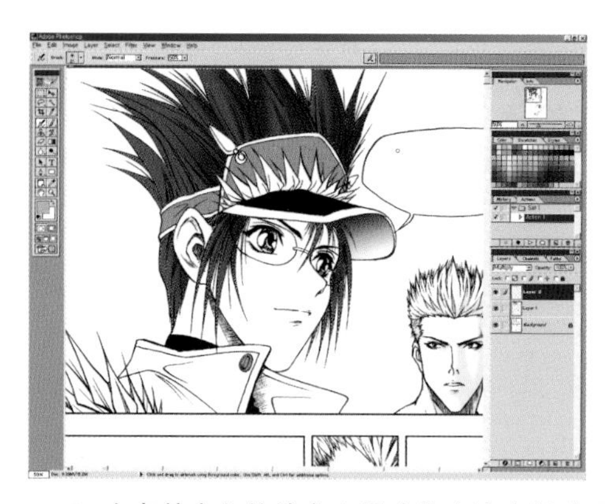

7 在有基本色的地方上明暗的方法中新建图层，是在基本色有花纹或者在渐变状态下使用比较有效。

8 在基本色调上给Filter效果的图像。

9 做出新的图层，用 Multiply Mode上颜色。

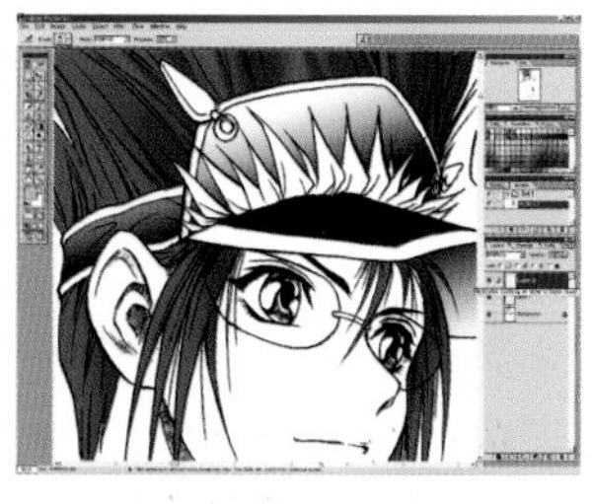

10 在基本色调上渐变状态的图像。

11 做出新的图层，用 Multiply Mode上颜色。

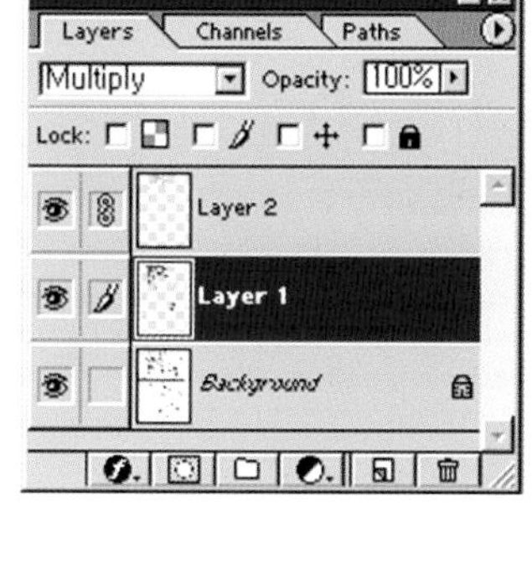

12 给新的图层上明暗，完成之后在图层1上Linked图层2，选择Layer-Merge Linked 把两个图层合并。合并之后的图层会成为 Normal 状态，这时把它改为Multiply Mode。

13 剩下的明暗也在Background选择，然后在图层1上添明暗。

要点

在图层作业中，为了保护透明的领域，可以用Shift+Alt+Delete来填充前景色。

背景的合成

背景部分直接画完之后上明暗，或者贴网点纸也可以。
但是如果想用各种方法做出多种效果，还是另外制作背景部分比较好些。

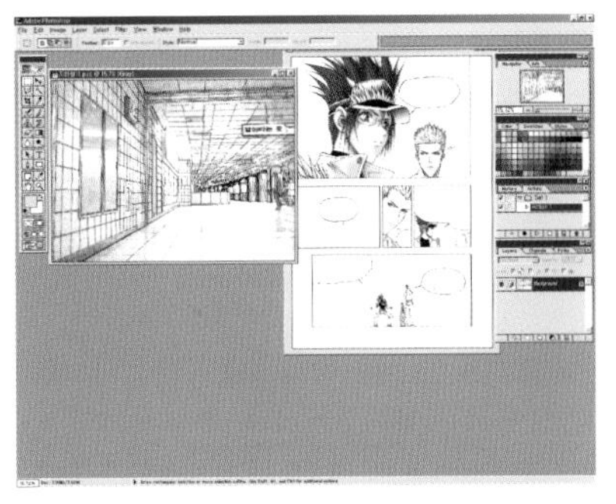

1 用Open把背景找出来。进例题第一个插图的背景。把地铁的背景用数码相机拍照之后，再进Photoshop里改变色调后，画钢笔线。这样的制作方法稍后在制作部分时详细说明。

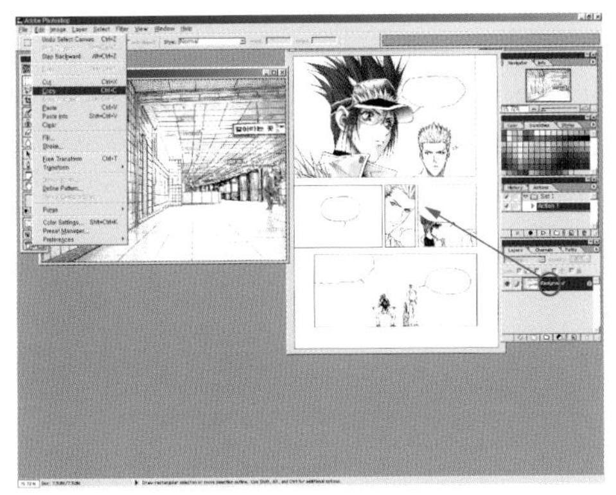

2 选中的背景图像改为合成图像的方法有两种：一种是选择的图像Select-All之后做Edit-Copy，然后选择所要合成的图像，Edit-Paste之后复制粘贴。另外一种是把被选择的图像Layer面板里的Background layer拽到所要合成的图像里，就会改成Layer。

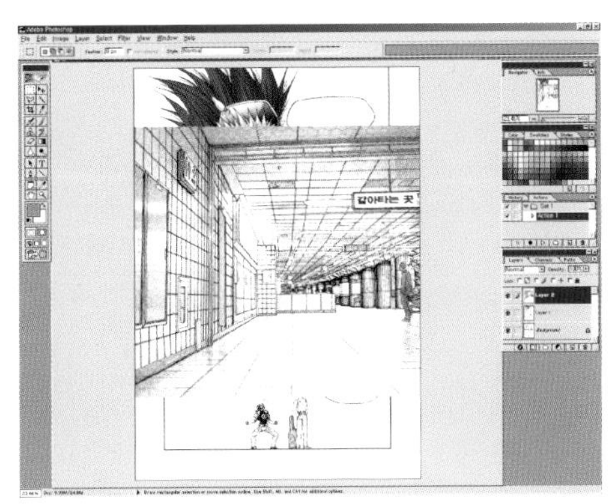

3 把背景图像改成了Layer。因为Layer Mode是Normal状态，画被挡住了，因此要把这个改成Multiply Mode使其透明，才能找到适当的位置，根据画面调整大小。之后放大缩小。

4 背景图像在Multiply状态下会透明。利用移动工具移动到跟人物和透视相符合的位置。需要调节大小时用Edit-Free Transtorm。(ctrl+t)

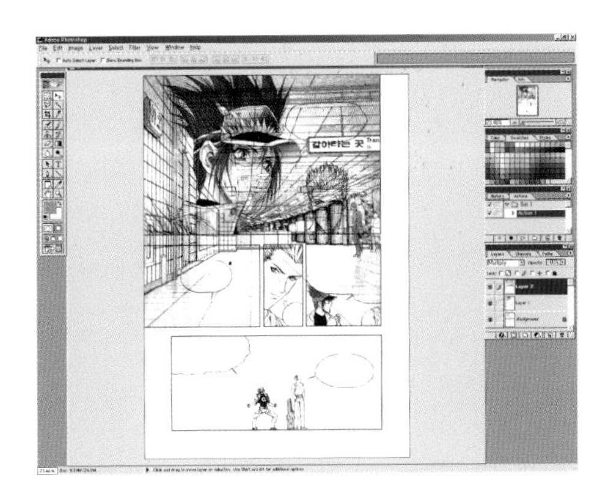

Free Transform的使用方法

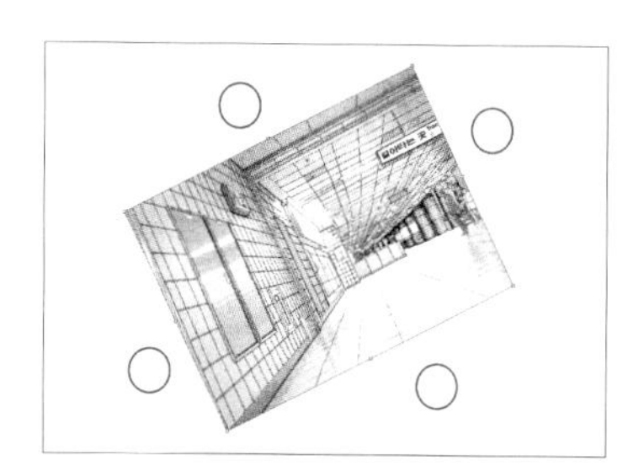

旋转图象时按住图象的外侧让它旋转。

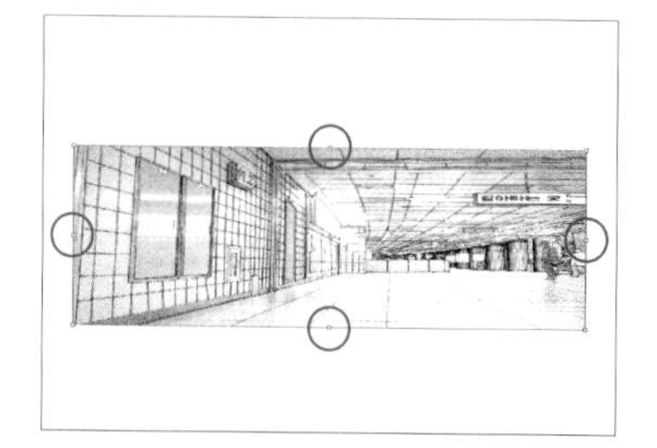

拉长或缩短图象的下上左右时按住图象外框四边中心的四角形进行放大或缩小。

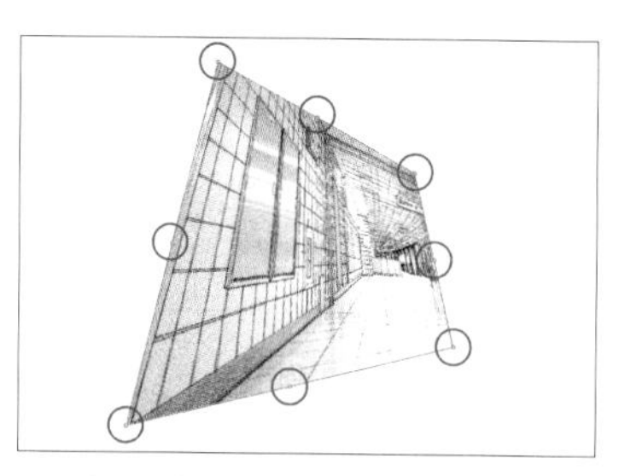

把图象往各种方向自由拉长或缩短时按住Ctrl键自由移动所有边的中心和顶点。

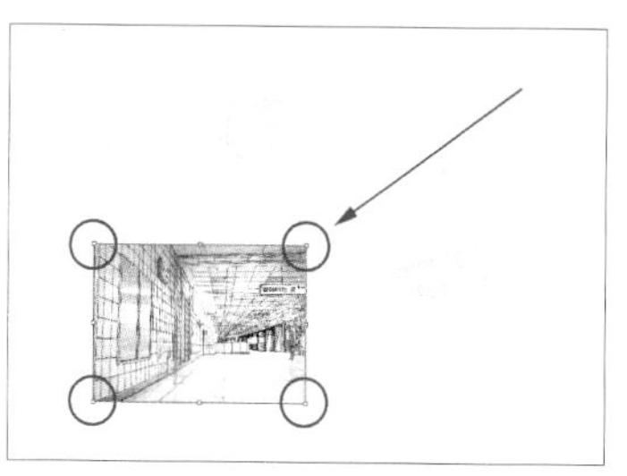

把图像以一样的倍数放大缩小时按住Shift键移动顶点。

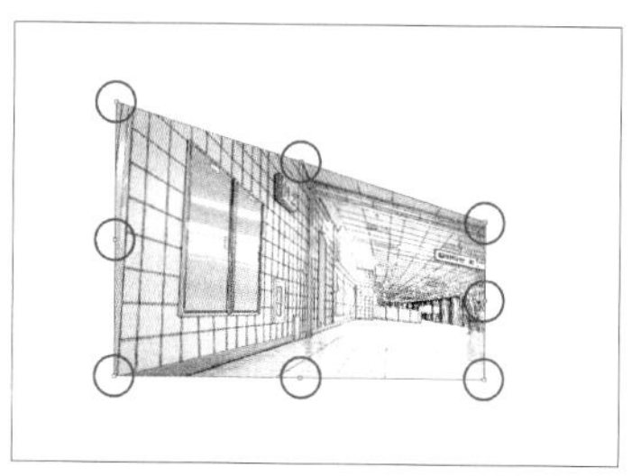

维持图象的平衡只放大缩小一部分时同时按住Shift+Ctrl键移动。

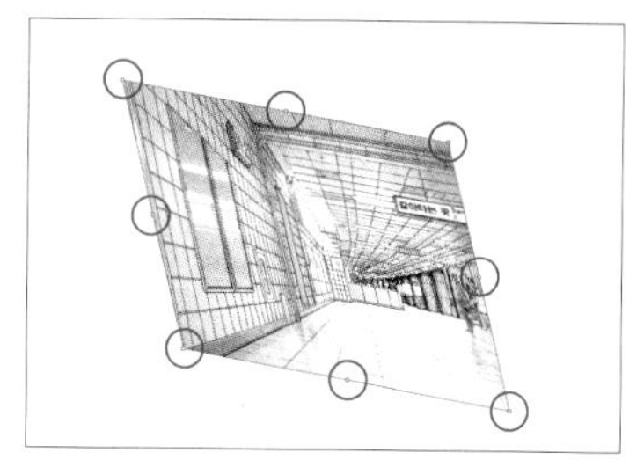

把图象对角线或相应线以反方向放大缩小时同时按住Shift+Ctrl键移动所有边的中心和顶点。

5 背景的图象如果合成的位置相一致，点击Layer 2, layer 的眼睛图标使背景看不见，然后在BacKround上用魔术棒选择背景要插入的位置。

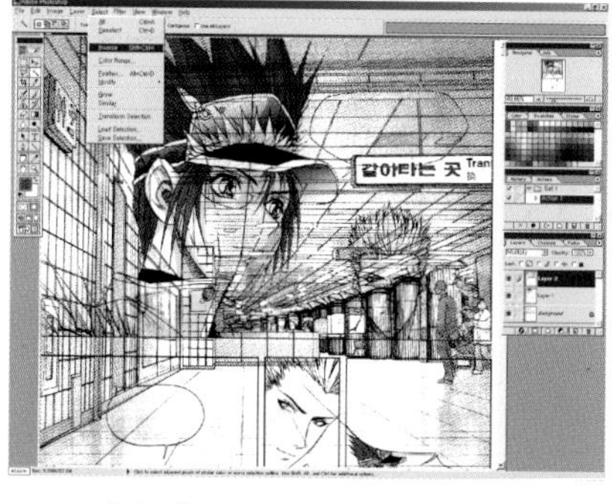

6 选择背景插入的位置后重新选择 Layer2。选择后眼睛图标会亮起来，这样就可以看见背景图象。选择Select-Inverse.那样可以选择除了背景以外的所有区域。

要点

RANSFORFRM状态下同时点中Ctrl+Alt+Shift键，在移动一个点时，反面的点也在相反方向动。这种方法可以表现远近感的效果。

7 选择Edit-Cut。
那样背景之外全部消失。用这种方法合成背景。

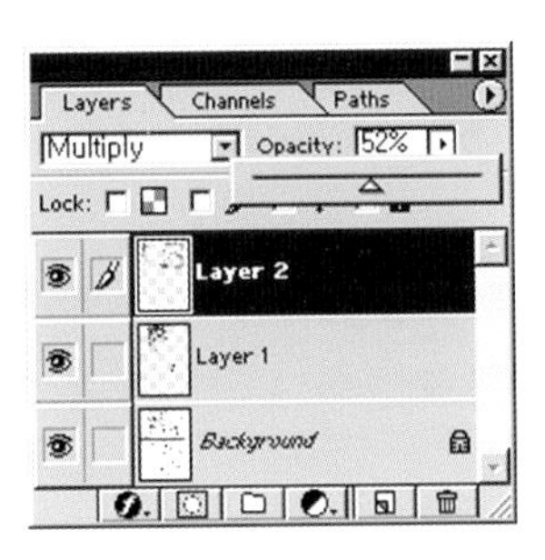

8 如果Layer2Laye的Opacity的数值下降透明度会上升，这样黑色会变成灰色。背景太复杂的时候，为了突出人物可以使背景模糊。但是变成灰色的图象用色调分离后和Latel Linked之后进行合成。

背景图像合成的两种方法

把背景的图象和钢笔线合成的时候

虽然不能给效果，但是可以在人物周围上白色轮廓线，或选择画笔形式中选择Dissolve的白色和黑色，做出把色块切下来的效果。

把背景的图象和色调合成的时候

可以用过滤工具制造各种各样的效果，有多样表现的功能。

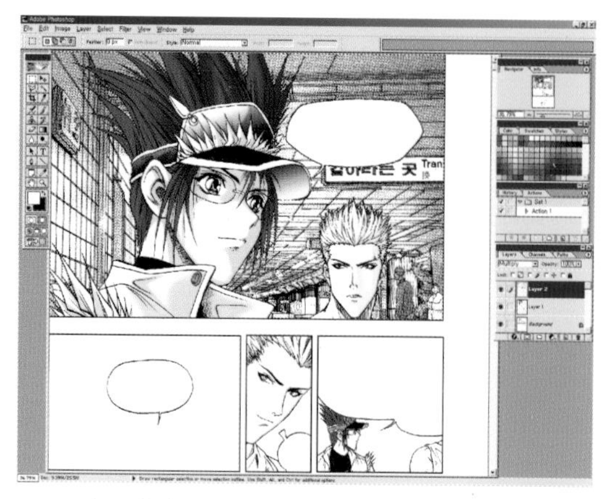

9 为了突出人物，在人与背景之间画白色框线，为此先把背景的部分Background之后再Select。Select稍微复杂的时候先做Save Selection然后再做Load Selection就方便多了。Select完背景之后选择有背景图象的Layer2。

10 选择Select-Modify-Contract会出现Contract Selection对话框。是以Contract BY:9Pixels设定的。这是把选择的区域以9Pixeis左右缩小的意思。

11 9Pixels Select的泛围缩小了。缩小的区域就是白色外框线要插入的地方。

12 选择Selec-Inverse翻转背景选择区域。利用橡皮工具在有背景图象的Layer上蹭上去，这样就会显示白色外框线。

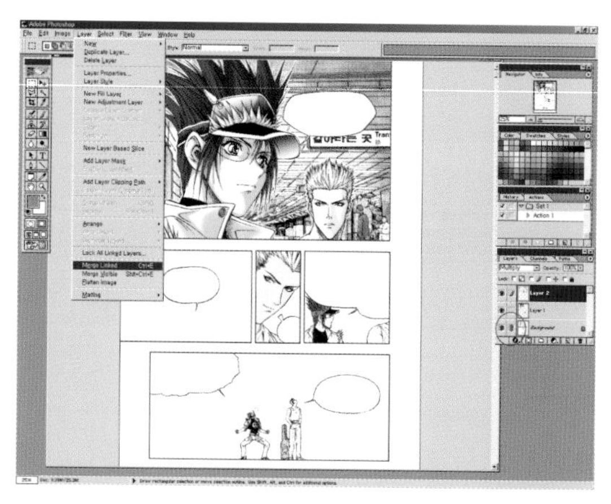

13 在钢笔线为主的制做方法中，钢笔线和色调必须要分离清楚。因为背景图象是用钢笔线制做的，所以和Background layer合成钢笔线分类。和Background连接选择Layer-Merge Linked与其合成。

用Bryce的软件做成了有白云的天空。关于Bryce的说明在第3单元的Bryce上进行，现在先说明进到网点纸里面的背景。

14 用Bryce 构思做成的天空是彩色（RGB）状态。为了转换成黑白图象选择Image-Mode-Grayscale或Image-Adjust-Desaturate或Grayscale Mode.从彩色变成黑白原稿图象Grayscale，所以天空的背景也改成Grayscale Mode。从彩色变成黑白用彩色的亮度差也就可以表现图象，但鲜明度会稍微下降。这个时候调整亮度差就可以使图像很鲜明。

15 跟Image-Adjust-调整的意思一样在Adjust上调整图象的方法有好几种。其中Levels和Auto Levels,Brightness/Contrast比较常用。

16 选择Auto Levels状态的图象。

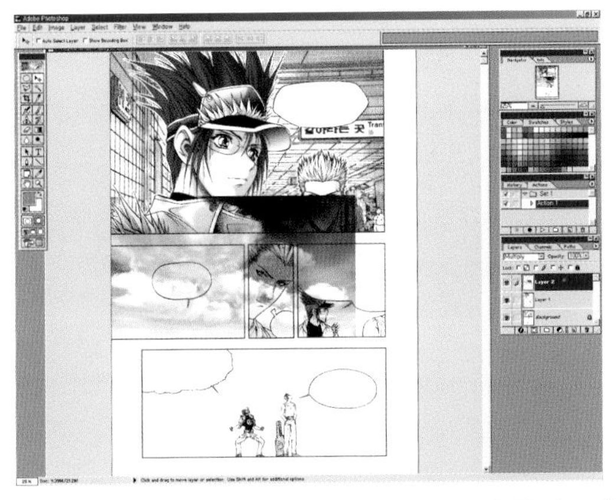

17 把天空的背景图象Copy-Paste，或拖动图象在漫画原稿图象上面以Layer状态打开。这是放在第二个画框里的背景。第二个画框里的对白是“真凉爽～”。这是想要把凉爽天空的感觉显示出来的意图。把天空的图层layer2的形式做成Multiply状态。

18 选择Edit-Free Transtorm调整天空大小放第个框里。Free Transorm是经常用的效果，使用快捷键Ctrl+T会比较方便。

要点

绘图工具（喷笔工具、毛笔工具、铅笔工具、线笔工具）选择时按住Alt键可以临时用吸管工具、按住Ctrl键可以临时用移动工具。

19 在Background上用魔术棒选择插入背景的位置后在有天空图象的layer2上Select-Inverse再Edit-Cut.这个插画框的图象是灰色，所以应该跟网点纸合成。选择layer1后链接layer2，选择layer-Merge Linked和色块layer（layer1）合成。当然layer合成于Multiply形式。

20 这是用在最后面插画框里的背景。这个图象也跟前面的地下铁图像一样，表现为白色和黑色。把相片改换成网点纸之后上了钢笔的图象。

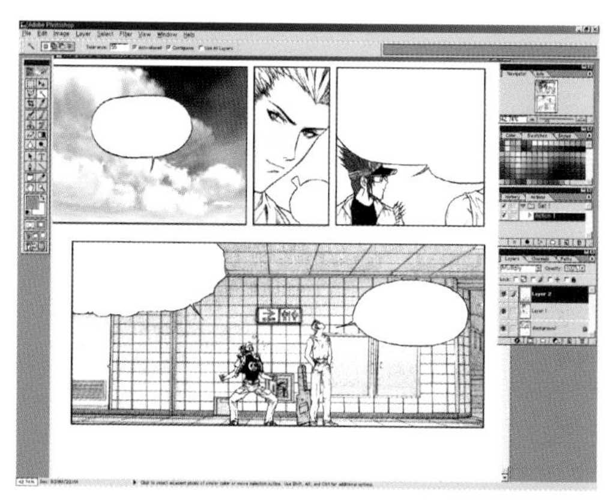

21 跟前面的背景合成方法一样，把拽过来的层改成Multiply形式。用Free Transform调整背景要插入的位置，在Background上Select，在背景要插入的位置Select后又做Inverse后用背景图象做插图的方法完成图像的合成。

22 **地下铁里有两个主人公就会显得单调，所以旁边增设配角。**

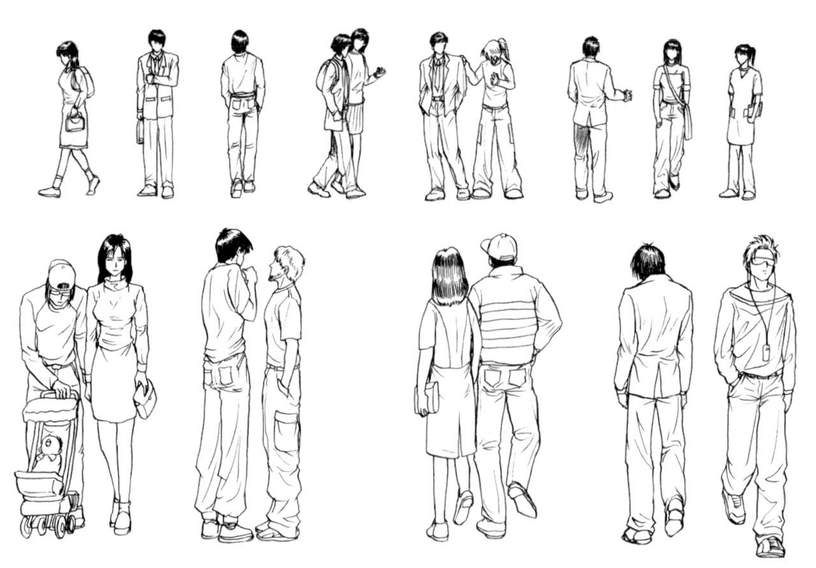

先制做好几十个左右的配角放在一边需要时用着方便。

配角是根据大小和种类可以以三类：大人类、中间人、小人类。把这些人多画几个，表现远近感时能有效利用。

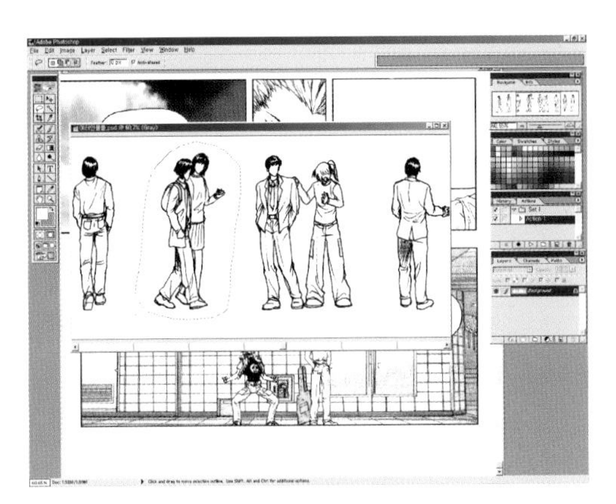

23 用Open 打开配角人物。
用套索工具广泛选择合适的人物。

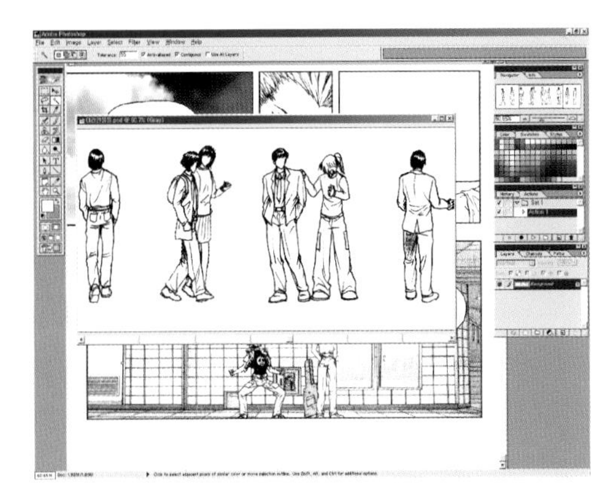

24 选择魔术棒工具之后在按Alt 键，用套索工具选择宽敞的里面和人物的外面。在魔术棒工具上按住 Alt 键的状态是删掉同样样颜色的意思。这样就可以只选择人物Select。之后做Edit-Copy。

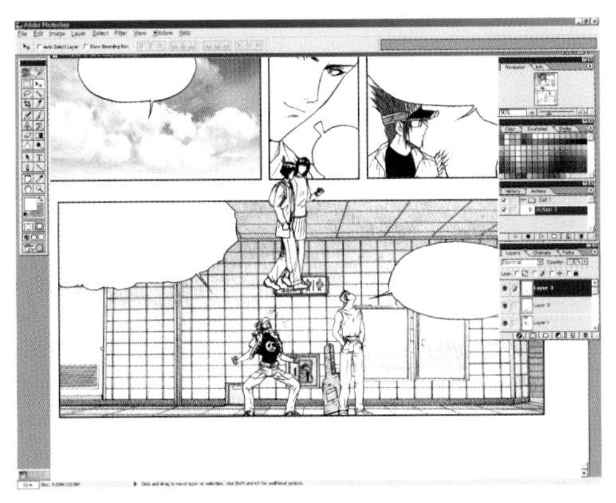

25 在漫画原稿图像里进行 Edit-Paste 后粘贴。这样会在 layer3 的新 layer 上出现人物配角。背景图象的layer2 是Multiply 状态，因为是透明的，所以laye3 应该在laye2 的上面。人物配角是 Normal 状态。

26 如果人物laye（laye3）在背景laye（laye2）的下面就会这样透明。

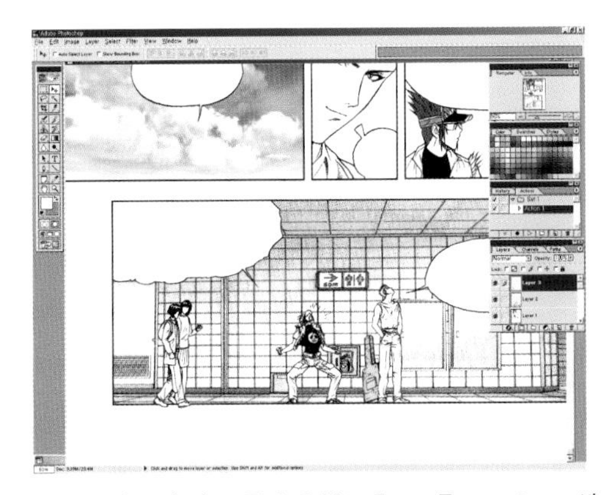

27 利用移动工具和Edit-Free Transform 选定配角要进去的地方和调节大小。

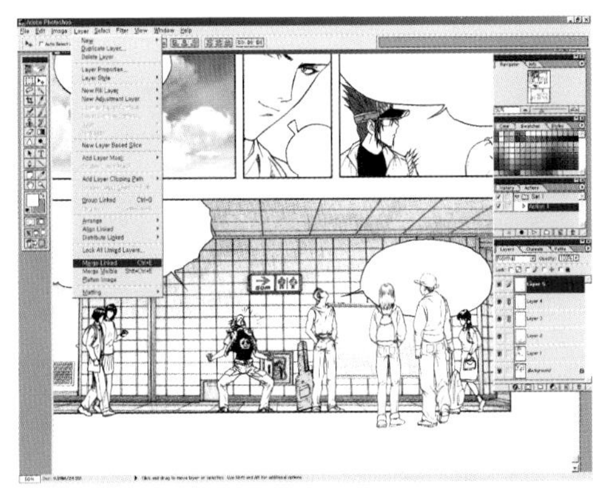

28 把其他的人物配角也Copy-Paste 打开。到了一定程度把所有的人物配角都链接。之后选择Layer-Merge Linked 把人物配角进行合成。

29 人物配角合成之后在Background layer 上Selec背景部分。选择有人物配角的Layer做Select-Inverse之后用Edit-Cut剪切。这样露出插图框外的部分和背景部分外的画被剪切成像一个合成的插图图象。

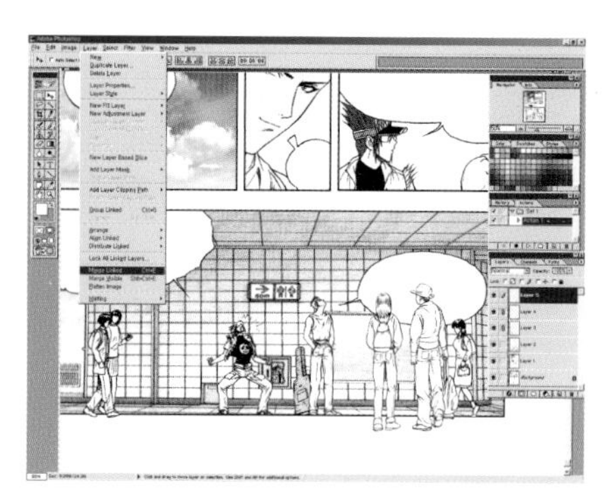

30 把人物配角Layer在Background上链接后选择Layer-Merge Linked。这样就只剩下了钢笔线（Background Layer）和网点纸（Layer1）。

31 为了在人物配角上添颜色，在Background上用魔术棒工具Selec之后在Layer1添颜色。

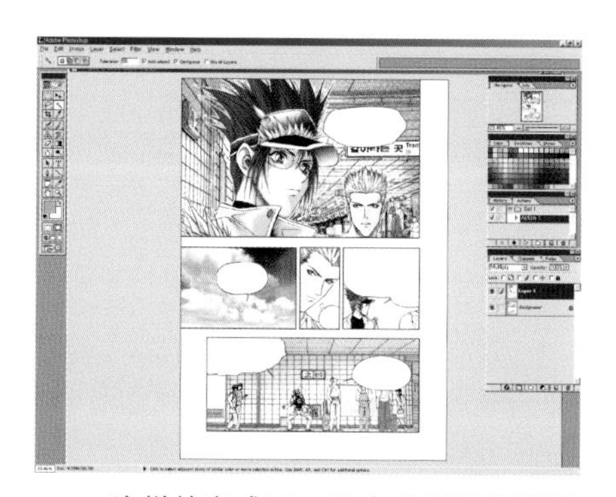

32 这样就完成了。现在只剩下最重要一步把钢笔线的鲜明的出版效果转换成Bitmap。

Mode（模式）的转换（转换成位图）

现在的Mode形式是Grarscale形式。

在这个状态下合成layer结束原稿制作或打印出来的话，钢笔线会出现马赛克现象或因为点不会干净利落。转换成Bitmap Mode，但不仅仅是单纯的转换，需要经过简单的做业工程才能看到满意的钢笔线。

Bitmap Mode的图象

Grayscale Mode的图象

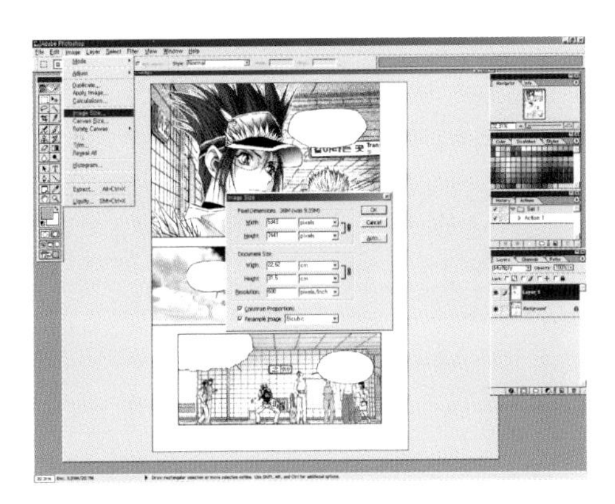

1 选择Image - Image Size，出现Image Size的对话框。分辨率(Resolution) 300 pixels/Inch 改为600pixels/inch，然后按OK键。

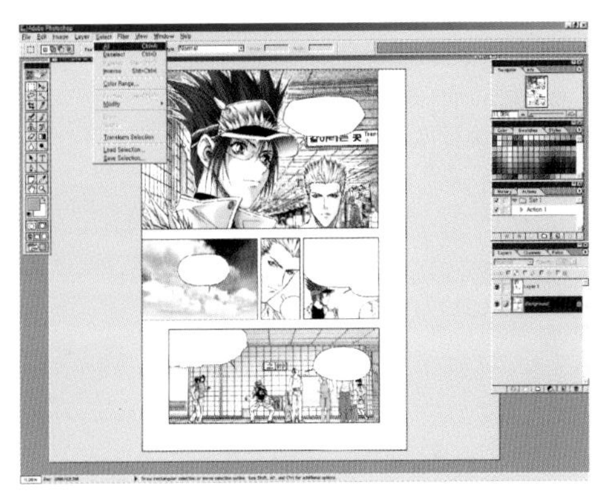

2 选择Background layer 后再选择Selec - All。那样全部图像会被Select 上。

3 选择Edit - Copy 复制Background layer 。

4 把Background layer 复制后，把Background layer 拉到Layer 调色板右侧底下的垃圾桶里，然后删除Background，那样只会剩下透明状态的色调图像。

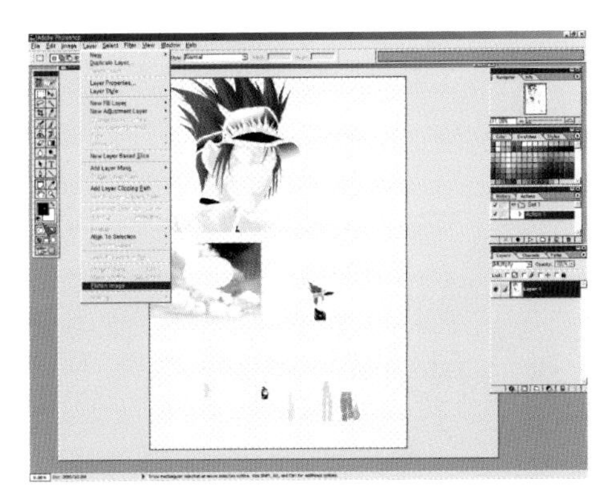

5 按红色箭头的部分（Default Foreground and Background colors），全景的颜色会变成黑色，背景的颜色会变成白色。背景色必须是白色的。现在选择Layer - Flatten Image 。

6 因为色调图像是Flatten Image，所以Background 形态会变成Layer 的基本状态，这样背景的颜色合起来会变成白色。
现在开始换Mode，请选择Image-Mode-Bitmap。做Save Selection 的时候，如果在Channels 里有已储存的Select 的话会出现可否删除Channels 的对话框。因为完成的原稿被换掉，所以Channels 是没有用的，按一下OK 就可以了。
（选择Save Selection时要是没有保存Discard other Channels就不会出现是否要删除的对话框。）

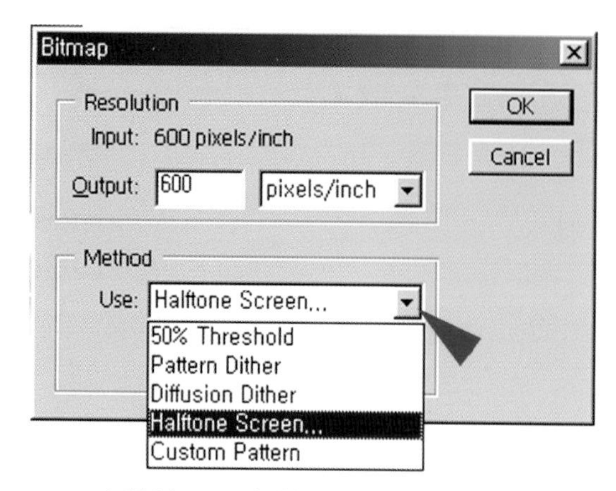

7 出现Bitmap对话框在Method的use里选择Halftone Screen后单击OK键。

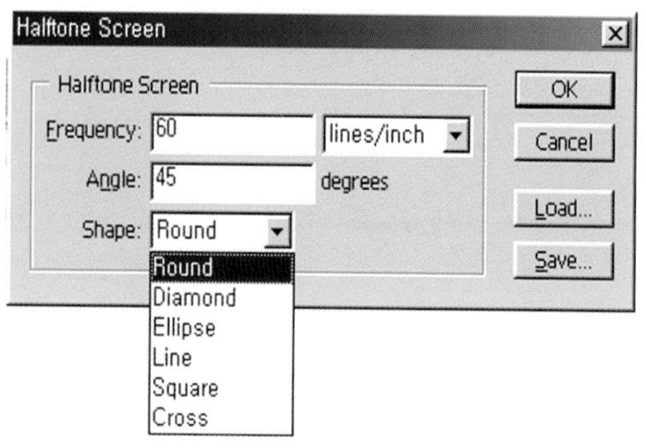

8 会出现Halftone Screen的对话框，这是能调整色调网点分布与色调形状的对话框。Frequency数值越小网点就会越大，数植越大网点越细密，选择以后按OK键。

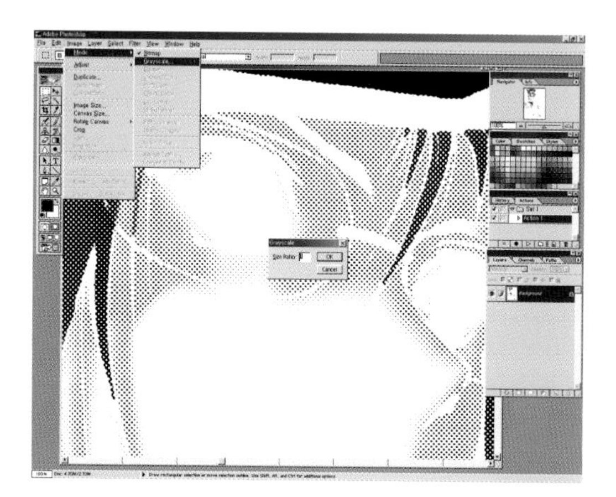

9 把图像做成网点模样，重新换到Grayscale Mode里，然后与钢笔线合在一起。那样的话会出现Image－Mode－Grayscale的对话框，这是询问大小比率的对话框，在里面的Size Gatio里选择1以后按OK键。因为草稿里选择的是1，因此，直接按OK键，就会回到Grayscale里。

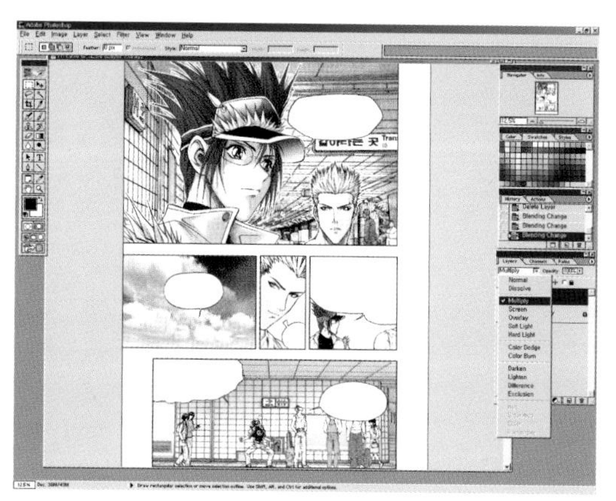

10 选Edit－Paste的话，在没更改Mode之前，做Copy的Background图像里会出现Layer1。把Layer1里的Mode换成Multiply后选择Layer－Flatten image，并和Background图像合在一起。

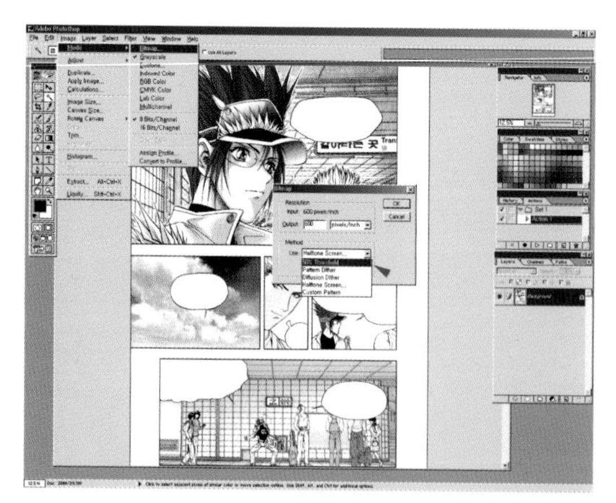

11 重新合成的漫画图像，重新换到Bitmap Mode里，选择Image－Mode－Bitmap。
在Bitmap的对话框里把Method里的use，选择到50% Threshold后按OK键。

12 这样做用钢笔线为主的制作方法制作的漫画原稿就完成了。虽然Mode更改过程有些复杂，但掌握其原理就简单了。在Bitmap里是不可能存在灰色的，只有黑白两色的图像才是Bitmap图像。在Grayscale里为了把灰色变成网点，把钢笔线保存在Copy的状态后，删除钢笔线，只把网点的部分做成Bitmap调色网点状态，然后重新在Grayscale里和钢笔线合在一起，都做完以后再重新转换到Bitmap Mode里。

要点

图像完成后储存的时候如果在jpg里保存多次图像的质感会下降。在Photoshop里工作时要往PSD里储存，然后要使用成品时再转换成jpg储存。

6 纯情漫画里常用的明暗效果制作法

纯情少女漫画与少年漫画，还有成人漫画，儿童漫画等根据读者的年龄、性别、兴趣的多样化，漫画形式也出现了许多不同的形式。现在介绍一下用Photoshop表现的许多不同形式中女性所喜爱的纯情漫画的表现方法。要表现纯情漫画的精巧而纤细的钢笔线、采用钢笔线为主的制作方法比明暗调子效果为主的制作方法更为适合。

1 对着分镜头画素描的时候，首先要想好用什么背景。确定电脑制作部分和手工制作部分，为后者选用蘸水笔。

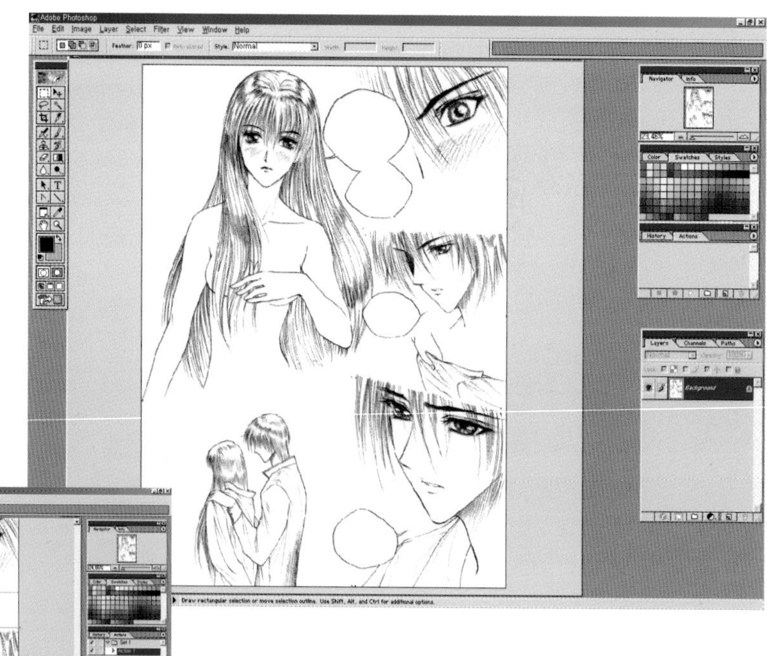

2 钢水笔完成后用橡皮擦完开始接受扫描，（Grayscale 300dpi）做完扫描的原稿画输入Photoshop里。

3 做新的Layer（Layer 1）。
在Layer里用多角形选择工具画成形的插图的边线，选择Edit-Stroke画插图边线。以线结构的插图是利用线工具直接画上去。
使用线工具就会出现Shape layer。

图层锁定（Lock）的四种技能。

Shape layer

1 透明影像保护技能。
2 涂层画像保护技能。
3 涂层移动保护技能。
4 涂层锁定技能。

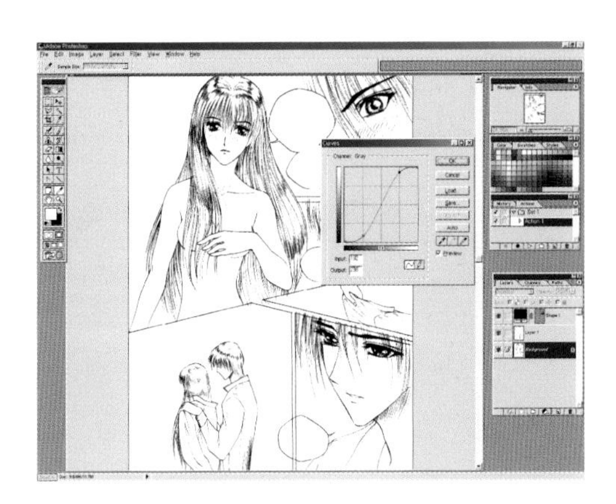

4 选择Background layer 后实行 Image-Adjust-Auto Levels。
选择 Image -Adjust - Curves 把黑色与白色的对比差拉大一点。然后把乱七八糟的斑痕与漫画原稿上不需要的线全部去掉。

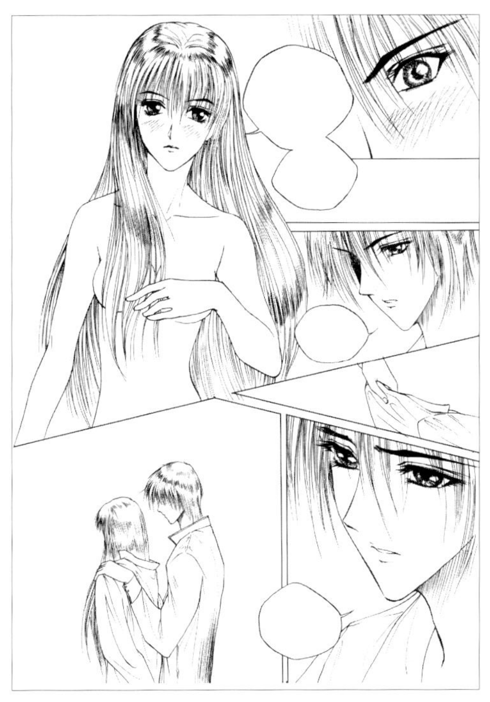

5 在Background layer 里擦掉伸出插图边线外的线。擦掉 Layer 1 和 Shape layer 里伸出去的线。选择 Layer - Flatten image 以后再和 Layers 合起来，做成一个 Background layer 状态。

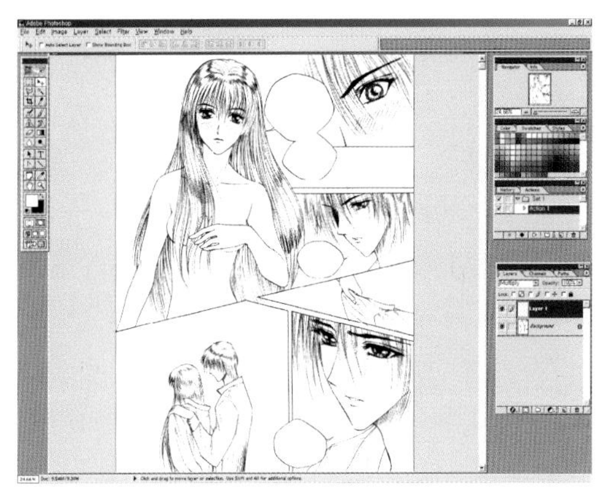

6 重新做一个 Layer (Layer 1)后，用 Mutiply 设定流行服，这个新的 Layer (Layer 1)是上色的 Layer，请千万不要在 Background layer 上色。

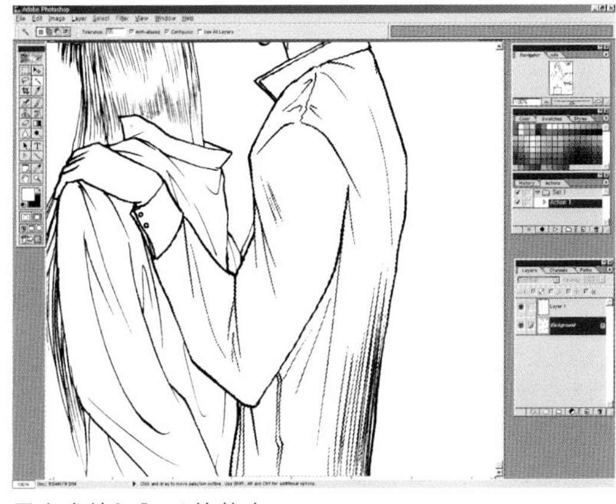

用魔术棒Select的状态。

7 在 Background 里为用魔术棒上基本的颜色，选择 Tolerance 55 程度的男式服装。如果没有往外漏线就能出现男式服装。然后在服装的区域按 Shift 键做 Select。

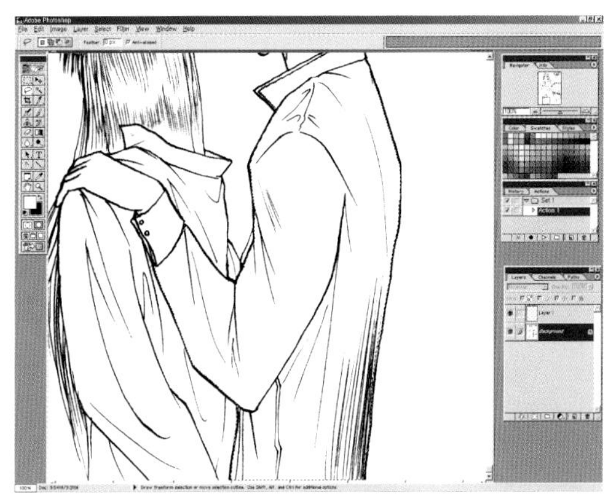

选择套索工具，连内侧都套住的状态。

8 衣服内侧的蘸笔线也用套索工具，按 Shift 键的状态下做 Select。

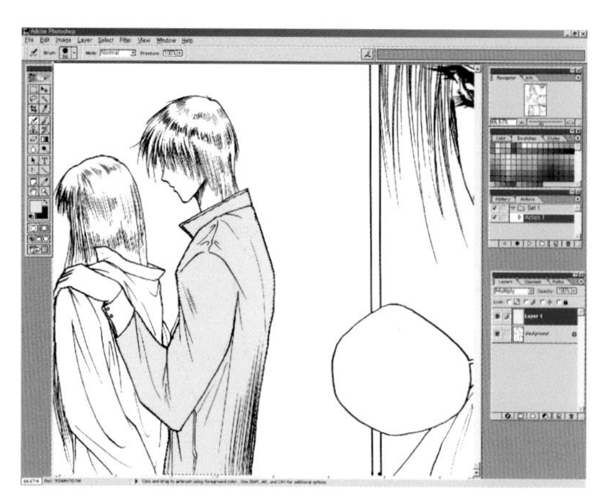

9 在Background layer 里Select 区域Layer1选择颜色后。按 Alt + Backspace 键填充前景色。

10 剩下的基本色也在Background 里选择之后在Layer 1 里用上色的方法上色就可以了。要是有漏掉的线用套索工具选择。Edit - Cut。

11 重新出一个Layer（Layer2）。然后给Layer 起名为"明暗"。这个Layer 也用Multiply 设置。

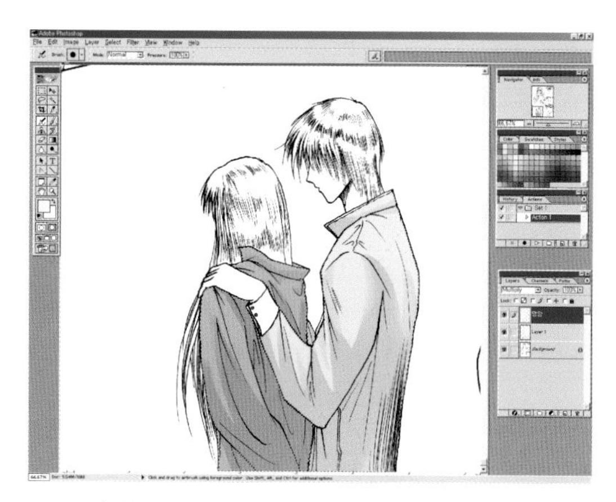

12 有基本色彩的地方在基本色彩Layer（Layer 1）里选择魔术棒工具，在明暗Layer里选择色彩然后上明暗（要注意的是不能太黑）。

13 没有基本色彩的地方像在Background layer 里用魔术棒工具与套索工具一样做Select 以后。在明暗Layer上明暗。

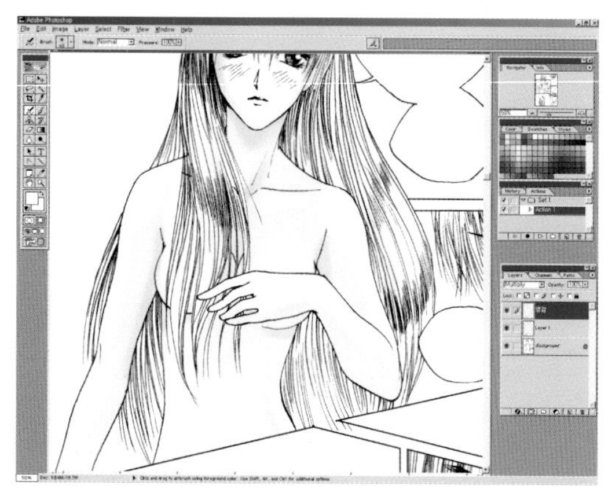

14 Select 明暗Layer 直接上明暗，露出去的地方在Background layer，选择魔术棒在明暗Layer里用Edit - Cut方法表现明暗的情况也有，在明暗Layer里Select复杂的地方，选择橡皮工具去掉连上明暗就可以了。

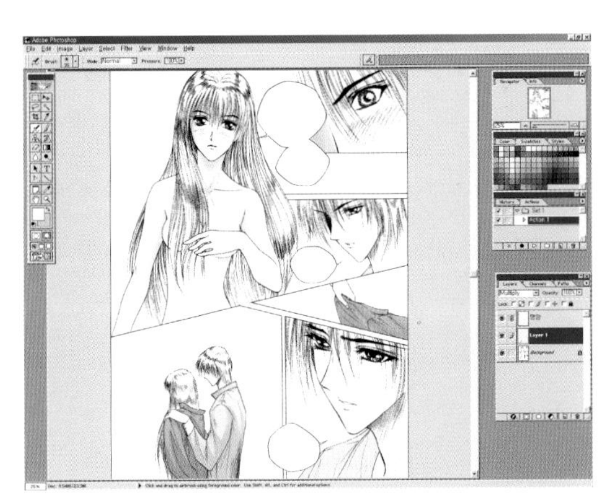

15 在明暗Layer 里适当的上明暗。选择Layer 1 和明暗Layer 链结后，选择 Merge Linked 和明暗Layer 1 合起来，合起来的形式会变成Normal 状态。重新把形式设定Multiply 状态。以蘸笔线为主的制作方式里蘸笔线与色块部份要有明确的分离。如果Layer 很多，容易引起混淆的话把蘸笔线(Background)和色块Layer分开收集也是很好的。

Normal (Background)

16 为了在背景里有花的感觉，所以把有花的图像输入进来。准备好几条适合于自己画的花图像，可以有用时有效地利用。花是按类型分别画好花朵和叶子之后，边复制边安排就能发挥多样的效果。

17 把输入进来的花图像用套索工具大范围的选择。

18 在大范围选择的花周边外用魔术棒选择以后，在按Alt 的状态下做 Select 的话只会剩下花的部份，把这样 Select的部分做 Edit - Copy 。

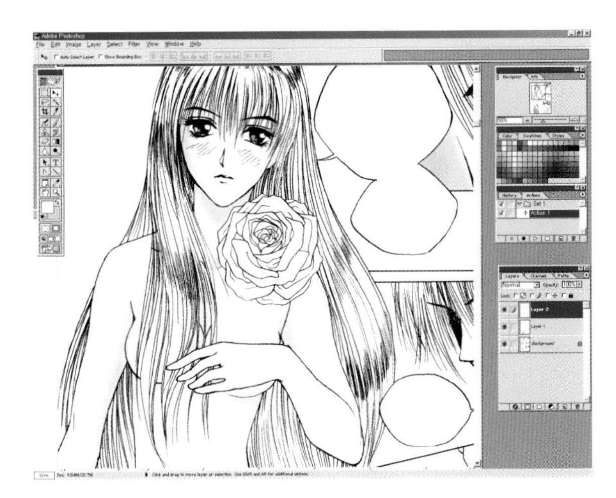

19 在漫画图像里按Edit - Paste 的话复制过的花图像会贴进新的Layer (Layer 2) 里。

要点

使用套索工具或是多角形工具时会出现选择直线或曲线的时候。这时按Alt键往下拉的话在套索工具是转换成直线，多角形工具是转换成曲线。

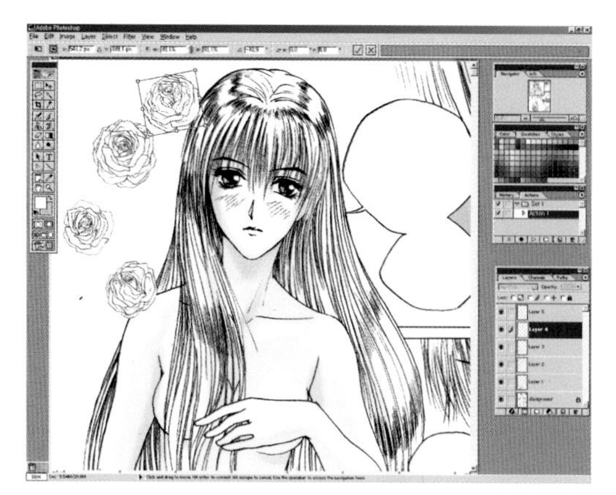

20 把花复制几个，利用移动工具和Edit - Free Transform 调节花的大小并安排。

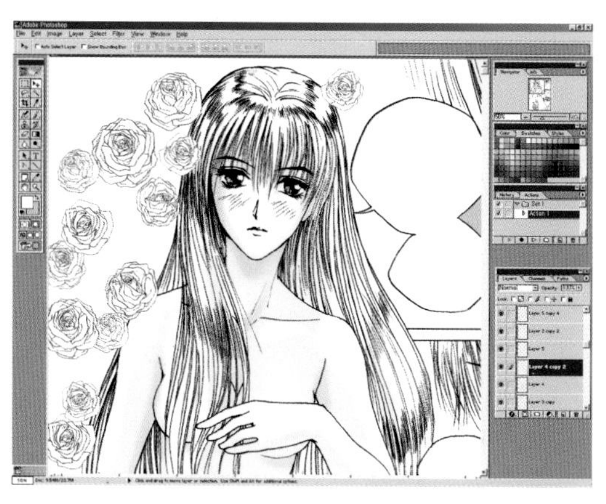

21 把花进行多个复制，利用Edit - Free Transform 调整方向和位置，和别的花朵一样使人清楚的看见。

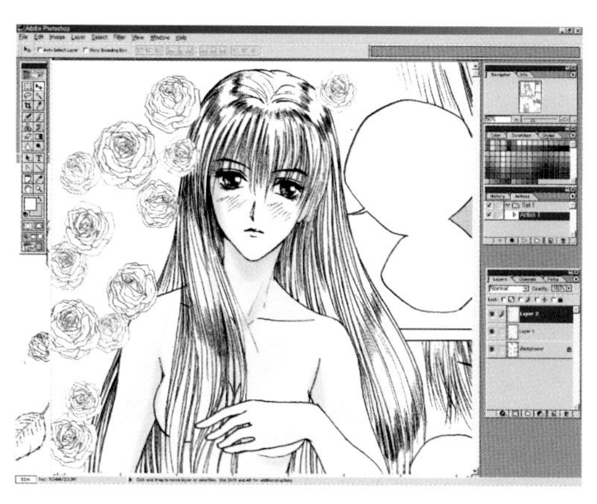

22 把花朵都连结以后按Layer - Merge Linked 键重新做一个Layer。

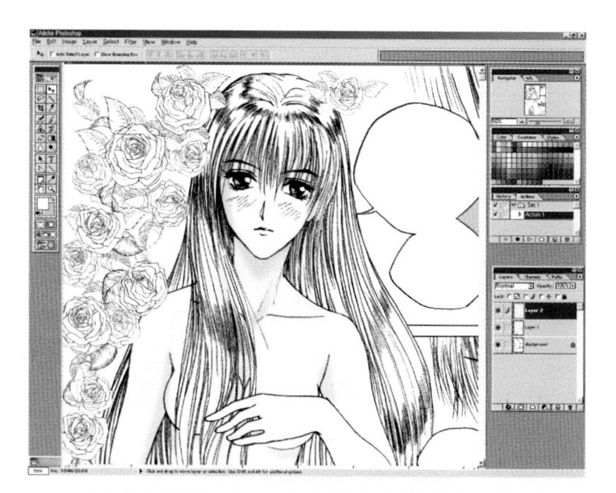

23 花叶也和花朵一样多复制几个后，变成不同形状的花叶用Transform 调整大小和方向并安排。安排后把花朵与花叶用Layer 链接后用Layer - Merge Linked 把花朵与花叶做成一个Layer。

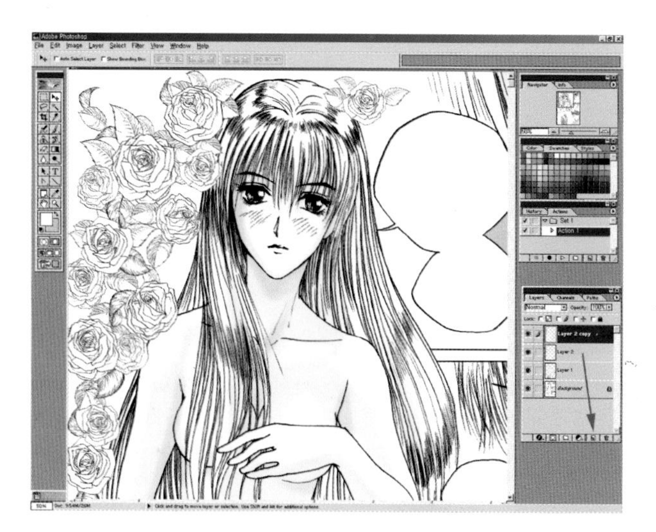

24 把花朵与花叶的Layer 复制一次，这是为在花朵与叶子的周边放进网点图层。

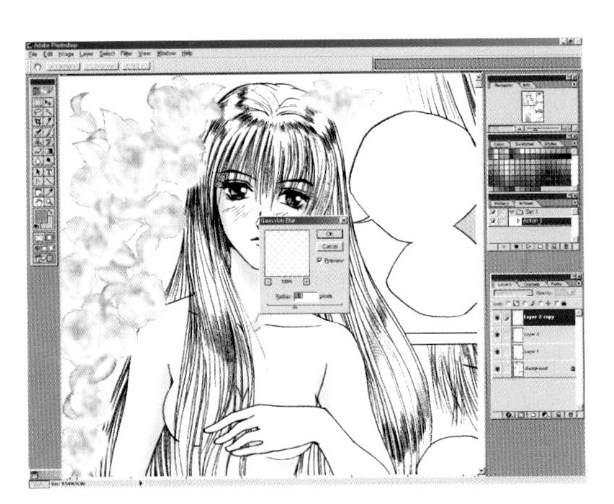

25 复制鲜花图层后选定Filter-Blur-Gaussian Blur 将Radius 调到8.8。

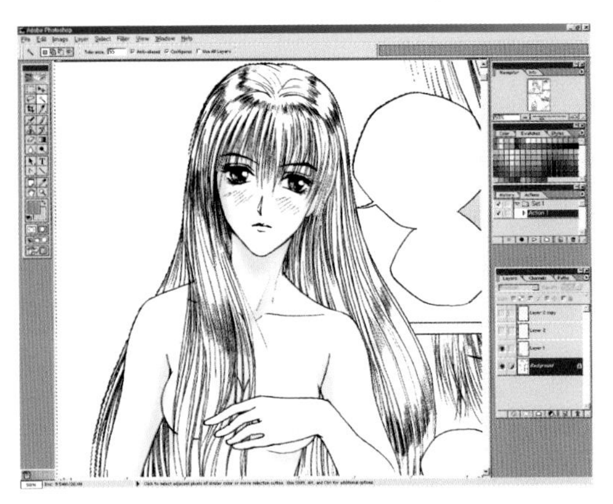

26 按一下鲜花背景图层左侧的显示图层可见性图标使鲜花看不见以后，再选定Background Layer，后使用魔术棒选定鲜花可以进入的背景。

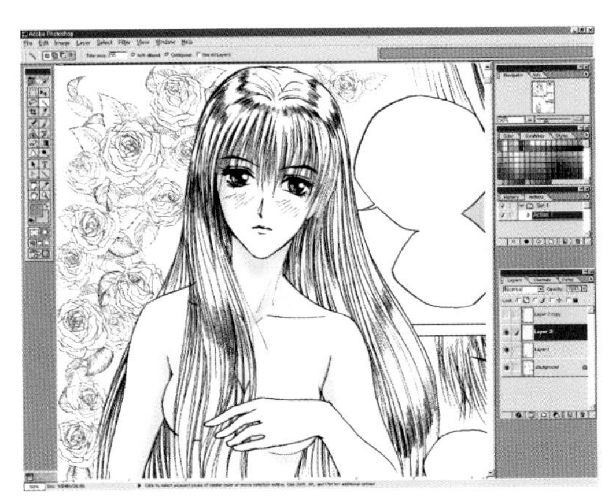

27 鲜花图层当中只选定一个。然后选定Select-Inverse 翻转 Select。Edit-Cut 除背景部分外全部删掉。

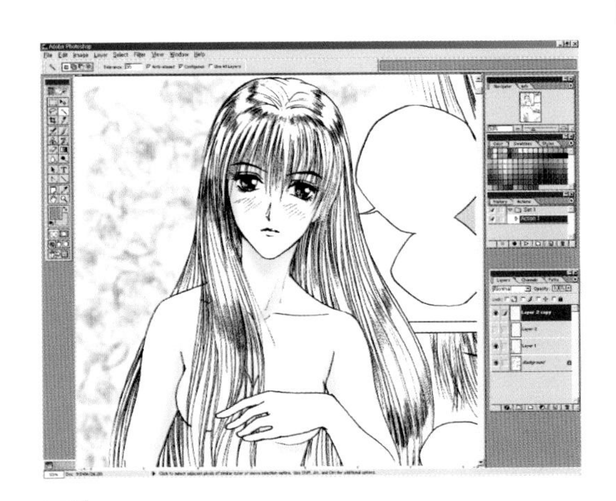

28 复制过的鲜花图层也用同样的方法剪切删除。

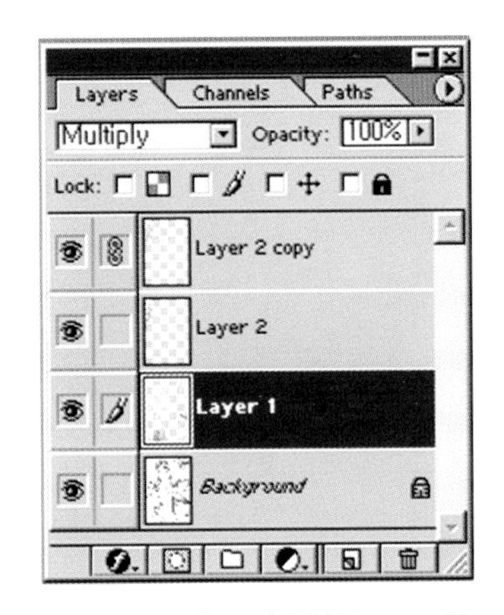

29 选定可以制作网点纸的Layer(Layer1)按下做过Gaussina Blurde 的鲜花图层左侧按纽后选择Layer-Merge Linked，将两个图层合在一起。再设定Multiply。

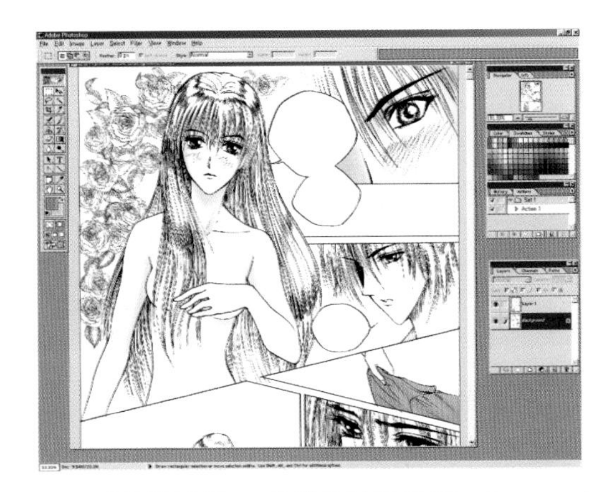

30 对没做过Blur 的鲜花图层锁定Background Layer 和 Linked 后，选择 Layer-Merge Linked，将 layers 层合在一起。

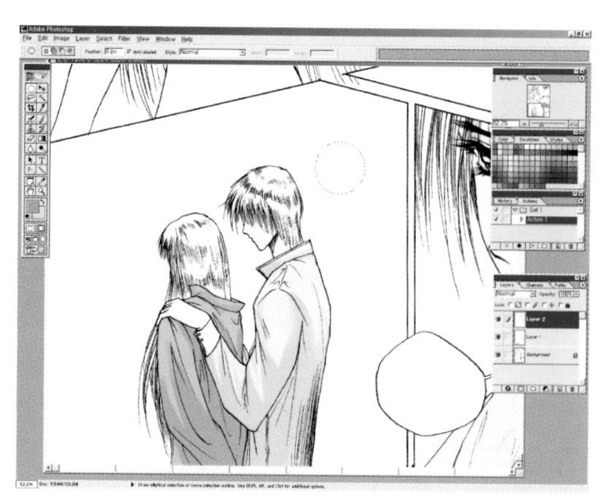

31 制作新的Layer（Layer2）。
然后用圆形选择工具在背景上画一个圆形。

32 选定Selece-Inverse。那样圆形工具选择的区域会翻转。选择Airbrush Tool 后Mode指定为Dissolve，Pressure 调到7%。前景选黑色用Brushes 将圆形周边变得暗淡一些。

33 选择圆形工具做Inverse后，用Brushes上色的方式对背景反复进行勾画。在按住Shift键的状态上圆形工具可以对几个选项同时进行喷涂。

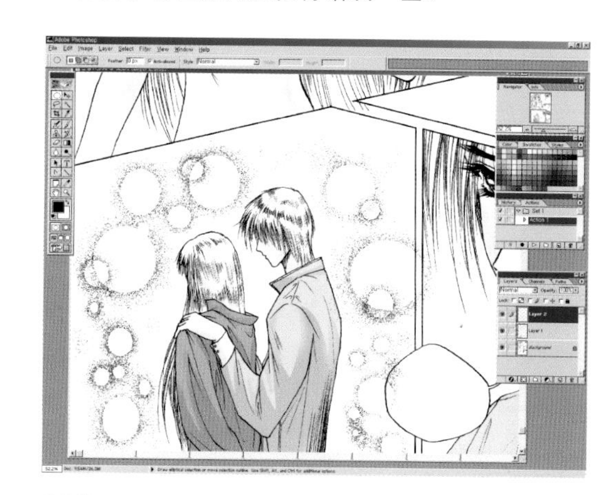

34 直到整体效果要比较融洽的时候。

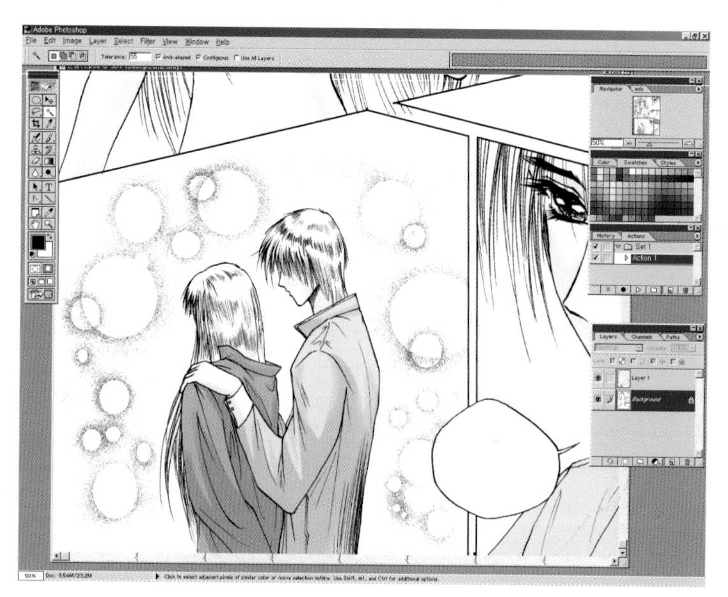

35 Background图层中用魔术棒在讲要画圆形的区域做Sel-Ect 后选择Layer2。
做Select-Inverse，Edit-Cup将背景外的部分剪切删除。圆形的背景只 用黑色喷涂，然后锁定Back-ground 和Linked，选择 Layer-Merge Linked 将图层合在一起。

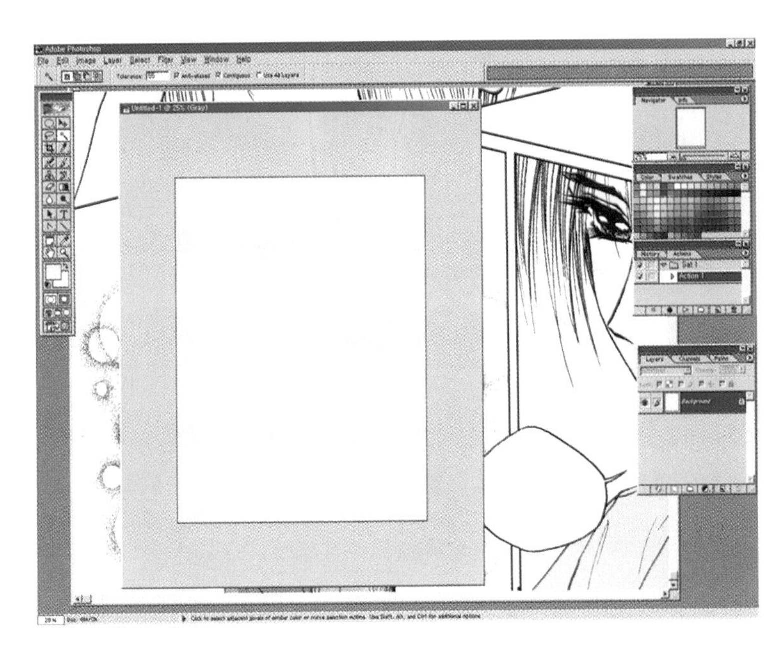

36 为了制作一个大网点的网点纸新建一个文件。
(Grayscale 指定为横向15 cm,纵向30cm, 300dpi)
然后选定明亮的前景色做 Edit-Fill。

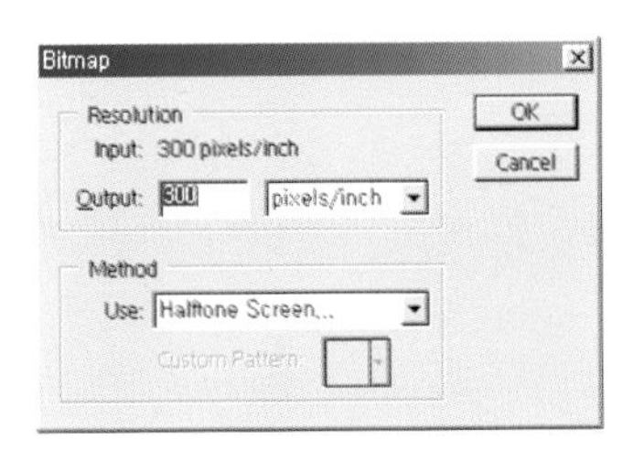

37 选定 Image-Mode-Bitmap。在 Bitmap 对话框的 Method Use 中选择 Screen。

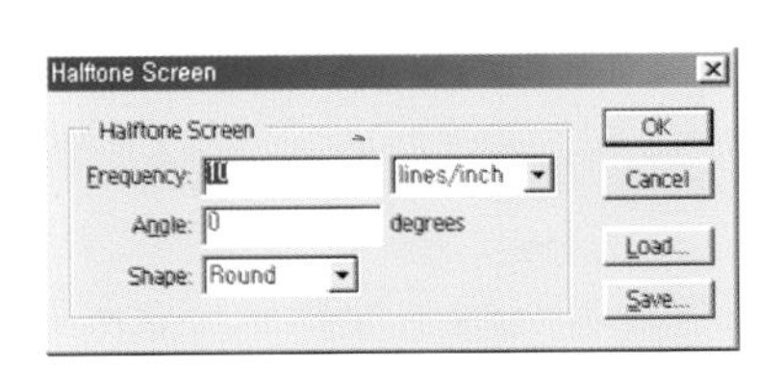

38 在 Halftone Screen 对话框中，指定 Frequency:10lines/in Angle:0 Shape:Round。

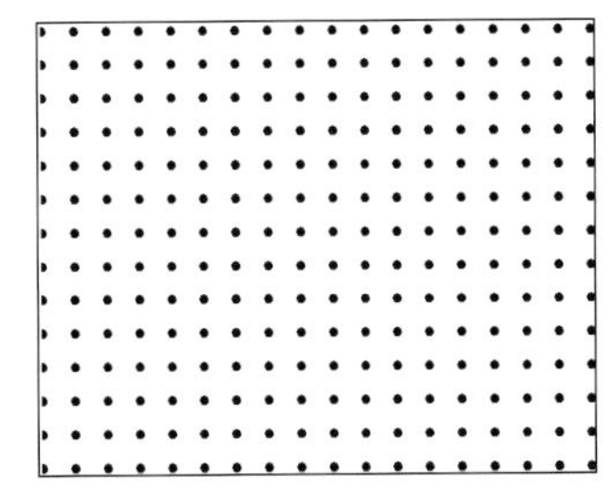

39 转变成 Butnap 的 Halftone Screen 格式的图像。
用这种方式可以直接制作网点纸。

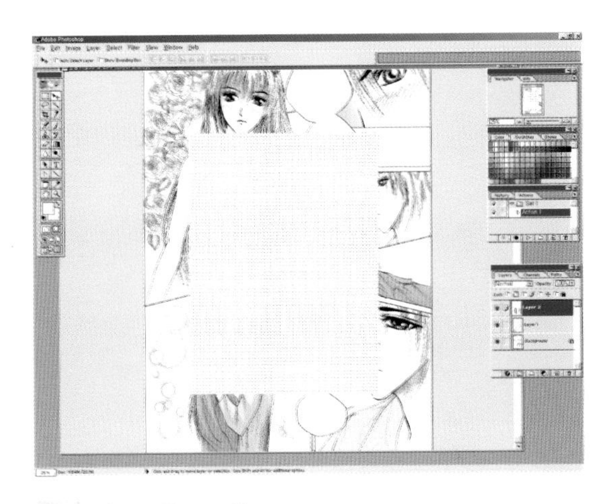

40 打开漫画图像。

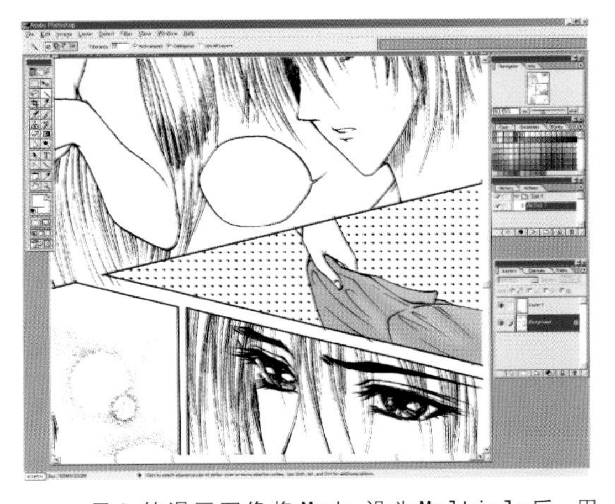

41 导入的漫画图像将 Mode 设为 Multiply后，用移动工具将 Toon 移至适合的区域。
在 Background layer 用魔术棒对 Toon 要进入的区域进行 Select 后，选择 Layer（Leyer2），做 Se-lect-Inverse, Edit-Cut后，将 Select 外的区域剪掉。因为这个网点纸是黑白色的，所以做了 Ba-ckground layer 和 Linked 后，合在一起。（Ctrl+E）

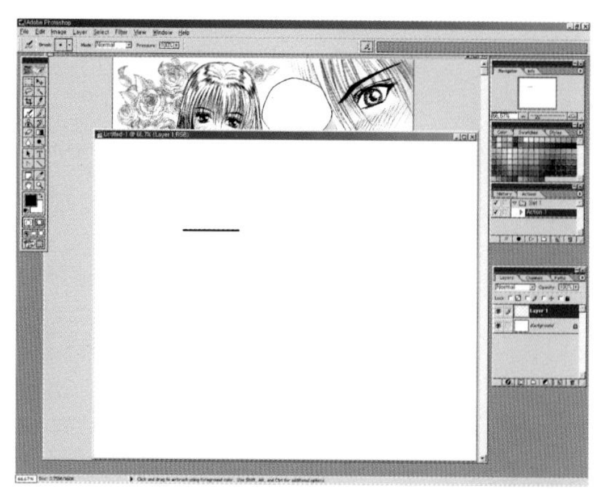

42 新建一个文件之后，再做一个图层，选择喷枪工具Airbrush Tool。
喷枪工具Airbrush Tool 的Brushes 选择境界鲜明的5px 小规格后，按下Shift 键的状态下进行画横线。

43 对画线的Layer（Layer1）拖动复制。
用这种方式反复5 次制作副本后，用移动工具按住Shift 键进行移动排列。

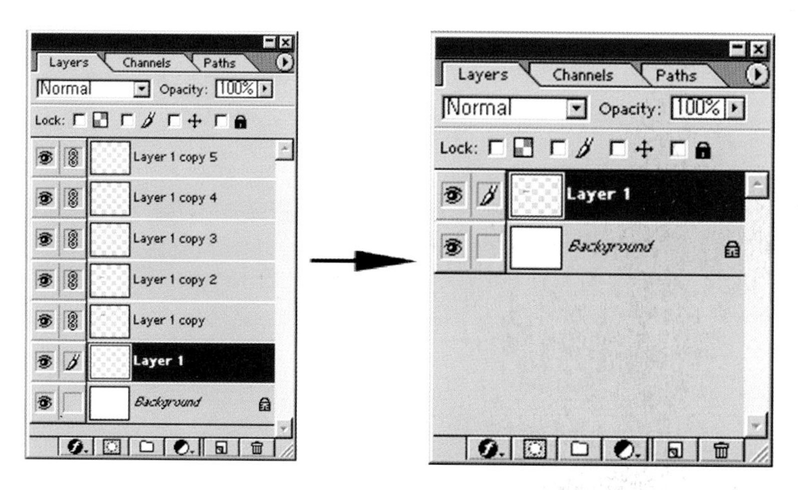

44 对Background 之外的所有图层进行锁定后，选择Layer-Merge Linked。

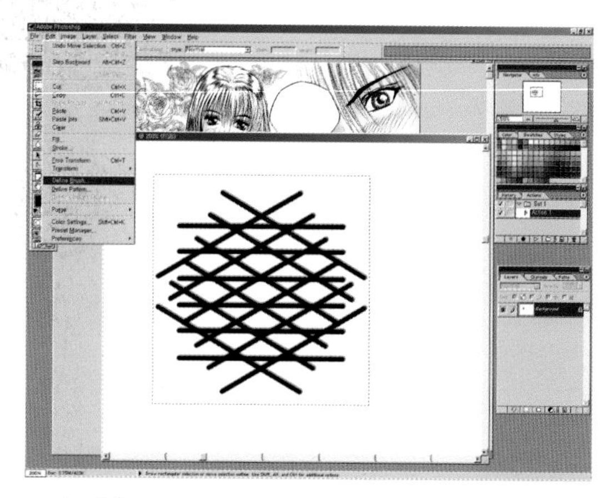

45 再次以拖动的方式复制2 个Layer1 后，然后选择Edit-FreeTransform。一个向右倾斜另一个向左倾斜，使线看起来像重叠了似的。

46 选择Flatten Image，将图层合成起来。然后用矩形选择工具选择线的区域。做Edit-Define Brush，用矩形选择工具将选择的部分制作成Brushes。

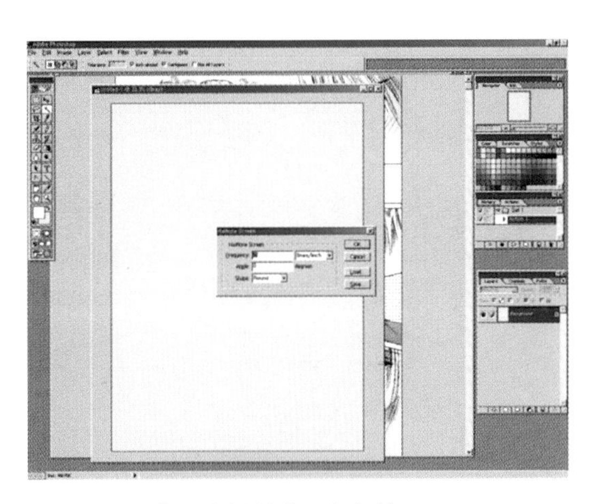

47 为了制作网点纸新建一个文件。
(Grayscale 指定为横向15cm，纵向20cm，300dpi)
对新建的文件添加明亮的颜色后，选择Image-Mode-Bitmap，创建一个Toon。这次为了网点的紧密，将Halftone Screen 的Frequency 指定为25Lines/inch。

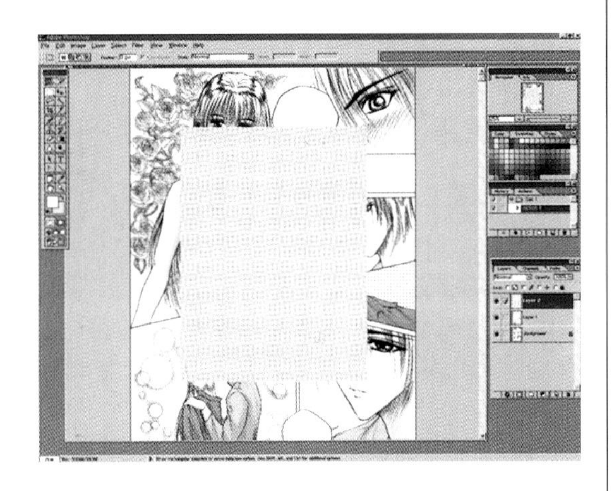

48 新建的Toon(网点纸)，在漫画图像中打开。

49 将打开的Toon 图层Mode 转变成Multiply 后，用移动工具移动到背景图像中的合适位置。然后在Background layer 用魔术棒对背景进行选择。将Toon(Layer2)做Select-Inverse 后，选择Edit-Cut 进行删除。

50 选定铅笔工具。铅笔工具的Brushes 转变成DefineBrush 后，将Spacing 用调节器调整到Brush Size 之后，对Toon 图层进行锁定。

51 将Toon 图层部分的网点纸用切片工具进行切除。(切网点纸)只要切的强度掌握好了就会出现实际切片的效果。
锁定Backgroundlayer 和Linked 后，选择Layer-Merge Linked，将图层合成起来。

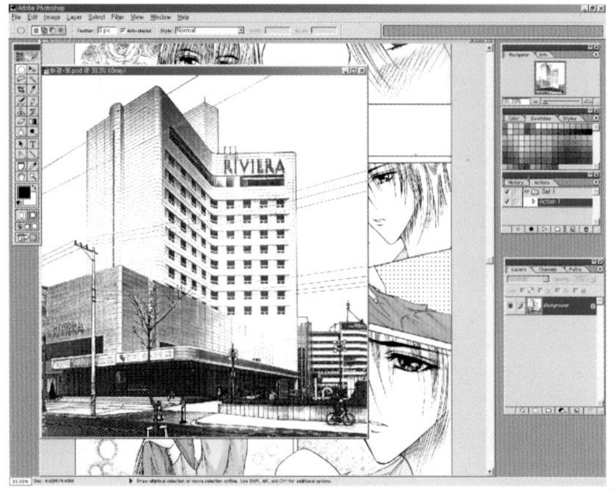

52 打开背景图层。
这个背景因包含灰色的图层，
所以网点纸要进入的Layer（Layer1）锁定Linked就可以了。

53 用Edit-Free Transform，根据合成位置调整背景图的大小。

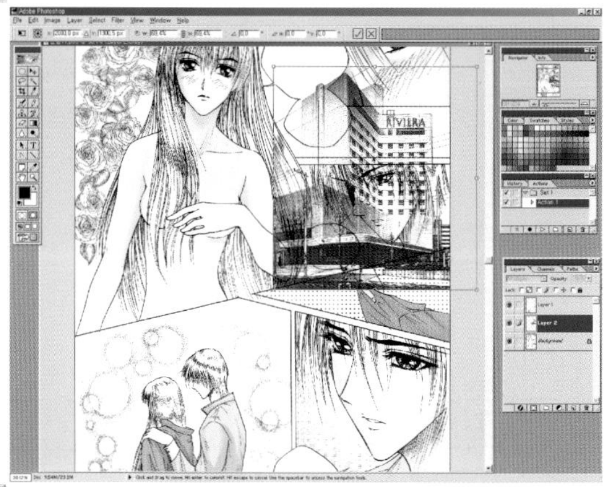

54 在Background layer用魔术棒将背景要进入的部分进行Select后，在背景图层中做Select-Inver，Edit-Cut，将背景图以外的多余部分剪掉。为了全景的氛围将背景图层的Opacity调整到61%，使它稍微透明一些。选择Layer1在背景图（Layer2）上锁定Linked后，选择Layer-Merge-Linked将图层合成起来。

55 在Background layer中，用魔术棒工具对背景部分进行Select后，Layer1上用Gradient Tool将下面的部分变得暗淡一些。
内容上想要表现男子个性化心情的意图，所以底色用暗淡的黑色来表现为好。

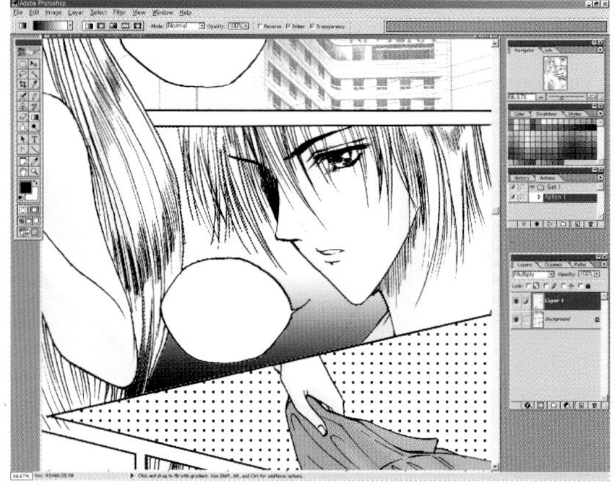

56 到了素描的完成阶段。现在可以为打印将Layer1 转变成Toon 的状态了。

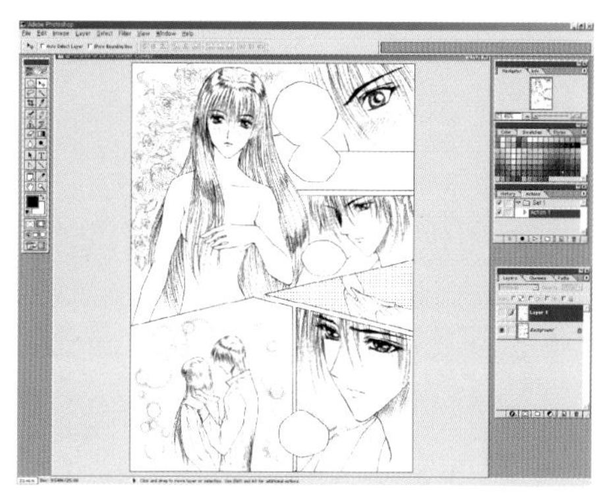

57 按了Layer1 的眼睛图标被隐藏的状态。（确认是不是只有黑白色。）

58 按了Backgrond layer 的眼睛图标被隐藏的状态。（确认是不是只有可以转换成Toon 的图像。）

59 在 Image-Image size 中，将分辨率从300dpi 调整到600 dpi。
选定Background 后，按Select-All选择全部。

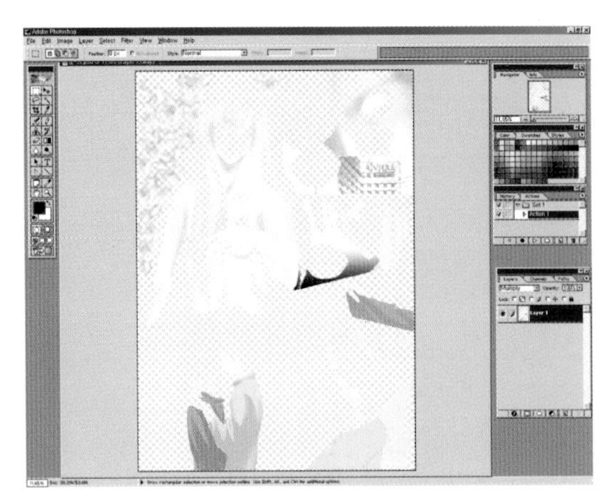

60 对Background layer 做Edit-Copy 后，Background laye 拖动到回收站删除。那样，只剩下透明状态的网点纸Layer（Layer1）。

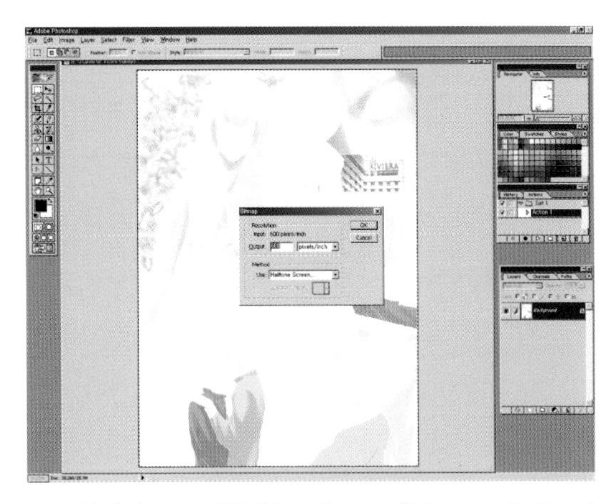

61 选定Layer-Flatten Image 将Layer 变成一个图像。选定Image-Mode-Bitmap 后，在Bitmap 对话框里将Method 的Use 里选定Halftone Screen。

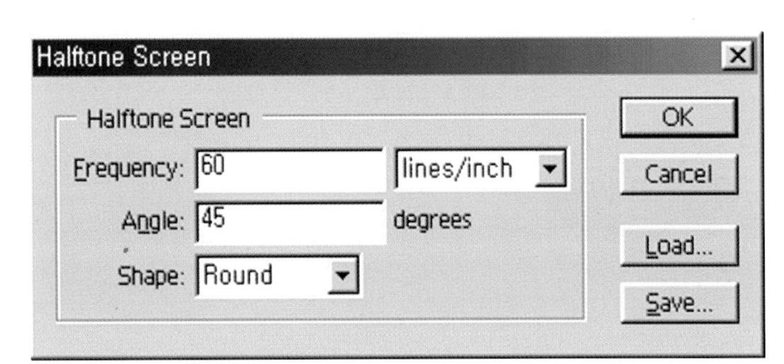

62 将Halftone Screen 对话框的 Frequency 调整为60、Lines/inch、Angle 调整为45。

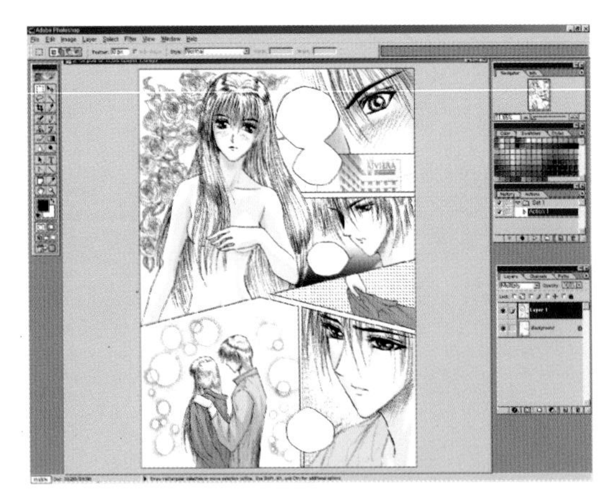

63 从 Bitmap 再次转换成 Image-Mode-Grayscale。然后选择 Edit-Paste 将复制的蘸笔线粘贴上去。将蘸笔线 Mode 换成Multiple 状态后，做Layer-Flatten Image 转变成一个图像。

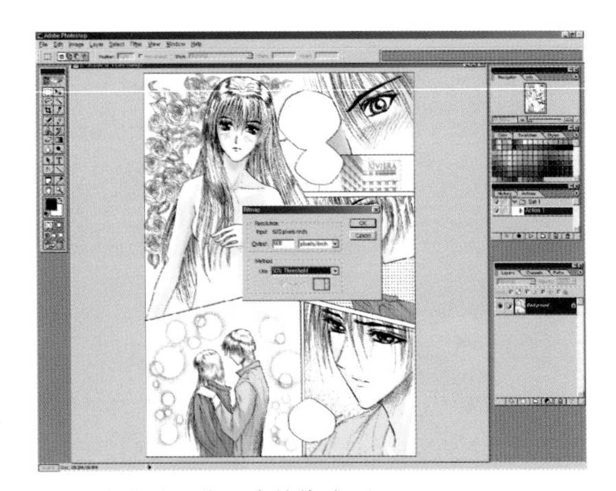

64 合成的图像再次转换成Bitmap。Image-Mode-Bitmap。在 Bitmap 对话框中将 Method 的 use 指定为 50% 和 Threshold。

65 现在终于完成了。为了表现纯情漫画线条的细腻，介绍了以蘸笔线为主的制作方法。但在效果比较好的纯情漫画里是以明暗效果为主的方法进行制作。

7 制作背景

制作背景图之前，先用数码相机拍摄背景图片。一般的照相机先要冲洗胶卷，然后再把相片扫描到电脑里。但数码相机不用这些繁琐的过程，可以直接在电脑里打开观看。更好的是它具有比一般的相机储存量更大的优点。

漫画的场景，如果是实物，就可以找一个适合于背景图像地方拍下来就可以了。但如果场景是古代景物、幻想物或科幻物时就不能依赖于相片，而是该用 3D 软件了。Bryce 制作 3D 背景是一个比较理想的软件。

相片背景的制作

拍摄相片做背景资料只是个开头，制作背景的相片一般是现代景物。如果是历史景物，拍摄故宫或民俗村也是可以。

这是将拍摄的相片转换成图片后的漫画背景。

用数码相机拍摄的相片。
拍摄背景相片时:
①人物怎样设定?
②人物和背景是否适合?
③构图和角度是否适合?
④背景与漫画是否适合?
等多方面的因素考虑之后方可拍摄。

1 在Photoshop里打开背景相片。

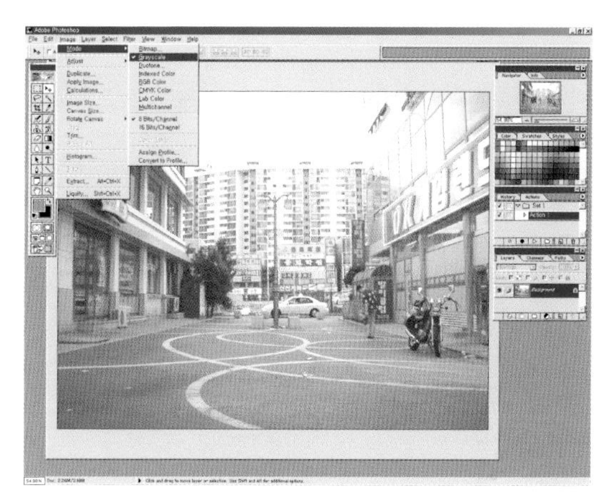

2 彩照转换成黑白。
选择Image-Mode-Grayscale。

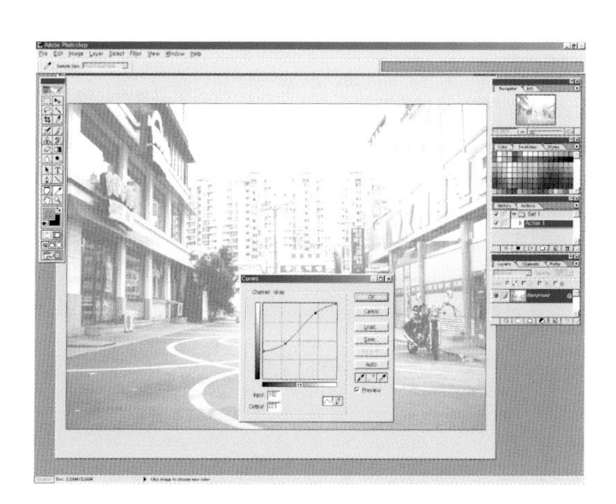

3 转换成Toon的时，没有黑色的一面更好一些。选择Image-Adjust-Curves在Curves对话框中黑色部分往上调，将整体效果调到中间部分。

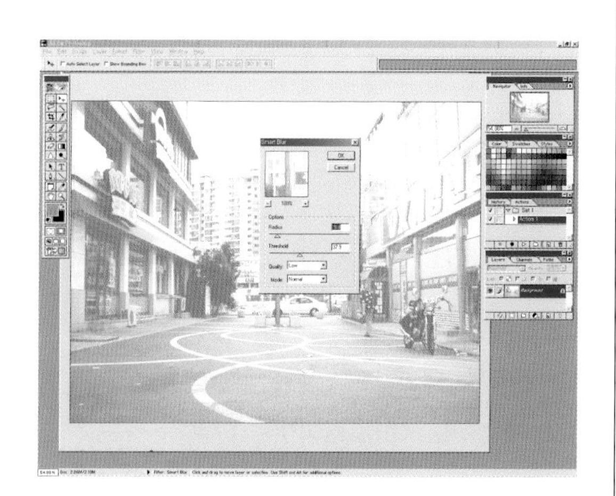

4 选择Filter-Blur-Smart Blur。因为图像是相片，所以为了表现Toon效果将最鲜明的部分用同样的颜色变成单纯图像或用蘸笔线勾出鲜明的境界就可以了。

5 打印时为了纵向打印，选择Image-Rotate Canvas-90 度Cw，旋转成了纵向的。也可以使用打印机的Option 来调整。

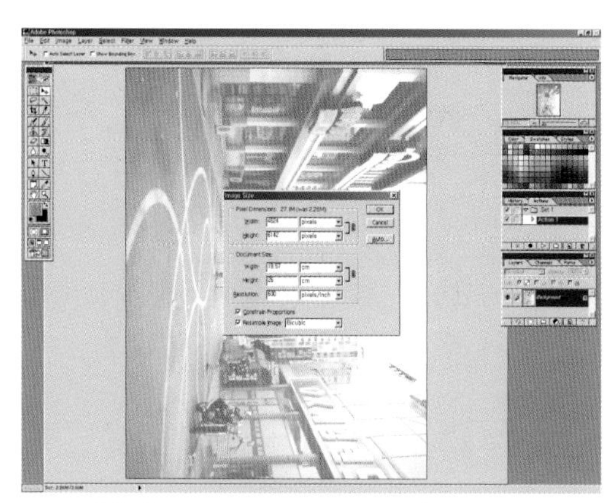

6 选择Image-Image size，在Image size对话框中指定分辨率为600dpi，纵向26cm，纸张要比A4小一点。

7 为了将相片图像从Grayscale状态上转换成 Bitmap，选择Image-Mode-Bitmap 会出现Bitmap对话框，将method use 指定为Sc-reen就可以了。

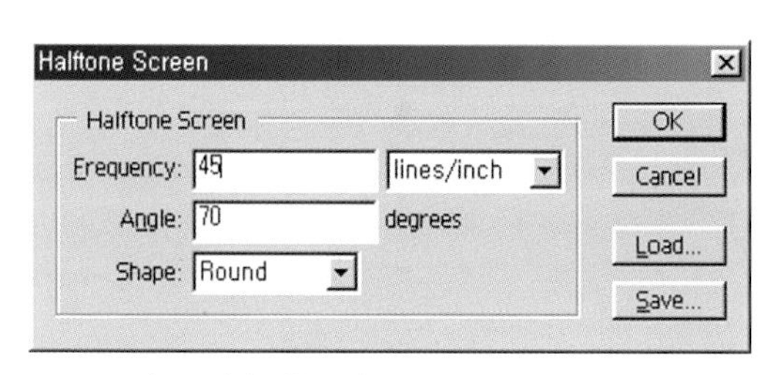

8 要把网点纸的网点发得大一些，才可以减少规格为A4 的背景图缩小时出现的扭曲现象。Frequency 45，Angle 70，Shape:Round

9 选择File-Print 将背景相片打印出来。打印时最好不用喷墨打印和针式打印，只有激光打印才可以将分辨率为600dpi的图像正常的打印出来。

10 使用Hi-tec pen 一样细细的圆珠笔类的笔和尺在打印出来的A4 大小的Toon 背景上勾画。可以用绘图用笔墨和任何可以表现黑色的用具。要想表现绘画的感觉也可以用自由线粗糙地表现出来。只要画出符合个性化的蘸笔线就可以了。

从数码相机拍摄的背景相片到Toon感觉的背景图像

11 完成了就可以用扫描器扫描了。
在Grayscale Mode里分辨率指定为300dpi就可以了。提高扫描器的鲜明度将黑白对比鲜明地表现出来。

3D软件背景制作

无法用相片的形式表现的背景用3D软件制作会更容易一些，现在我们用3D软件开始制作符合漫画背景图像。

这是使用Bryce 4 制作的背景图。这是一个具有专业水平的不用30分钟可以制作韩国型梦幻背景的3D软件。Bryce 4 的具体使用方法（270页）参照Bryce的理解部分，首先我们简单说明制作过程。

1 启动Bryce 4 时的初期画面。

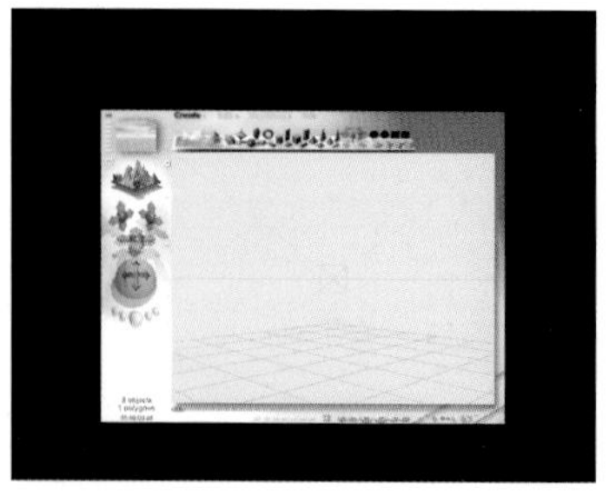

2 启动后的最初状态是生成新文件的状态。现在可以开始了。

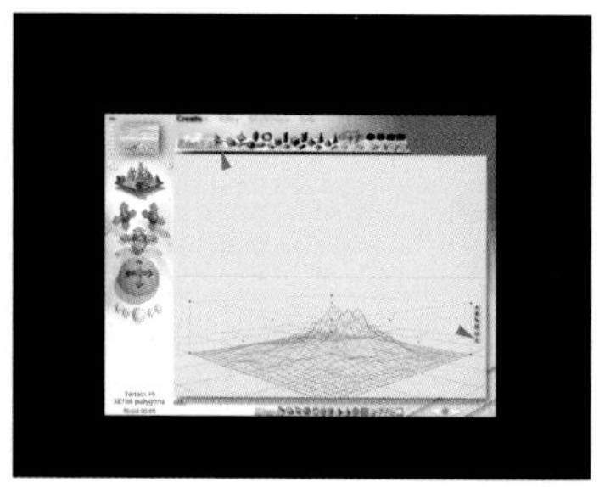

3 按Terrain 图标制作一个山形的立体图形。那样会出现一个红色的立体图形，旁边还会出现菜单，其中选E（Terrain Editor）就可以了。

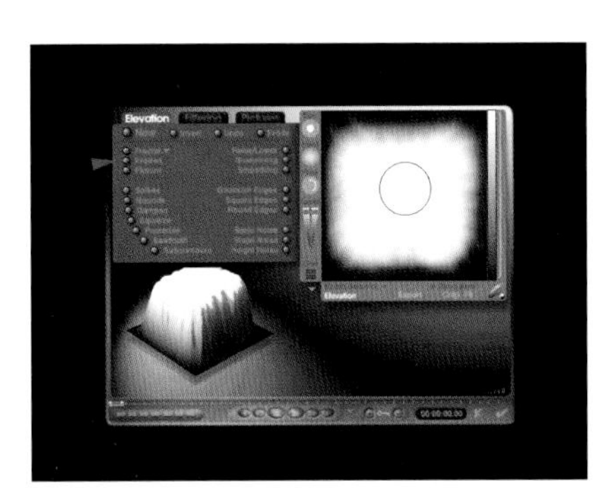

4 在Terrain Editor的右侧方框里用白色画的部分就会成为上升的地形，黑色部分就会成为下降的地形。

用这种方式画的同时不如意的地方可以选择Eroded左右移动就可以呈现出地形的感觉。完成后按一下右侧下端的对号图标就会出现已形成的地形。

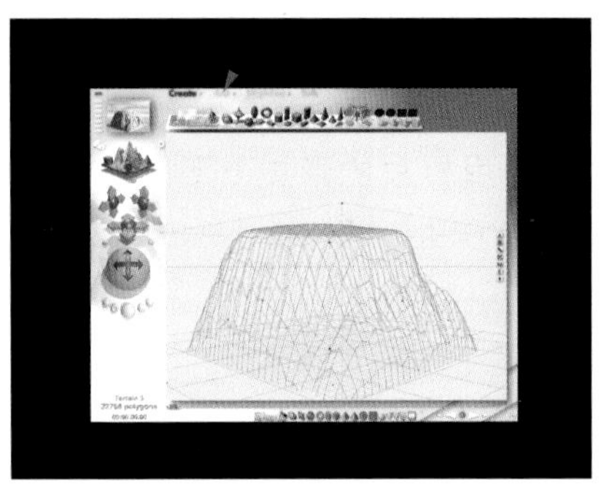

5 我们制作了平顶的地形，在这平顶地形上会建一个建筑物的。

为了制作一个高山的感觉选择Edit面板。

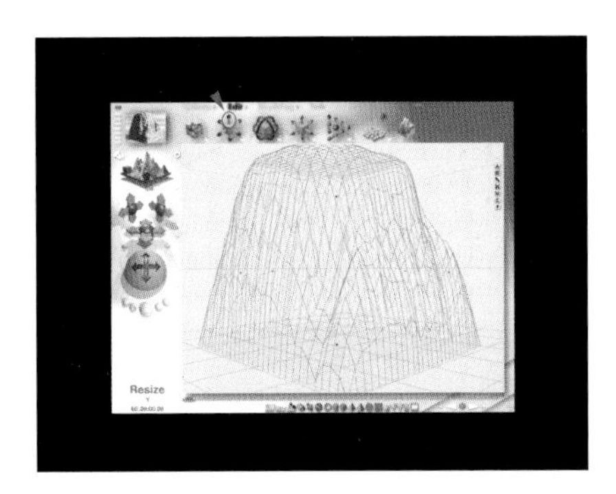

6 用Resize Control将地形变长。

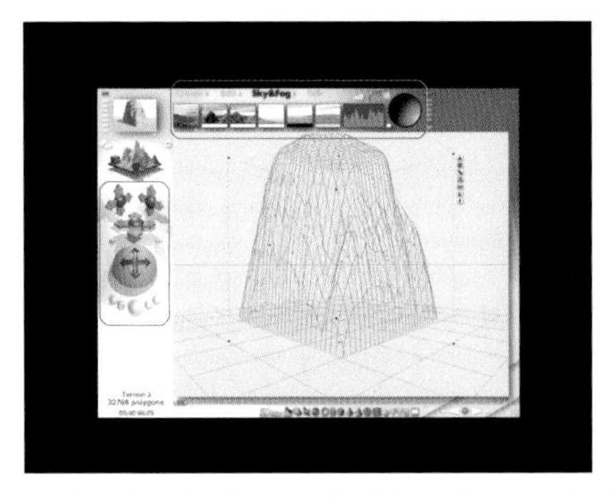

7 在Sy&Fog面板中选择天空，Control面板中选择画面中可以观看的相机视点。

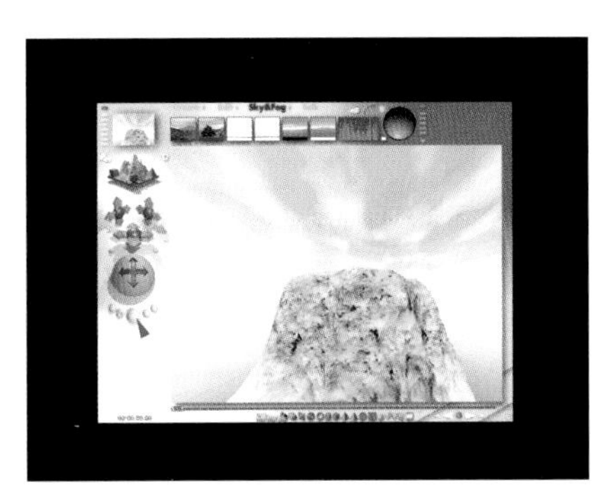

8 制作Bryce背景时要经常确认执行的结果，直到出现满意的结果为止。

Ctrl+减号可以加深相机的视点。

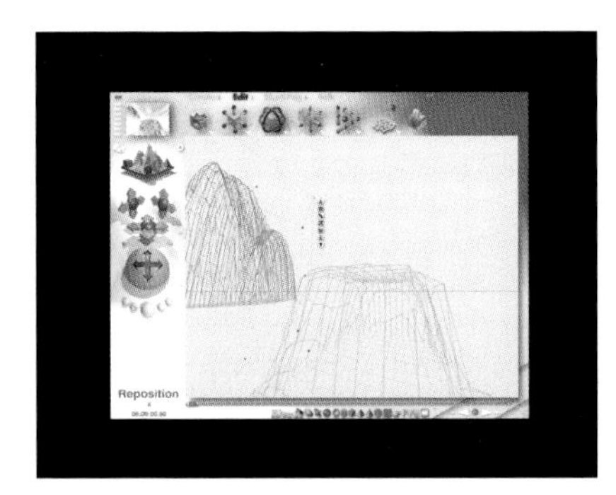

9 选好的地形按Ctrl+C键复制以后，再按Ctrl+V键粘贴同样的地形。

像上面描述的一样选择Terrain Editor改变地形的形状，为了让画面看起来深远一些，选择Edit面板中的Reposition Control来移动地形。山越往后移动看起来越小，所以让山看起来雄伟巨大选择Resize Control将山渐渐扩大的同时慢慢往后移动。

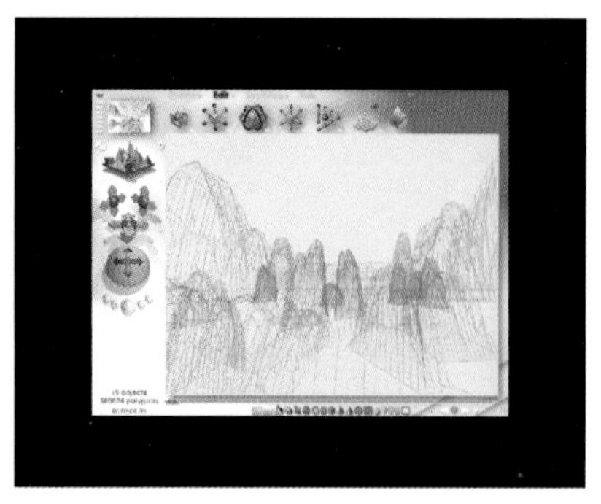

10 通过地形的反复复制粘贴和定位变成群山峻岭。反复做演示进行构图作业。

11 这是将太朝王建摄影地里拍摄的相片做SmartBlur变成Toon 的感觉后，复制到Layer1 删除Background layer 的状态。将这个状态储存起来。

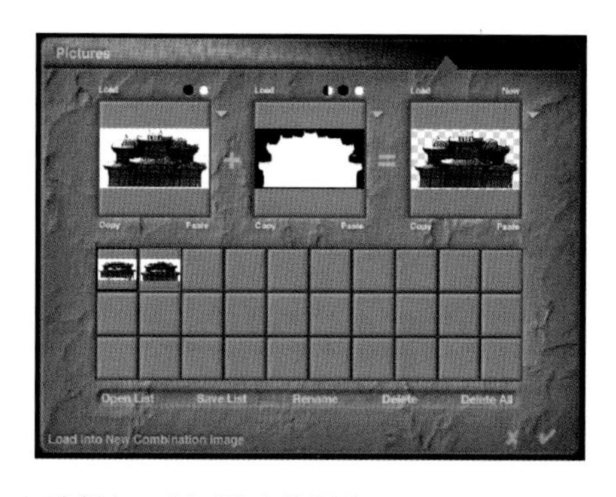

这是将宫殿图像的底座剪掉的状态。

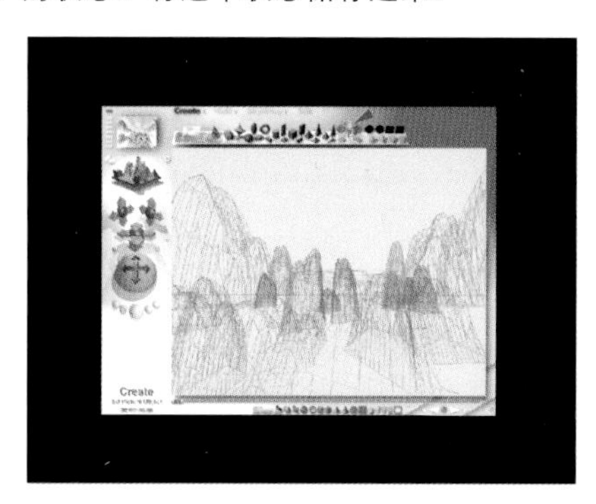

12 选择2D Picture object。这是将2D 图像为了在空间上的使用做的平面object。

13 选择Load 打开建筑图像。

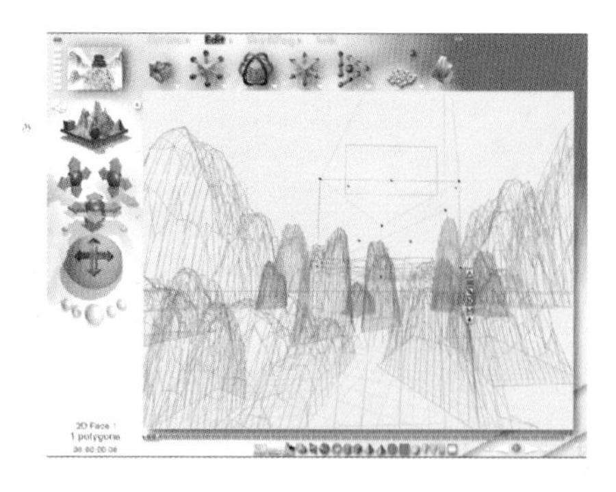

14 利用Reposition Control 的移动将2D Picture object 相机镜头的反方向找出最符合地形的视角。

15 将2D Picture object 建筑物图像放到石头山上时，稍微遮住建筑物的底部更能表现视觉上的远近感的同时，3D 和2D 的协调也会非常自然。

16 用 Sky & Fog 面板加深云雾和远近感的效果，使图像更为幻想化。

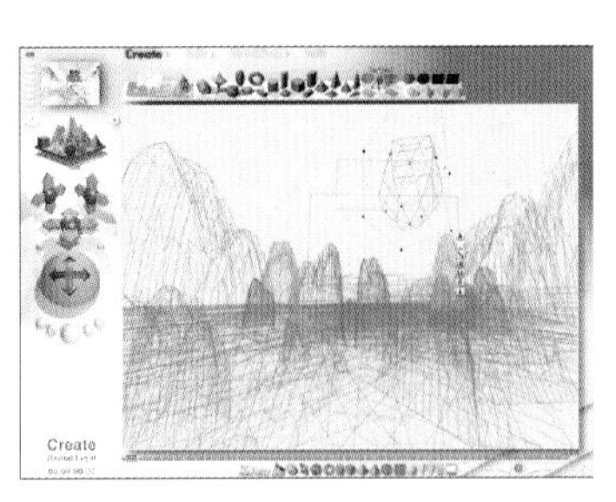

17 用照明（Lights）照射建筑物的前端。
建筑物部分因为不是3D而是2D制作的，所以照明会带来更好的视觉效果。

18 在反复的演示时，感觉可以了就可以完成工作了。

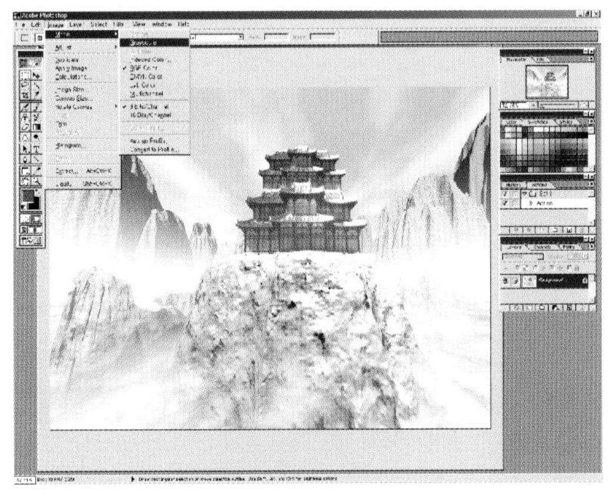

19 在Photoshop打开已完成的图像。为了转变成彩色的Toon，先要将图像转变成黑白图像。Image-Mode-Grayscale

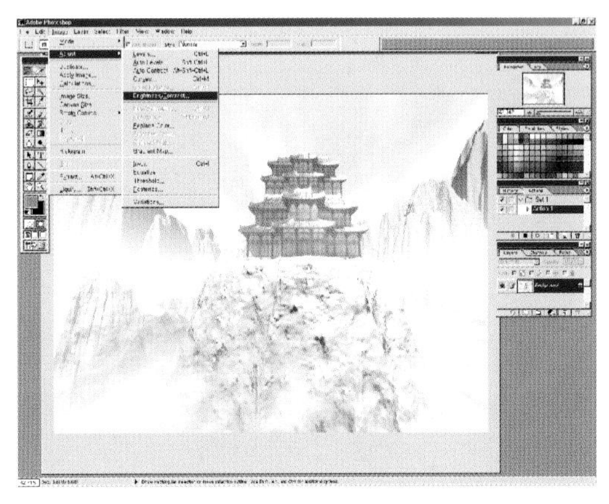

20 选择Image-Adjust-Brightness/Contrast将图像变的亮一些。

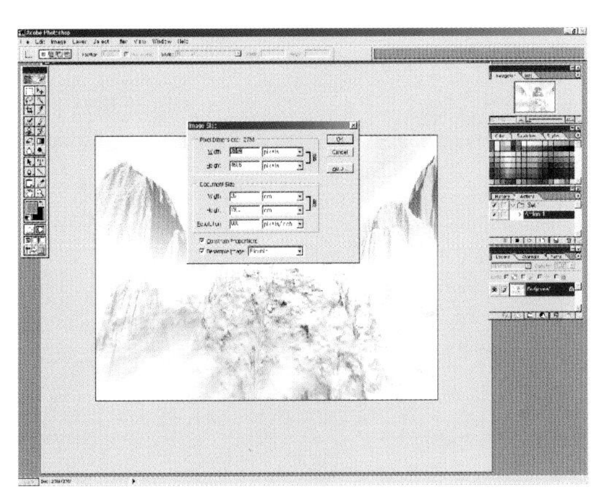

21 横向指定为26cm，纵向9.5cm，分辨率为600 dpi Size。

22 选择Image-Mode-Bitmap转换成Toon。将Halftone Screen指定为Frequency 45，Angle 70，Shape：Round。

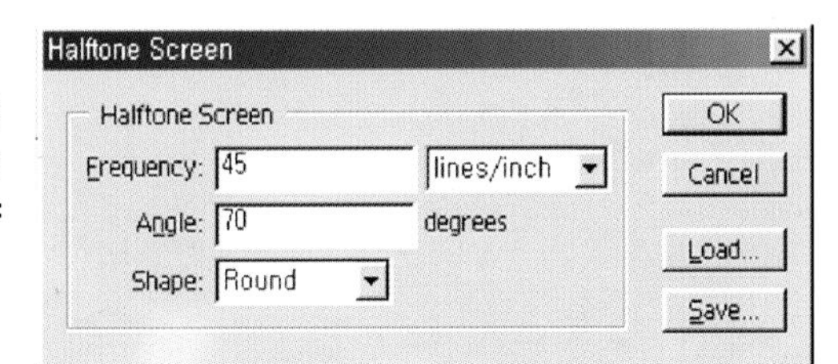

23 用激光打印机打印后，在原稿上再用钢笔线勾画。

24 如果用钢笔线覆盖图像，进入钢笔线勾画的人物和背景时，因为没有异质的感觉对钢笔线为主的制作方法有利。如果用在明暗效果为主的制作方法时，将Mode转换成黑白的状态下可以直接使用。

相片背景用Filter（滤镜）效果转换成钢笔线图像

1 在Photoshop中打开相片背景图。

2 将彩色转变成黑白。
Image-Mode-Grayscale

3 将Background layer用鼠标拖动来复制。

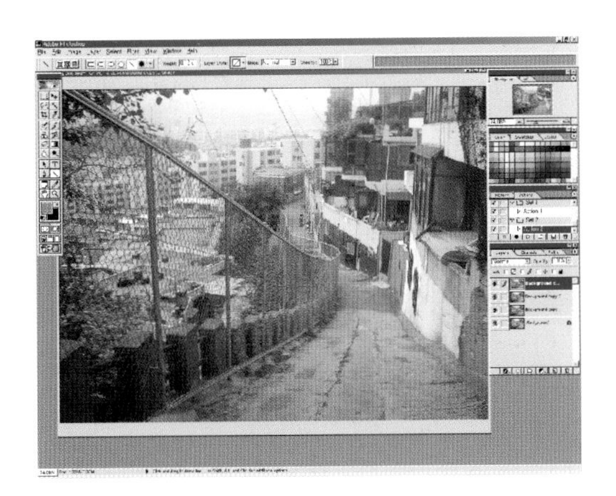

4 将图层用拖动的方式再复制2个。

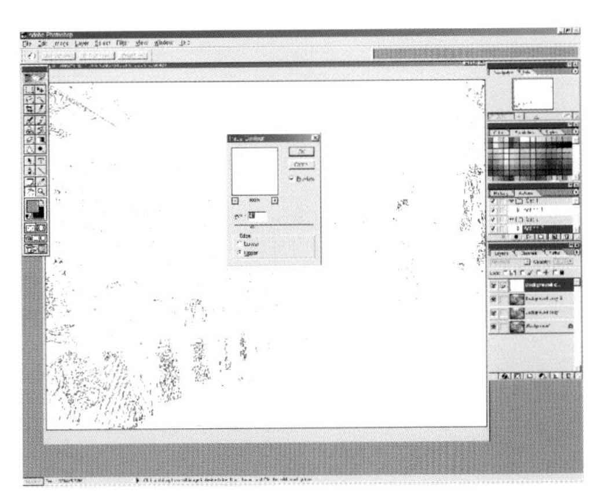

5 图层面板的最上方的图层（Background copy3选择为Filter－Stylize－Trace Contour。将Trace Contour对话框的水平调节器调整到前端3/1处。

要点

将相片背景转换成钢笔线图像时，在晴天上午或下午太阳稍微倾斜时拍摄的相片背景效果比阴天拍摄的相片更符合钢笔线的图像。

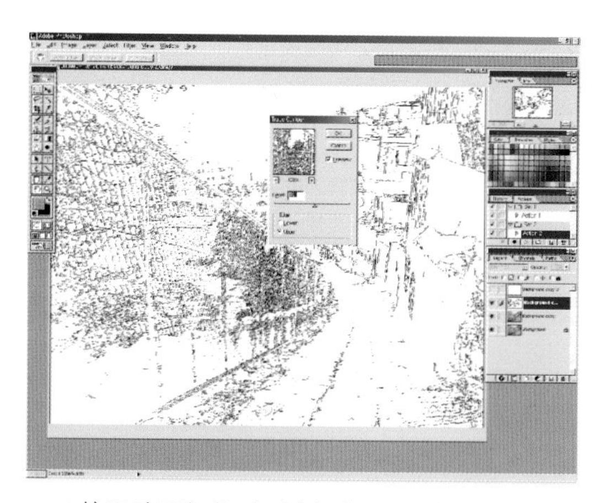

6 按眼睛图标将刚刚选择的图层（Background copy1）使画面隐藏起来。然后再选那下面的图层（Background copy2）选择Filter-Stylize-Trace contour后，将Level调节器调到2/1处。

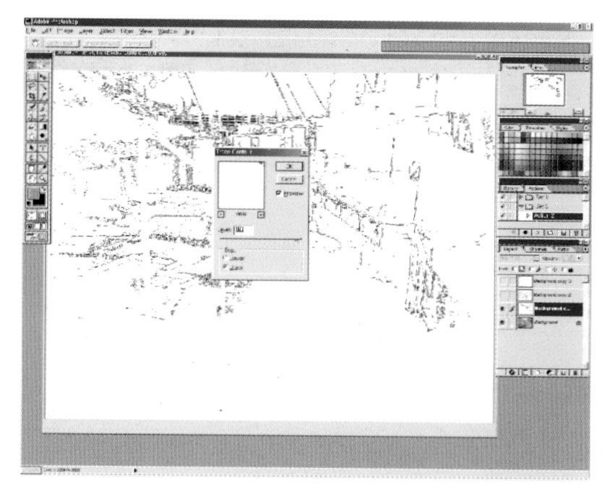

7 用同样的办法将那下面的图层（Background copy1）也按眼睛图标隐藏。然后将Filter选择为Trace contour后，把Level的调节器移动到最右侧再按OK键就可以了。

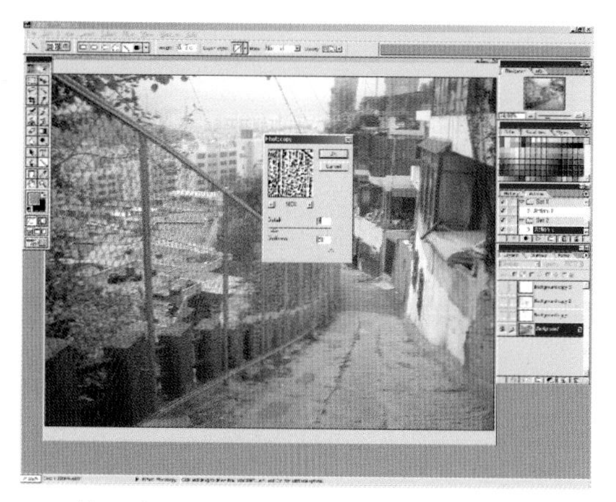

8 按下除了Background之外的所有图层的眼睛图标选择Background后，然后才做Filter－Sketch－Photo copy。在Photo copy对话框中用调节器将Detail调小一点，Darkness调到最大。

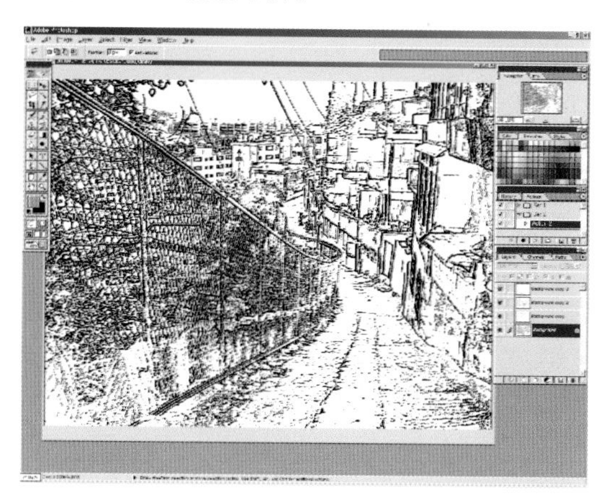

9 首先，打开所有图层的眼睛图标后，除了Background layer以外所有图层的Mode都变成Multiply。然后选择Layer－Flatten image将所有图层合在一起。

10 完成了。

相片背景转换成图像背景(效果为主的制作用)

这是数码相机拍摄的相片背景转换成图像背景的作业。

这个作业主要用于效果为主的漫画原稿的制作上，但在钢笔线为主的漫画原稿制作中，也可以用在不是钢笔线的网点纸上。

1 在 Photoshop中打开背景图。

2 将彩色转变成黑白图像。
Image－Mode－Grayscale

3 将Background layer 用鼠标拖动来复制。

4 选定Filter－Sketch－Photo copy 后，在 Photo copy 对话框中将数值调高一点。
相反Darkness 的数值要调小一点。
如果Darkness 的数值变大，那将会相片的亮度差变大的同时中间色也会变黑。这时预览区的图像将数值调小一些就可以了。

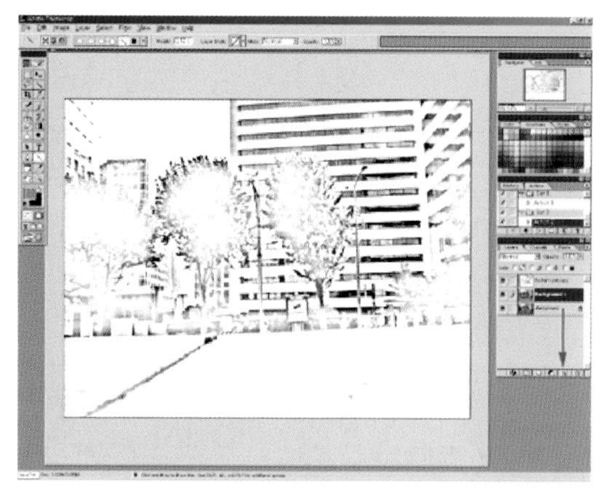

5 将Background layer再次以拖动的方式复制生成Background layer2。

6 新建的Background layer2移到图层的最上方，然后选择Filter－Sketch－Photo copy。

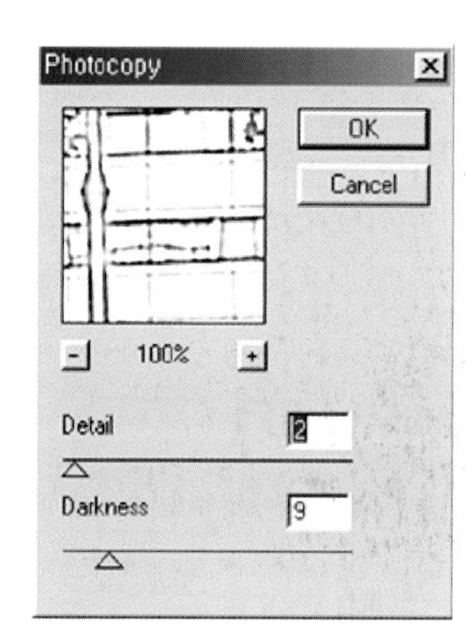

7 在Photo copy对话框中，将Detail调小，Darkness调大一些。

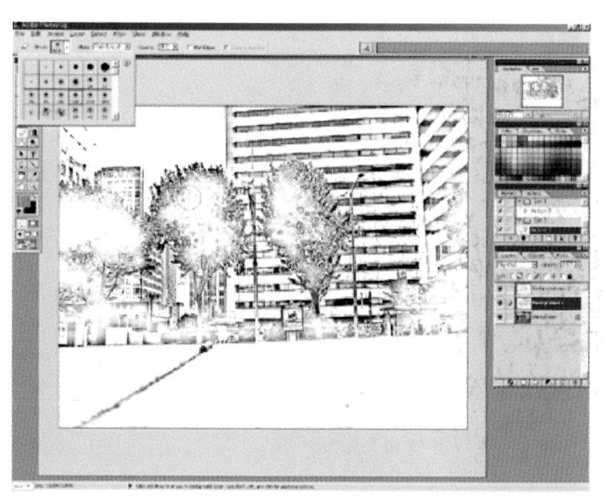

8 选择图层面板中央的（Layer）Background copy1。然后再选择橡皮工具中柔和的Brushes进行Photo copy滤镜效果时，用橡皮工具擦掉黑白明度差不太明显的，暗淡部位变白的部分。但要注意擦掉的部位容易出现原本的底色。因为原图像非常鲜明，所以要擦掉附近的部位。如果擦掉的太多可能会恢复相片的感觉，所以只擦那些过于明显变色的部位。

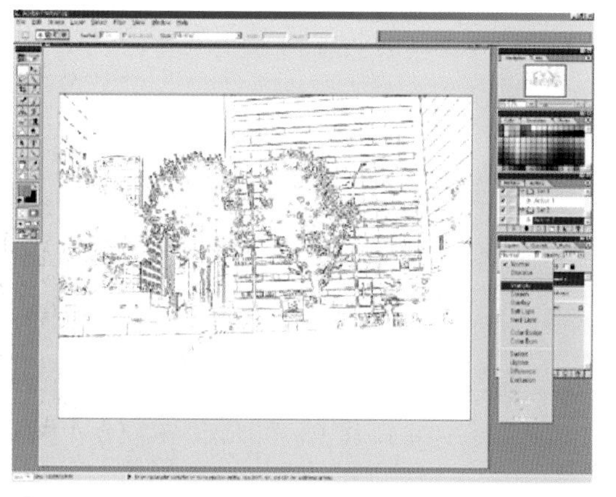

9 将Background copy2 layer的Mode转变成Multiply。

10 除了Background layer 按所有复制图层的眼睛图标使图像在画面上隐藏起来，然后选择Background layer。

11 选择Filter－Blur－Smart Blur。在 Smart Blur 对话框中调整Radius 和Threshold 的调节器，将数值调高一些。Radius 的数值不能高于Threshold 的数值。

12 再次按眼睛图标让所有图层得以看见，然后选择Layer－Flatten image 就完成了。

13 完成。

8 效果线的利用

效果线对于漫画的静态感觉转变成动态感觉是非常有效的。效果线经常使用在具有疯狂感、运动感、夸张情节等的演出中。在电脑上一般使用在Filter 的效果上。

在A4 大小的原稿上画出的多种效果线扫描进去后，根据效果使用就不必在原稿上再画效果线了，这样会节省很多的制作时间。

效果线的基本合成

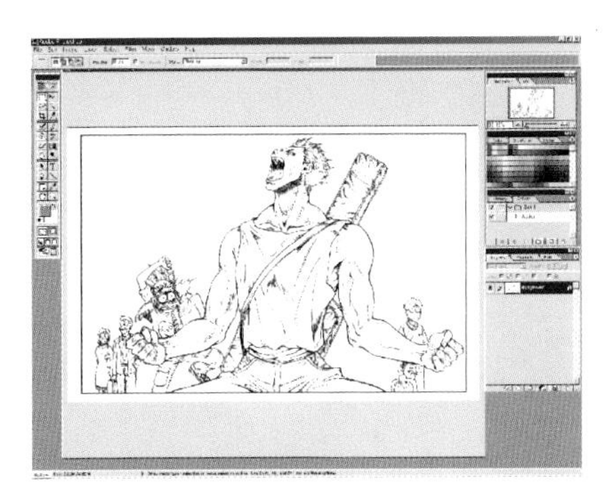

1 在这里只说明效果线的合成。打开的原稿是已经做过扫描确定过程的图像。扫描确定过程与前面钢笔线制作过程是一样的。

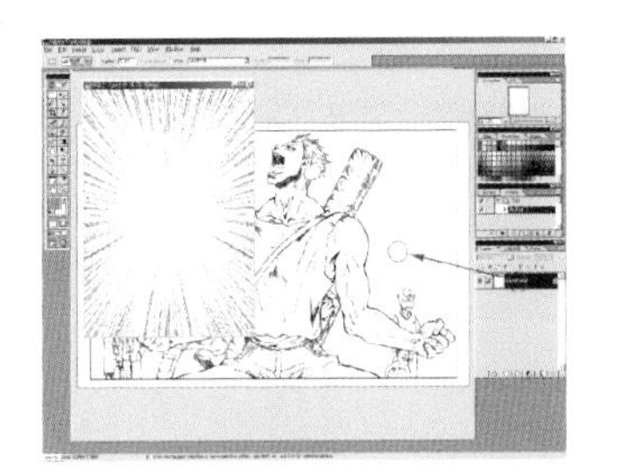

2 打开规格为A4的集中线。这个集中线的图像在附录CD里。将打开的集中线做Select－All、Edit－Copy，选择漫画图像后Paste就可以移动到图像中了。也可以用集中线的图层面板中的Background layer拖放到漫画图像中。

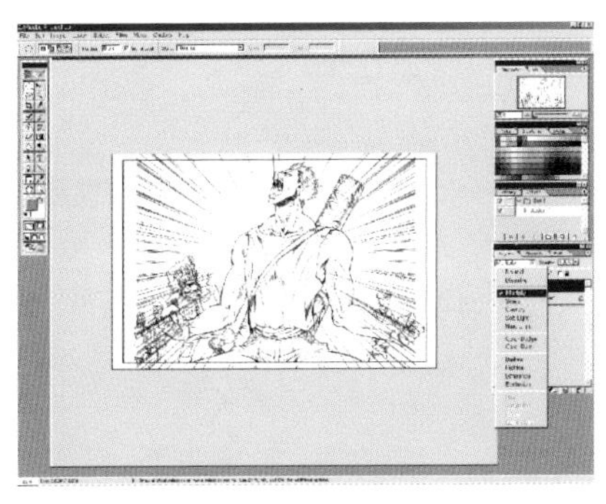

3 选择集中线移动过来的Layer1将Mode转换成Multiply状态，让它变得透明。

4 选择Edit－Free Transform将集中线的中心符合人物呐喊的需要调整到脸部的位置。调整完了在图像任意位置单击一下就可以锁定状态了。（按Enter键也可以。）

5 按下有集中线图像的图层（Layer1）旁边的眼睛图标将集中线隐藏之后，在Background layer 中要放进集中线的背景里将魔术棒选择为Tolerance55。此漫画是狂叫的场面。在这里只要将狂叫的人物活跃起来就可以。所以除了主要人物以外所有人物与背景一起用套锁工具和魔术棒工具做了Select。

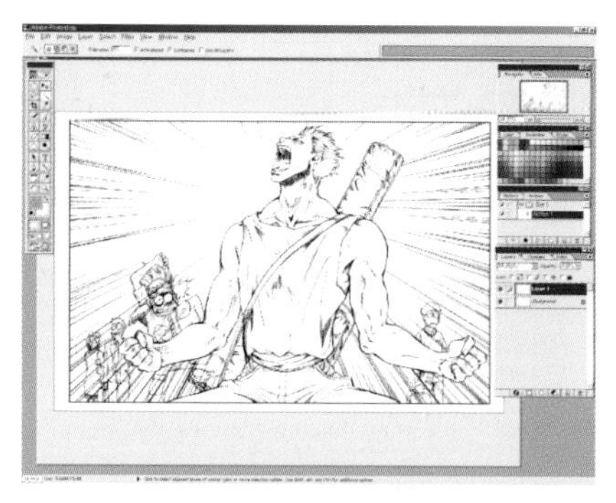

6 如果要放入集中线的部位已经做了Select，选择集中线图像的图层（Layer1）之后，再做Select－Inverse。这样选择的区域就会被翻转，并且在背景和其它人物当中狂叫的人物和插图外侧就变成选择区域了。
选择Edit－Cup。这样狂叫人物和插图的外侧会被剪掉，只剩下最初选择的区域，其它部分都会消失。这就是基本的集中线合成。从现在开始要做背景合成了。

7 将拍摄的相片图像转换成背景图像的画面。

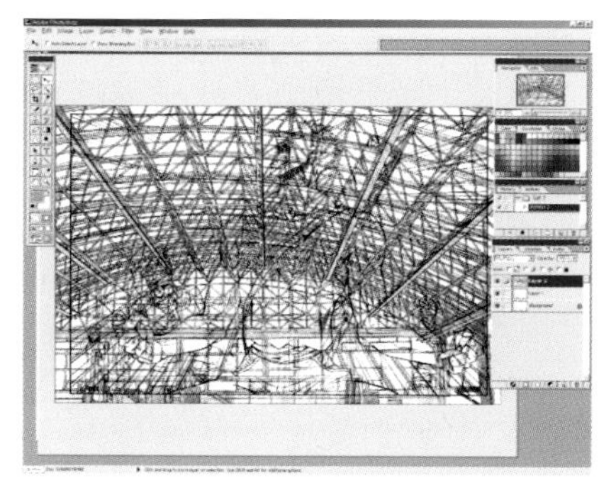

8 按照打开集中线的方式打开背景图像后，将Layer Mode 选为Multiply。

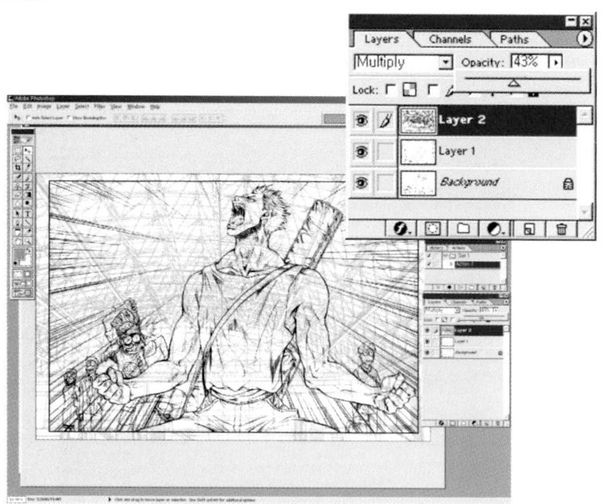

9 背景和原画因集中线太复杂看不清时，将背景图层的Opacity 数值调小就容易合成了。

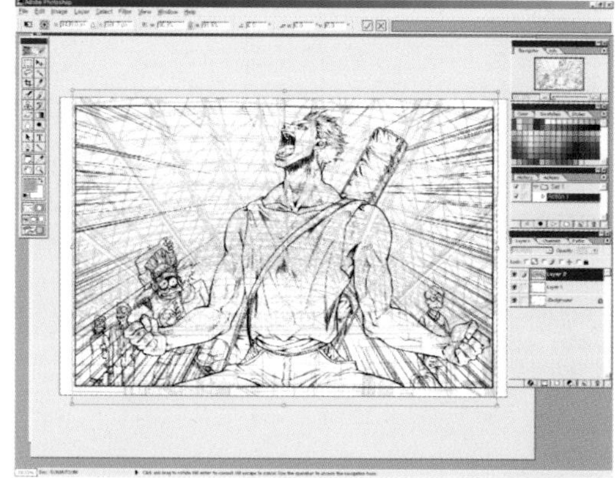

10 选择Edit－Free Transform，调整背景、人物和构图、角度后按Enter 键。在这幅插图上将背景变得淡一些，使焦点放在主要人物上。最好是将背景图像表现的暗淡一些。如果背景图像太复杂，会影响集中线的效果。

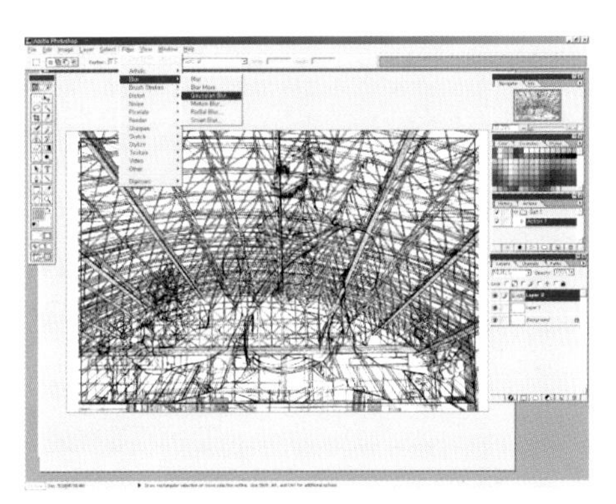

11 再次将背景图层（Layer2）的Opacity数值调到100%。为了图像变得暗淡，用Filter-Blur-Gaussian Blur来调节。

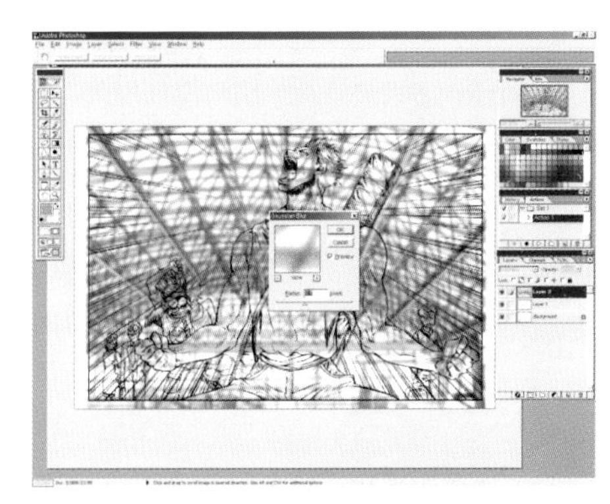

12 可以将Gaussina Blur对话框的Radius数值从0.1调到250 Pixels。移动对话框下端的调节器来调整暗度。

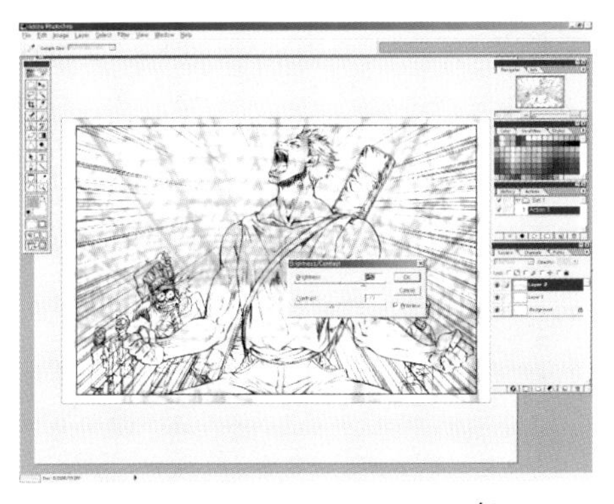

13 选择Image-Adjust-Brightness/Contrast来将图像变得亮一些。

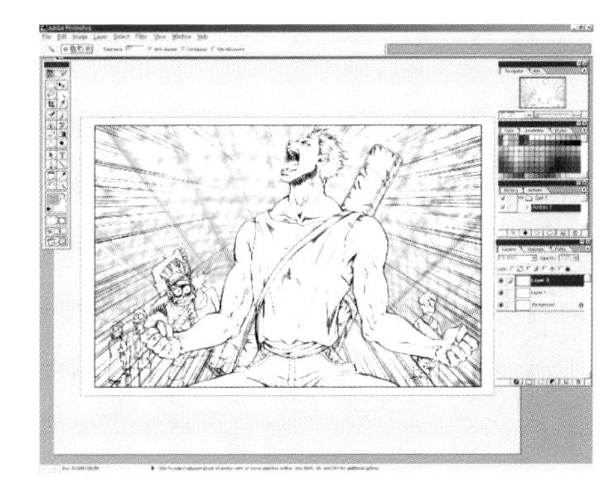

14 在Background里只把背景部分用魔术棒做Select后，再选择背景图层（Layer2）进行Select-Inverse，然后做Edit-Cut来剪切。用这种方法来使用效果线。集中线与蘸笔线锁定Linked后合成，背景图层跟Toon合成就可以了。

背景图像暗淡时集中线的使用法

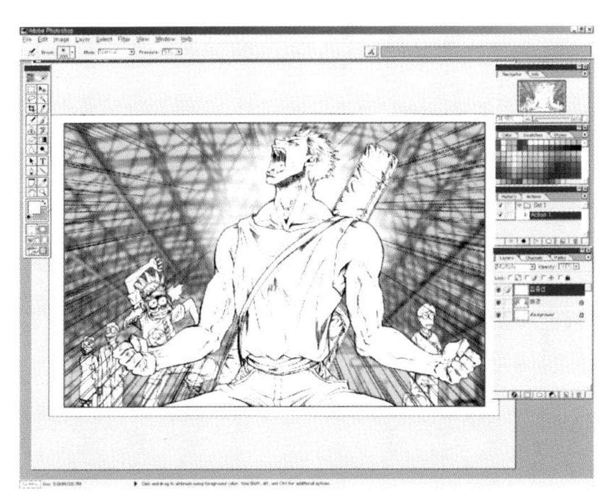

15 在背景暗淡时，用集中线调节的方法是将集中线换成白色就可以了。让集中线上到背景图像的前方，那就将Layer面板上的集中线用鼠标移动到背景Layer的上方就可以了。

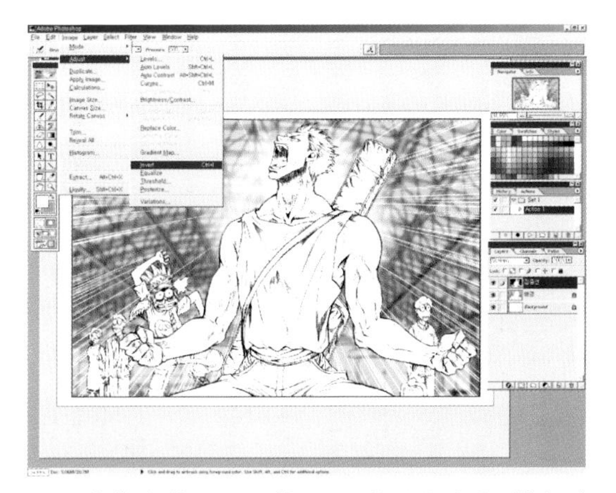

16 将集中线Layer的Mode从Multiply转变成Screen后，再做Image-Adjust-Invert集中线就变成白色的了。这个集中线不是根蘸笔线合成，而是应该向Toon的方向去。和背景锁定Linked后合成。

9 明暗效果为主的制作方法

明暗效果为主的制作方法比蘸笔线为主的制作方法在表现方法上稍微自由一些，它追求比蘸笔线为主的制作方法更多样的效果。它不仅在3D软件中的使用、而且使用在相片和用笔、铅笔、彩色颜料等绘画要素的绘画当中。

这主要是符合强调Toon效果的漫画原稿的制作方法。

这是使用3D软件的原稿。因3D软件的急速发展，给绘画带来了惊人的发展。现在已经不是只是画画的时代了。

要点

如果是不需要那么多Toon的原稿时，比起效果为主的制作方法，还是钢笔线为主的制作方法更为好用。效果为主的制作方法连钢笔线也得按照Toon的形式打印，打印出来的钢笔线扩大后，像台阶一样非常不美观。

这是将铅笔和钢笔结合起来画的漫画原稿。以前因铅笔线印刷起来很不容易，所以没有用。但现在印刷和扫描技术的发展的原稿可以修整铅笔线了。所以铅笔原稿的表现效果也是相当不错。

网点纸的基本合成

1 3D 或图像背景进入的位置只画在Konti 的构成上，在实际原稿上需要钢水笔的部分进行素描之后再勾线。
调整扫描图像效果的过程和勾线的方法和在前面说明的方法是一样的。

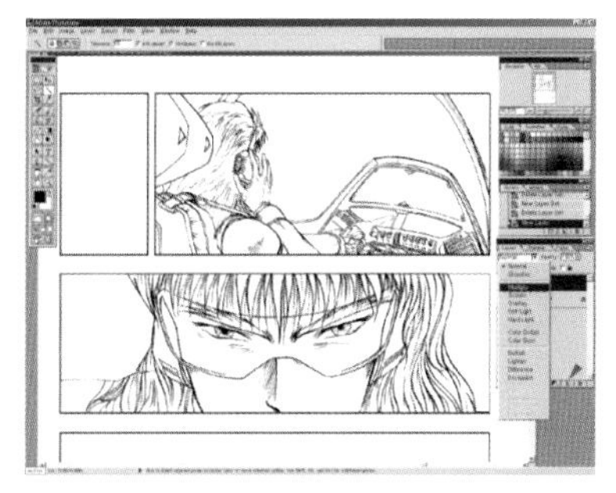

2 按Layers面板下端的Create a new layer 图标新建一个图层Layer1。Nomal状态的Mode选择为Multiply Mode 后，再选择魔术棒工具。魔术棒指定为Tolerance55。在Background 对合成网点纸的区域做Select。使用套锁工具做了S-elect的区域里的钢笔线也做Select。

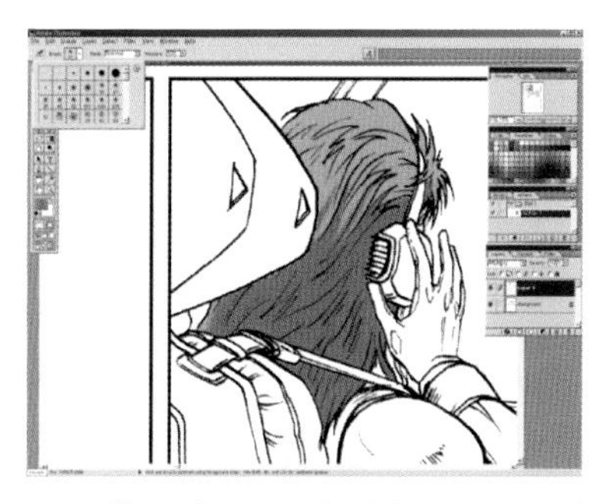

3 按下前景色图标选择头发的明暗色，在Layer1使用喷枪工具和画笔工具调明暗度。

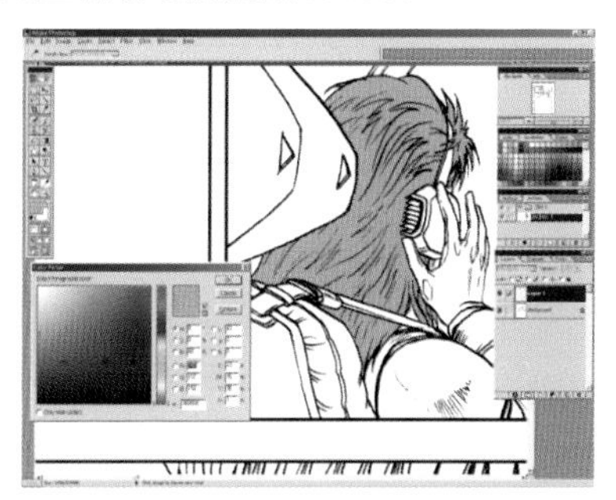

4 按下前景色在Color Picke r对话框选择Too的色感。因为图像Mode是Grayscale，所以选择彩色也会出现黑白的。请选择矩形选择工具的色泽选择区域的竖向。横向是与彩图有关，竖向是与明度有关。选择了色感再 选Layer1，选Edit－Fill 将前景色的色感涂到选择的区域。快捷键（Alt+Backspace）。

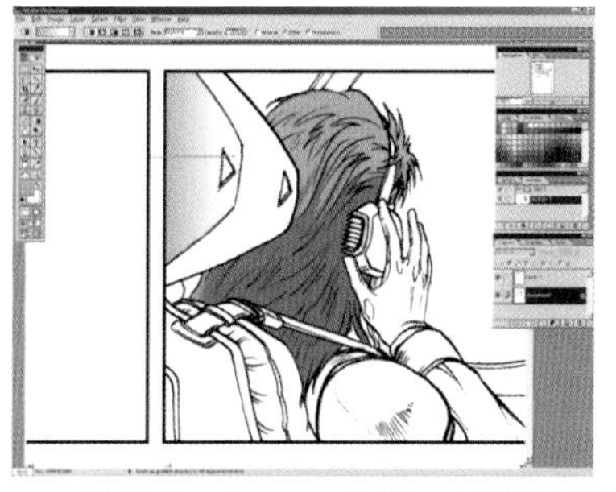

5 选择 Background 后，用魔术棒将机械性部位做了Select。然后在前景色选择颜色后用Gradient工具在Background layer里上颜色。但在效果为主的制作方法中，Background里上灰色也是可以的。但在修订的时候有些难度。

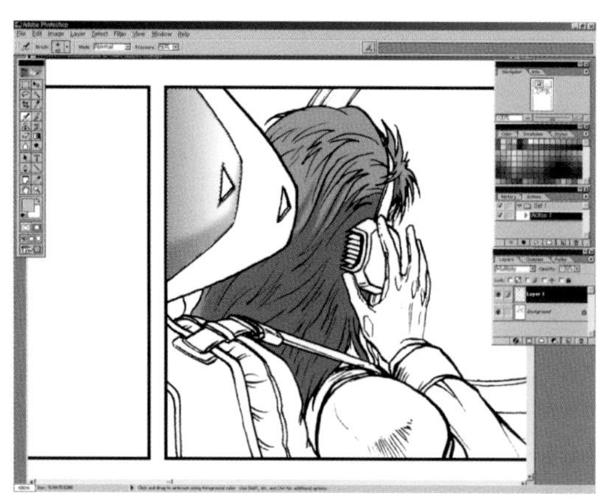

6 前景色中选择浅灰色给Layer1 做明暗。与G-radient 混在一起自然形成了Gradient 明暗。

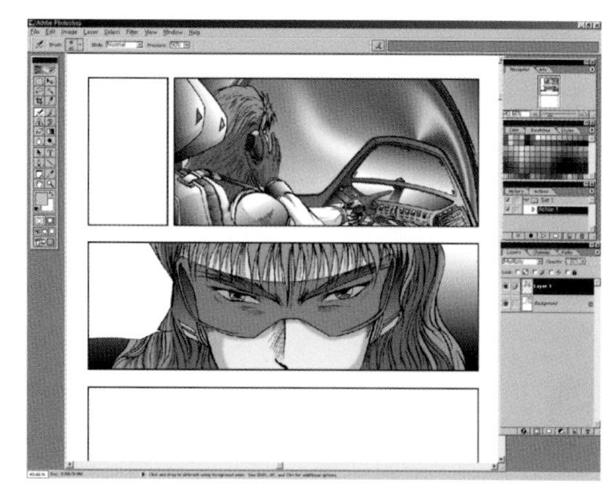

7 用魔术棒做Select 后，再用喷枪工具和画笔工具给Toon 和明暗上颜色来完成插图。

喷枪工具和画笔工具浓度的调整

上色的时候用调节浓度上明暗和颜色，效果会更好。

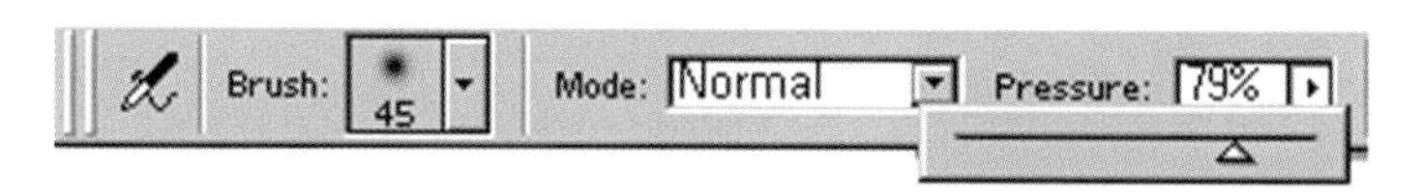

使用喷枪工具时Pressure 为100% 的时候，前景色的色彩会出现100% 的浓度。使用画笔工具时，随着Opacity 的百分比色彩的浓度也不同。

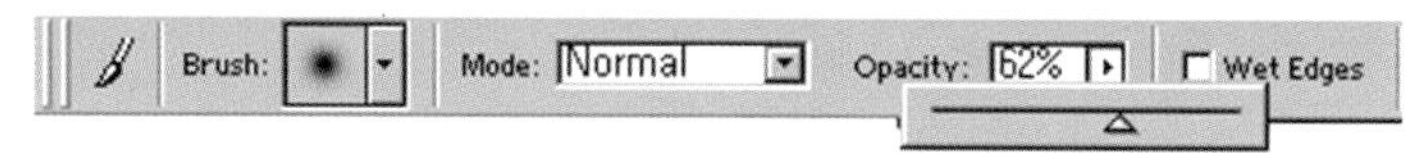

这是用喷枪工具选择黑色后上的颜色。

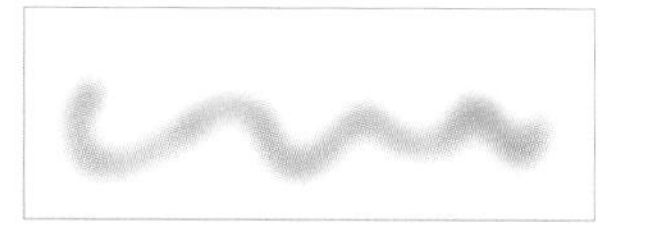

Pressure 10%

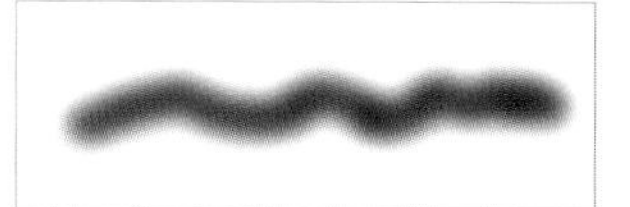

Pressure 45%

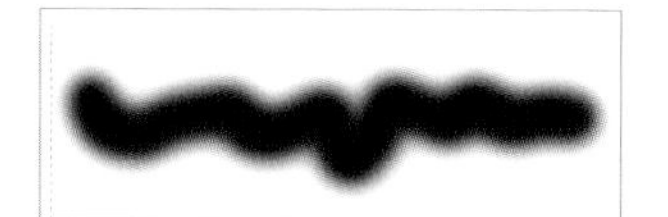

Pressure 100%

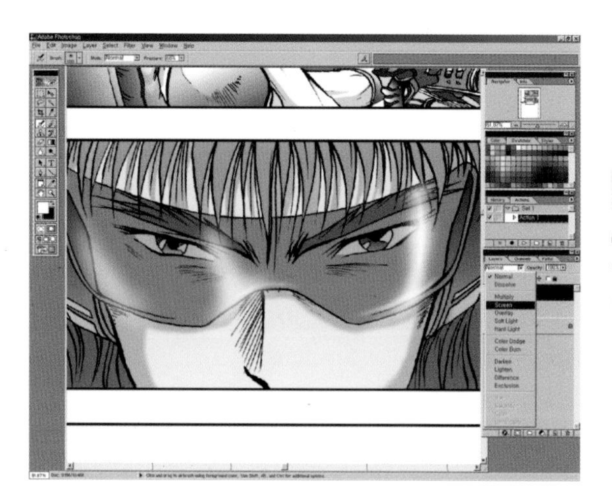

8 如果想设高光区时应该再建一个图层，然后在Mode 的Normal、Scr-een、Lighten 中选择一个之后，在前景色选择白色，这样连钢笔线也会受白色的影响。当然高光区图层应该在最上方。

活用3D模型制造

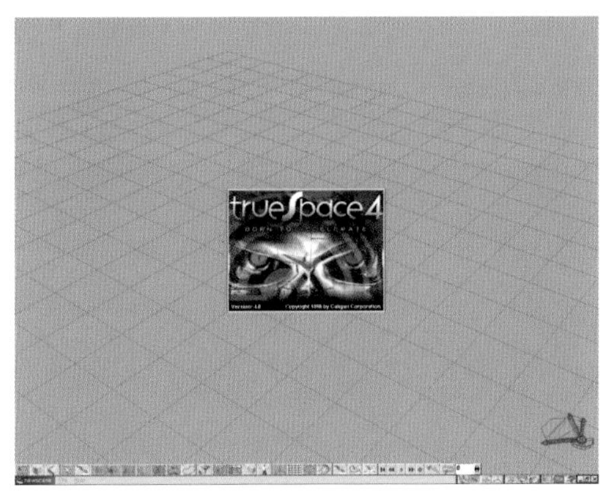

为了3D部分的合成启动3D软件True space 4制造飞机模型做画面构图后，做演示就可以得到所愿的图像。

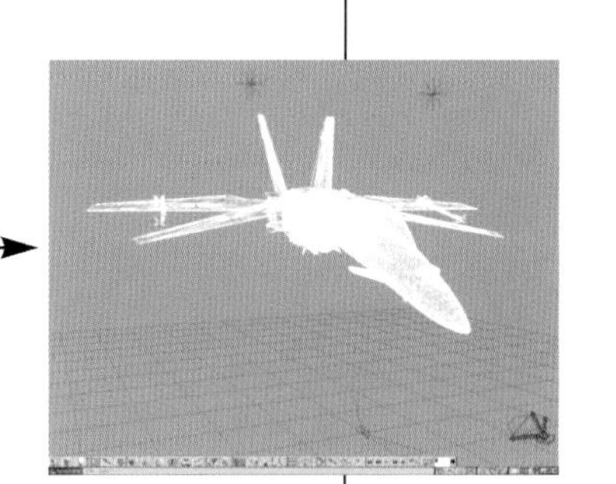

执行过的图像是以Targa文件（.Tga）储存，包含一个Alpha Channel。（Alpha Channel是指任务执行物体的Select。）

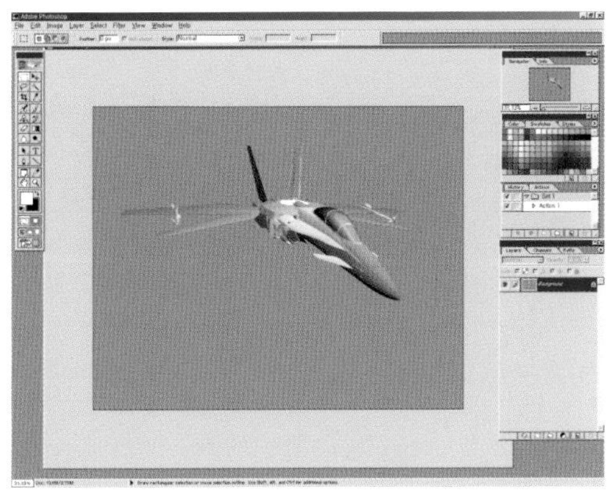

在True space4里打开已经执行过的飞机图像。

1 Select-Load selection中选择Alpha1飞机就会Select。True space4或3D MAX或者其他3D软件里只对物体做了执行时以这种方式在Targa文件里支持Alpha channel。

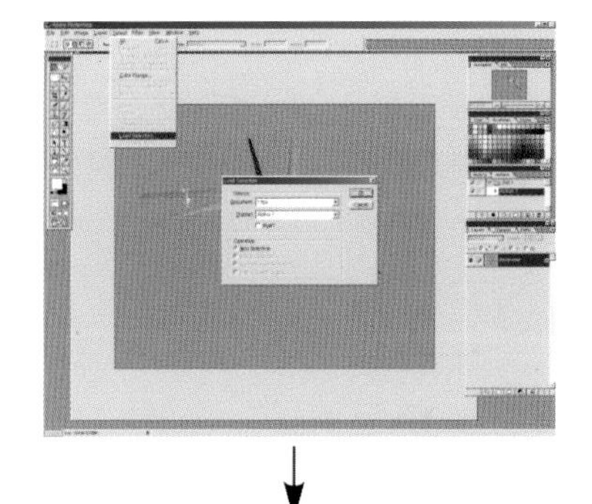

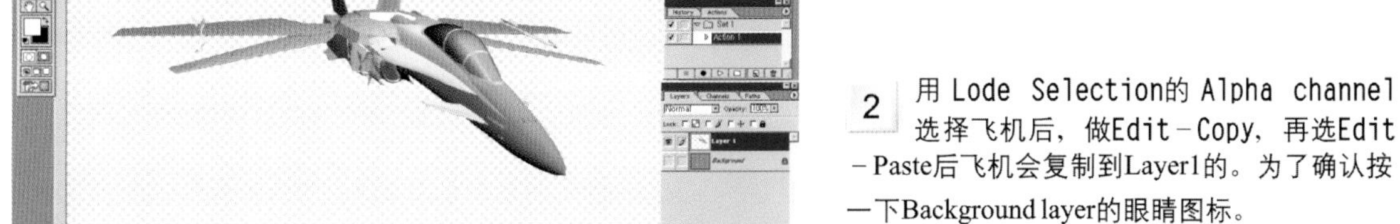

2 用Lode Selection的Alpha channel选择飞机后，做Edit-Copy，再选Edit-Paste后飞机会复制到Layer1的。为了确认按一下Background layer的眼睛图标。

第一次制造飞机模型要费点时间，做好的只要将画面构图改一下就可以继续使用。所以经常使用的模型最好第一次就认真画好，这样每次就不必再画也可以使用了。

3 用Background（背景）拖动的方式移来效果线。

4 将效果线的图层（Layer2）移动到飞机图层的下方。然后使用Edit－Free Transform，让飞机看起来像向前飞一样调节消失点。

5 效果线图层和飞机图层之间再建一个图层后，用喷枪工具在前景色选择白色给飞机尾部画上推进式火花。

只要消失点调整好将效果线背景转换成机械性背景或其它背景也是可以的。这个背景是用True space4制造的。

这是与机械性背景合成的图像。前面合成为效果线图像时，为了表明透视的重要性用了效果线。合成时调整消失点和透视是最重要不过的。

6 如果飞机向前飞的样子不美观，那是透视的消失点没有调节好的缘故。所以合成时一定要注意。

7 合成的飞机图像做Layer-Flatten-Image后，用Background layer拖动的方式将漫画图像移动过来。移来的飞机图像图层的Mode选为Multiply。

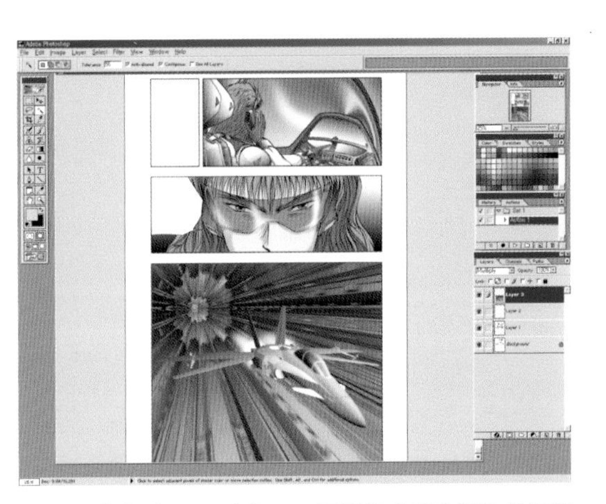

8 在Background layer里用魔术棒选择飞机图像要进入的插图之后，在飞机图像的图层里做Select-Inverse，然后再选择Edit-Cut。这样，除了插图都会被删掉。

9 为第三个插图粘贴集中线，打开集中线之后，拖动Background图层将集中线移到漫画原稿上。

10 移来的集中线图层（Layer4）的Mode选择为Multiply之后，选择Edit-Free-Transform，集中线调整得符合插图为止。

11 为了使集中线变成白色，选择Image-Adjust-Invert之后图层的Mode选择Screen，集中线就变成了白色。

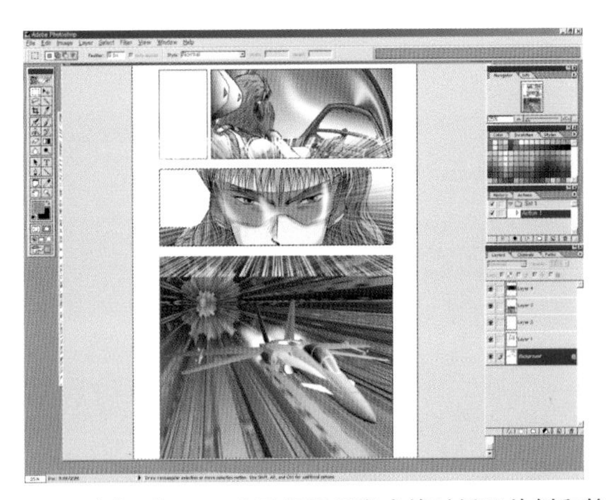

12 在Background图层里用魔术棒对插图外侧和第三个对白框做Select之后，用矩形选择工具除了第三个插图外全做Select。集中线要进入的位置以外都做了Select。

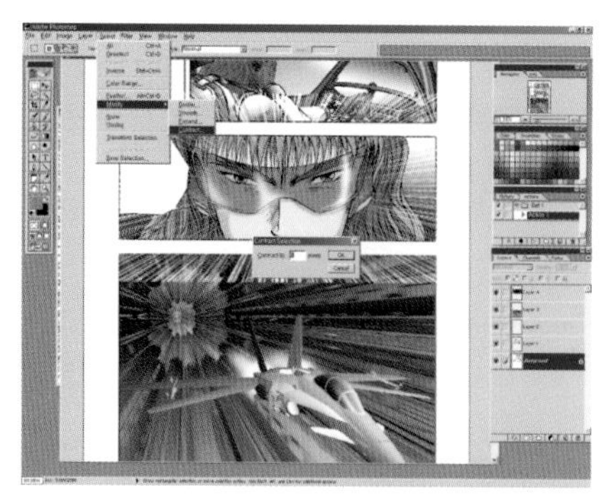

13 选择Select－Inverse，会选择集中线要进入的部分。但插图边线也受了集中线的影响好像会有很多断点似的。所以选择Select－Modify－Contract 在 Contract Selection 话框中输入 6 P-ixels（插图边线的厚度）再按OK 键。那样，连插图边线内侧的Select 也会缩小。（缩小6 Pixels）

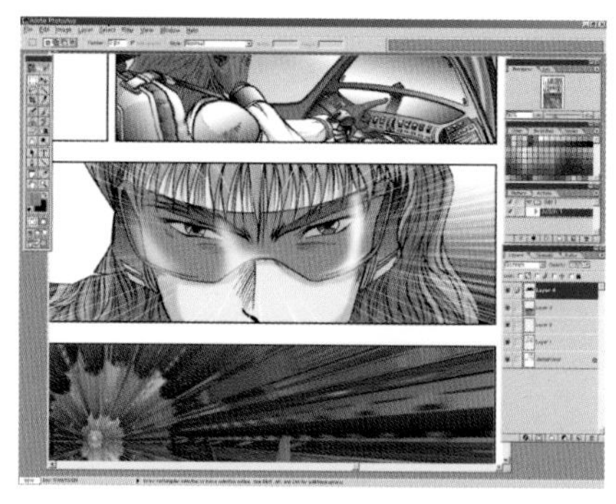

14 集中线要进入的部分已经做了 Select。现在选择Layer（Layer4），为了剪掉插图外侧的集中线做Select-Inverse，Edit-Cut，集中线就会变白。

添加效果音字体

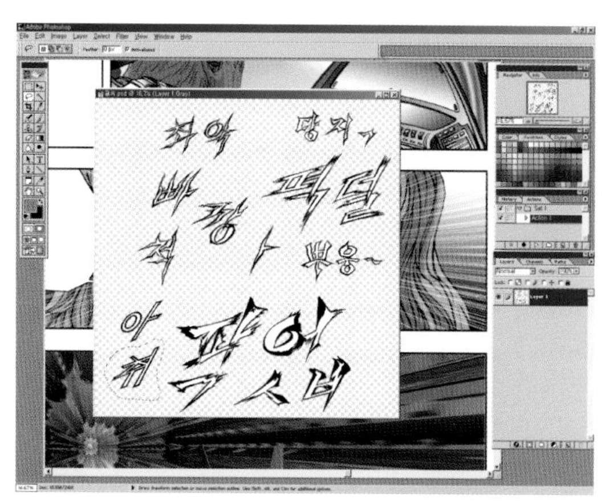

1 为了添加效果音字体，先打开效果音字体。经常使用的效果音字体，是为了使用方便，最好是将字体外的部分做成透明图层。用套锁工具选择字体做Edit-Copy。

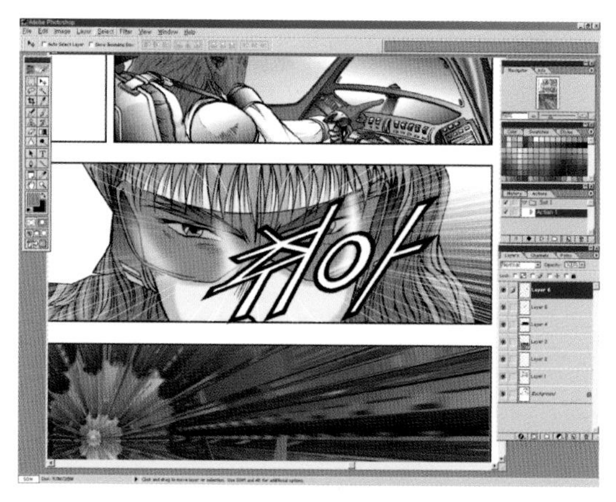

2 用Edit－Paste 将字体粘贴进去。用这种方式将其他字体粘贴进去。

要点

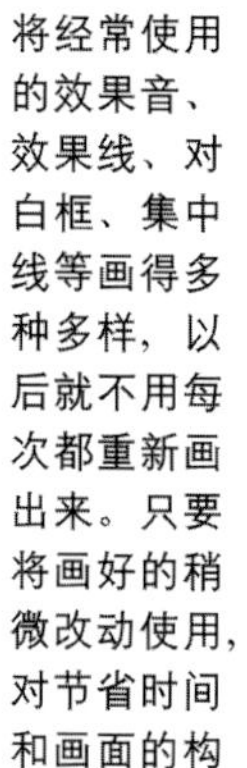

将经常使用的效果音、效果线、对白框、集中线等画得多种多样，以后就不用每次都重新画出来。只要将画好的稍微改动使用，对节省时间和画面的构成、效果等非常有帮助。

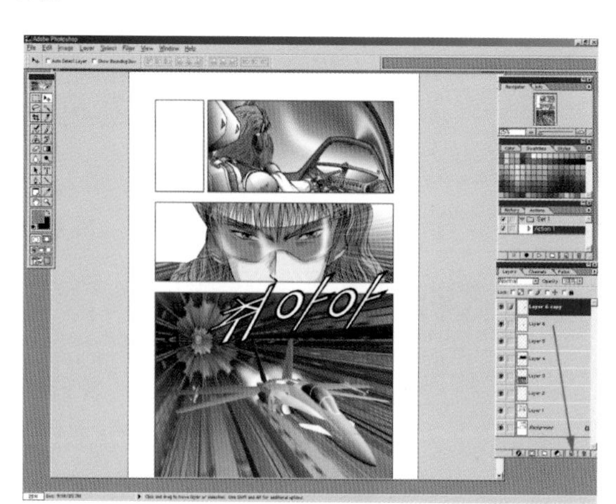

3 打开的字体连图层状态一起复制时，将要复制的图层用鼠标点中按 Create a new Layer 键就可以复制同样的图层了。为了将效果音"啊"编辑成许多种才这么做的。用移动工具调整效果音的位置，再用Edit－Free Tran-Sform 调整大小，效果音就完成了。

4 将剩下的插图合成以后，选择Layer-FlattenImage将图层合成起来，原稿就完成了。
完成的原稿将以Photoshop文件（PSD）转给编辑人员。他们会转换成EPS后，用Quark press做识字作业和编辑。一般打印线数是133，但对作者来说懂得PSD就可以了。

10 铅笔漫画原稿的制作

明暗效果为主的制作方法中铅笔的效果在丰富的质感和茂盛的草丛上，比起蘸水笔更有表现上的多样性，它追求趣味性的演技，在带有感情色彩、想象和颜色的精彩表现上具有良好的效果。因为不能印刷的原因所有漫画向来都是用墨和蘸水笔制作出来的，但对于画画的人来说经常使用的还是铅笔。通过电脑做铅笔画的漫画，对激发个性是个非常好的方法。

在用铅笔画画的技法中不仅用铅笔，在精巧的描写中有时也得用尖锐的小刀（Sharp），在画茂盛的草丛时用柔和的4B或2B铅笔。还有橡皮在表现白色时是非常好的工具。完成之前的细微工作还是用电脑做比较理想。

用铅笔画画的时候，一般不在漫画原稿上画。因为漫画原稿的蓝线非常不容易擦掉，因此铅笔原稿上不轻易做修改作业。画画时最好是将原稿规格画得比漫画原稿的规格要大一些。

这是一般的漫画制作方法，是一种在原稿上按顺序画的方法。这是从一到二，从上到下的顺序完成图画的方法，这种方法会减少摩擦污染的现象。所以画的时候，应该用纸盖住完成的插图小心翼翼的画。

1 打开已扫描过的铅笔漫画原稿。扫描时最好将鲜明度调得弱一些。（铅笔线可以扫得鲜明一些。）

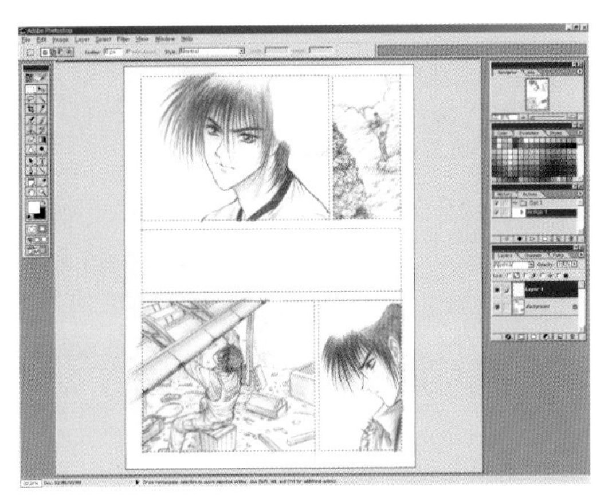

2 新建一个图层（Layer1）。然后选择Layer1的状态下用矩形选择工具对插图边线做Sel-Ect。（按住Shift 键的状态下使用矩形选择工具。）

3 选择Edit-Stroke 后，在Stroke 对话框中做Windth:6px，Location 选Select。然后选Select-deselect 将Select 取消。

4 选Image-Adjust-Brightness/Contrast 调整亮度和鲜明度。将Brightness 数值移动到加号方会变亮，移动到减号方会变暗。

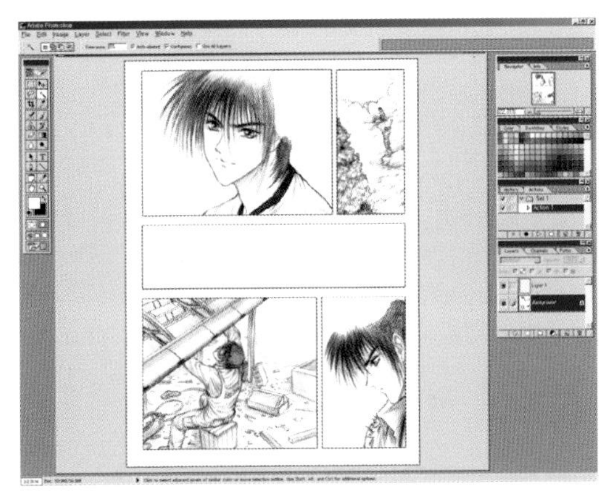

5 在Layer1（有插图边线的Layer）插图外侧用魔术棒做 Select。然后选 Background Layer 上色，那样插图外侧被白色覆盖看不见了。

6 在插图边框上黑色，是为了给图像带来回忆感或符合漫画场景深沉的素材和特殊的需要。

将Contrast移到加号方黑色会变得更暗，白色会更白，变得非常鲜明。如果想让铅笔线的感觉生动地表现出来，将Contrast数值稍微调高一点使铅笔线不太暗就可以。如果想要铅笔线的颜色变浓，将数值调高就可以，但调得太高就没有铅笔线的感觉了。

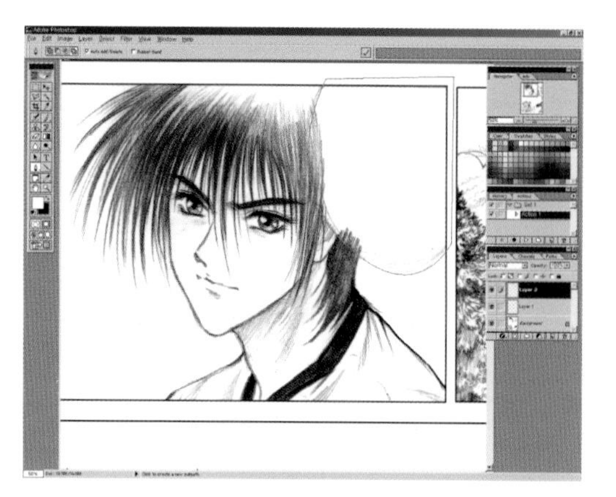

7 再次新建一个图层以后选择钢笔工具，画出对白框。

8 选择 Paths 调色板就可以看到现在选择的钢笔工具的 Work path。按一下下端 Loads path as Selection 将钢笔工具画的区域做 Select。将 Work path 拖到回收站就可以了。

9 再回到图层面板用套锁工具像画出来一样选择对白框部分。

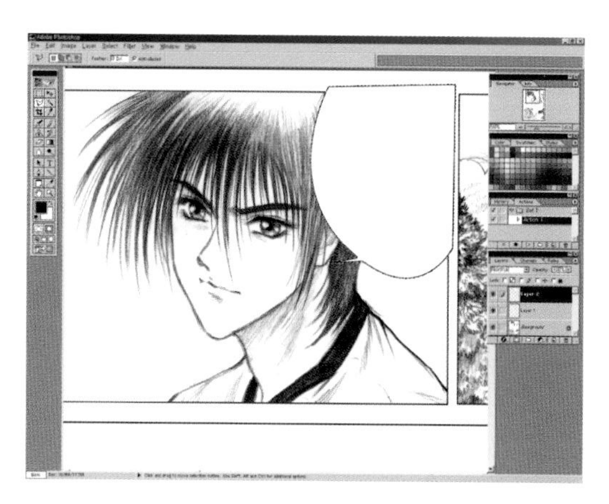

10 在前景色选择白色以后，选 Edit－Fill对 Layer2 的做过 Select 的区域添加白色。再次在前景色选择黑色后，选Edit－Stroke画对白框的边线。

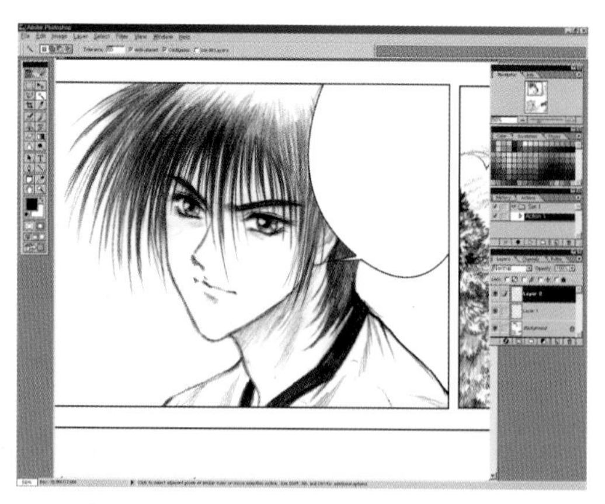

11 在Layer1插图内侧用魔术棒选择，在Layer2选Select－Inverse后，做Edit－Cut对白框凸出部分删掉。

12 剩余的对白框也使用钢笔工具或圆形工具、矩形工具才能做得美观。对白框作业完成了，就要根所有图层合成了。
Layer－Flatten Image

13 打开一个将要合成的图像。
这是用数码相机拍摄的背景。

14 选Image－Mode－Grayscale 转换成黑白图像。如果将相片背景按原样使用的话会给人一种跟铅笔漫画不一样的感觉。所以为了表现铅笔画感选择Filter。（Filter－Artistic－Rough pastels）。在Rough pastels 对话框中将Texture 选择为Saudstone，看着预览区调整数值。

15 如果图像效果不好，可以用Fade 调整。
Edit-Fade（适当的滤镜）

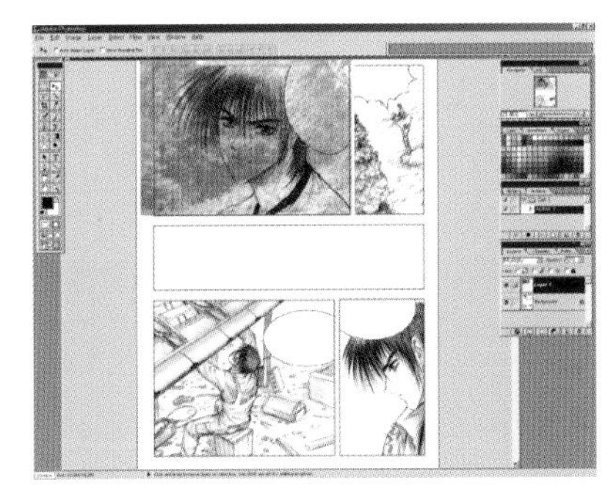

16 将背景相片图像以拖动图层的方式移动到漫画原稿上。将移动过来的图层Mode 选为Multiply。如果图像太暗看不清的时候，将Opacity 数值从100％调小，那样透明度会变高，底层部分的铅笔线会看得很清楚。为了可以进入做了Edit－Free Transform 的图像里，要调整一下图像的大小。

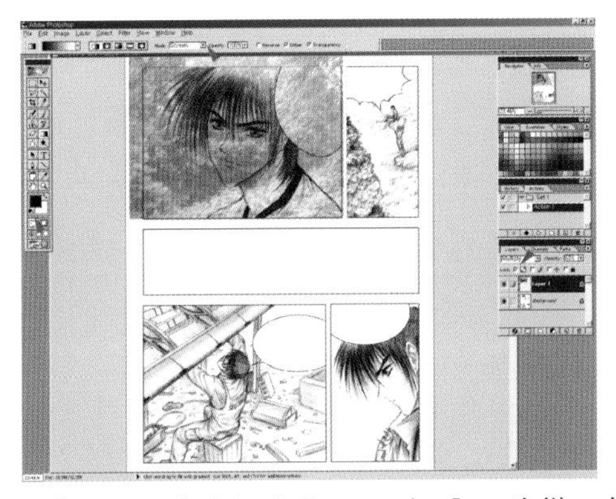

17 在背景图层确认Lock Trans pixels。这样，在这个图像以外的透明区域里就不能上色或做效果了。选择Gradient Tool（倾斜度工具）后，将Gradient Tool 的Mode 在Node-Normal 里变成Screen。然后按一下前景色下端的按纽将前景色换成黑色，背景色换成白色。

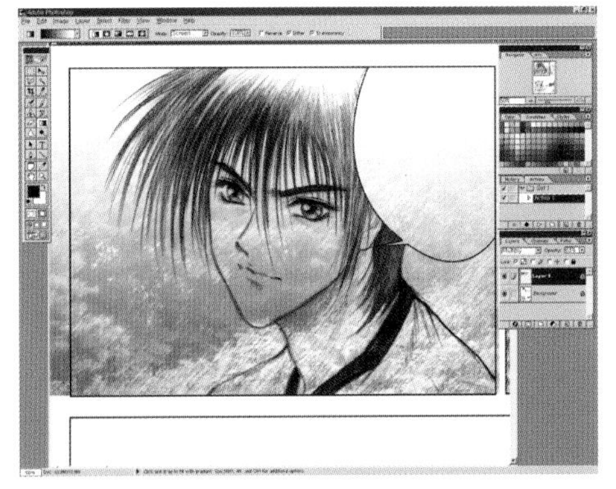

18 用Gradient Tool 将衣服的部分上白颜色。在Screen Mode 里黑色部分没有变化，只有白色部分出现变化。在铅笔漫画原稿中整体的感觉最好是有明有暗的图像。

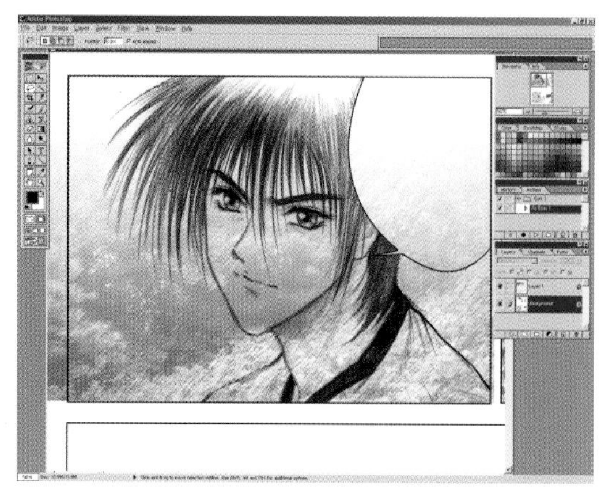

19 在Background Layer 里用魔术棒和套锁工具选择背景要放入的位置。因铅笔线境界不清楚，做Select 时会漏进人物内侧。这时用橡皮工具擦掉进到人物内侧部分就可以了。

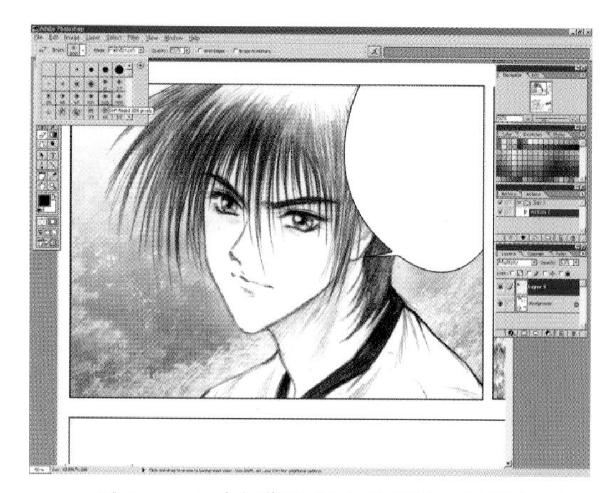

20 选Layer1（有背景相片的图层）解开Lock，然后做 Select-Inverse，Edit-Cut 将背景部分外的图像剪掉。用橡皮工具选柔和的Brushes 再整理一下合成就完成了。

21 要在漫画原稿的第三个插图里插入图从山上望着城市的图像时。先要导入为了漫画内容在山上拍摄的相片。插图的多余部分必须剪掉。

22 将Background layer 用鼠标点住不放，进行拖动复制图层。在Photo Copy 对话框中Det-Ail 数值调高，Darkness 数值稍微调小就可以了。

23 实施Photo Copy 的图像。

24 用铅笔素描时有些部分要画得强劲，但有些部分要画得柔和。在相片上实施Photo Copy 是为了转换成铅笔素描样时表现强劲的部分。现在可以做柔和感的表现了。

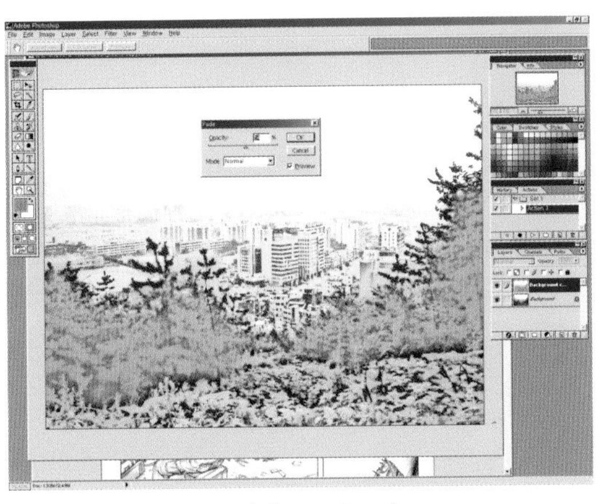

25 选Edit－Fade（Photo Copy）。Fade对话框的Opacity数值调到中间位置。

26 用橡皮工具将Background Layer渐渐擦掉会出现原本图像的色感。橡皮工具的Brushes选择柔和的，将Opacity数值下降为33%。

27 完成了，选Layer－Flatten Image把图层合为一个。

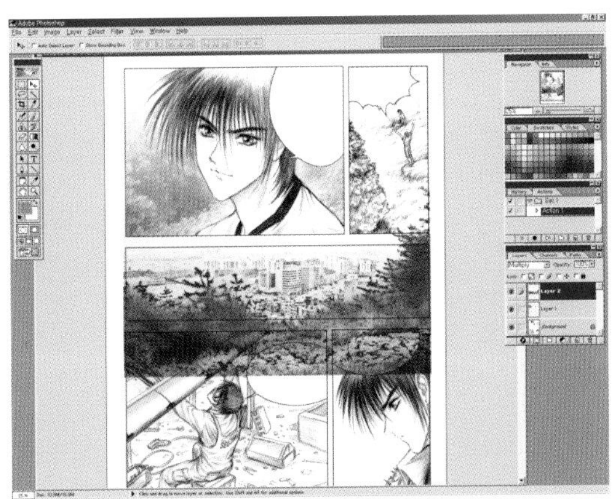

28 将做好的背景移到漫画原稿上。图层的Mode选择Multiply之后，再做Edit－FreeTransform，选好插图要插入的大小。为了表现为铅笔画的感觉，选Filter－Artistic－Rough pastels稍微带点Pastel效果，就会有铅笔画的感觉。

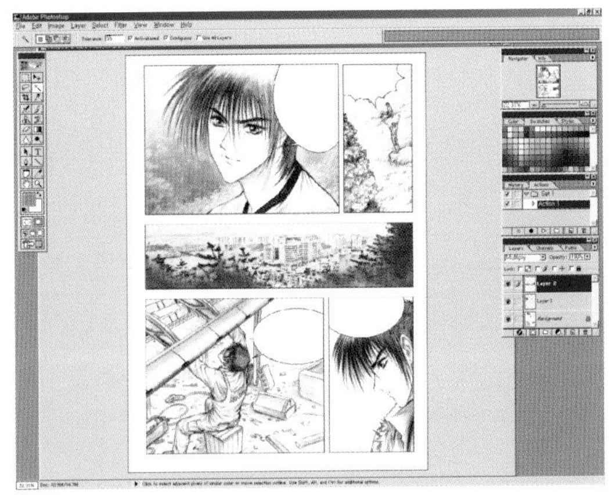

29 在Background layer中用魔术棒选择插图内侧后，在Layer2（有背景的图层）Select－InvErse，Edit-Cut将剩余部分剪掉。

完成了，选Layer-Flatten Image将所有图层合成为一个图层。

分离插图的铅笔漫画原稿制作

漫画原稿的Conti

还有一种方法是以Conti 原稿为基础，分离所有插图的方法。这种方法可以避免画别的插图时将完成的原稿弄模糊。根据效果可以选择不同的纸张，更能表现个性化的图像。

1 这是以Conti 为基础在A4 纸或图画用纸中，将插图分离的状态下画的原稿。

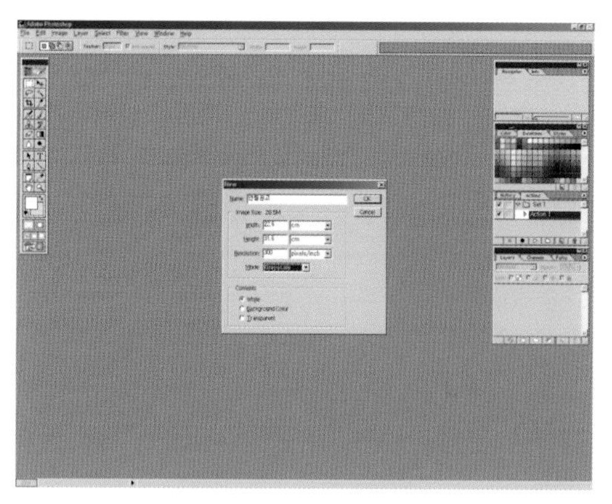

2 在Photoshop选File-New新建一个漫画原稿。横向：22.6cm，纵向31.6cm分辨率：300dpi Grayscale的漫画原稿。宽6mm的边线是为了印刷后的裁剪留下的裁剪线。

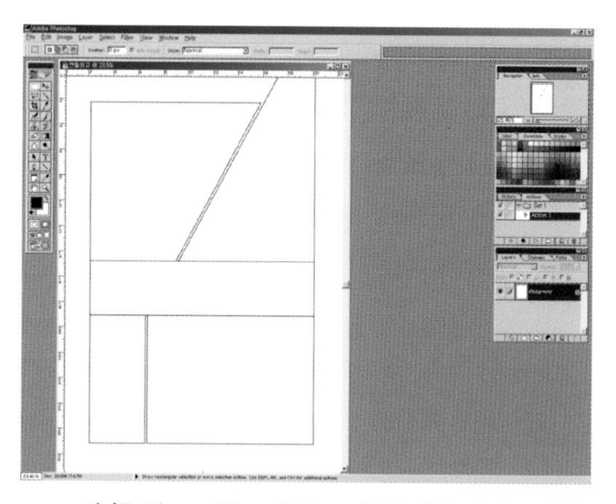

3 选择View－Show Rulers画面的上端和下侧会出现cm。看到这些用矩形选择工具和方形选择工具开始画插图边线。插图边线是用Edit-Stroke画的。

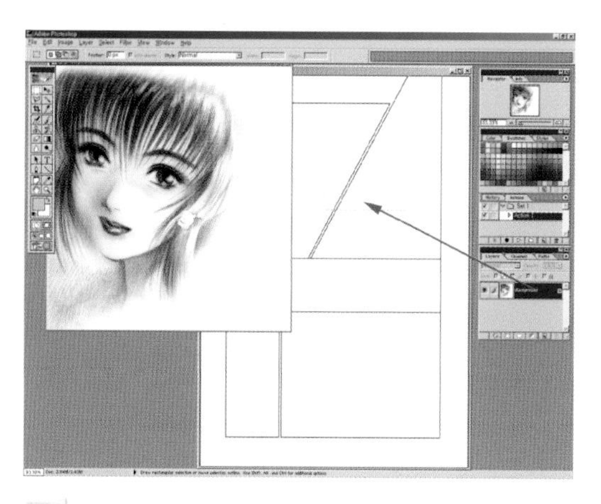

4 打开插图图像，把图层移到原稿上。

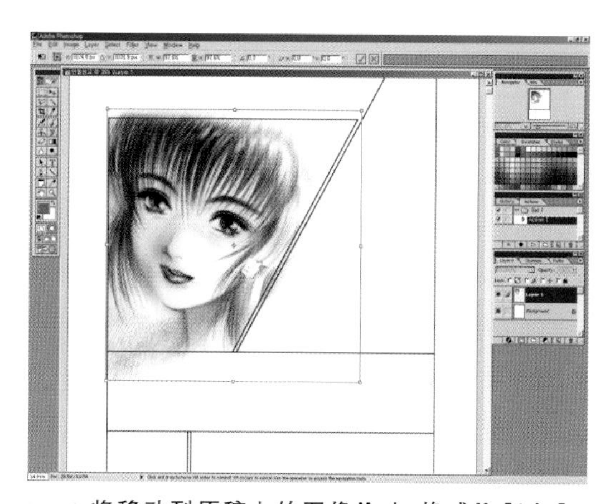

5 将移动到原稿上的图像Mode换成Multiply后，选Edit-Free Transform调整为适合插图的大小。

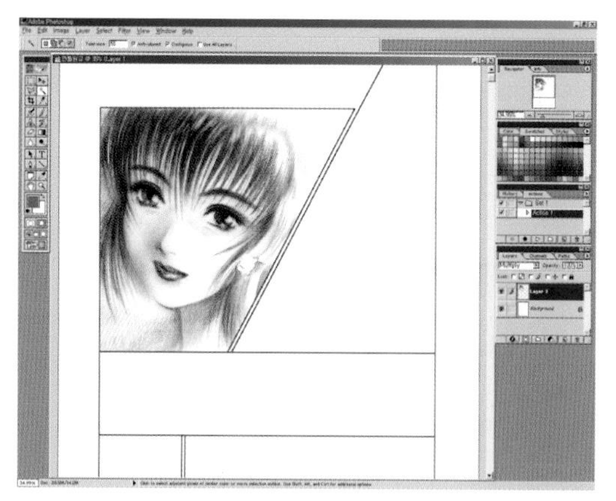

6 在Background用魔术棒做Select。在Layer1（有图像的图层）做Select-Inverse后，选Edit-Cut将多余部分剪掉。

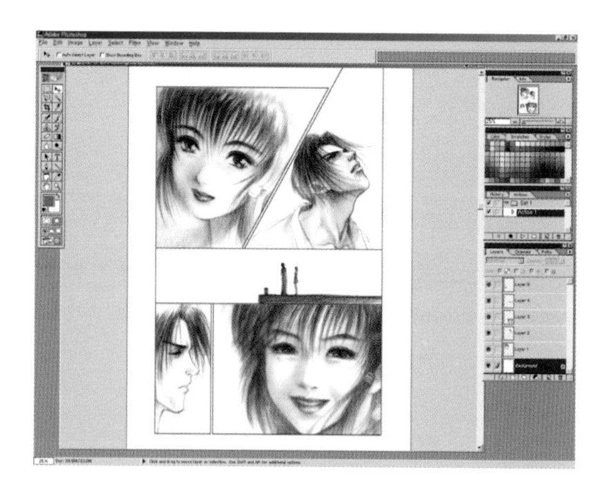

7 剩下的插图也是用这种方式进行。

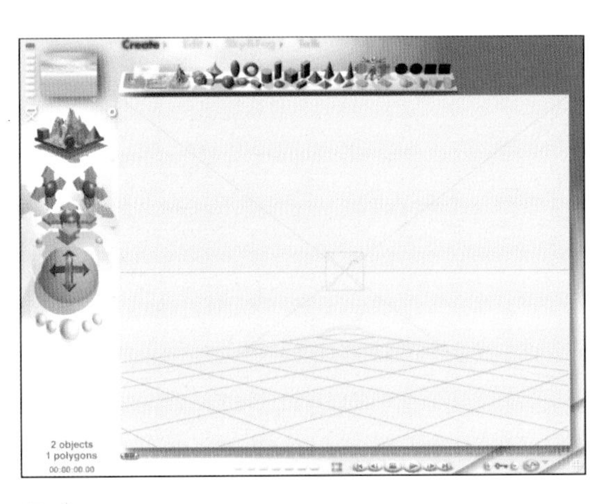

8 为了制造大海的图像，启动了Bryce 4。

9 在Create 面板中选择最前的Water plane 图标就出现大海了。

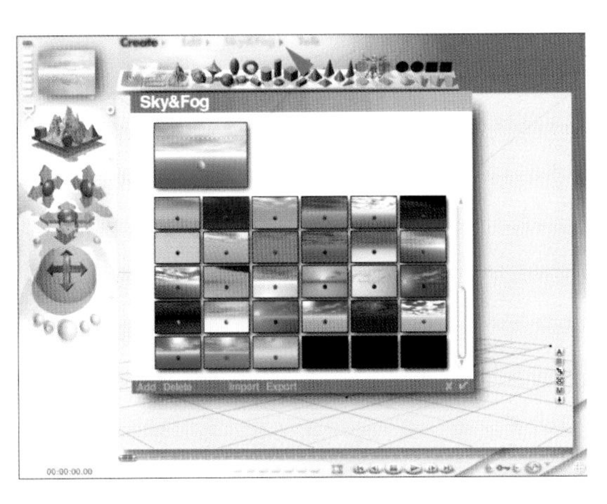

10 按一下Sky & Fog 面板旁边的小三角形打开多样的Preset（预选）资料库来使用。

11 用Control 面板调整画面的相机视点后做演示。

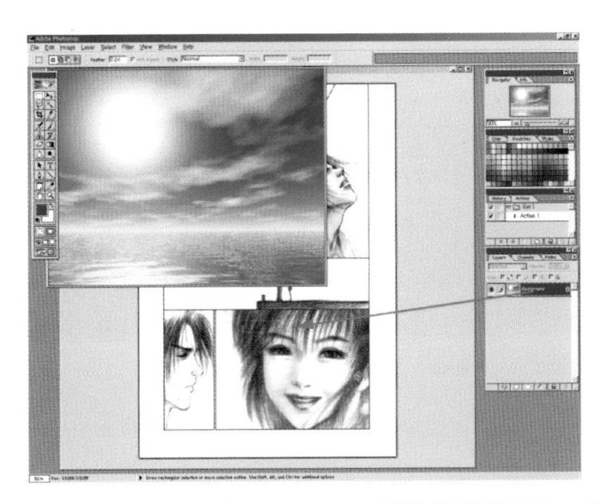

12 在Photoshop 打开用Bryce 制作的背景图像。将背景图层移动到漫画原稿上。因为漫画原稿是Grayscale，所以移动过去的RGB 的背景会自动变成黑白图像。

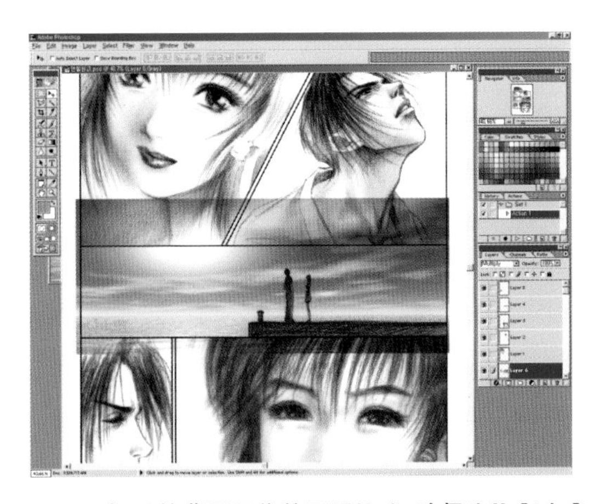

13 已打开的背景图像的图层Mode 选择为Multiply 后，选Edit－Free Transform 将图像调整为适合插图的大小。

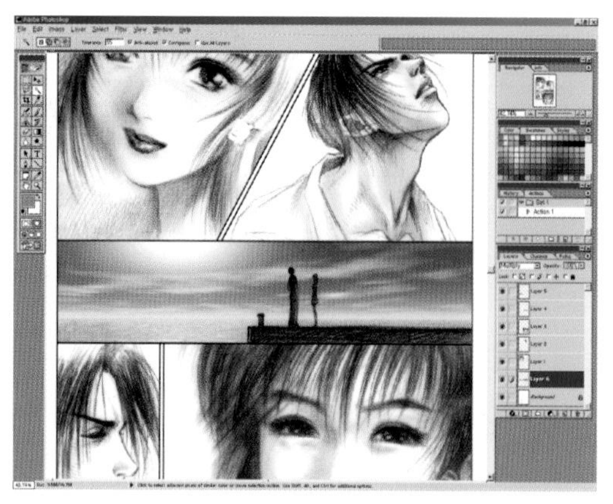

14 在Background layer 用魔术棒做Select 后，在Layer6（有背景的图层）选Select-Inverse，Edit—Cut。

15 打开Bryce 里制作的背景图像后，在第二个插图里合成。然后将图层的Opacity 调小，维持符合铅笔线的色感。

16 用橡皮工具擦掉背景和人物重叠的地方。

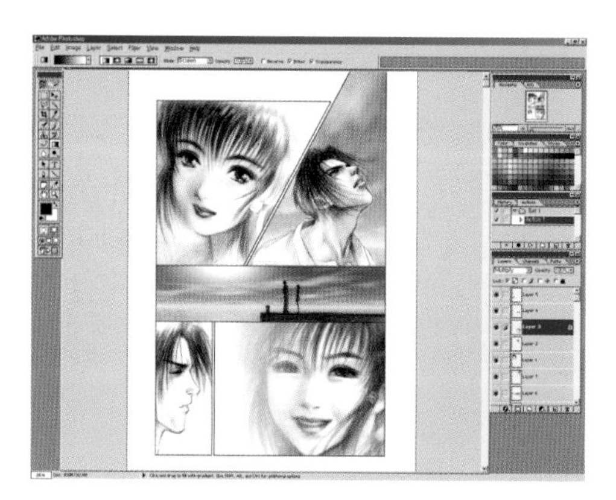

17 选择第五个插图 Layer3 锁定 Lock，用 Gradient Tool 选择前景色为黑色，背景色为白色。然后Gradient Tool 的Mode 设为 Screen 后，将插图的一面变得亮一些。

18 用套索工具画出一个对白框。为了避免套索工具死板的特性，选择Select-Modify-Smooth，使边线变得柔和一点。

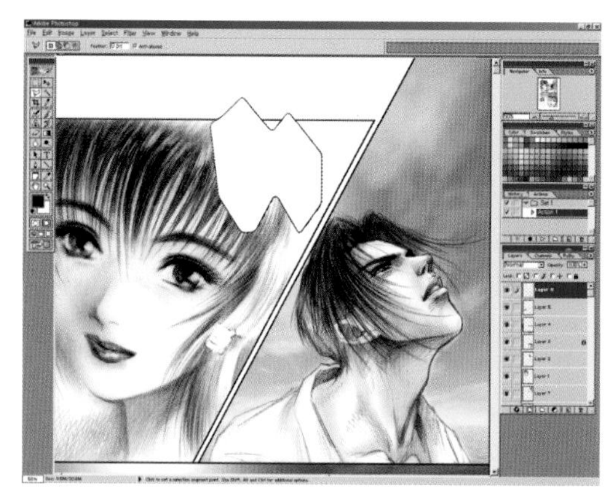

19 新建一个图层，然后将新图层移到图层的面板的最上方。做Edit-Fill上白色后，再将前选为黑色后，再做Edit-Stroke。在Stroke 对话框中 Width 设为4。最好将对白框画得比插图边线细一点。

20 剩余的对白框也用套索工具或圆形工具画出来。完成了，就把所有图层合成一体。

11 水墨画式的漫画原稿制作

画古装画时用毛笔（用硬毛做的笔）和可以表现渗透墨水浓淡的韩纸（朝鲜特有的纸，像宣纸一样）会比用钢笔和网点纸的感觉更好。但如果直接用毛笔想画出毛笔的感觉是非常难的。再说如果画错了也不能用修正液修正，只能重新画。所以水墨画如果没有扎实的基本功和技巧是很难画出好作品的。但利用Photoshop和Painter来画，也不是一件很难的事。它们会将毛笔和韩纸渗透的晕染技巧在水墨画式的漫画制作里表现出来的。

1 在Kent纸或B4纸上开始素描，用橡皮边整理边干净俐落的画。
为了用电脑画插图边线点上点进行扫描。

2 在Photoshop中打开已扫描的图像。因为是铅笔画的，所以做扫描修整时要轻，前景感觉发白就可以了。
新建一个图层。用矩形工具跟着标点的部位Select插图边线后，选择Edit-Stroke画上插图的边线。

3 在Layer1里将插图边线的外侧用魔术棒做Select后，Background layer里做Edit-Cut插图外侧的多余部分删掉。

4 选 Background, Select-All 对整个图像做 Select。然后做 Edit-Copy 复制 Background 的铅笔图像。

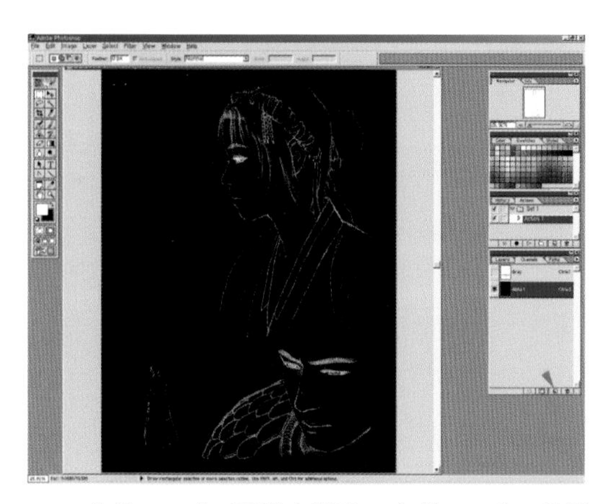

5 在 Channels 面板中新建一个 Channel。然后将复制的 Background layer 铅笔图像粘贴到新建的 Channel Alpha1 上。选（Edit-Paste）/ Image-Adjust-Invert, 将图像的色感反转。这样铅笔线会储存到 Channels 的面板上。

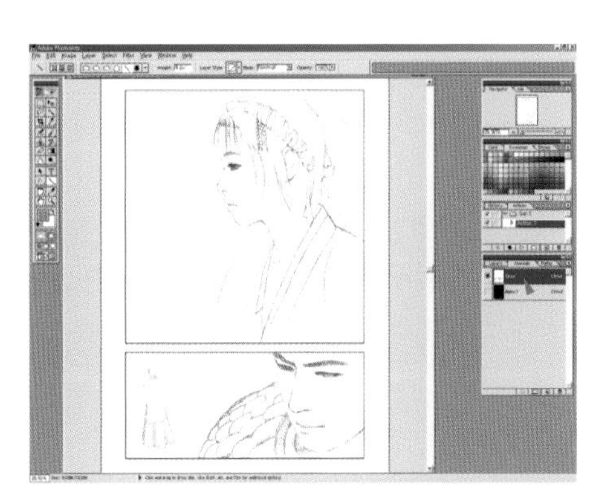

6 在 Channel 面板上选择 Gray Channel, 将会从 Channel 状态上再次返回到原来的 Background Layer 状态。新建 Channel 是为了在 Painterly 发生失误时或再次需要铅笔线时还能及时使用。

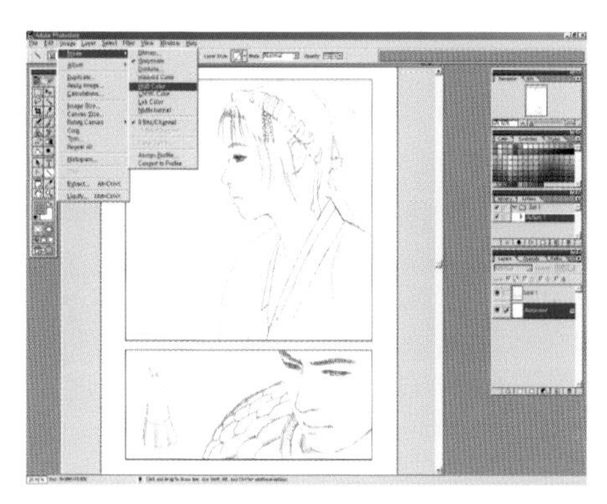

7 为了在 Painterly 上打开，选 Color 储存。Painterly6 算不上完美的支持 Photoshop。

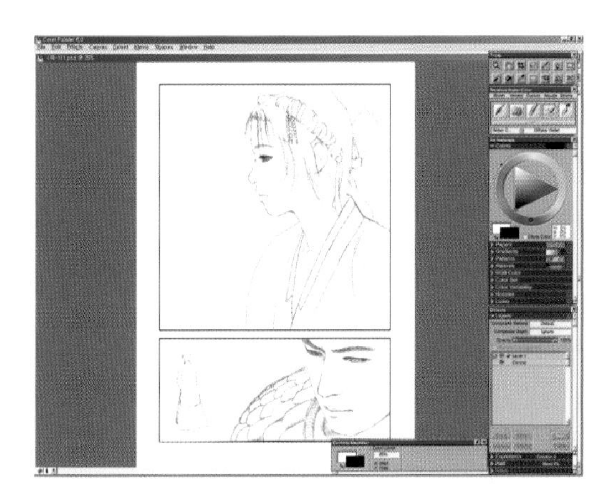

8 打开在 Painterly 里储存的漫画图像文件。

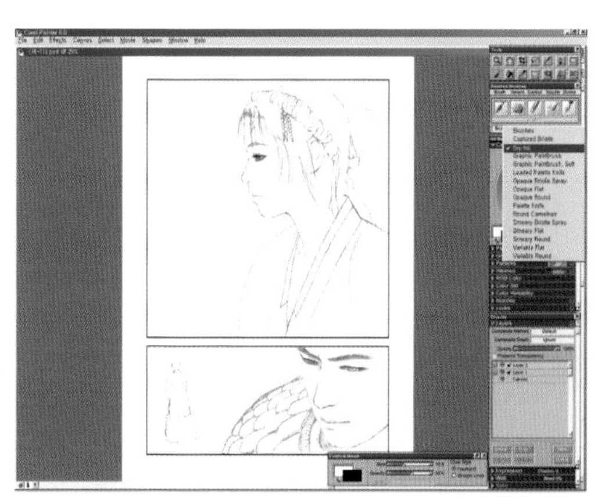

9 在 Objects 面板上选 Layers, 按 New 键新建 Layer（Layer2）。在 Brushes 面板上选择 Brushes后，再选Dry Ink。

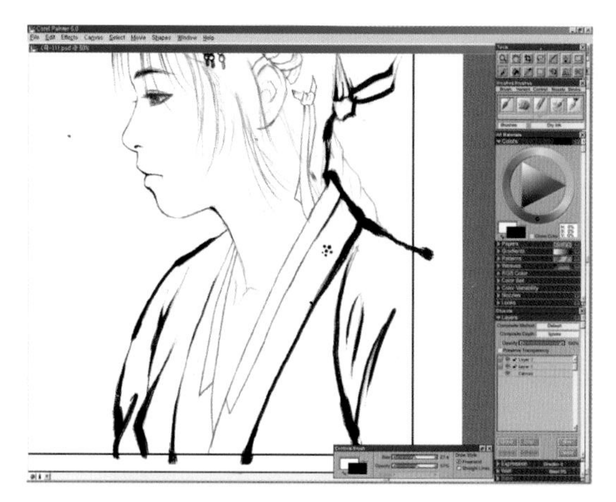

10 用Brushes 的Dry Ink Brush 按着铅笔线画出水墨画毛笔的效果。要发挥毛笔效果必须掌握好力度和画线时的快捷度。

11 画脸部时，尽量省发挥加急性毛笔效果为佳。在水墨画里脸部也用毛笔效果表现，但现在是以水墨画的方式想要提高漫画效果的意图，所以脸部的毛笔效果给少了。
但在表现激烈的动作和忧郁的表情时，或在脸部和整个图像上给毛笔效果时，果断的笔体可能会更有效。

12 为了表现发墨法的渗透效果，选择Canvas。选择Water color后，再选择Diffuse water Brush。水彩画Brushes 只能在Canvas 中上颜色。

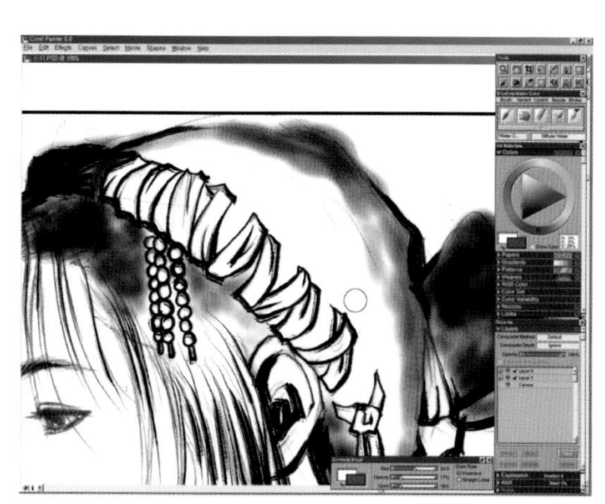

13 用发墨法给效果时，彩色最好是用灰色。但反复的上色会将颜色变黑。也可以用毛笔效果和晕染效果完成原稿。但为了漫画的效果还是在Photoshop 里用喷枪工具做实质上的描绘。
实质上的描绘以人物为主，但背景的余白美感在Painterly 完成之后，到Photoshop 里合成的方法进行。

14 为了人物描绘再次在Photoshop中打开。描绘是不用强烈的明度，而是用灰色和白色为主在柔和的气氛中进行。在渴笔中感受到的强有力效果，要用灰色网点纸中画出的柔和明暗上色，才不会表现得太明显。

15 新建一个图层。将Mode换成Multiply后，用喷枪工具给基本网点纸上色。Brushes选择像渗透似的大的Brushes上色。

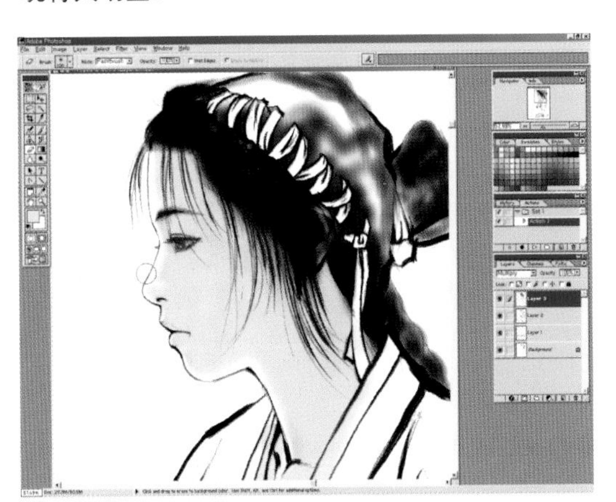

16 用橡皮工具将线外露出的部分和人物受光的部分轻轻擦的过程中表现了明暗。

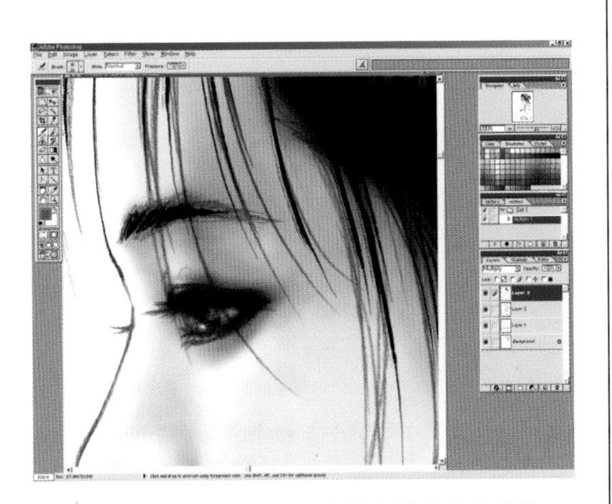

17 喷枪工具的Brushes选择小规格进行描绘。

18 给耳目口鼻上了暗色，剩余的其它部分用白色上了明暗。

19 头部主要用黑颜色上色，不做描绘。因为头部已经做了细微的描绘，所以另一方最好不用描绘才会给人一种水墨画的感觉。

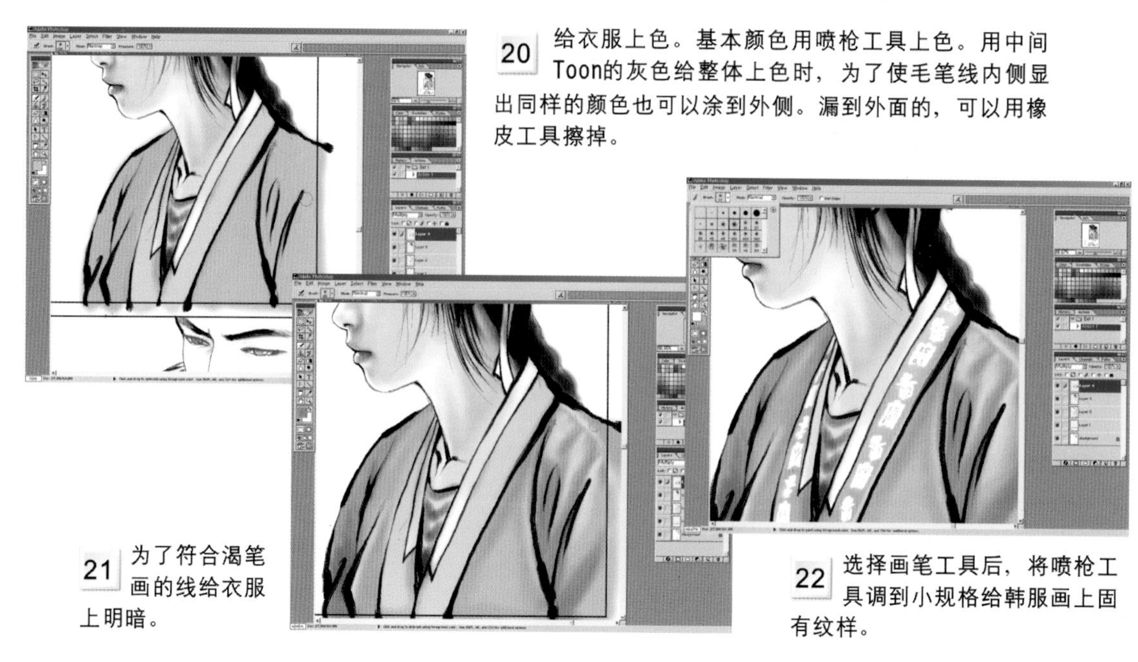

20 给衣服上色。基本颜色用喷枪工具上色。用中间Toon的灰色给整体上色时，为了使毛笔线内侧显出同样的颜色也可以涂到外侧。漏到外面的，可以用橡皮工具擦掉。

21 为了符合渴笔画的线给衣服上明暗。

22 选择画笔工具后，将喷枪工具调到小规格给韩服画上固有纹样。

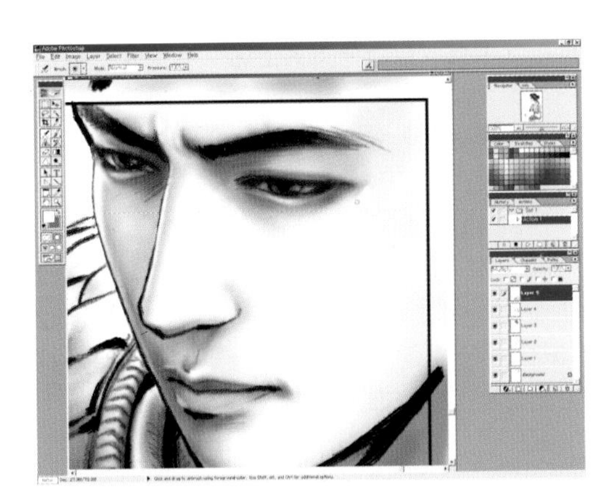

23 为了给第二个插图男子的表情中上明暗新建一个图层，将Mode选为Multiply后，用喷枪工具上明暗。先给整体上基本颜色，然后对明暗处区别开来进行描绘。仔细的勾线过程，已在前面的女子个性中做过说明，所以就省略了。

24 人物的明暗完成之后，有插图边线的图层（Layer1）之外全部锁定Linked。然后做Layer－Merge－Linked，进行合成。

25 有插图边线的图层（Layer1）用魔术棒对边线外侧进行选择后，在Background Layer做Edit－Fill上白颜色。

26 合成为一个图层的Background layer进行拖动复制。

27 选Background layer，Edit－Fill给整个Background layer上白颜色。将复制的Background Copy layer的Mode选择为Multiply后储存。

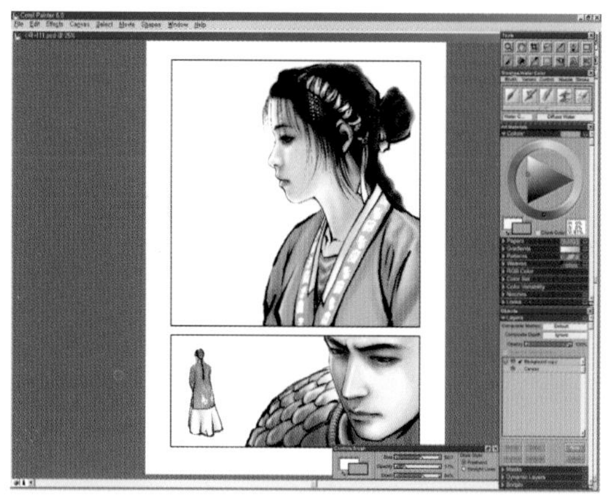

28 在Painterly中打开漫画稿图像。在Brushes面板中选Water color-Diffusewater。Objects面板的Layers中选择Canvas。

29 用Diffuse water（发墨法）的Brushes画出树和地的基本Toon。Diffjuse Water Brush具有渗透的效果。

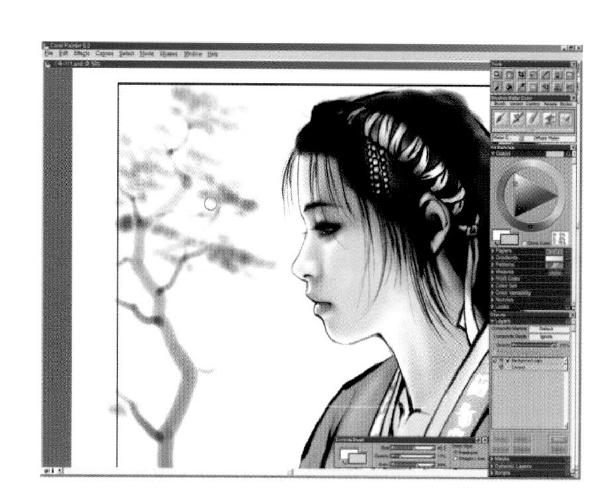

30 画树叶。

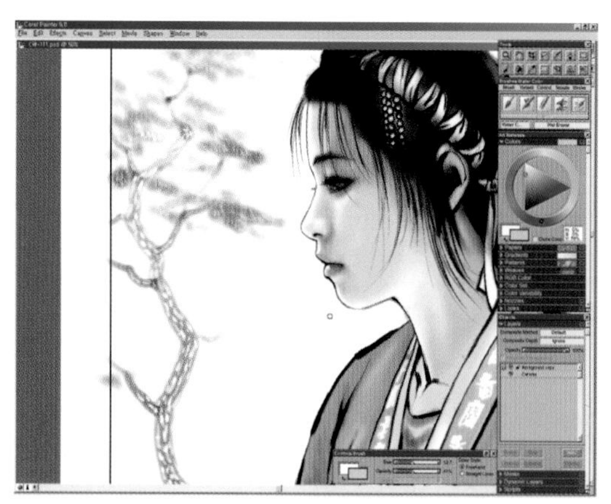

31 在Water color Brush中选Wet Eraser对已经上色的树以边上纹样一边擦去。Water color选择Canvas－Dry之前因为纸张是湿的，所以用Wet Eraser擦掉。其实擦也是画画的一种。

32 Objects面板的图层中按New键新建图层（Layer1）。在Brushes面板中选择Brushes，选Dry Ink(渴笔法)。在新建的图层中对树和叶子再上色。再次上色时让它表现出渴笔的效果。

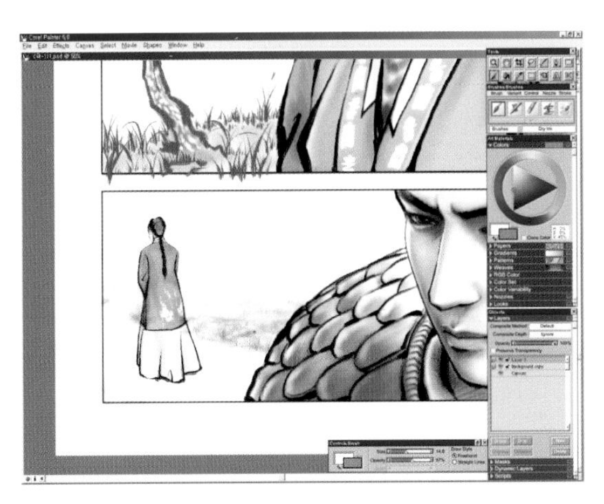

33 第二个插图的背景也选择Canvas。用Watercolor Brush的Diffuse water渗透似的晕染效果画出地部分。然后在Layer1中用Dry Ink画草。

34 再次储存。在Photoshop中最后做追加背景作业，原稿就完成了。

35 在Photoshop中打开漫画图像背景。选Background将渴笔效果的Layer1锁定Linked后，选Layer－Merge Linked。那样会产生背景图层（Background）和人物图层（Background Copy）。

36 在人物图层（Background Copy）里用魔术棒对背景要插入的第一第二个插图进行选择。然后在图层（Background）里Edit－Fill选白色。选Layer－Flatten image将所有图层合在一起。

37 新建一个图层（Layer1），将Mode 选为Multiply。第一个插图的白色背景用魔术棒进行选择。做Select 时出现的点，按Ctrl+H 键，让它消失之后再上色。Brushes的样子选择点和灰色混在一起的Brushes来画山。像水墨画一样山峰部分要画得浓一些，越往下要画成云雾的样子。

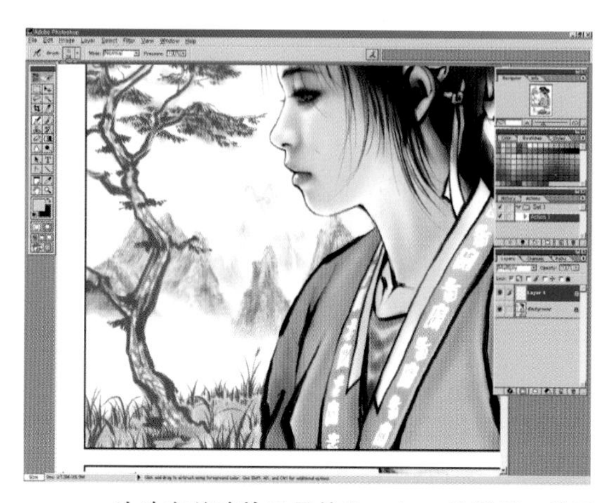

38 一边改变着喷枪工具的Brushes 的样子一边画出明暗。慚慚画得暗淡一些，远处的山用橡皮工具擦出白色就有远近感了。

在Photoshop 里画容量大的图画时，会出现电脑变慢或停机的现象。这时一边将Photoshop 的历史记录减少或删除储存在写字板的资料，会有所帮助的。Edit-Purge-Clipboard, Histories, All等。

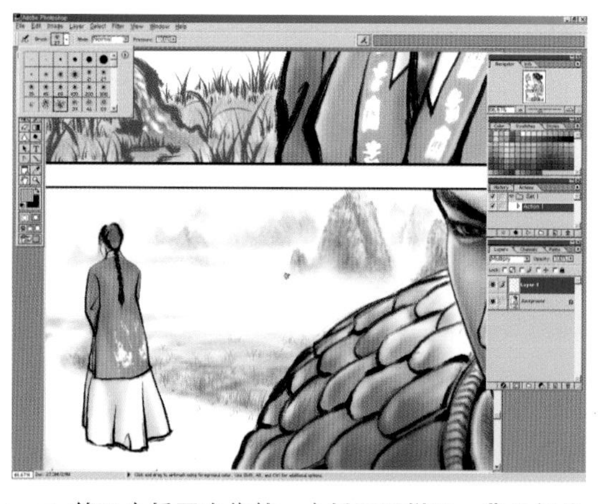

39 第二个插图也像第一个插图那样画。背景部分白色上得浓一些，会更美观。

40 打开一个表现思维的对白框。像这种对白框最好在事前做好，每次需要时打开合成就可以使用，对节约时间非常有益。

41 这是用水墨画表现的漫画原稿。先做铅笔作业后，像勾线一样在电脑里用Tablet画出渴笔效果线之后，再上明暗的制作方法完成的。这是符合多种时代背景深度的制作方法。

12 铅笔素描转换成钢笔线效果

制作漫画稿时先画Conti 后再进行素描，然后用钢水笔和墨水将铅笔线覆盖。就是说一个插图画三次以上。这里介绍的是将铅笔素描原稿在Photoshop 中改变成钢笔线效果的原稿制作过程。

将铅笔素描转换成蘸笔线效果时，要考虑几个事项。首先，纸张要薄，要平滑。打印纸比较适合画漫画。还有0.5B 的自动铅笔比一般的铅笔好用。画画时最好是在玻璃板或琉璃板那样平滑的平面上画。这是为了铅笔线清楚地表现在纸张上。素描时为了抓住形态，先淡淡的画上铅笔线后，只把蘸笔线要画上的地方画得深一些就可以了。

1 这是铅笔素描原稿。是将A4 复印纸放在玻璃板上用自动铅笔画的。人物形态整体用淡淡的线条画出来以后，再做了深度的调整。尽可能用一次性铅笔线画出来。

2 铅笔素描原稿以300dpi扫描后，在Photoshop中打开。

3 选Image-Adjust-Auto Levels。在Grayscale状态下选Auto Levels，会变成黑白图像。背景会变成白色，铅笔线将会变得更黑。

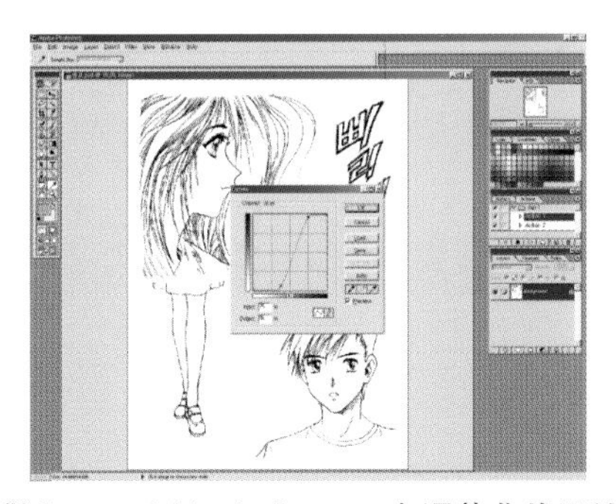

4 做Image-Adjust-Curver来调整曲线图让白色变得更白，让黑色变得更黑。那样，中间模糊的铅笔线基本上就看不见了。

5 选择魔术棒，设定为Tolerance1。然后对铅笔线做Select。

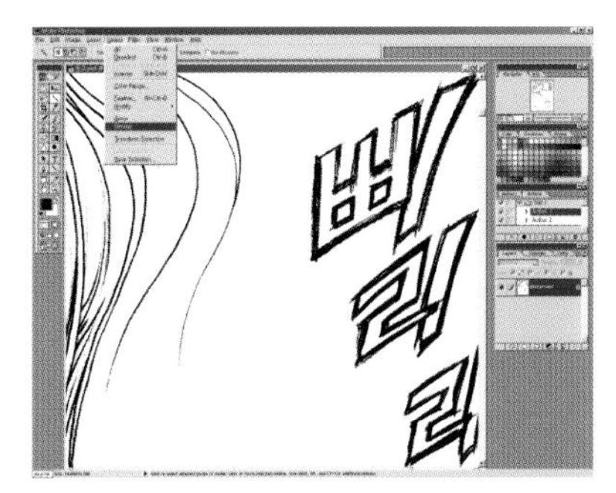

6 用魔术棒对铅笔线做了Select之后，选Select-Similar。那样，用魔术棒选择的铅笔线To-Lerance 1范围都会被选择。

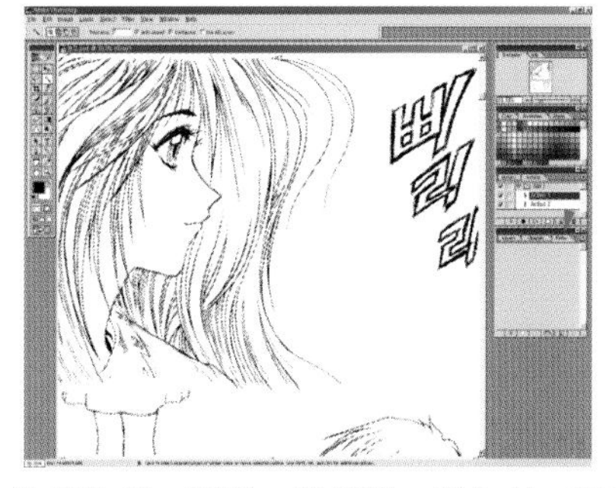

7 选择Paths面板。然后按一下Paths面板旁边的小三角型，会出现Make work Path。请选择这个。

8 出现Make work Path对话框。根据铅笔线的状况在1.5～2.5数值中选择最好的效果。Make work Path数值2.0会制造出最好的Free Path线。所以初始设定也是2.0。

9 用 Make work Path 将 Select 区域转变成了 Paths 区域。

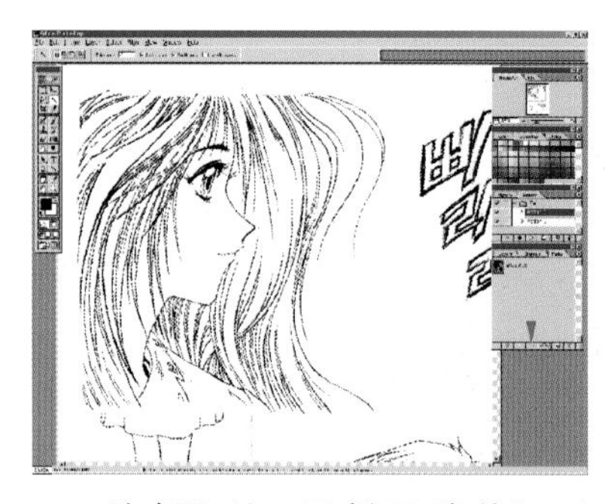

10 选择 Paths 面板下端的 Loads path as a selection，将 Path 区域再次转变成 Select 区域。

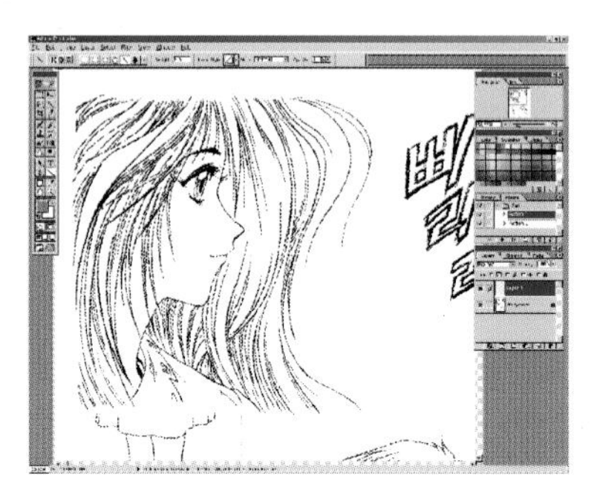

11 选择 Layers 面板后新建一个图层。

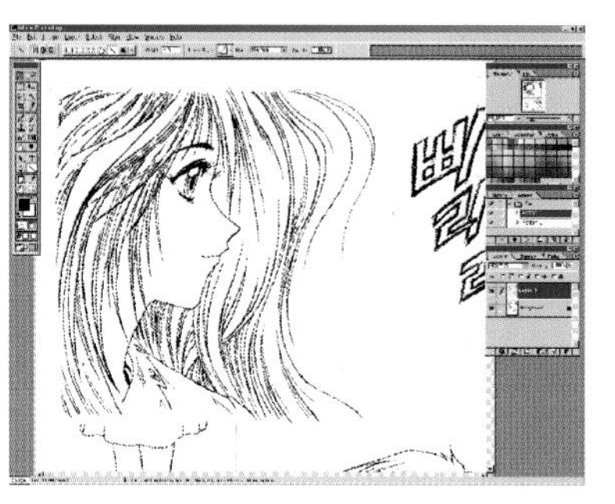

12 选 Edit－Fill(Alt+Backspace)，用黑色填充整个 Select 区域。

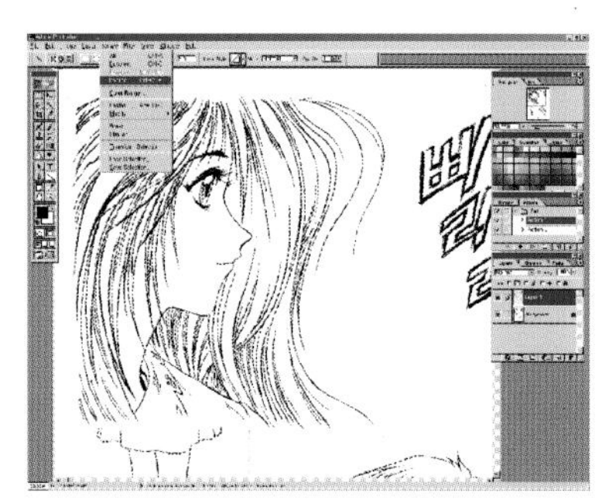

13 选 Select－Inverse，对白色对 Select 的反转区域上白色。

14 转变成了干净俐落的钢笔线图像。

15 新建一个图层后，用方型选择工具和 Stroke 画出插图边线。

16 插图边线外侧做 Cut 剪掉，Background 全部上白颜色。然后画出对白框后，选择 Layer－Flatten Image 将图层合成起来。

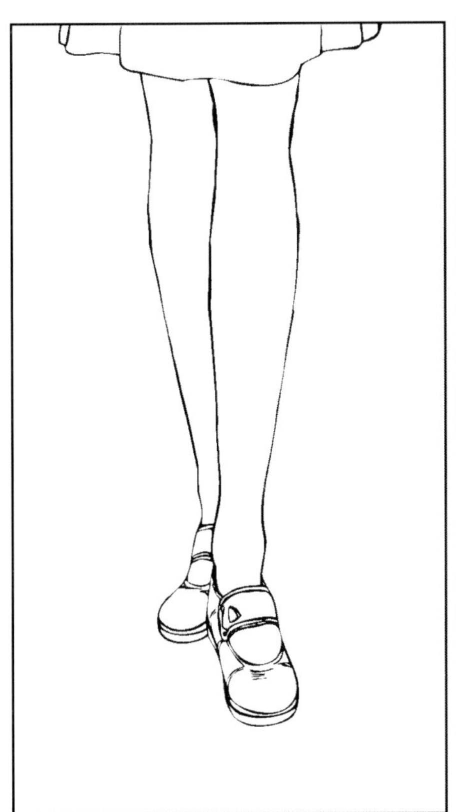

17 这是将铅笔素描变成钢笔线图像的原稿。比勾线的更为整洁。在Makework Path调整一下数值，会看到不同的钢笔线效果。

18 新建一个图层，将Mode 选为Multiply 后上明暗。

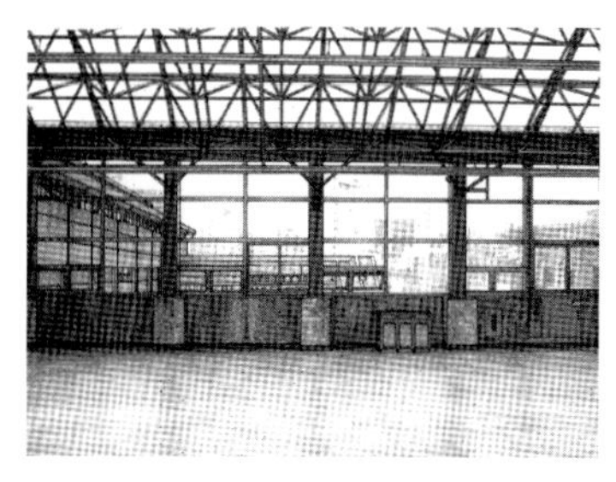

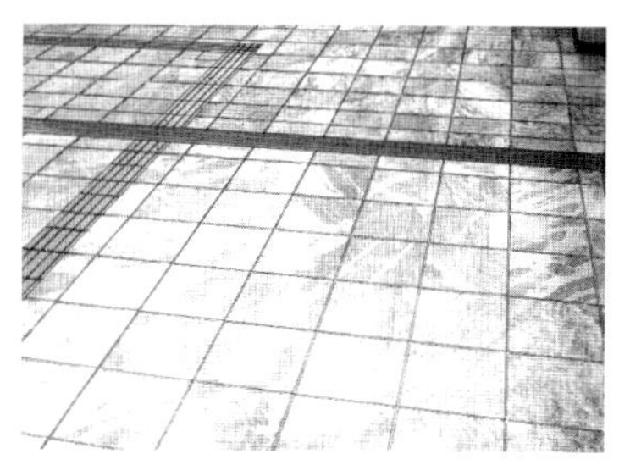

这是根据前面说明的利用相片制作背景的背景图像。

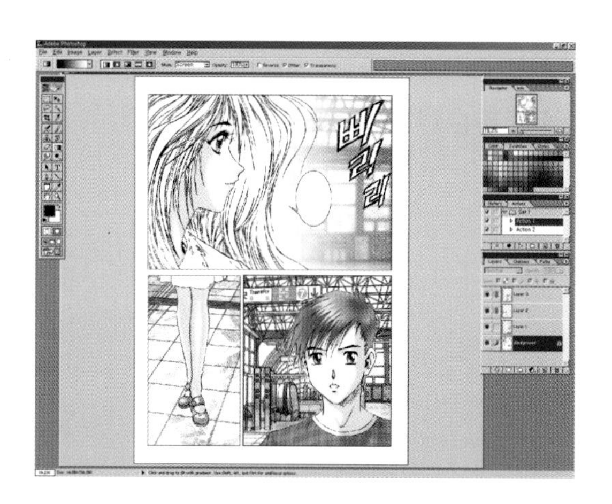

19 将背景图像与原稿合成起来。为了制作以钢笔线为主的漫画，合成时应该区分与钢笔线合成的图层和与Toon 合成的图层。

20 这是将原稿转换成位图的状态。

21 这是将铅笔原稿利用Photoshop转变成为钢笔线效果的图像。

The Digital comic Techniques

II 彩色漫画的制作

1. 从素描到上色
2. 漫画中经常使用的Filter（滤镜）
3. 普通相片转换成美丽的图像
4. 把人物相片转换成漫画
5. 人物色彩插图的制作方法
6. 用Painter上色
7. 运用Painter的水彩画上色
8. 非透明水彩画的漫画插图
9. 利用Painterly和Photoshop上色
10. 利用Path（路径）的人物插图
11. Cell感觉的上色
12. 手工图像的电脑制作
13. 利用许多软件的插图

1 从素描到上色

图像的基本制作在于手工。一句话就是说手工技术的自然感觉与电脑古板的结合，使感觉更上一层楼。当然，用 Painterly 或 Photoshop 等来做 CG（计算机制图技术：ComputerGraphics 的缩写）化时，用 Tablet 感觉会更好一些。但那也是经过手工 Tablet 表现的手工制作方法。像 Illustrator 或 Freehand 一样，利用矢量图是很难去除死板的感觉，所以我们现在要介绍直接用手画的图像经过扫描在电脑里上色的制作方法。

素 描

用铅笔素描

1 在A4纸中用铅笔画画，用橡皮边擦边进行画面构图。

钢笔的勾线

2 铅笔画完成后，进行钢笔作业。使用制图用墨水。黑色钢笔或Plus Pen也可以。擦掉铅笔线，剩下的就是钢笔画的部分了。

经过扫描的原稿

3 对完成的原稿进行扫描。扫描时的分辨率设定为300dpi。（因为出版时300dpi正合适。）

75dpi 的扫描

300dpi 的扫描

4－5 75dpi 分辨率，一般是用在网上传递。300dpi 分辨率，用在出版物上。

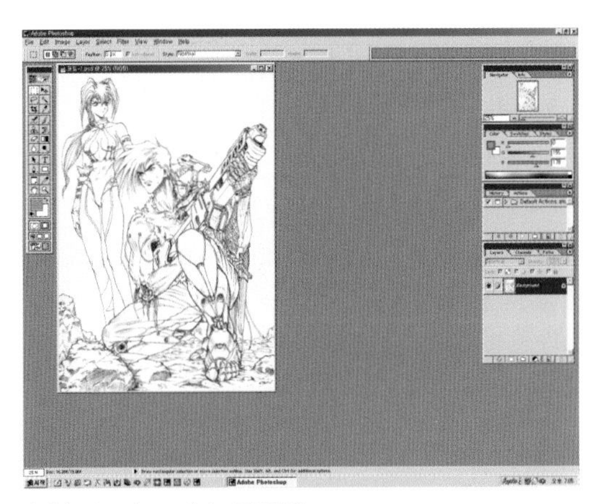

在Photoshop 中打开图像

6 将扫描的原稿在Photoshop 里打开。这时，扫描的原稿有点不净，颜色也比较暗淡或太深。那是因为扫描器上灰尘或设置上的问题导致的结果。所以要对扫描的原稿进行颜色修订和调整。

做了Auto levels 和Curves 的图像

7 对扫描的原稿做修整。首先将钢笔线部分最大限度的变黑，前景最大限度的变白，所以为了这个选Photoshop 里的Auto levels。

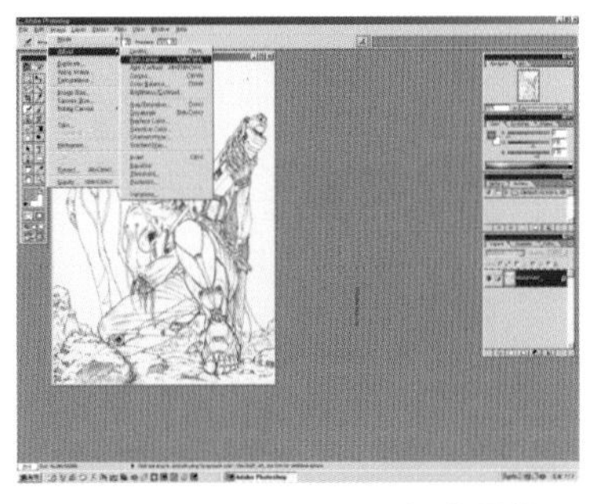

8 Auto levels 可以自动调整Levels 的值，但对黑白图像，会使白色更白，黑色更黑。

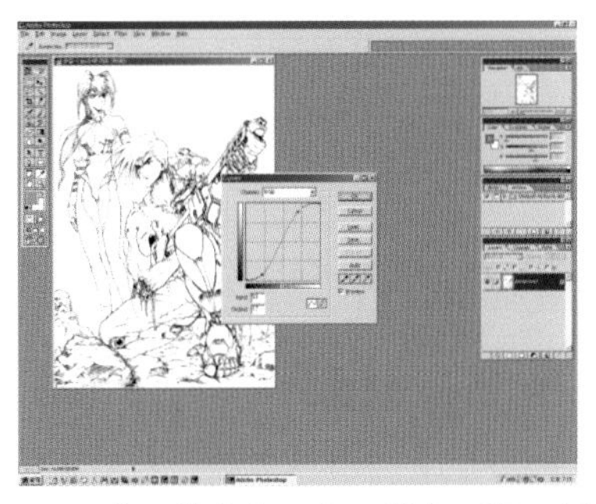

9 为了使白色更白，黑色更黑。用控制键将Back 部分下调了。

做了Curves 的例

做了Threshold 的例

10-11 在位图中将黑白色变得太深，会出现阶梯形的线条。稍微带点中间色的，出版时会出现均匀的线条。
除了Auto levels Curves 方法之外，也有许多方法。但为了出版时细微的线条也得让它显得清楚，所以使用了这个方法。

作者的
一句话

在电脑制作中有许多部分还是直接绘图的方法比依赖于软件（特别是Filter效果）的方法更简单而且可以确实的积累实力。

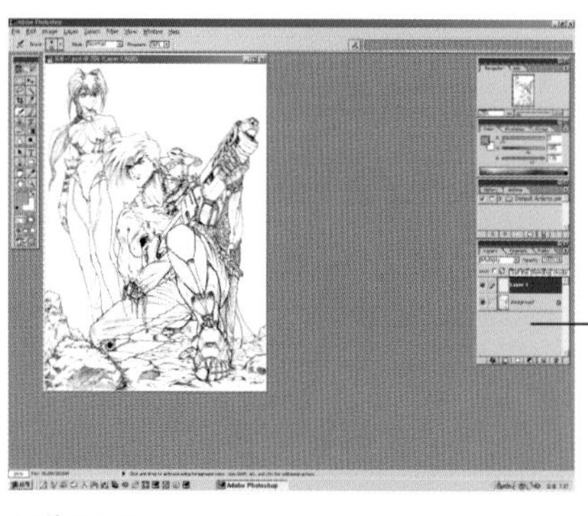

制作Multiply

12-13-14 新建一个图层。在新建的图层上颜色。按一下（1）产生一个新图层。在（2）选择Multiply。将Multiply的颜色变得透明。

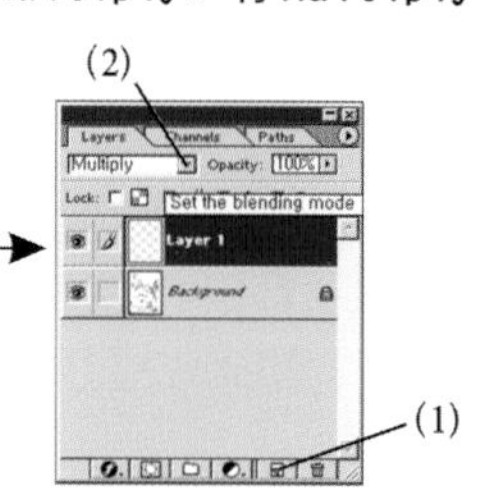

新建一个图层，会是Normal状态。如果想在这个图层上色，就得选择Multiply状态才可以上颜色。

Normal状态时

Multiply状态时

上色为什么新建图层？

理由是想要保存原稿（Background）。如果在原稿上直接上色后给明暗效果，勾线会被覆盖。就是说线被毁了。所以为了效果好，图层越多越好。但熟练之后，只有一个新图层和一个原稿，对基本作业更有效。

要点

也有一种方法是，将钢笔线的原稿图像转换成图层之后，上色到Background的方法。这是一种符合Painterly的制作方法。但在Photoshop中，将钢笔线原稿仍以以Background状态下新建一个图层，在新建的图层上上色的方法对保存色彩方面更为有效。

到这里上色基本上完成了。

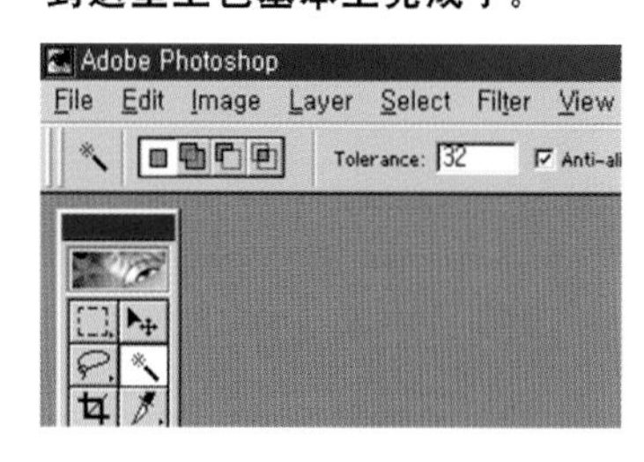

15 魔术棒是一个选图的工具和可以选择颜色相适部位的工具。按一下Shift键会出现加号，这时可以继续进行选择。

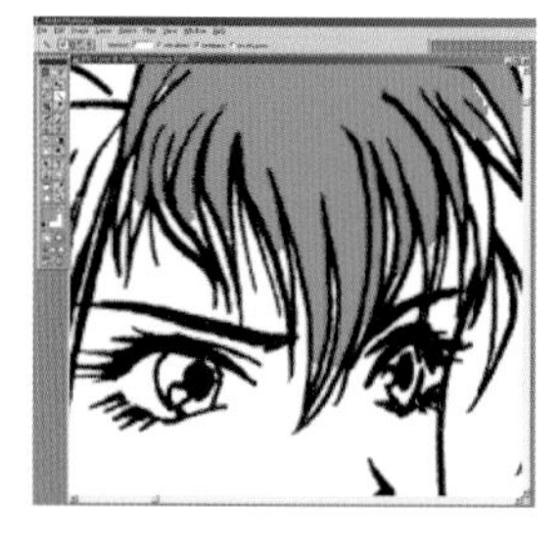

17 将Tolerance调整为1后，选择颜色上色时。

16 套索工具是一个可以自由选择区域的工具。当然按一下Shift键也会出现加号。

18 将 Tolerance调整为55后选颜色上色时，可以看到很多部分会被选中，上色效果也更好。

19 在 Layer 对话框中选 择Background（原本）后，在原本中追加Select 时，按住Shift 键选择追加部分，Select 部分就会被追加。相反解除追加部分时，按住Alt 键的状态下退出选择就可以了。

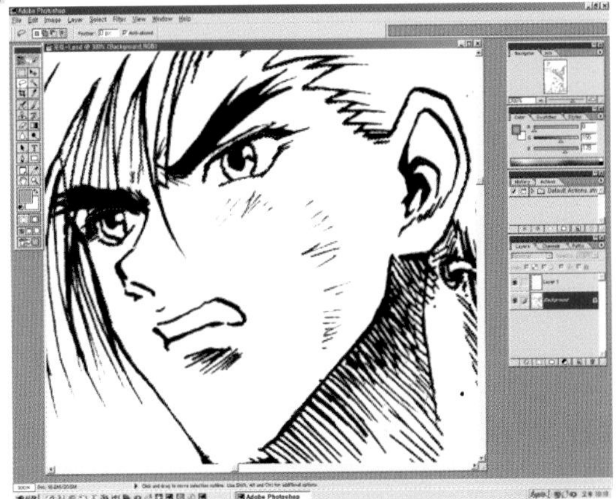

20 先对男子皮肤色做Select。用魔术棒选择大范围的Select 区域。然后用套索工具对皮肤色部位内侧的蘸笔线部分进行整理和Select。

21 完成了男子皮服区域的Select 后，在Layers 对话框中选择Layers（New Layer）上色。上色的方法可以利用Painterly Bucket，也可以利用Edit－Fill。（快捷键Alt＋Backspace）

22 选择颜色的时候按一下（1），就会出现Color picker 对话框。
在（2）越往下移动色彩亮度会降低，往左移动彩色会变淡。
在（3）部分可以上下调整来选择所愿的颜色。（4）是重新选择色彩的部分，可以跟（5）比较进行选择。跟以前的色彩比较时可以使用到。（上明暗时会方便一些。）

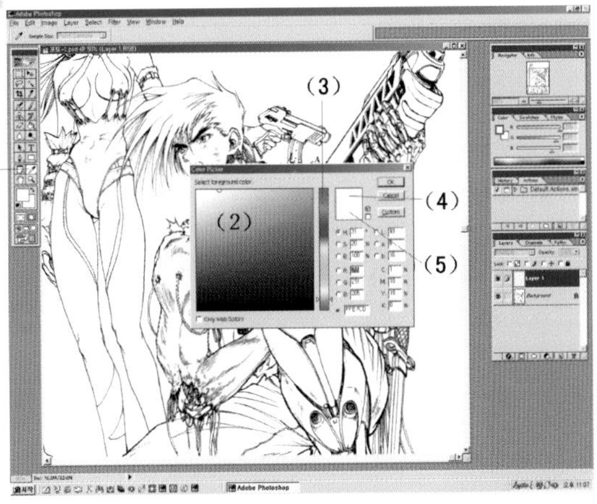

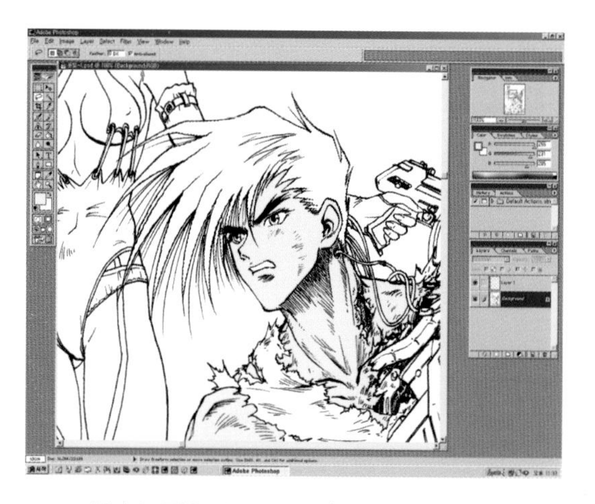

23 再次回到Background（原本），对男子的头发进行Select。

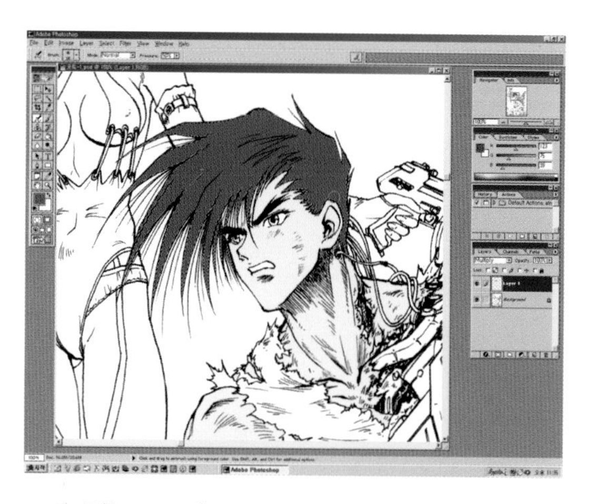

24 到Layer1（New Layer）中，对做过Select的男子头发上上色。（颜色选定后Alt + Back-Space）。按这种方式对整体上基本颜色。

25 给整体上了基本颜色。这时上已构想好的颜色也可以，但要考虑整体效果和周边色，上一个于其和谐的颜色更为美观。最适合的颜色是相近色，所以最好选择邻近的颜色更为恰当。

作者的忠告

怎样才能用好颜色？

看起来非常难，其实也挺简单。

我们上小学的时候已经学过用颜色的方法。那就是色彩之间的互相转换。中小学时在美术课堂上画过。

为什么要画那些呢？作者也记得童年时代的图画作业。但为什么要画那些，过了很久以后才明白。

在美术里也有构成的概念。只要是学过设计的人都会。将构成看成是有主体，有流程，添加追加要素的色偿换也是可以的。在主体里将流向从稍微亮一点的颜色变成形态和颜色。颜色的倾向看成是通过周边色再次回到主体周边色的转换。为了用好颜色有三个设计要素，那就是变化、统一、均衡。将这三个要素适当的插入配合就形成了一个色彩构成。

上明暗

上明暗之前还有一件事要做，那就是在原稿的原本（纸张原稿）里上阴影。

26 原稿图

27 光照方向的设定

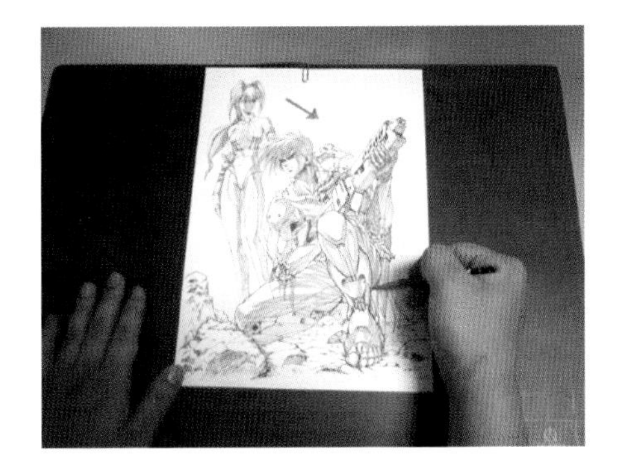

28 符合光照的明暗

29 看着原稿上色

在原稿里用铅笔上阴影之后再上色的理由是，将图像放大以后才上色，很有可能失去对整体颜色的倾向的把握。还有，如果武断地在电脑里上色是不可能找到良好的颜色效果的。

挑选明暗色的方法

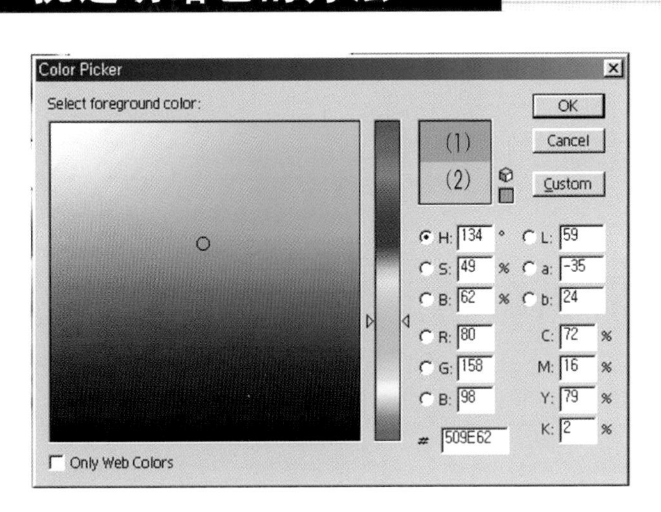

30 虽然因光度不同，但寻找最符合图像要求的颜色方法是在Color picker对话框中跟以前的颜色（2）一边比较一边选择新的颜色（1）。如果以前的颜色（2）是中间颜色，那选择颜色的阴影部分时，在（1）部分的颜色中盖上（2）部分的浅灰透明的Cell-ophane，让颜色看起来变得深一些就可以了。

要点

哪种颜色适合阴影？

- 跟物体颜色相同的比较深的颜色
- 物体颜色的补色
- 在黑暗中感觉到的深蓝色。

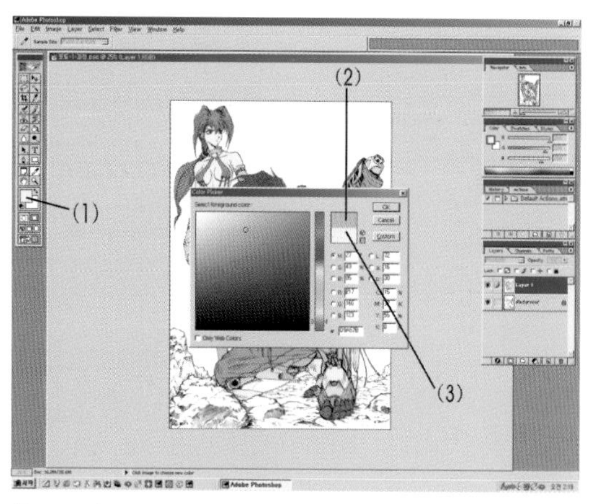

挑选明暗色

31 为了给男子的脸部上色，选择颜色后按Foreground（1）（前景色）图标。
在Color picks 对话框中，虽然新选择的颜色（2）就算颜色变了，以前的颜色（3）也会固定不变。为了上阴影选择比（3）更深的颜色。

符合光照的明暗

32 用魔术棒在Layer1（New layers）里选择男子整个皮肤的颜色。选择了男子皮肤的颜色后，看着用铅笔画的明暗原稿给阴影部分上颜色。用喷枪工具上色。

关于喷枪工具

选择喷枪工具，会在工具菜单中会出现Brush选择区。按一下（1）图标会弹出一个功能选择区，在这里可以选择Brush的样子和大小。

Diameter是调整Brush大小的部分，Hardness是调整Brush的扩大或聚集的部分。Roundness 100%时，是一个完整的圆形，随着百分比的缩小就变成了椭圆形。在Angle中也可以调整角度。

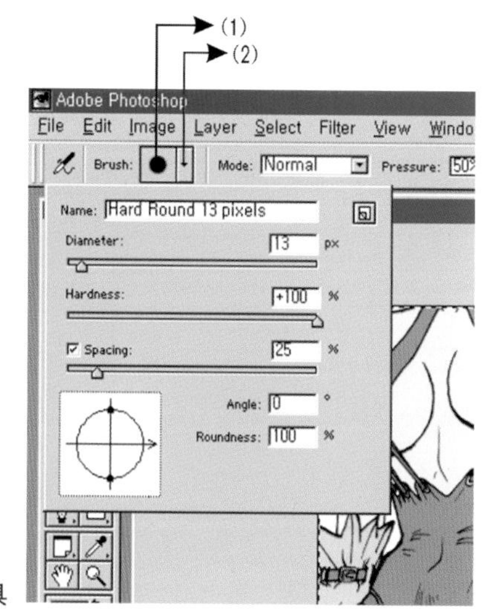

喷枪工具

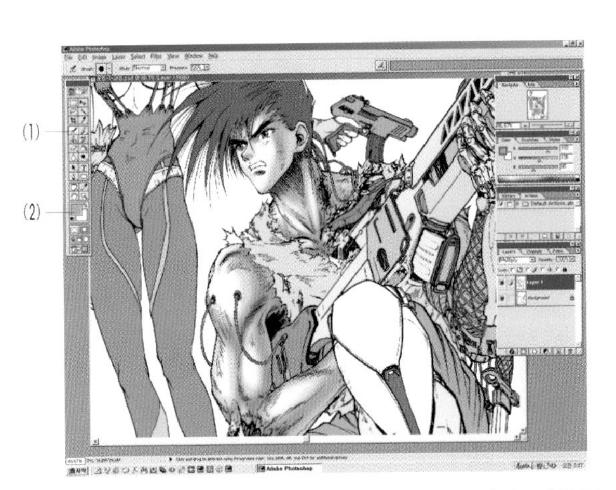

33 选择喷枪工具（1）和Foreground（2）（前景色）图标，一边选择颜色一边对最亮最暗的部位上颜色。当然上色只能在Layer1（New layers）中进行。
初次上色时会出现给Background上色的现象，但熟练以后就不会出现这种失误了。

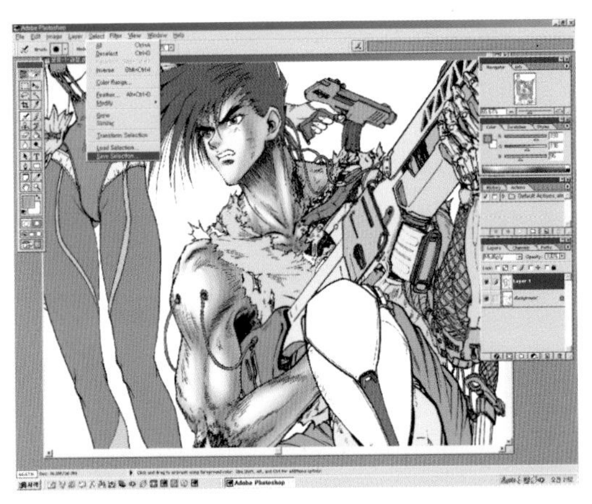

34 直到给男子的皮肤上完颜色，Select一直会保持原样。将这个Select储存到Channel里，再次修整时还会用得到。首先选择Select－Save Selection。

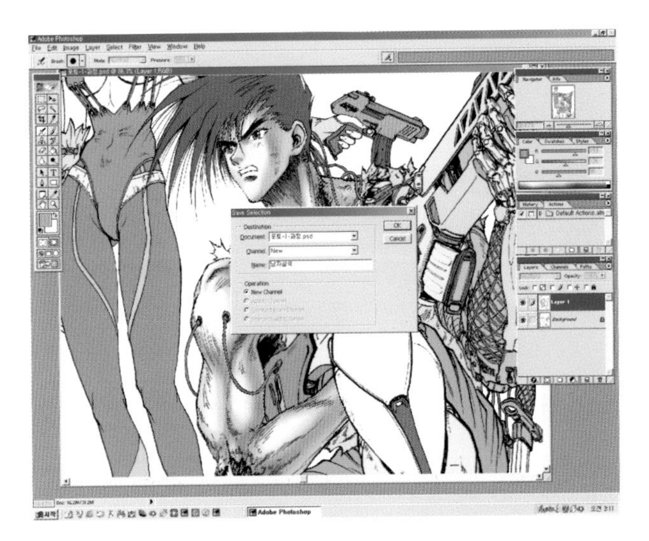

35 出现了Save selection对话框。在Name里输入‘男子肤色’后，按OK键。
这样男子皮肤色部分的Select被储存了。按一下Layer旁边的Channels，就可以确认是否已经储存了。

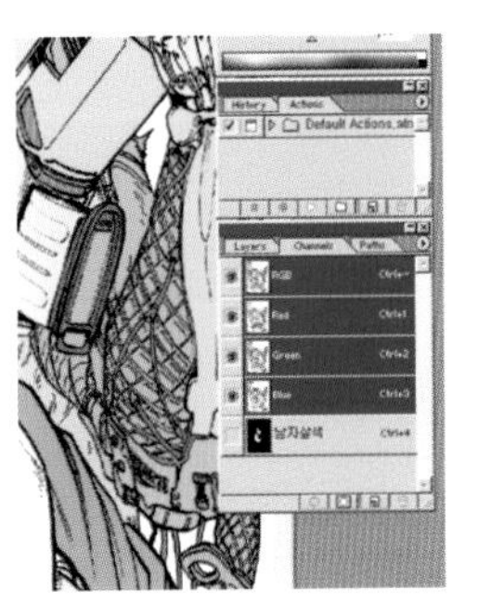

36 再次打开‘男子肤色’时，选Select-Load Selection就会出现对话框，然后选择Channel中‘男子肤色’，按ok键会再次出现男子肤色选择领域。

要点

在第一个图层只上男子皮肤色，第二个图层里上女子皮肤色，第三个图层里上衣服的颜色，按这种方法制作许多图层也是可以的。但假如要出版因为分辨率是300dpi容量会继续增大。那样的话硬盘小的电脑会出现速度变慢或系统麻痹的现象。所以图层最好少建一点，多建一些Channel会有效地减少文件容量的。

37 男子的头部也一样在Layer1 中用魔术棒选择。选择Foreground9(前景色）图标后，用喷枪工具上明暗，用Smudge Tool 做效果。

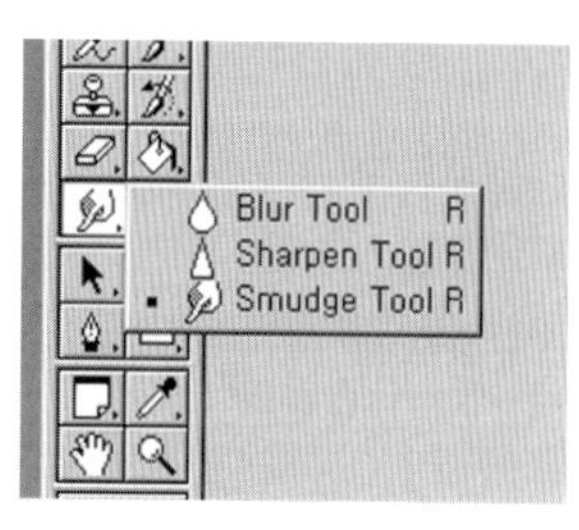

38 用Smudge Tool 对图像施行用手指拖动似的搓的效果。

给图中的机械部分上颜色

为了给男子个性化的机械部分上颜色，提前介绍一下机械上色的技巧。

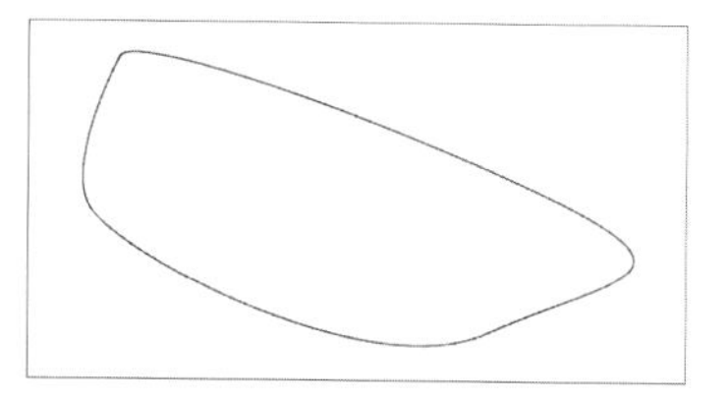

39 给上面的样本上添加有金属感的机械上色。

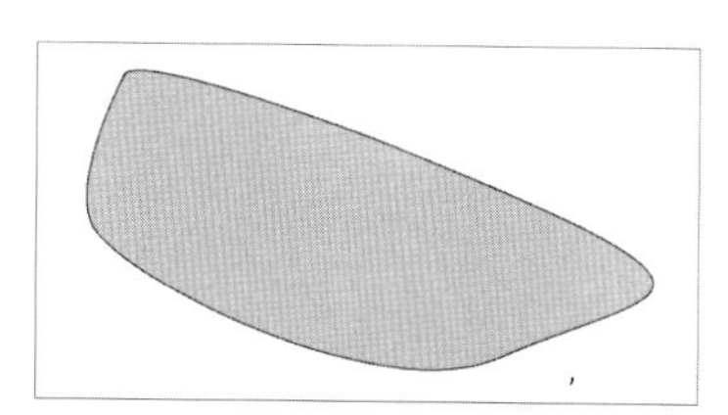

40 新建一个图层指定为Multiply后，在Background 做Select，对图层进行上色。

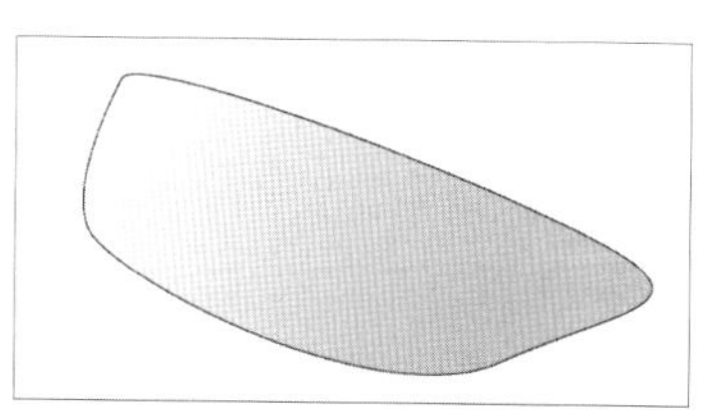

41 要上色的部位用 Gradation Tool 画出光亮从左侧照进来似的效果。

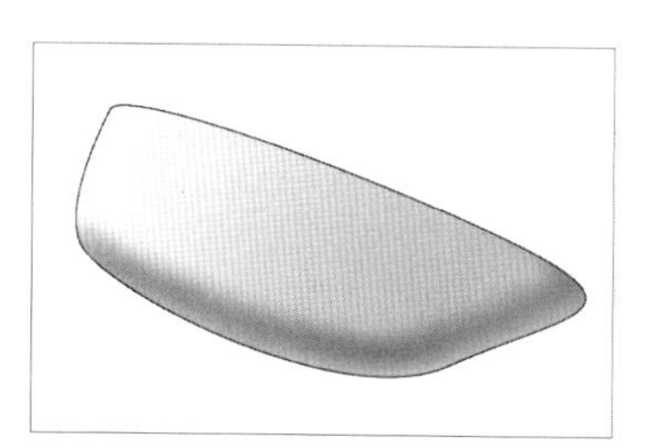

42 光从左侧照进来似的给下面部分画上阴影。

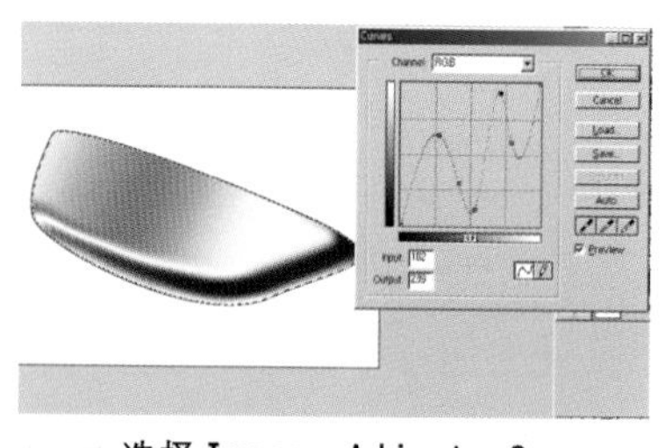

43 选择Image－Adjust－Curves会出现Curves 对话框。将曲线调成M 字形状会出现金属性的效果。多花点时间会出现更好的效果。

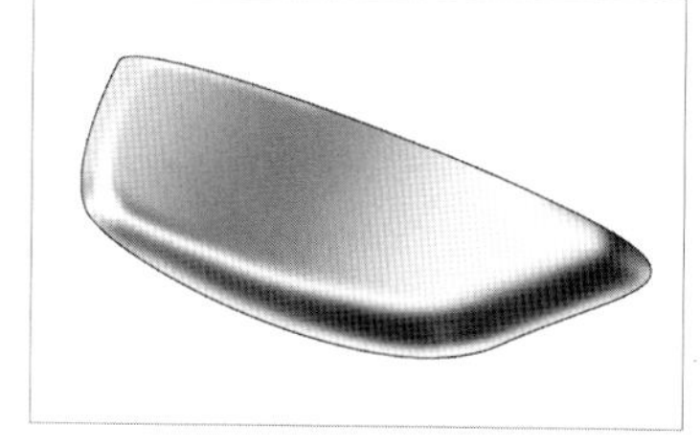

44 加亮区部分用喷枪工具上色。

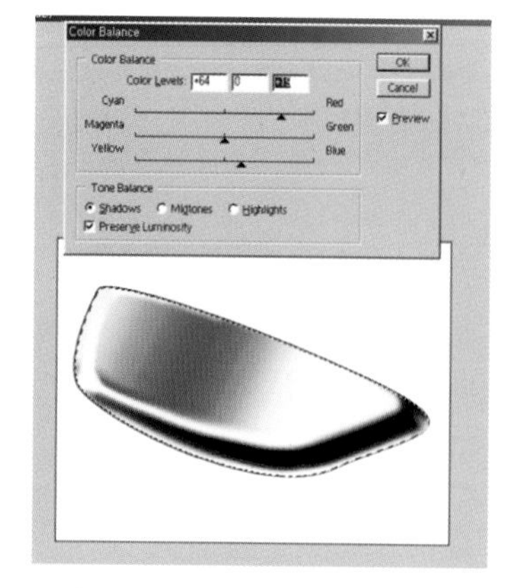

45 将色彩调整为蓝色。Image－Adjust－Color 在Balance 里蓝色部分调整为Cyan 和Blue。

要点

根据形态的倾向在有明有暗的Gradient反复调整形成机械质感。

直到现在做了Save selection，但还没有给Background上色吧！这是经常会出现失误的部分。

做了Select觉得上色已经完成了，就可以开始做Save Selection了。

46 利用Gradient Tool和Curves给金属性机械部分上彩色。在这里用喷枪工具给人物上有杂乱感的颜色。

47 给女人上肤色时，比男的肤色稍微红一点的颜色更为适合。在Foreground（前景色）图标中，男的接近黄色，女的接近红色的肤色更为适合。

给衣服上颜色的技巧

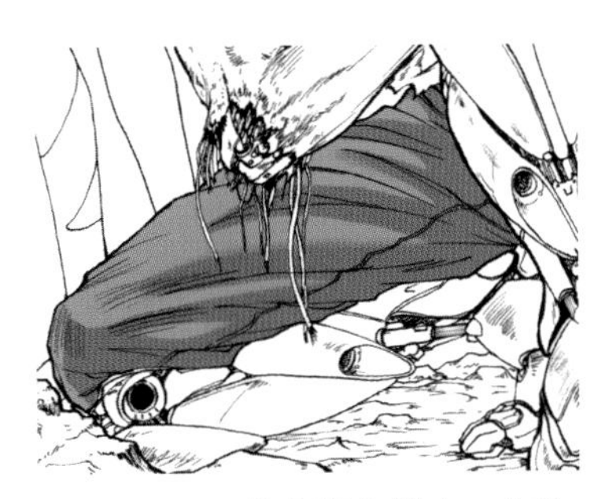

48 给衣服上明暗。上比原来衣服的颜色更深的颜色。

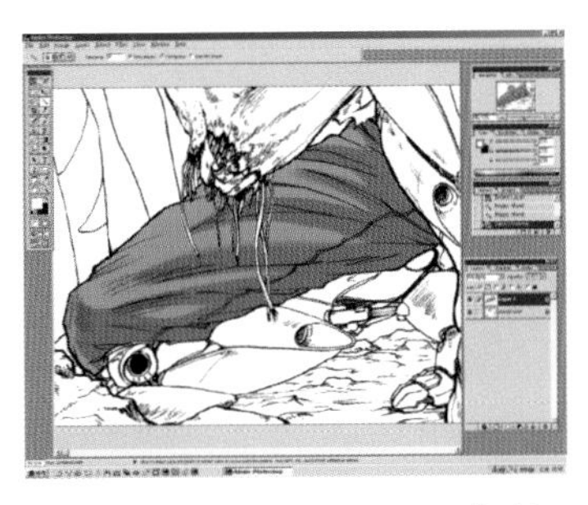

49 用鼠标点中Layer1后复制一个图层。

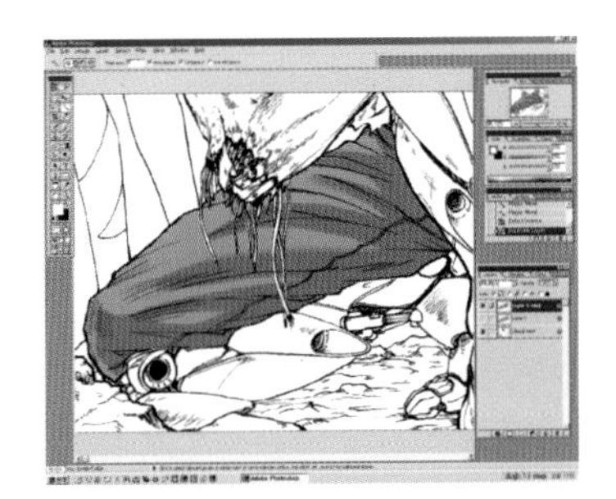

50 选择复制的图层，按一下Layer1的眼睛图标，将图层隐藏起来（眼睛图标是在作业中将图层隐藏的工具，所以再按一下又会出现图像）。

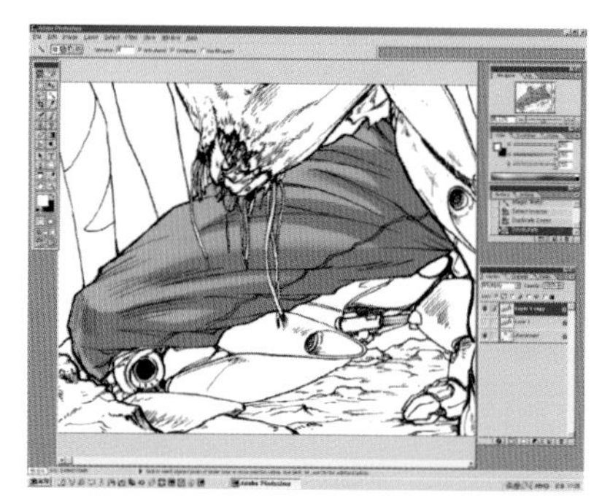

51 将 Layer1 copy 转换成黑白的。选 Image－Adjust－Desaturate，Layer1copy 部分会变成黑白的。

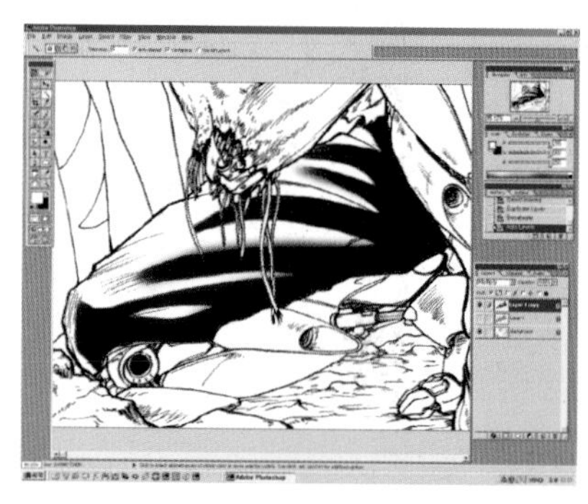

52 选Image－Adjust－Auto Levels。那样会变成黑色和白色。

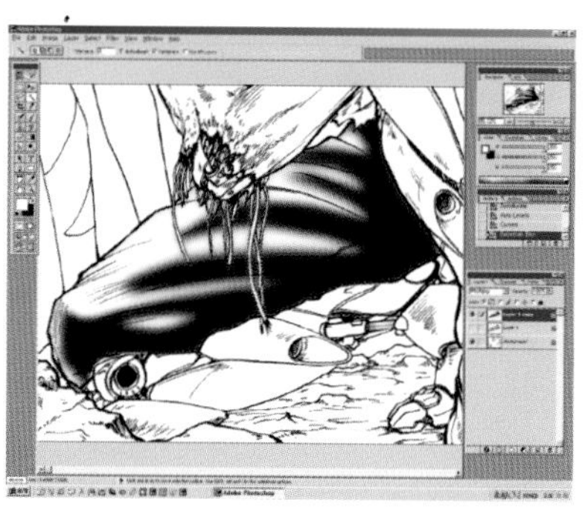

53 选择 Filter－Gaussian Blur，会出现 Gaussian Blur 对话框。虽然在这里选了9.0，但只要选择暗淡的部分就可以了。

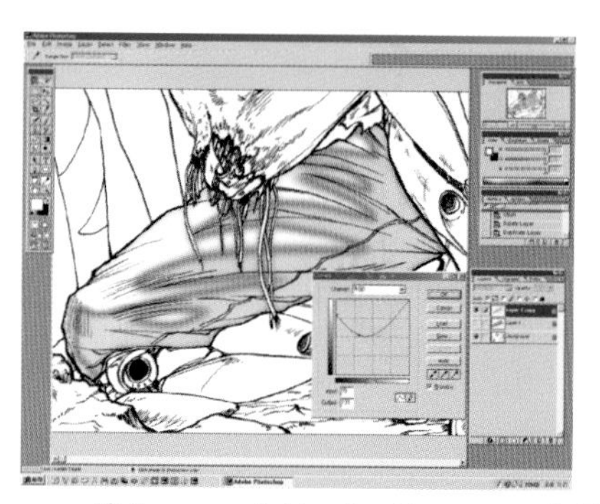

54 选 Image－ Adjust－ Curves。出现了 Curves 对话框，将 Curves 曲线调升为暗的一面（4/1支点）后，中间支点的线往下微调（2/1支点）。然后按Ok键。

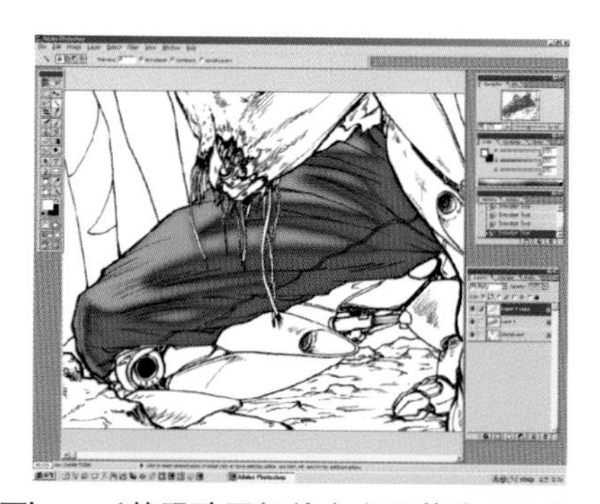

55 按一下Layer1的眼睛图标就会出现整体衣服的感觉。然后选择最亮和最暗的部分再给上色，衣服的明暗就完成了。

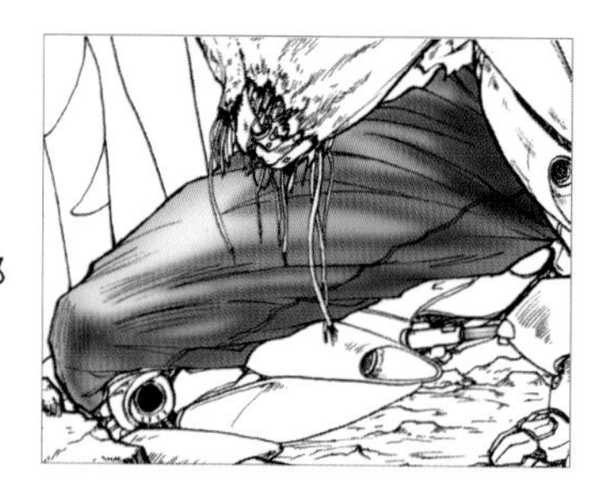

56 完成衣服部分的图像。

57 给剩余的部分进行上色和做效果。上色时要考虑到整体的色感。地面部分根据背景的选择来上色。

58 这是黑白原稿的背景所用的画面，往黑白颜色的背景上，上适合的颜色，使之与人物图像和谐。

59 因为背景是单色，在那里上些蓝绿色反射光可让地面有一种着色的感觉。

60 把背景 Select All 以后，Edit-(Ctrl+C)键复制,然后关上画面。

61 返回到人物图像后按 Edit Paste（Ctrl+V）键，和例子一样在 Layers 里会出现 Layer 2。把它在 Normal 状态下换成 Multiply。这是为了测定背景插入区域的大小，调整背景的大小。

62 选择 Edit-Free Transform(Ctrl+T)键，和例子一样能见到在图片范围的角和角之间每个角的中间的一个小方框与一条线。随着小方框的移动背景图像会扩大缩小或旋转。

63 把背景扩大到比例与图像和谐的程度。选择完以后做合成图片，把两个图片固定在一起。（按Enter 键也可以）

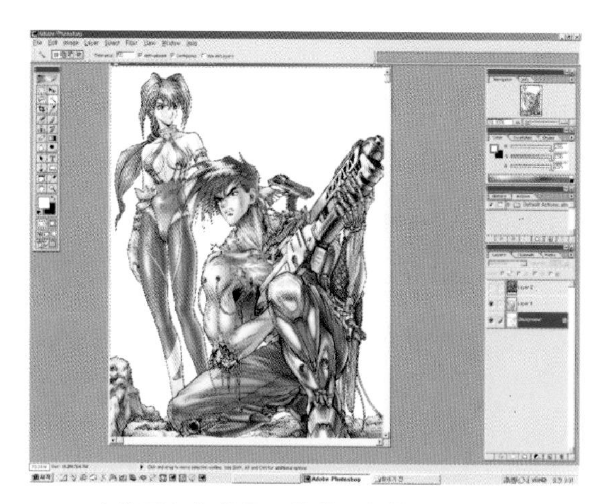

64 人物形象与背景图像按比例扩大后，在背景图片的 Layer（Layer2）里按一下眼睛图标看不见它时选 Background。然后在原本图像（Background）里选择插入背景的区域（按 Shift）。

65 如果用魔术棒工具和套索工具确定成为背景的Select 的话，选择（Shift+Ctrl+I）。那样你选择的区域会被反选上，选择完背景以后剩下的部分会Select。

66 重新选择背景图像（Layer2），使眼睛图标自动被打开的话可以重新见到背景画面。

67 选择（Edit-Cut），只留下背景部份，其余部分在（Layer 2）里自然而然消失了。

背景与人物图像相协调

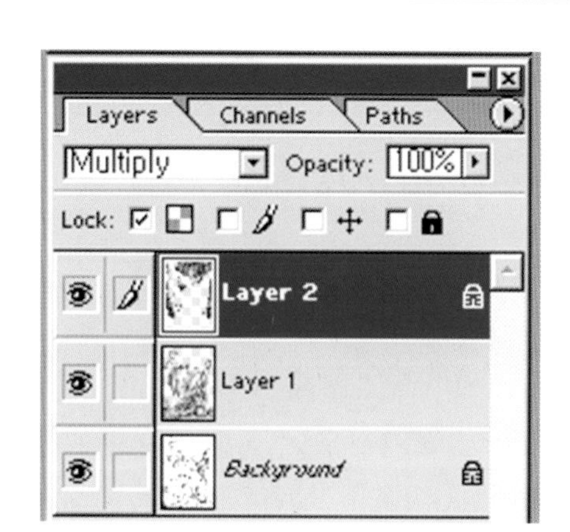

68 选择Lock，那样涂过的地方才会有效果。在背景图像里选择Lock 状态与Select 的效果差不多。进行色补整和笔修改，使背景与人物图像相和谐。

完成的作品

边看整体图像的效果边进行更细的描写就完成了。在完成这幅图像的过程中可以说已掌握了上色的基本知识。

2 漫画中经常使用的Filter（滤镜）

Filter就是照相机镜头上让影像效果变好的工具。Protoshop的滤光器也有同样的用处，但是要在漫画里应用首先得对漫画有所理解。

这里对时常用到的滤光器进行说明。

Blur（模糊）

Blur 是作为把图像变成模糊的Filter，最常用的滤光器之一。

1 原图像

2 Blur

3 Blur More，Blur More 与Blur 做四次的效果差不多。

4 Gaussian Blur

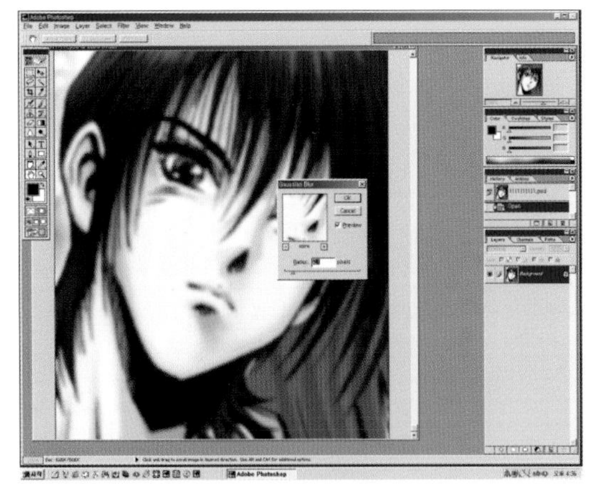

5 选择Filter－Blur－Gaussian Blur。Gaussian Blur 对话框里会出现一个小的方框，然后用数字可以选择模糊的程度。

6 这是用Gaussian Blur 把背景做成模糊的画像。具有远近感（越远的地方看起来越模糊）。还可以把人物做的模糊一点背景鲜明一点，那样的效果也是很好的。

Protoshop的基本内在的滤光器之外，还有插入式滤光器Eye Candy，Alien Skin等许。

7 Motion BIUR

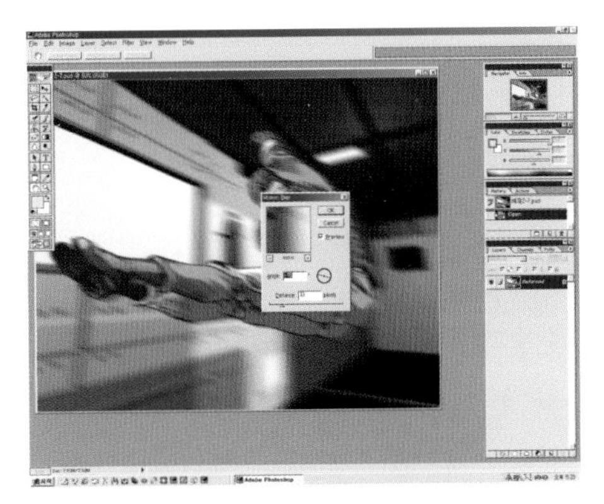

8 选择Filter - Blur - Motion Blur，会出现Motion Blur 的对话框。把它的下半部原模样回转的话，Motion 的方向就会变，改变底下滑杆的数字，Motion 的方向性会变的更高。主要用于漫画里的动作效果上。

9 Radial Blur

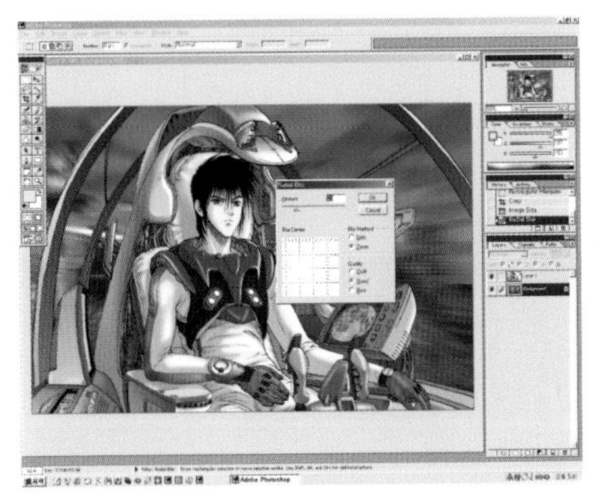

10 选择Filter - Blur - Radial Blur 会出现Radial Blur 的对话框，在对话框里可以看到Spin 与 Zoo。Spin 是旋转，Zoom 是用放缩。

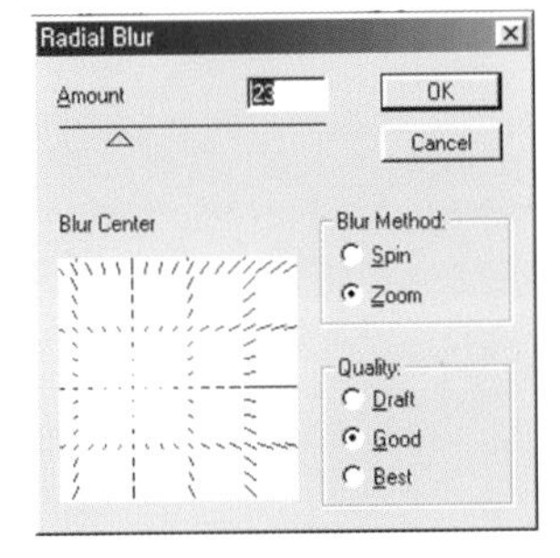

11 在对话框Radial Blur 里选择Zoom，在Center 选择框里选择方向也会设定Zoom 的。然后想要调节强度,在Amount 滑杆上做数字调节就可以了。

12 应用Radial Blur/Zoom，动作场面会有更好的感觉效果。

原本

效果本

13 Fade Gaussian Blur

要想表现梦幻般的感觉，这个Filter是最理想的。

想用这个Filter，首先要做Filter- Gaussian Blur，Gaussian Blur 太高（太模糊）是不行的。
如果是钢笔线的画，首先要将钢笔线扩展2-3倍模糊样子，调节数字能见程度后按OK键。Filter的效果完成以后再选择Filter- Gaussian Blur就可以了。

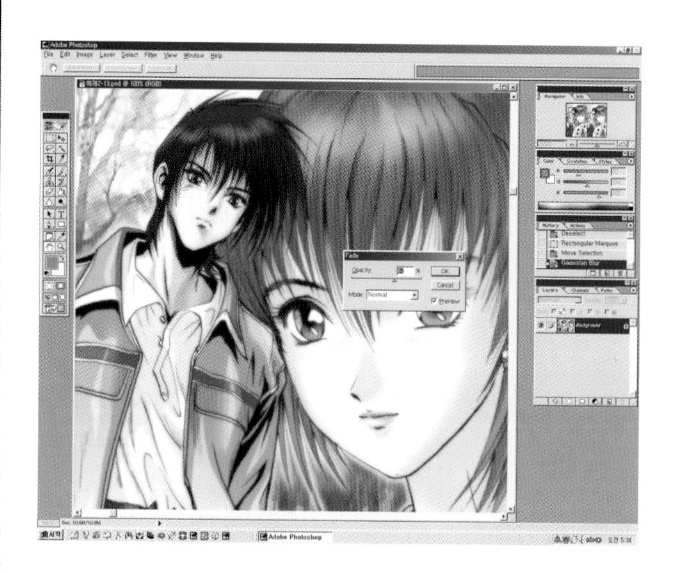

14 首先出现的Fade Gaussian Blur对话框里会是Opacity100%。

把这个数字降低，Gaussian Blur就会回到从前的状态，但是Gaussian Blur可做出完全不同的幻想气氛。
把Mode换过来会见到另一种效果。

15 Lens Flare
这是可以发出反色光效果的Filter。
和装饰品一样Lens Flare能让画面更明显的表现出来。没有任何东西在反色光上比钢刀或者金属性物质更加理想了。
用这个Filter做太阳或是火光的画面也很适合。

除此之外可以用得上的Filter（滤镜）

16 Cut out

17 Plastic Wrap

18 Rough pastels

19 Dark strokes

20 Fragment

21 Lighting Effects

22 Graphic pen

23 Halftone pattern

24 Find edges

25 Wind

26 High pass

27 Shear

3 普通相片转换成美丽图像

介绍把普通相片转换成美丽图案的方法。

1 把普通的相片做色彩扫描。
接受300dpi 扫描后，再做一变
Image - Adjust - Auto Levels.

把根据如何使用与应用photoshp 会做出许多作品。

要点

很好的使用photoshop不是只看着目录死板地去做，而是在photoshop的应用中很好的使用那些工具。

2 在Layers里做出New Layer。
按(1)很容易做出New Layer（Layer1）

3 选择Background后,把原本图像全部做Select（Select All），然后再做Edit－copy。

4 选择Edit－Paste(Ctrl+V)。
再选择Background（原本）以后，把Foreground Color选择成白色。

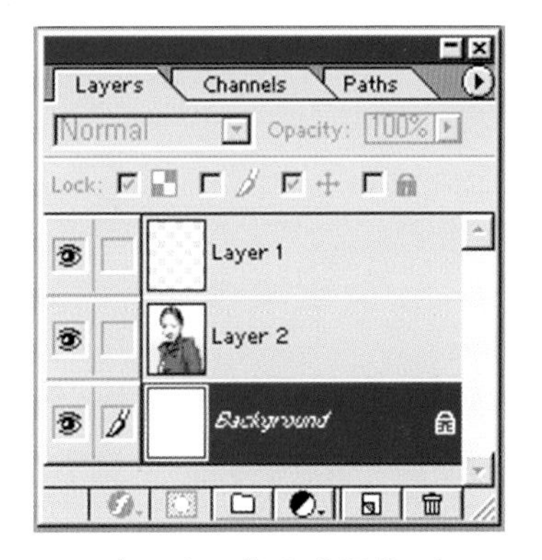

5 在原本图像上选择(Background)
Edit－Fill，（Alt+Back Space)

6 选择Layer 2(有照片图像的Layer)以后，把Opacity设定到70%。那样可以看出照片变模糊了，Layer Opacity数字100%时是原来的色彩，但数字越小越透明。

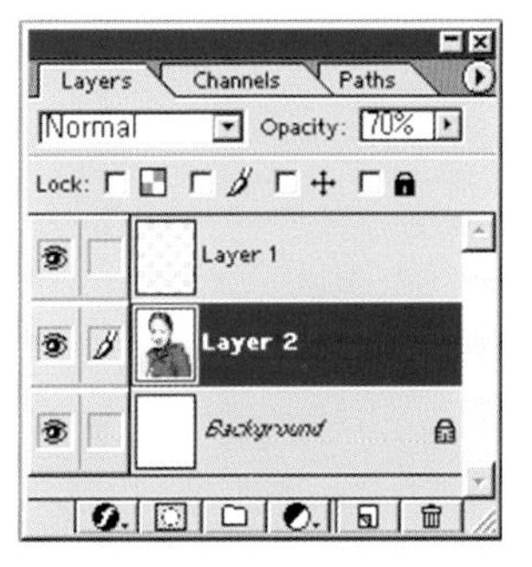

7 把Layer 2设定为70%的理由是，在上面的Layer 1里划线的时候为了能见到整体线的轮廓，遮住线底下黑色的看不见的部分。

8 选择Layer 1以后，把画笔的大小设定为3（Diameter 3px)。

9

10 按照看到的形态画上线，手写板的情况下画笔的大小设定到3，但在鼠标的情况下可能设定到2比较合适。画的时候最重要的是要把线全部连起来，那样选择魔术棒的时候才不会有线歪伸出去的事情发生。

＊一个一个画比较方便一些，脸部线在中心开始画，衣服在衣服形态的中心开始画。

11 在Layer部上光标后，按鼠标的右面按扭选择Layer Properties。然后指定名字。

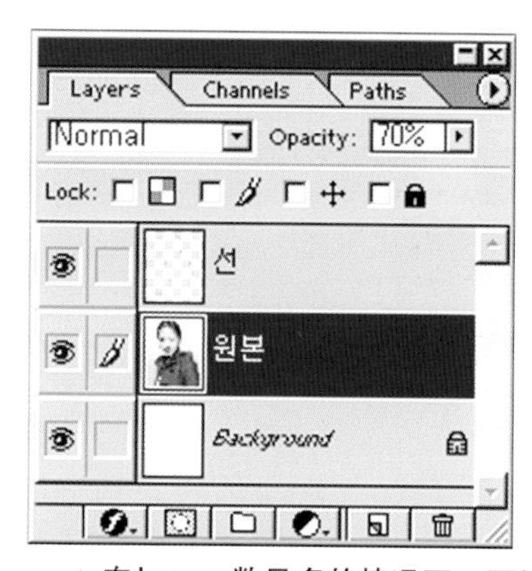

12 在Layer数量多的情况下，可以给Layer起上简单的名字，那样很容易分辨清楚。

13 在Layers里选择Layer线以后，用魔术棒，把脸部与脖子（肉色）的部分调整到Tolerance 55程度Select。然后用套索工具把脸部里面的眼，鼻，嘴，下巴等，除了边框以外都套住。

14 在原本Layer里把Select的一部分做成Edit - Copy，然后重新做Edit - Paste。

15 给重新做成的Layer起名为"脸"，然后在原本Layer里按一下眼睛图标把原本图像藏起来。

16 在脸的Layer里挂上Lock，选择Filter-Blur -Smart Blur。

这样，会出现一个Smart Blur的对话框，在对画框的左侧上端有一个小的框，那个框就是效果显示器。边看着那个对话框的颜色变化边进行数值调节，但这种调节是通过对话框中间Options的Radius和Threshold的调整来进行的。Threshold的数值设定为Radius的三倍，才能让脸部无斑痕，又白又嫩。设定完后请按OK键。

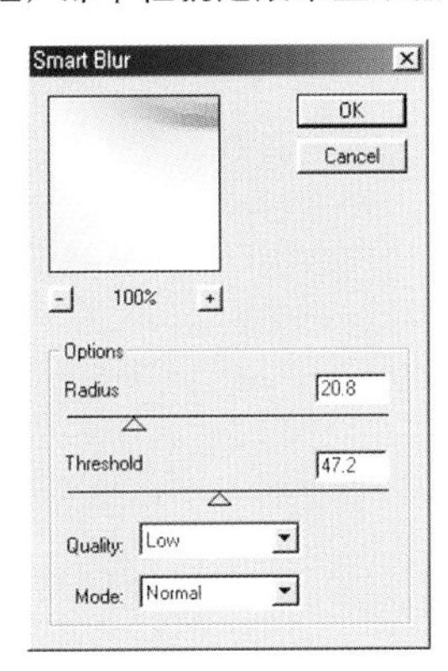

17 Smaart Blut

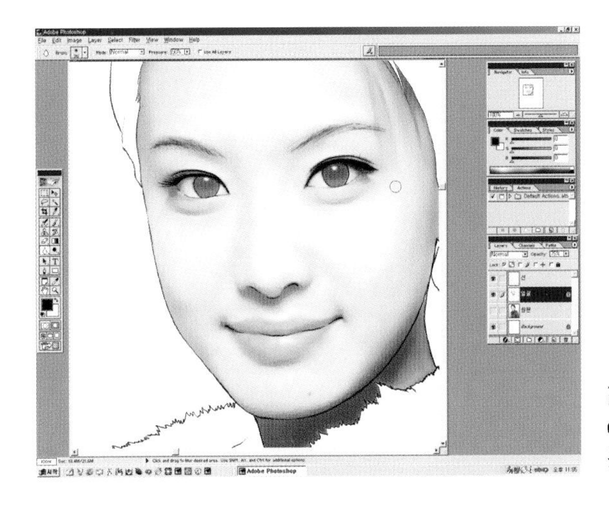

18 用Blur工具把有层次进行补充修饰后，提高Image-Adjust-Brightness - 42左右让它更亮一些。

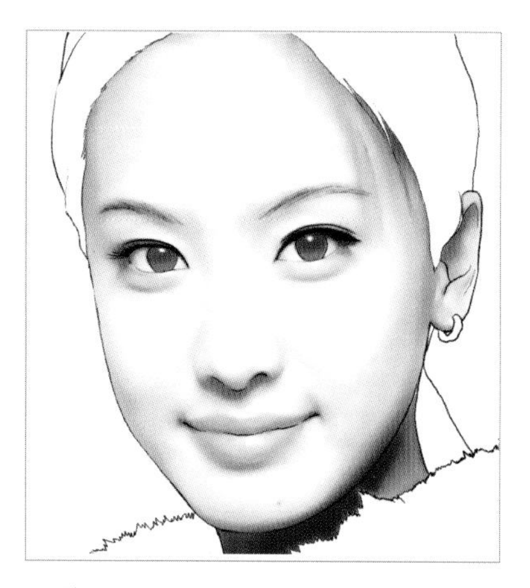

19 Brightness －42

20 在Image - Adjrst - Color Balance里少放一点红色，然后用喷枪选择白色，给面颊上反色光。

21 把喷枪Mode换成Overlay之后在Foreground里选择PinK色，然后画在嘴唇的周边，那样的话嘴唇色就会变成PinK色了，好好调整后找最亮的地方重上白色。

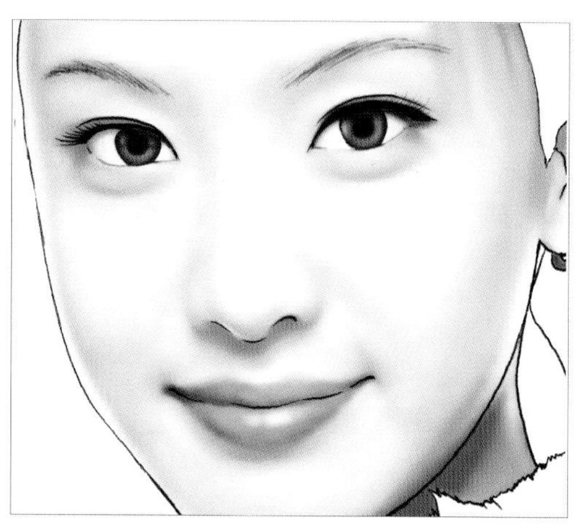

22 我们应该开始描写眼睛了，首先在Layer里选择眼睛，给脸的Layer里上褐色，然后把瞳孔画上黑色。把Select取消后为把眼睛白色的部分更亮的涂白色后，在上眼皮的地方像化浓妆一样画上去。

23 在眼睛里用喷枪选择白色后用Normal加色。
在眼睛的瞳眸里轻轻地加一点白色的反色光，眼睛会变的更闪亮更美。

24 眉毛虽然按原样画，但要考虑整个脸的表情，像化妆时一样选择深褐色就可以了。

25 头发也与脸部一样，在线Layer 里做Select，在原本Layer 里做Edit - Copy，Paste 以后，给重新做出来Layer命名"头发"。然后用Filter - Blur - Smart Blur 做效果。当然用Blur 工具整理和调整色彩后上反色光的方式与脸部的方式一样。

画头发的技巧

头发是许多细线的排列，其中有光反射的部份还有光弄乱的部分，但是把喷枪的模型稍微变一变，并选择好Mode 和Feather 的数值，表现它并非很难。

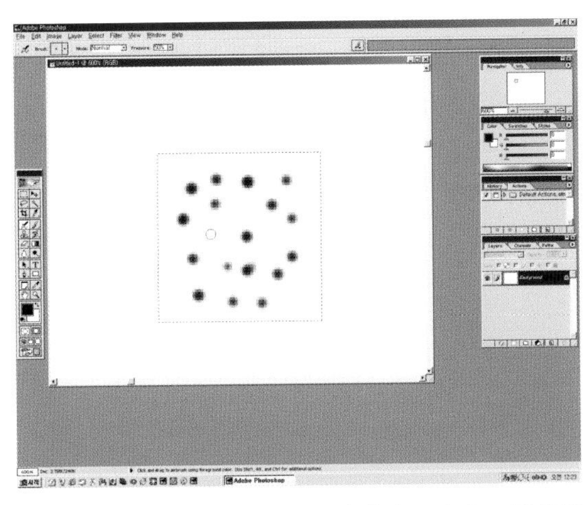

26 把喷枪Size选择成5后，在点上几个点，然后用方框工具把点的范围都选上。然后选择Edit - Define Brush，photoshp 6.0的时候在Edit 里Define Brush，但先前在画笔对话框那里有Define Brush。要是这样选择的话会出现新的画笔，使先前用Select 锁住的区域的黑色部分变成带色的画笔。

27 选择一下所做的画笔。把Mode 选择成Mult-Iply 以后画出头发形。

28 画时兼顾稍暗部分的表现，很快就能完成。

29 用Screen 选择Mode 画的话，可以把头发亮的部分轻松的画出来。

要点

在板上做头发素描的时候，把画笔Pressure 的数字放底，或是把绘画板的压力降底，多涂几便画会更好。

30 用画笔工具（大小为2-3）画细头发，画细头发的时候不要过分盖住脸，下表现得要自然，适当的细头发可以增加图像的自然感，但要是太多了会很难看。

31 衣服部分也和脸部、头发一样在原稿上做Copy进行制作。衣服是要参照相片多上颜色。脸部的真实感会增加衣服的画感，通过衣服的画感使背景更具有自然的画感，脸部的真实感从整体上看会转换成画感。即人物画的脸。从脸部到身体，从身体到背景，从整体上考虑视线的感觉。

作者的编后语

好的画有主题，主题与过程是相互连结的，风景画与静物画，人物画都如此，
漫画也是如此，图案组成的时候，从色的角度看也有主题色，还有使它变淡的颜色倾向（同一系列的变化）。

32 把剩下的衣服整理好人物就完成了，完成后选择Layer－Flatten image，所有的Layer都会合起来。

33 背景部份用魔术棒选择为Tolerance 55。然后选择Select－Inverse的话只有画的部份才会被Select锁上，然后做Edit－copy。

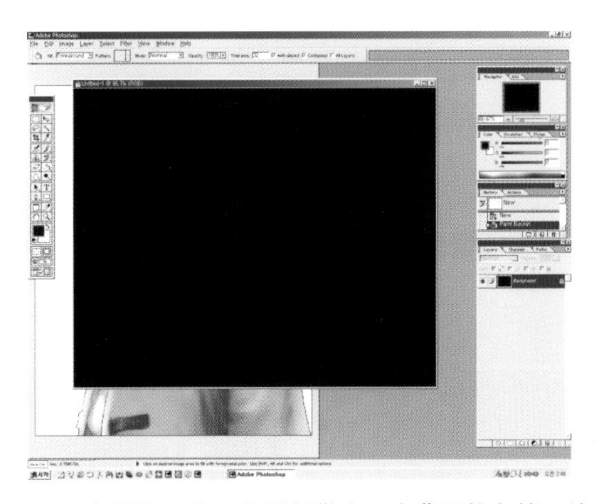

34 在File－New里重新做出一个背景的文档，然后把dpi（分辨率）设定到300程度后选择RGB Color Mode，然后用画笔的工具(Paimt Bucket Tool)给底面涂上黑色。

35 把Copy完的人物贴上去，(Edit－Paste)，那样的话黑色的Bsckground给上会出现人物Layer。

36 在Bsckground的颜料Fore-ground中选择色彩后用喷枪，因为人物在Bsckground上，所以它不会受上色的影响，只有背景才会被染上颜色。

37 为了有毛笔画出来的感觉所以在喷枪的笔刷中选择为Spatter59 pixels。然后用Pressure 20% 轻轻的涂上去。

38 用把人物Copy 的方式把花照片也做Copy 后贴在人物Layer 的底层，然后给Filter-Blur-Gaussian Blur。

39 如果衣服与花的颜色差距太大时选择人物Layer用喷枪稍微换色就可以，先用吸管工具选择好花的颜色之后，把喷枪换成Overlay Mode后把人物Layer的部分涂上颜色，看上去会自然许多。

40 在人物的上部贴上花的画面看一看，现在有些异样感所以选择 Filter - Gaussian Blur 把它做成灰蒙蒙的缩小异样感。

41 要是全部的图像完成了，就选择 Layer - Flatten image 把所有的层次都合在一起。

图像中添加字体

42 按工具之前先要考虑插入字体的地方。在Foreground 的颜料里选择blue 后按文本或字体工具。把字体的大小选择为60Point 后把字记录下来。在Layer里会出现T记号的JEWELLERY，重新创建了一个Layer。

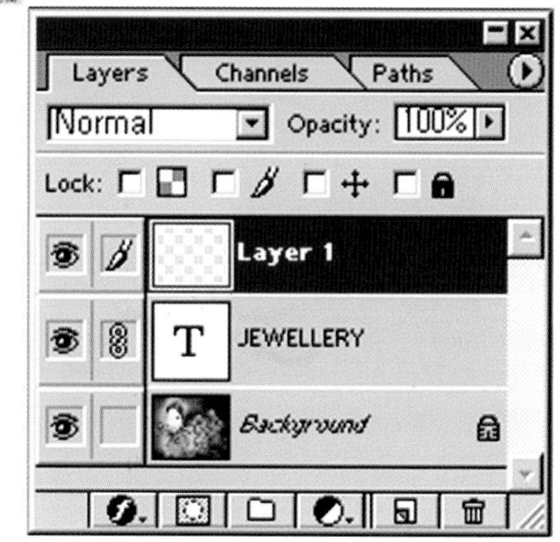

43 重新做一个New Layer，然后在JEWELLERY Layer（原本Layer）连接安装。

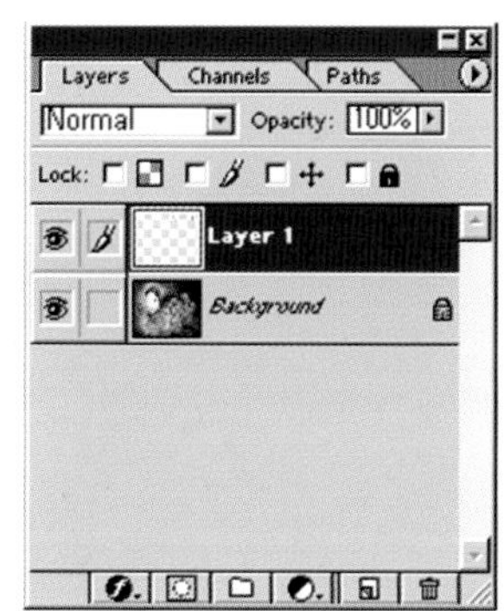

44 选择Layer-Merge Linked。那样，Layer 1 就会和缺省Layer 合起来。因为缺省Layer 里不能做出像Filter 一样的效果，所以一般是换成另一个Layer copy 的过程，现在Filter 效果也能用在字体上了。

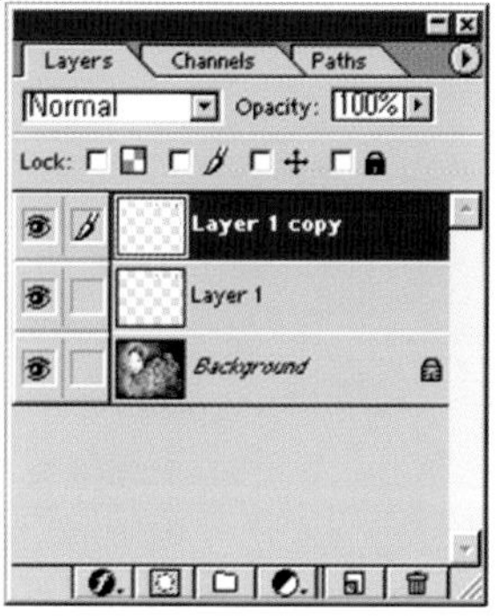

45 按着鼠标左键把Layer1 往下拉到Create a New Layer，那样会出现Layer1 Copy 的新Layer。JEWELLERY 字体呈现出二个字体叠在一起的样子。

46 重新选择Layer 1后，如果选择Image-Adjust -Brightess / Contrast 可以使字体变得更亮一些，如果选择Filte - Blur - Gaussian Blur 则可以让字体变模糊一些。

47 全部完成了。

4 把人物相片转换成漫画

新闻和广播人物，经常登场的人物，SD 版本。
做做看，头大身体小的，又好笑又可爱的人物照片。

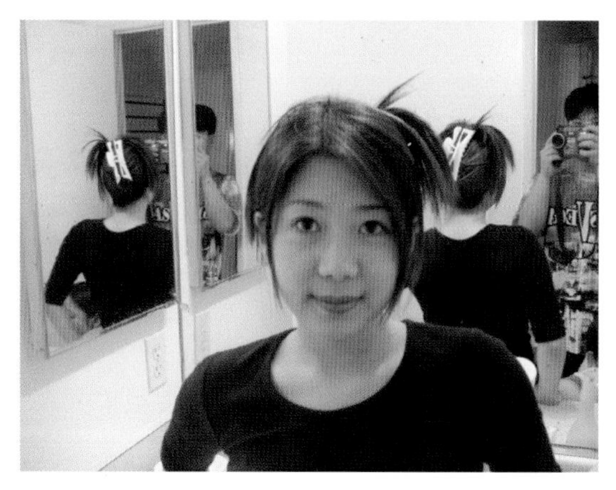

1 首先需要一张照片。
因为需要一张有反光的照片，所以用数码相机在化妆室里照了一张。（照片的左侧能看到一个人，那人是举灯调照度的staff。）

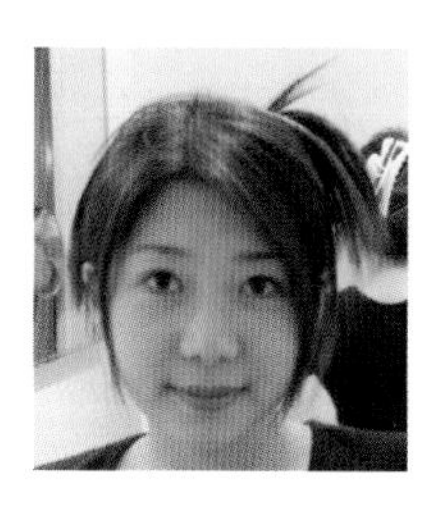

2 因为只需要脸的部分，所以用矩形选择工具除脸部以外Image-Crop后删除。

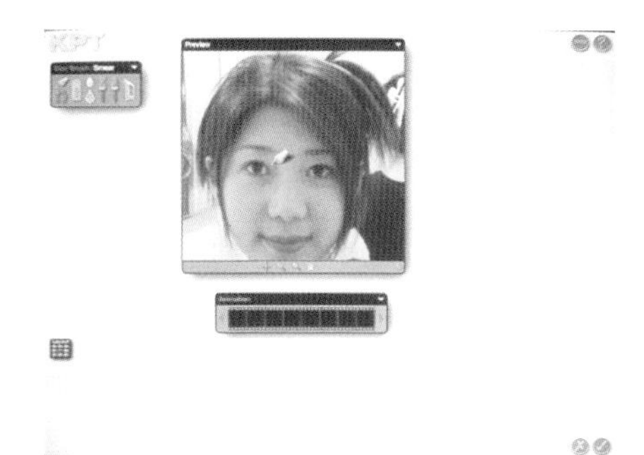

3 使用plug in filter 中的KJPT 6 Goo 变形人物的眼睛和头的部分。
为了制作漫画风格的图像把眼睛换成大的，头的上部分也拉长一点。换掉鼻子或嘴等，脸部整体图像会更有漫画风格。

4 使用KJPT 6 Goo 变形的图像。

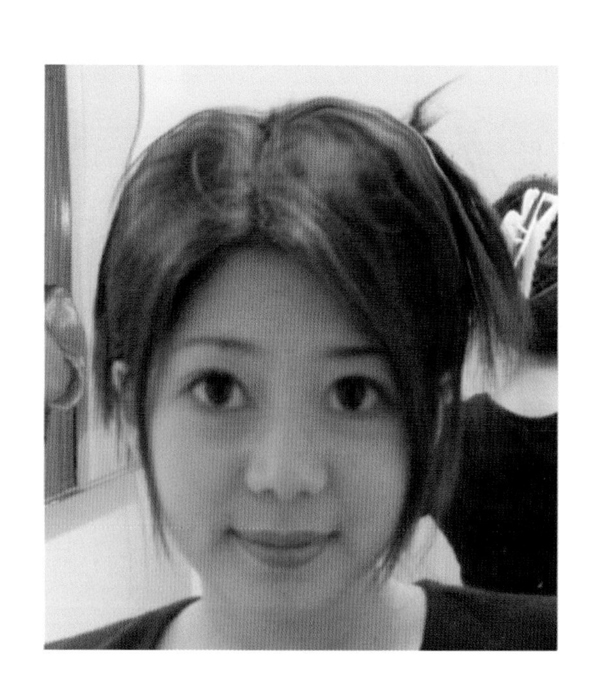

5 首先照片图像太小，在Image-Image Size放大，分辨率设定为300dpi，宽度14.41厘米，高度16厘米。然后用矩形选择工具选取整体Edit-Copy-Paste，新增加的Layer取名为原本。把Background以白色Edit-Fill后，增加一个透明层后取名为‘线’。

6 把原本Layer的Opacity调到60-80%后，在线Layer画图即可。首先把前景色设定成Black后选择画笔工具，在选择小的画笔。

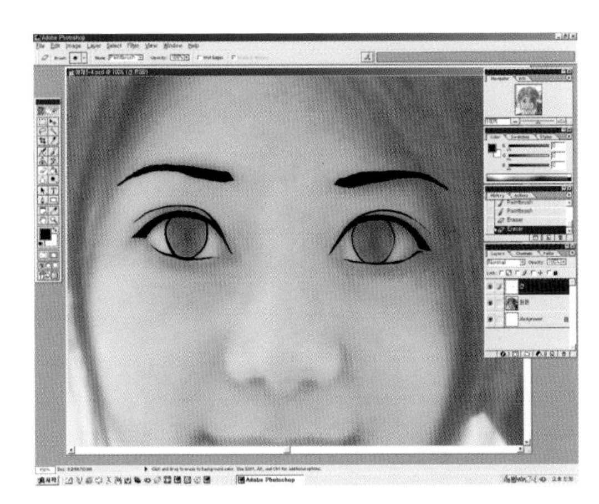

7 使用画笔工具按照片的形态来画模样。特别是眼睛部分要精细点。画眼睛时上睫毛部分要画深一些会更好。

8 整体来说画的是一样，但是简单化会更适合漫画风格的表现。线画得越少越好。以形态为主，不要断线容易Select。只需要头的部分，所以不需要画身体。

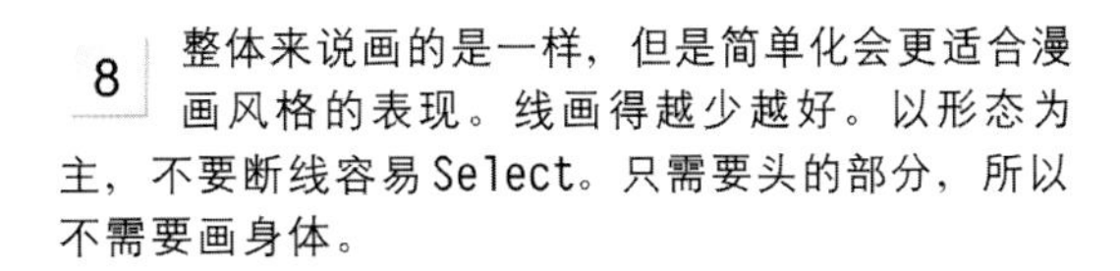

9 在线Layer上画出的图像。因没有断线，所以Select时不会选取不到。这幅图像里眼睛部分的线是断开的，但把眼睛部分的线连起来会使图像的表情不自然。脸的部分比起形态，图像的自然是最重要的。

要点

使用画笔工具画人物的钢笔时掌握好手写板力度，线的开头和结尾的部分要细，中间要粗。

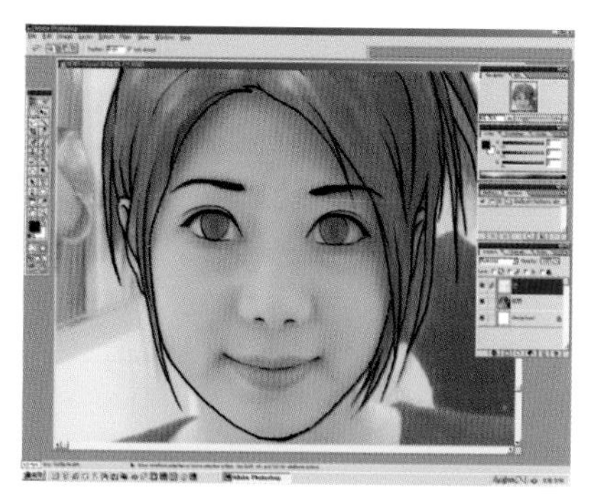

10 在线Layer 用魔术棒以Tolerance 55 选取脸和皮肤色的部分。然后脸部的眼睛，鼻子，嘴部分也用套索工具选取。

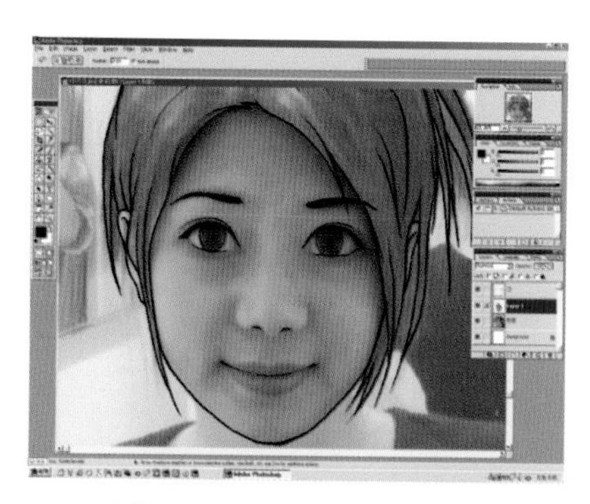

11 选择原本图像后Copy，Paste。然后复制脸这时图层面板就新增加一个Layer(Layer1)。

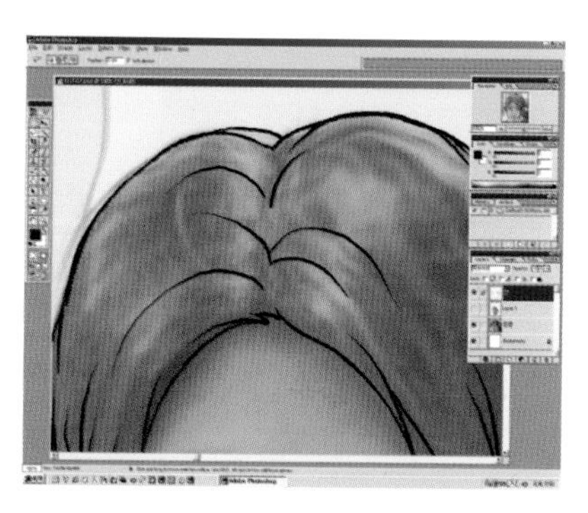

12 从新在线Layer上Select 脸的方式，也Select 头发。

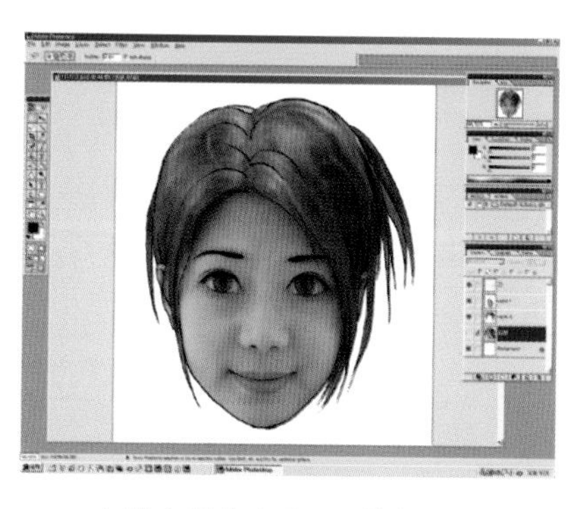

13 在原本图像Select 的部分Edit-Copy，Paste。这样头发部分也复制在Layer2。

14 首先来完成脸的部分。眼睛按钮只有在线La-Yer 和Layer1，Background打开，Layer2 和原本关着。选择Layer1 后上Lock。这是因为不要使透明部分染色。

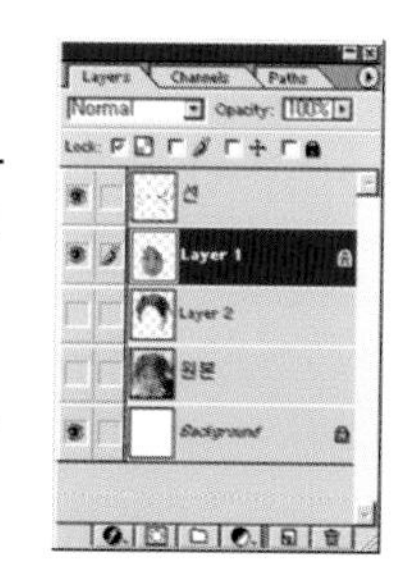

15 脸部分的色调不是太好。为了使它变柔用Filter 修改颜色。

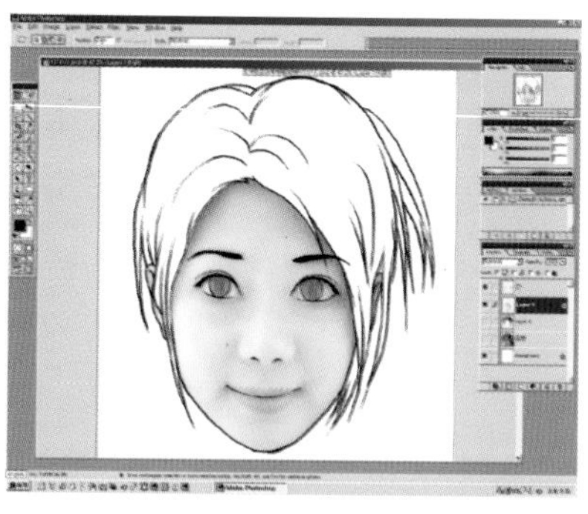

16 选择Filter-Blur-Smart Blur 制作柔软一点，选择Image-Adjust-Brightness/Contrast把色调调亮些。

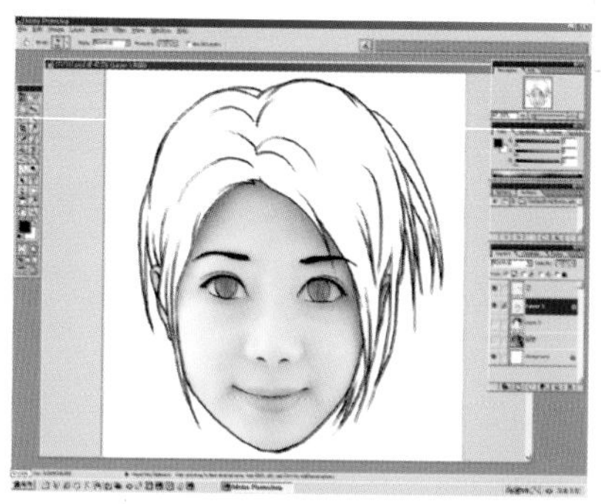

17 使用Blur 工具修改其余的粗糙部分。

因为是用黑色画的形态，所以把照片图像调亮一些像是用人物蘸笔画出似的可以清楚的看到会更加强漫画的感觉。

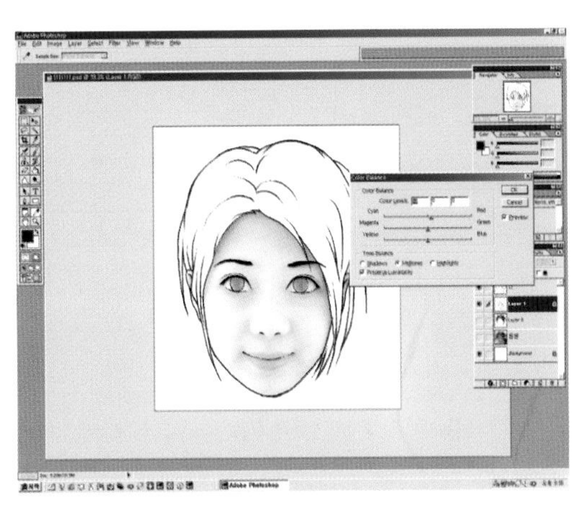

18 脸部再加一点红的色调。在Image-Adjust-Color Balance里向Red方向调整后选择。

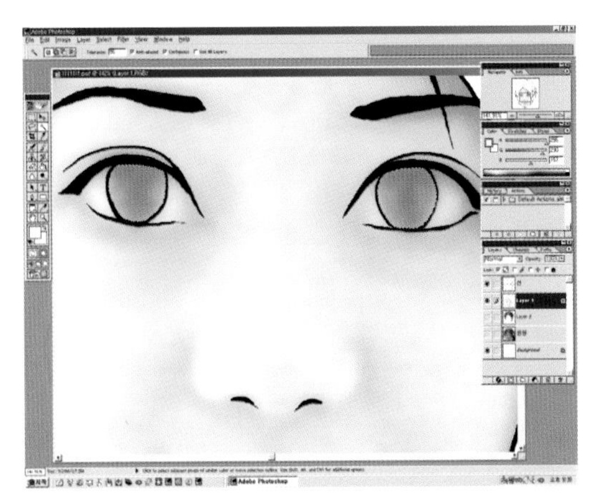

19 在线Layer里选择眼球后回到有皮肤色的Layer1上。

20 用喷枪工具画出不要有斜视的感觉，眼球比照片在大一些。

21 眼球周边用深褐色，用喷枪工具中虚的触笔隐隐地画，然后眉毛和双眼皮之间画深一些。

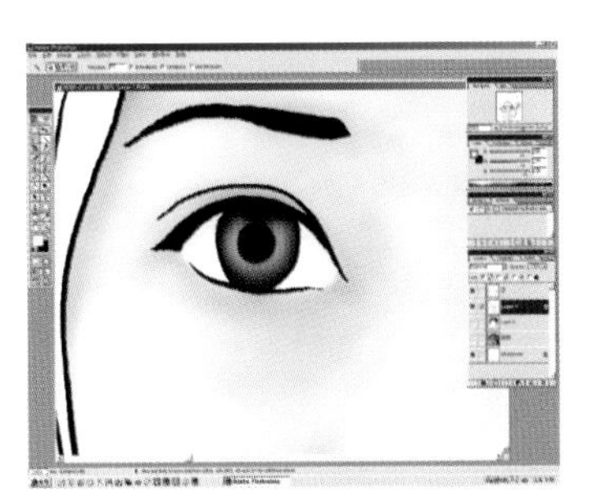

22 在线Layer上Select脸后重新在Layer1上用喷枪工具画白眼球，然后用浅褐色画眼球里的阴影。

23 再增加一个新Layer。取名为highlight后放到图层面板的最上端。

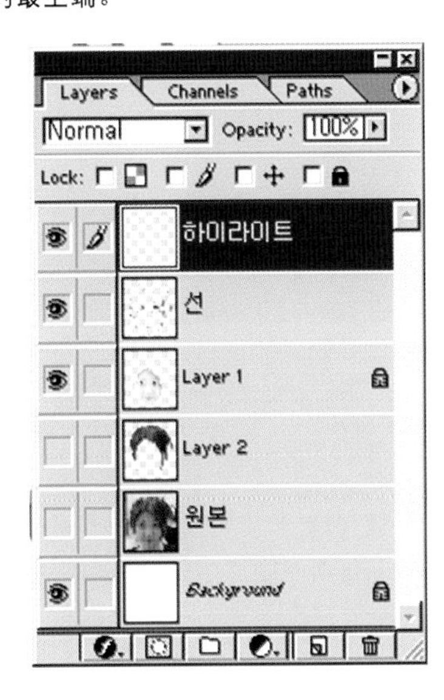

24 眼睛的highlight用喷枪工具画。是用白色画，然后用橡皮工具修改表现反光的图像。

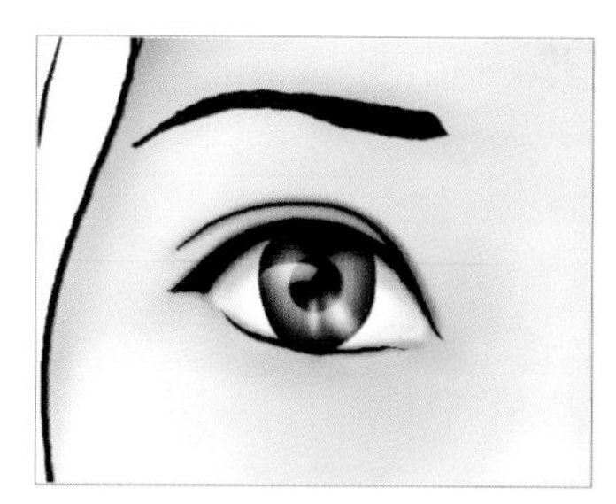

25 重新在有皮肤色的Layer上，使用喷枪工具用深褐色按照眼线来画。凸的眼睛有隐隐的效果。

26 按照两边眼睛的眼线用喷枪工具隐隐地画。在highlight Layer上眼睛的下面画上亮的部分会更自然。

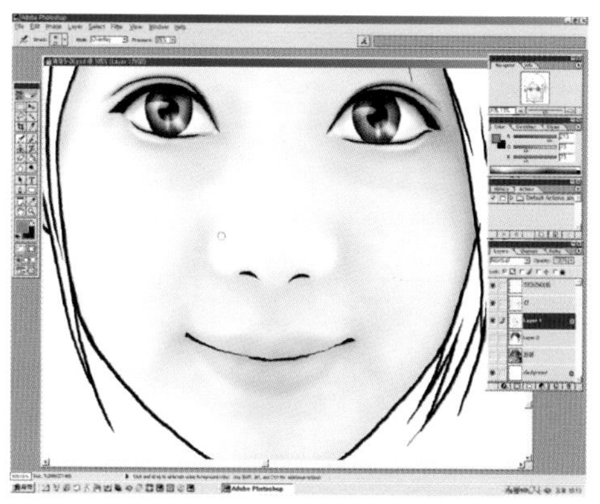

27 为了表现嘴唇使用喷枪工具Mode转换成Overlay,选成Pressure值85%。颜色选择红色色调。

28 使用喷枪工具在Layer1（有脸部颜色的Layer）上按照嘴唇的模样画。那么就会突出红色的嘴唇。然后在highlight Layer上加一些白色的反光嘴唇会更漂亮。

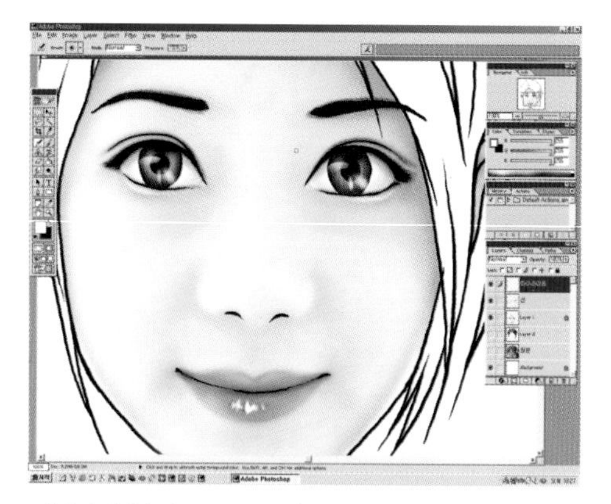

29 在highlight Layer鼻子和腮上加一些反光的效果。这样脸部整体的图像会有闪闪发亮的感觉。然后再Layer1上整理眉毛。

30 点击Layer2（有头发颜色的Layer）眼睛按钮时能看到Layer。点击Lock。像上面说明似的Layer上的有颜色部分可以做效果，但是透明的部分就不可以上色也不能做效果。

31 为了和脸的色调配合，用image-Adjust-Brightness/Contrast调亮头发颜色的亮度。然后按前面说明使用头发technic 部分的画笔，选择喷枪工具。

32 在喷枪工具的Mode Multiply 里选择Pressure 值38% 后，把整体头发像梳头似的画出来。

33 表现头发反光时把喷枪工具的Mode 选成Screen，适当的转换Multiply 和Screen Mode 表现头发。

34 选择线 Layer 后，链接 highlight Layer 和Layer1（有脸部颜色的ayer），Layer2（有头发颜色的Layer）。

35 把链接的Layer 合成。Layer-Merge Layers(Ctrl+E)，原本Layer 和 Background Layer 扔进垃圾桶。这样就会使背景除了头的部分外成透明。没有Backgrou-Nd 的Layer 状态的图像。

36 脸部就完成。在画一些杂的头发会更自然。

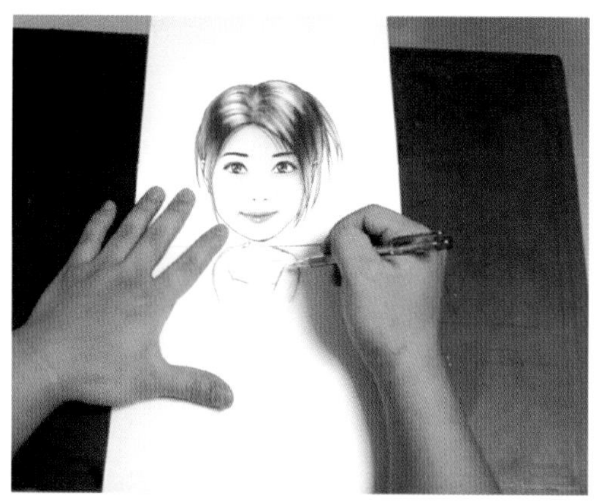

37 有打印机时打印脸部素描一张适合的SD身体。素描时需注意的是脸部和身体的构图要适合。把画完的图扫描为了上色先做修改。

38 扫描后的原稿。为了突出天使图像画了翅膀，画了以柔软的布为材料的衣服。

39 新增加一个Layer（Layer1）。把Layer的Mode选成Multiply,在Background上皮肤色的部分用魔术棒和套索工具Select后，在Layer1上色。

要点

打印一整张没有页边距Photoshop图像时在File-Print Options对话框里单击Center Image后，设定为Top:0，Left: 0即可。然后点击Show Bounding Box后，调整图像的大小后打印即可。

40 使用吸管工具在完成的脸部图像上选择皮肤色给予图像的同质感。

41 对照皮肤色在给予明暗。

42 在Background把翅膀和衣服Select后，在Layer1上使用渐变工具加一些Blue和Green的渐变。

43 使用喷枪工具加一些明暗，在加一些白色部分使图像更有幻想的感觉。上完身体部分的颜色后，用 Layer-Flatten image 删掉Layer。

44 在脸部图像里使用矩形工具选择头，Edit-Copy后，在身体图像上Edit-Paste粘贴。（把脸部图像Layer拖到身体图像Layer也可以复制。）

45 把脸部图像Layer 选成 Edit-Free Transform后，按照身体的大小来缩放。

46 在Background（有衣服的图）使用魔术棒以Tolerance 55选择背景部分。

47 在背景部分选择的状态上选择Select-Inverse时，在Background只Select有图像的部分。然后Edit-Copy,Edit-Paste，在图层面板上增加一个Layer 2。这时把Background扔进垃圾桶删除。只有头Layer和身体Layer二个图层，背景成透明。

48 使用3D 软件中的Bryce 软件制作的风景。用这幅图做背景。

49 使用File-Open 导入的背景图像选择 Select-All 后File-Copy。然后在有人物的Layer里Edit-Paste 后粘贴。然后把背景层 Layer 3 排列到最下面一层，使人物可以看得到。

50 把Layer 3（背景层）用Edit-Free Transform (Ctrl+T)填满全画面。

51 把头部分的Layer和身体部分的Layer链接后选择Layer-Merge Layers。

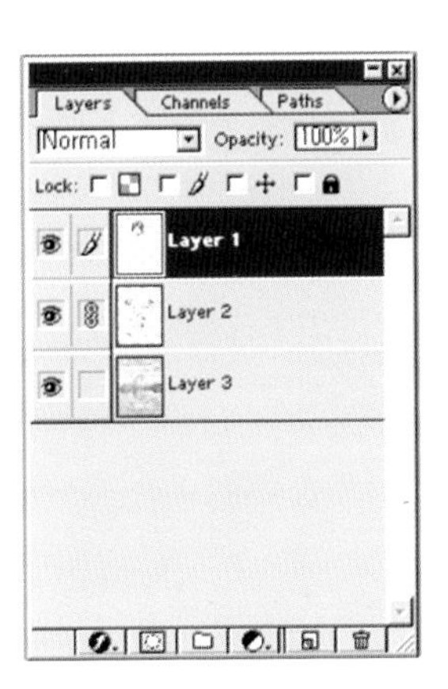

53 选择File-Open把Bryce制作的大水珠导进来，然后Select-All，File-Copy后，在人物上Edit-Paste。

54 这个水珠排列到人物的后面。

52 人物的头和身体合并后排列到和背景适合的位置。人物的姿势像坐在什么上似的，那时为了表现出像坐在水珠上似的模样。水珠也是在Bryce制作的。

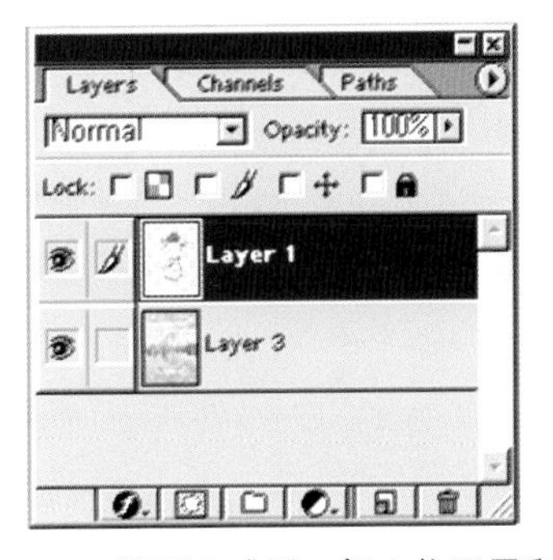

55 排列完成后，把人物图层和水珠图层合并，然后选择Layer-Merge Layers(Ctrl+E)。这样只剩下人物和背景Layer。

56 用鼠标拖动Layer1（原本Layer）后复制。垃圾桶边的按钮（Create a new layer）。

57 复制完成后会有二个人物Layer。点击在下面的Layer1 选择Edit-Free Transform后，反转图像。（为了制作印在水里的人物。）

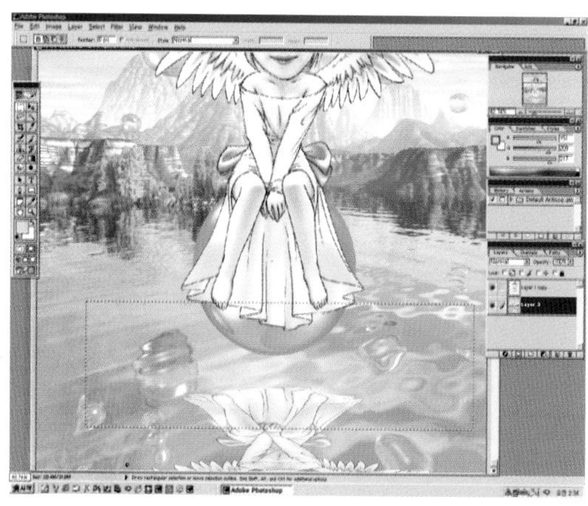

58 找反转后的人物到印在水里的位置，把Layer Mode 选成Hard Light 和Opacity 80%，可看到到印在水里似的模样。为了加强水的感觉选择Filter-Distort-Wave 给于波浪效果。然后和背景链接合并。使用矩形工具以水珠边缘为中心来拉宽。（是为了给于波浪效果。）

59 表现波浪效果要选择Filter-Distort-Zigzag。现在在画一些水珠和稍微加入影子就大功告成。

在Layer 或Select 状态复制一模一样图像时，按Ctrl+J 键会在同一个位置以Layer状态复制。

用照片制作的过程开始是很难，但反复制作几回后会是个很有趣的作业。

60 完成了。

5 人物色彩插图制作方法

1 画人物插图，先用铅笔画出底稿，并找到整体的形态后仔细的描写。没必要的线可以用橡皮来修整。

2 用铅笔画的人物插图。B4 纸的大小，画在漫画原稿纸的后面。

3 新建一个Layer。把新Layer的Mode选择成Multiply。为了整体的插图氛围，用棕黄色色系的亮色给整体上颜色。选择要给前景色填充的颜色以后选择Edit-Fill（Alt+Backspace）。

*为了整体的氛围用一种色填充完后再用别的颜色上色是在画有气氛的画的时候更有效果。不要过多的脱离底层颜色，用同一色组的颜色并继续维持气氛，上颜色。

4 脸部和要亮色的部分选择相同色调的亮色上颜色。用大的画笔来给大的地方上颜色，用小的画笔来收尾。

5 给眼睛和嘴唇上基本色。作为人物插图的点缀部分而加以强调。

6 在Background 按眼睛按钮点消失以后Layer 1的形态。

7 给皮肤做明暗。在明暗度相同的组上选择暗色上颜色。

在人的脸部图形化的白纸上做明暗的图像。

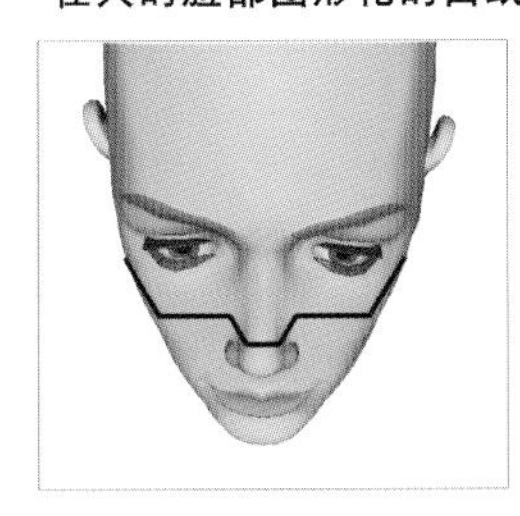

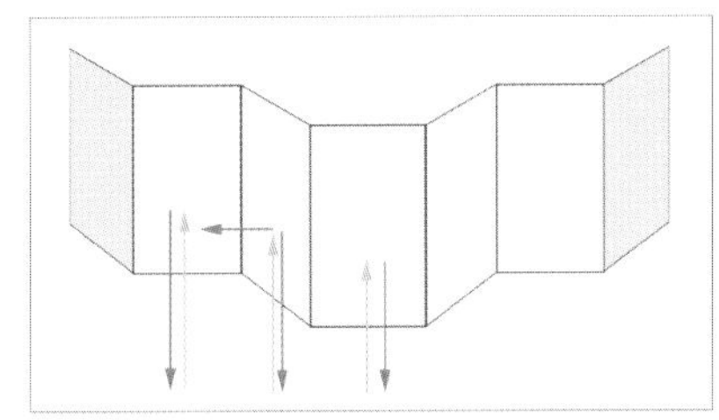

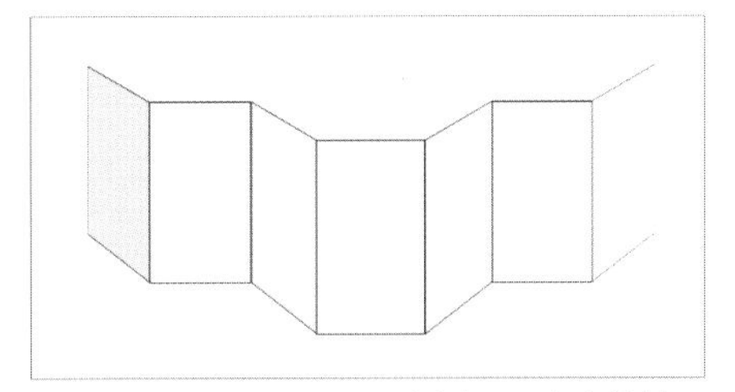

半侧面照来光的情况

8 一样的白色离得越近越亮，离得越远越暗。在上面图片中的白纸里最前面的面将照过来的光直接反射，所以反射过来的光的量也多，因为还有大气的干涉作用（空气的远近法），所以看起来亮一些。面稍微往旁边倾斜，被反射的光也会射向其它地方，所以光的量会减少，变暗。

9 在叠加上明暗的时候使用喷笔工具。把画笔的Pressure 值调少，一开始给予非常暗的明暗，不如渐渐变暗着往上叠加上色。

10 调暗的色叠加上色。选择同一色组的颜色才能维持氛围，不会出现色彩太突出或异样的感觉。

11 找到亮的地方用白色涂上。这时画的太亮会有异样的感觉。眉毛间的残像和影子，眼睛的上方可稍微变暗一些。

12 新建一个Layer。把新建的Layer（Layer 2）的Mode 选成Screen。从现在开始要表现亮部的部分在这个Screen Mode 的层上画。

13 给Screen Mode 的Layer（Layer 2）里用白色上高光部分。Screen Mode 状态下的Layer 里能清楚的看到Background layer 里的铅笔线。用橡皮工具抹着，并按照整体的氛围加漆。

14 给眼睛里面上高光，并缩小（Ctrl+ -）着颜色。缩小了整体的氛围一目了然。刚刚上的颜色搭不搭配、是否太突出，可以看着修整。

15 为了给头发上基本色，在前景色找到跟整体图像相协调的暗色，用喷笔工具大的画笔，给头发部分上基本色。

16 为了给头发立体感，用比头发色稍微暗的颜色，跟着头发丝的流向像梳头一样用喷笔加漆。

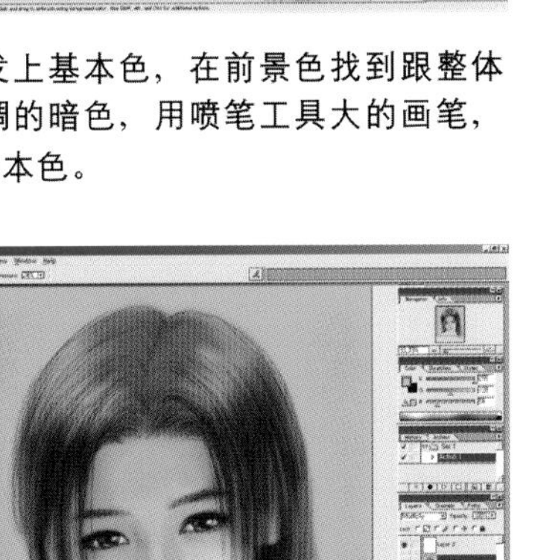

17 选择背景氛围的颜色，并使用喷笔工具给头发丝亮的部分和头发丝往后进去的部分加老，颜色要与氛围协调。

18 重新在头发丝中选择暗的色，用喷笔工具的小型画笔来细腻的描写头发丝。跟着头发丝的方向向暗的地方集中加暗。

19 在整体的头发丝当中也有点缀的部分。受到光反射的头发部分，最亮眼的白色（受光部分）和黑色（暗的地方）的明度差大一些。然后点缀部分（强），流向部分（中），跟背景合成的虚的部分（弱），用这种表现方法来画。设计3要素（变化、统一、均衡）跟音乐一样有着节拍和旋律。就像在西洋画里，从强调表现的部分开始，画的倾向从画一直到空白的地方，所有的画都有共同的规律。

画有气氛统一的画的时候，使用的色是用一种色彩为主，用相同色调来组成的图像。用一个系的色彩，没有突出的颜色，所以气氛会变好。要是使用补色色彩对比效果会很大，氛围会被破坏。

20 在Screen Mode的Layer (Layer 2)里用亮的颜色在眼睛下方给予弱点的高光。给予眼睛细致的刻划。因为它是在图片中最先入目的部分，也是在视线中"强"的部分。

21 给衣服上基本色。因为整体是红色系，所以添加了点补色的绿色。使用补色虽然可以有色彩对比的效果，但重要的是应该柔和的使用。比起使整个画面以一种颜色为主的单调气氛，应该更加突出它的多样性。色相是黄色系的低彩度，但是因为背景色是红色，要在绿色中找颜色就会太突出，会影响氛围。

22 给予明暗。不要太深，下部画的模糊一些。

23 在Screen Mode的Layer (Layer 2) 里用喷笔工具的最小画笔来表现头发丝。

24 画细头发的时候不要画的太多，而是表现到自然就可以了。

25 把Layer的眼睛按钮去掉，然后选择Background layer。选择Select-All后，选择Edit-Copy，把Background layer复制。

26 选择Channels面板。然后点击Create new channel按钮。这样画面会变成黑色，新生成1个Alpha 1通道。

27 在Background layer里把Copy的图像粘贴(Edit-Paste)。然后选择Image-Adjust-Invert，把图像反转。

28 在Channels面板的RGB通道选中，图像会变回来。

29 新建一个Layer后，把Mode选成Screen。喷笔工具中选择大的画笔，用白色给背景点缀。从远处照过来的水文效果，为了表现远近感，可使它们近大远小。误入进给人物上的颜色可以用橡皮修整。

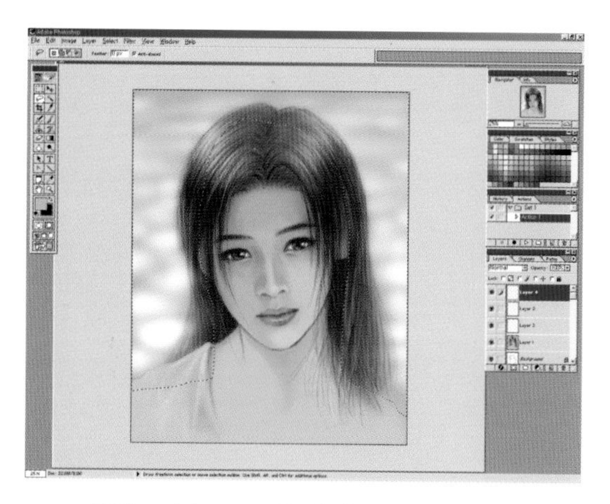

30 新建一个Layer。用多边型套锁工具大概选择背景进去的部分。

31 用渐变工具把背景上方是暗，下方主要以蓝色为主填充。

32 使用渐变工具的Layer(Layer 4)的Mode 选择成Screen。

33 用橡皮工具把背景和人物的界限柔和地抹掉。

34 选择File-New 制作新的文件。然后在增加一个新Layer（Layer1）。为了制作画笔的模样。

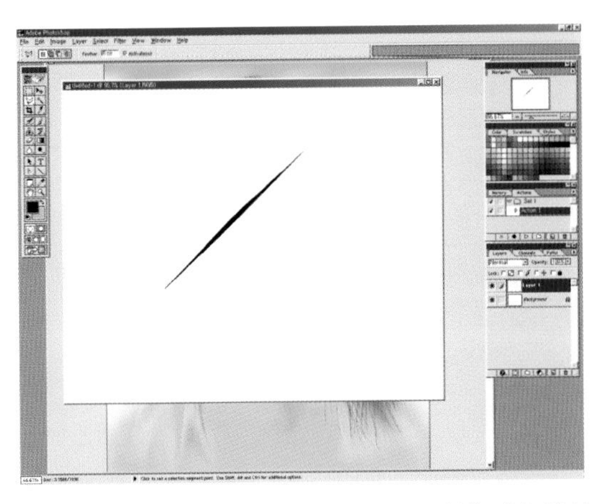

35 使用多边形索套工具在Layer1 制作对角线的长的菱形。然后填充为黑色。

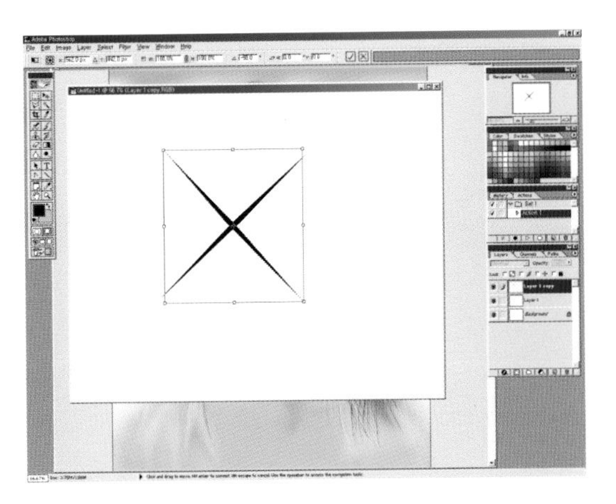

36 拖动Layer1后Copy。然后把Copy 的Layer 选择Edit-Free Transform 后旋转到x字的模样。

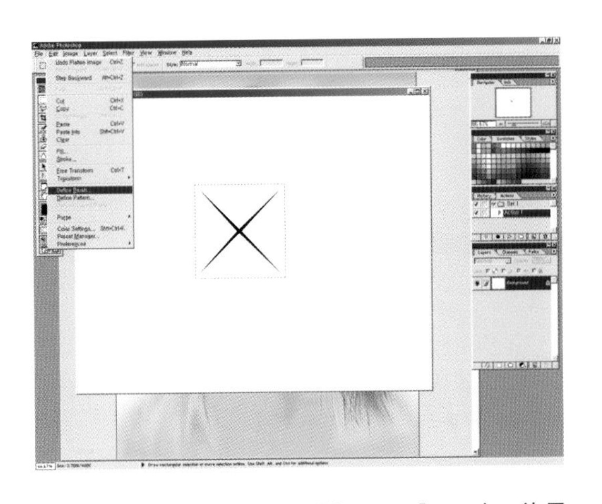

37 合并Layers(Layer-Flatten Image)。使用矩形工具把x字模样按适当的大小Select。不要太大的程度来放大缩小。Edit-Free Transform 大小设定后，在选择Select-Deselect 后，重新使用矩形工具选择x字。像Select 的部分成为画笔工作领域。黑色部分是显示颜色模样，白色是成为透明状态的画笔。选择Edit-Define Brush 时选取的部分的模样成为画笔形态。

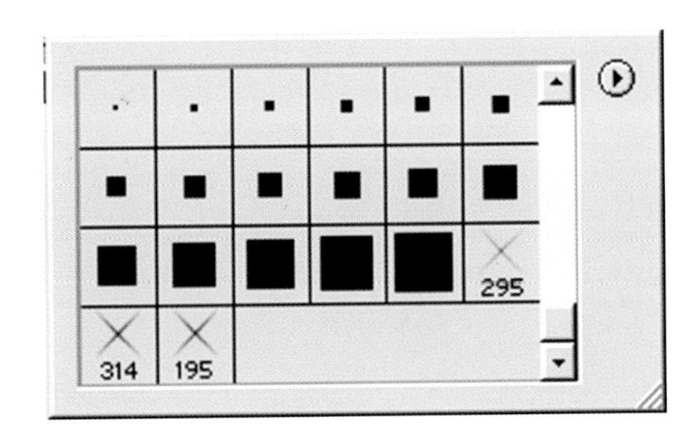

38 使用Free Transform 制作成不同的大小后，选择Derine Brush 多制作几个画笔。

39 新建一个Layer。然后选择喷笔工具，使用Define Brush做出来的画笔。给背景的水纹画上闪光。小的、大的替换着画。这样就能表现被水纹反射的闪光感。

40 选择Background Layer后把Layer 1 和Layer 2 打上连接符号。是为了把人物Layer部分合并。选择Layer-Merge Linked，只把打上连接符号的Layer合并起来。背景部分暂时不动。

41 选择Select-Load Selection。在Channels面板复制的Alpha通道，也就是Background Layer 里的铅笔部分调进来。这样只会选择铅笔部分。选择区域杂乱不堪的时候可以用Ctrl+H 来把在选择时候的点去掉。这时不是选择区域消失了，而是点看不见了而已。

42 找到铅笔线太突出的地方，选择周边的颜色，用喷笔工具上颜色。这样就可以让突出的铅笔线消失。

43 修整整体的高光部分，觉得完成了就可以合并Layers 了。(Layer-Flatten Image) 。

44 落日的余辉、被水面反射的光芒、还有美丽少女的图像。

6 用Painter上色

第1次接触Painter上色的人一定会不知道怎么办。这是跟Photoshop完全不同的界面和画面看起来很复杂的原因。但是果敢地试一试。首先把要上色的文件打开（File-open-扫描的文件）。

1 扫描的状态非常的乱。因为是用铅笔素描的图片，所以有铅笔的杂线和没磨掉的地方。

2 这是这次练习的例题。看起来像人类和龟甲类的混血。体形跟人类相近。觉得铅笔大概描写的图像和Painter很合适，所以没有再描线。Painter是对自然的图像更有效率，Photoshop是对干净的图像有效率。

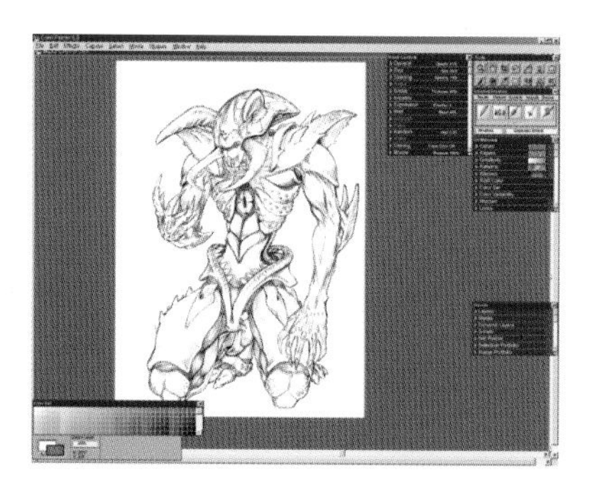

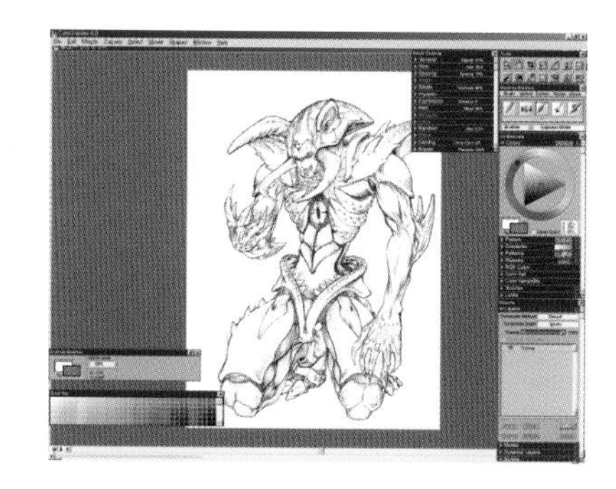

3 Painter的画面。
以下是基本的面板。

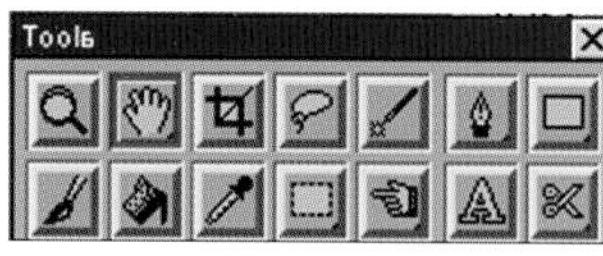

Tools 面板

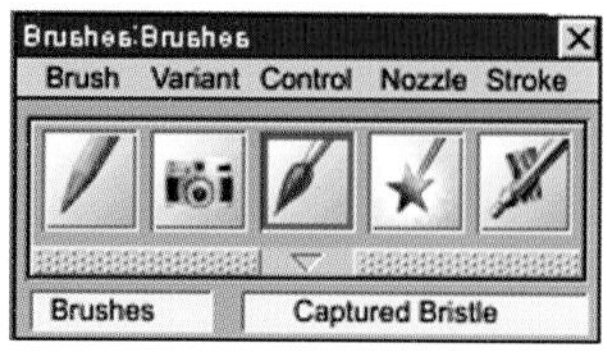

Brushes 面板

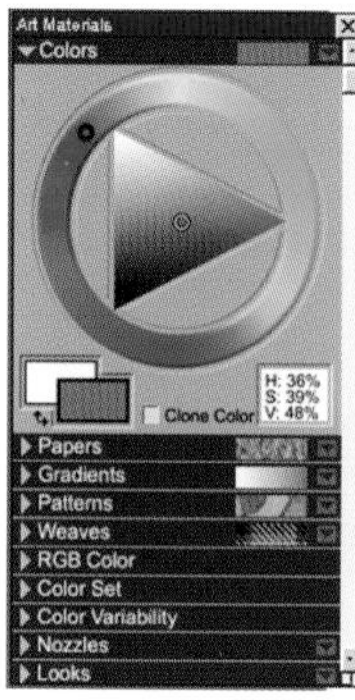

Art Materials 面板

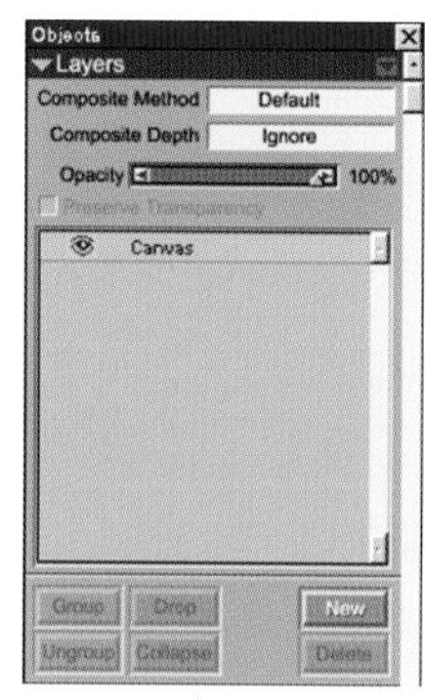

Layers 面板

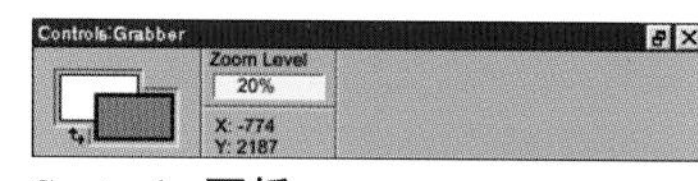

Controls 面板

Brush Controls
General Opacity 41%
Size Size 39.6
Spacing Spacing 13%
Angle
Bristle Thickness 86%
Impasto
Expression Direction 0
Well Bleed 48%
Airbrush
Rake
Random Jitter 0.00
Water
Cloning Clone Color Off
Mouse Pressure 100%

Brush Controls 面板

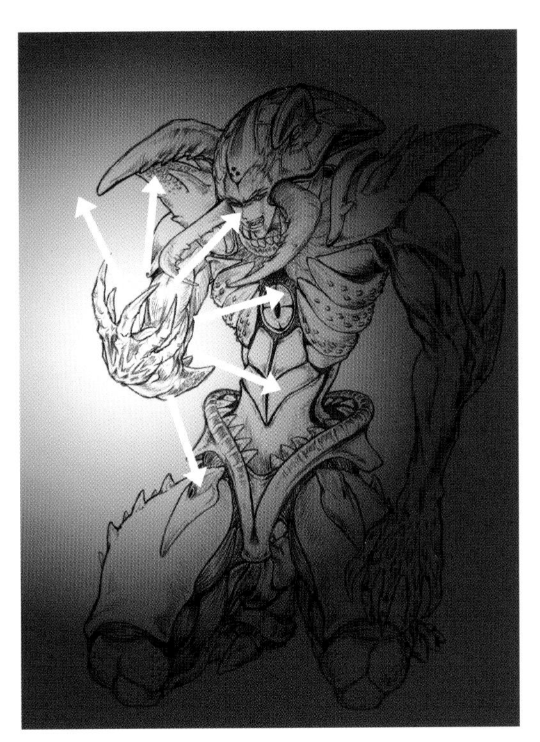

4 设想怪物的右手放出火光的色彩图像。明暗是像手里散发似的。

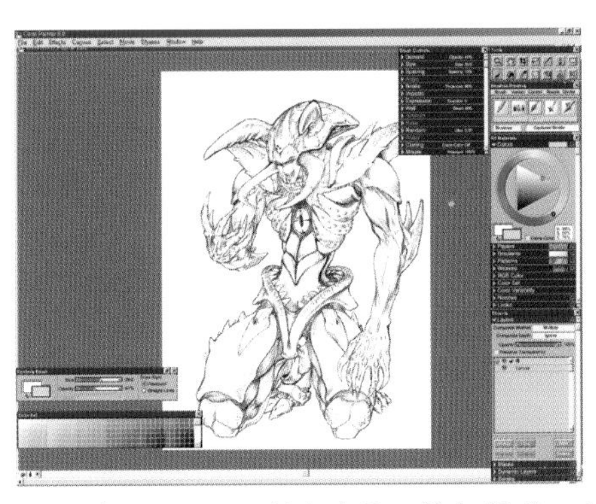

5 在Layers 面板点击New 按钮新建一个Layer 1（跟Photoshop 里的方法一样）。然后双击新建的Layer，弹出Layer Attributes 对话框。在这里的Name 里写上"色"。这个层也跟Photoshop 里一样，把Composite Method 设置成Multiply。

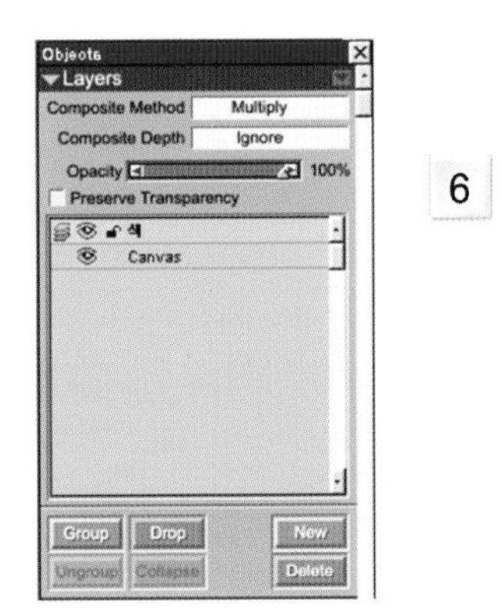

6

7 指定色彩。在圆里找整体的颜色，在三角形里选择适合的明度和彩度的具体颜色。首先为了用渐变线把暗面选择成蓝色。

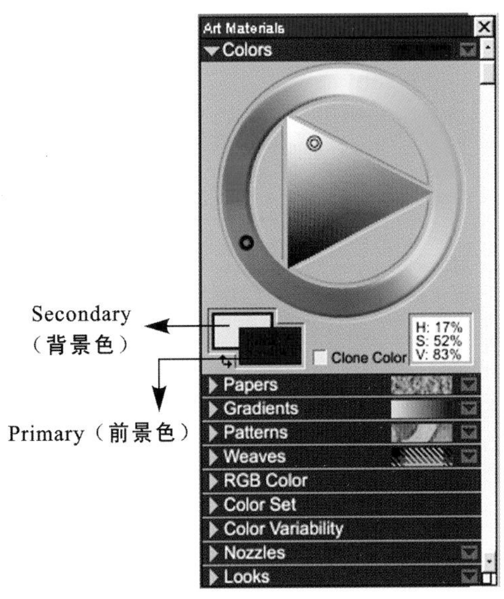

8 Secondary 色相（背景色）选择色彩。选择亮的紫色。这样就会发现下面的Gradients 部分的颜色在变。边看着这个边选择颜色是最有效率的方法。

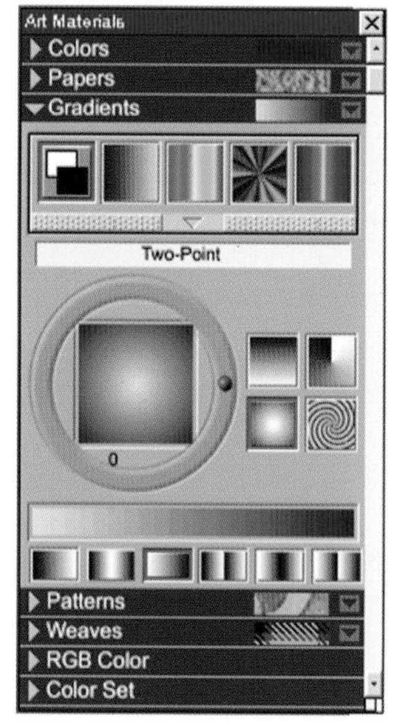

9 选择圆形渐变线。外框为红色的部分是被选中的状态。

10 用油漆桶把色 Layer 添满渐变线。在怪物的手周围点击油漆桶。这样就会出现手部亮，越往外越暗的渐变线。

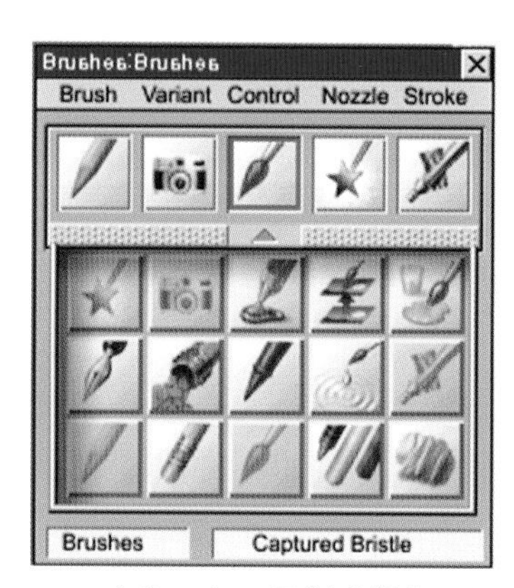

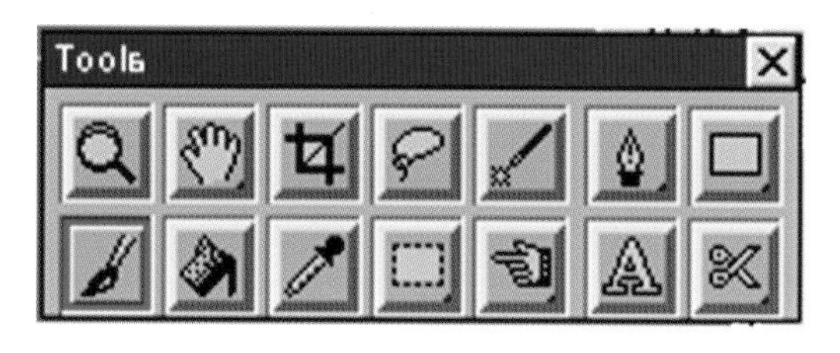

11 在Tool 面板选择画笔工具。这个工具是在画画时用的工具。

12 在Brushes 面板选择Brushes。在Painter 里上色的方法很多。其中找到适合自己的上色工具上色。在这里要给油画的效果。但这与传统油画不同，而是稍带厚重感的漫画效果。

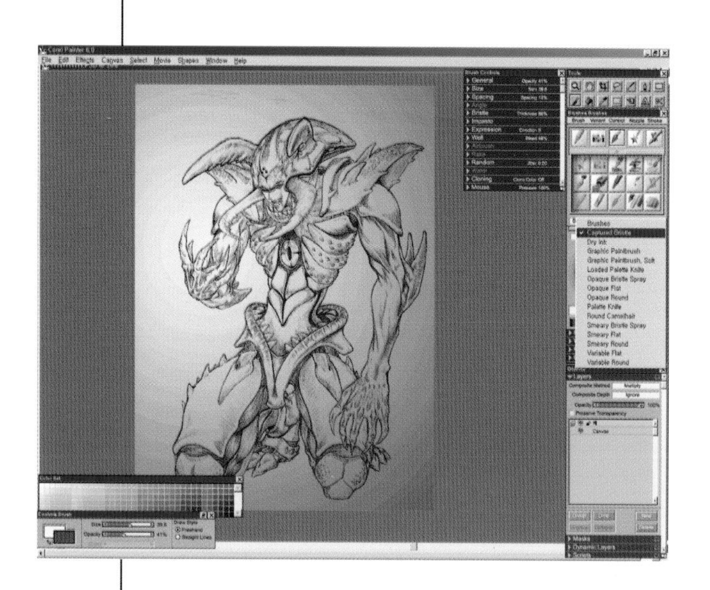

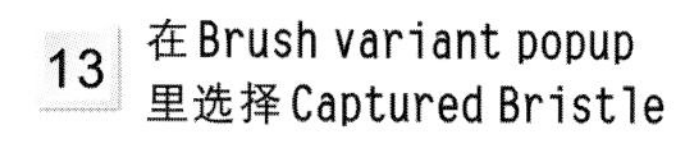

13 在Brush variant popup 里选择Captured Bristle

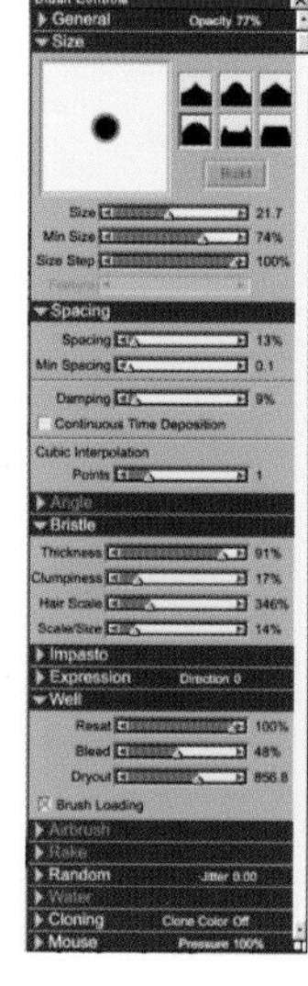

14 Brush Controls 面板可以设置画笔的所有属性。

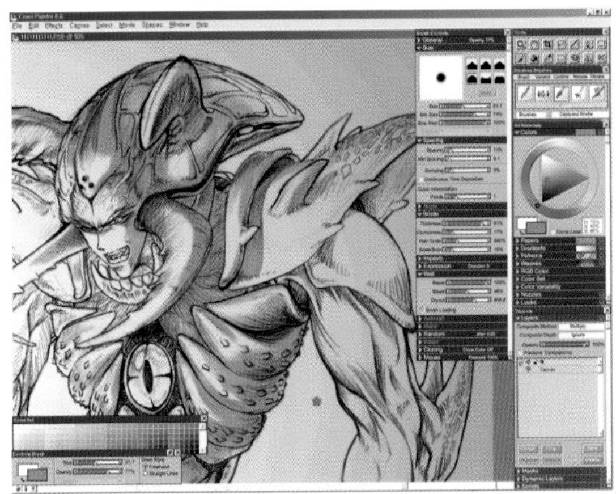

15 在Art Marerials面板里调出稍微暗点的灰色，给明暗部分上色。首先像从手里发出光一样，把整体的阴影跟手相反方向上色。当然要考虑立体感和影子。给大区域上色时把在Brush Controls-Size里面的Size数值提高在大范围内上色，给小区域上色时把数值调小，如果画笔变小就把图片放大后上色。为了不让画面有太大落差，边调整Opacity数值边上色，效果可能更好。

16 上明暗的时候只用Controls面板也可以轻松的调整Size和Opacity值。关闭了Brush Controls面板的抽屉式菜单。

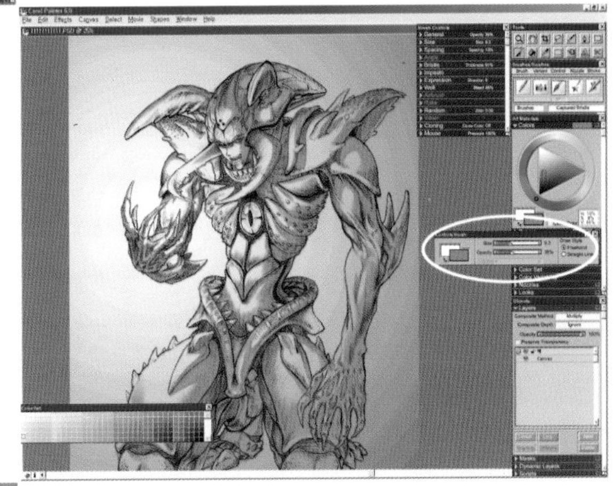

17 用Brush给暗处上明暗。因为用渐变线，所以在手部有明显的影子，但随着往外走影子也变弱了。给怪物的手上发出像放电一样的火光效果，这样上明暗效果比较好。发光处的明暗差要大才会有真实感。

要点

任何物体的色彩无非有几个因素。考虑这些情况会有好处。这几个因素是：

• 物体本身固有的色
• 明暗的变化所引起的色调的差异
• 从别的物体反射回来的反射光
• 光的色相
• 光的强度
• 大气的干涉作用

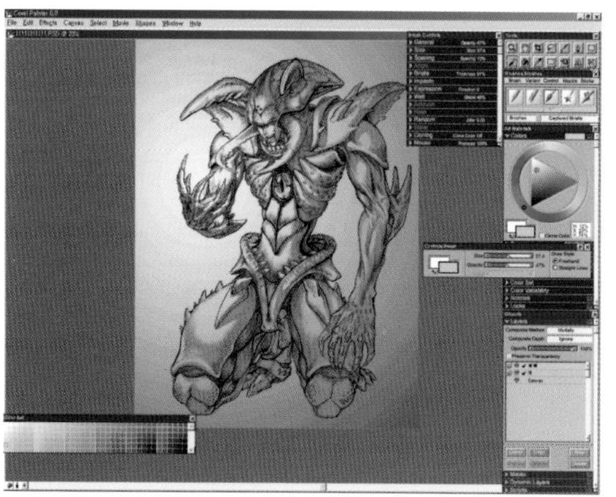

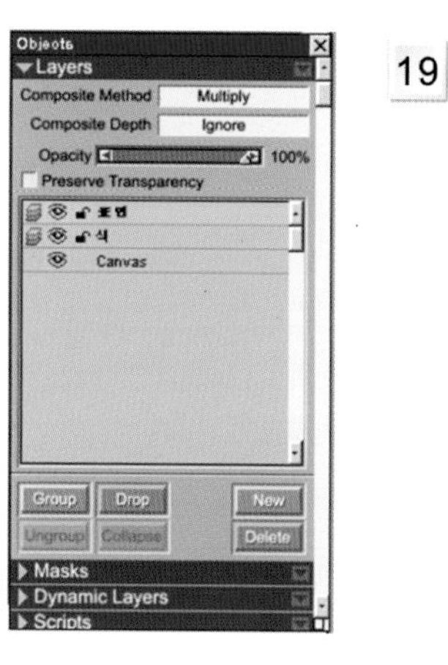

19

18 Layers 面板里点击New 按钮，新建一个Layer。

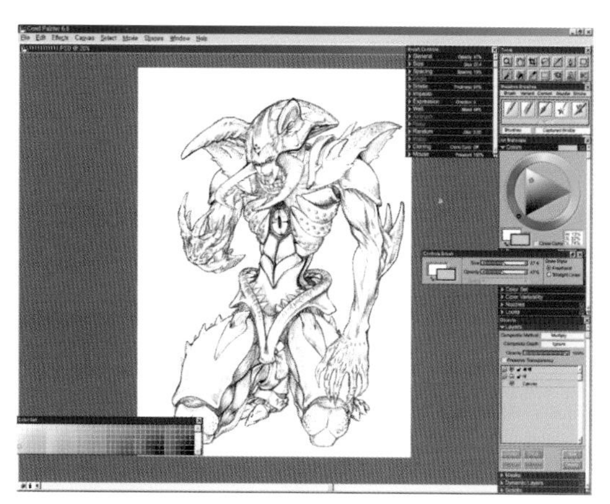

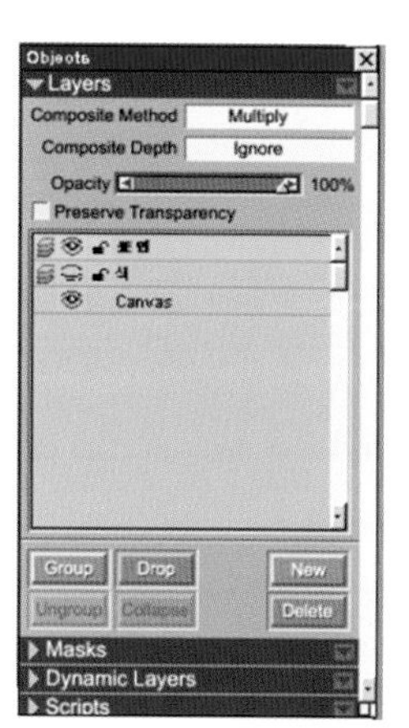

21

20 点击色Layer 部分的眼睛按钮，把有色彩的部分暂时遮住。重新按眼睛按钮就会变回原样。这次选择表面Layer。

22 在Art materials 面板里选择皮肤色当做怪物的脸部颜色，在表面Layer上用画笔上色。在表面Layer 不必考虑怪物的明暗部分。

23 怪物表面都上色。要比原来的颜色亮一些更好。要更细致地给表面上纹理和色。

Painter的上色是跟画画时一样，考虑整体地倾向和色感，按步骤画。一部分一部分完成在，Photoshop里面容易，但在Painter里色相调整和编辑部分不如Photoshop。所以推荐把整体按顺序画。

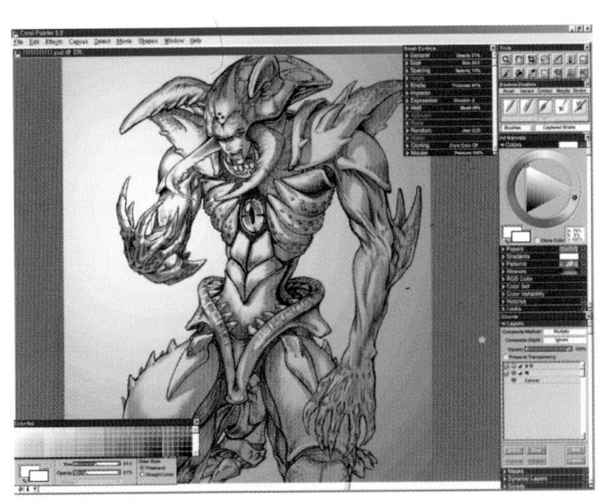

24 仔细地描写。这时不考虑明暗只做描写。明暗在色Layer里处理。这样就有在表面上也上了的色感觉。

25 在Layer面板点击表面Layer的眼睛按钮遮住这个层。然后点击在遮住的色Layer的眼睛按钮，显示色Layer，然后重新给它上色。

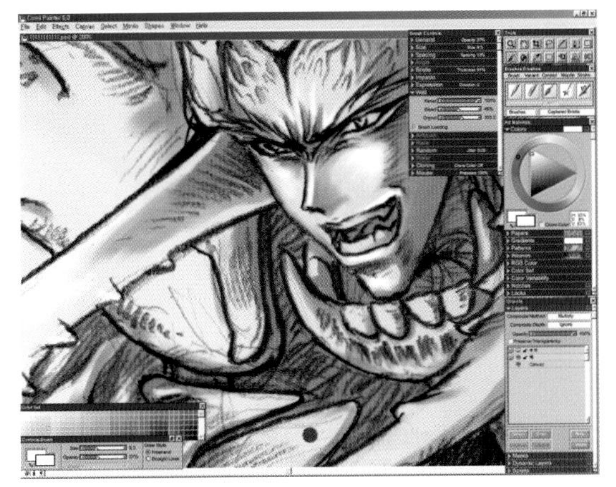

26 Brush Controls面板里选择Well，把Dryout数值调到中间，在Art Materials面板里选择白色。然后在色Layer里找适当的亮部上色。

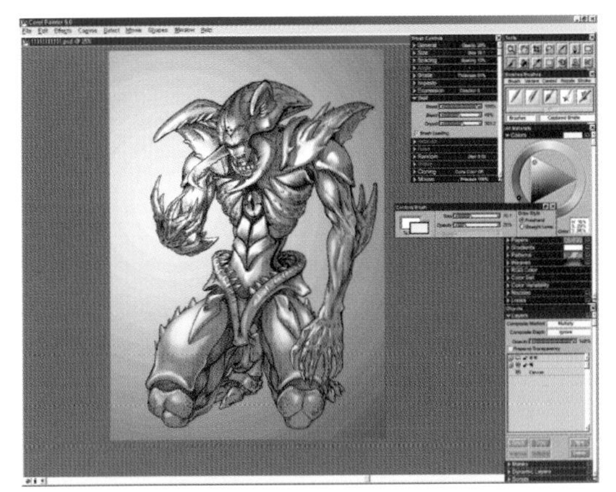

27 怪物手部亮的部分是上白色，离它越远上色要越暗一些。

28 把色Layer和表面Layer的眼睛点中，让它们同时显示。这样就可以看到在表面材质里进去明暗的图像。整体比较暗。这是由于Multiply的Layer有2个盖住色彩的缘故。只要找到亮的部分加以修饰就可以完成了。

29 在色Layer里找到明暗部分一样，为了在表面Layer里找到亮的部分而选择表面Layer。然后在Art Materials面板里选择白色。给表面Layer再次上色时看着色Layer上明暗。

＊修饰表面Layer亮部的图像。

30 给表面Layer和色Layer上亮色的图像。用白色给亮部添色的方法，也可以流露出整体的色感，形成多样的色调。因为色Layer有整体色感，只要把表面Layer上成白色，底层的色就会渗透出来。

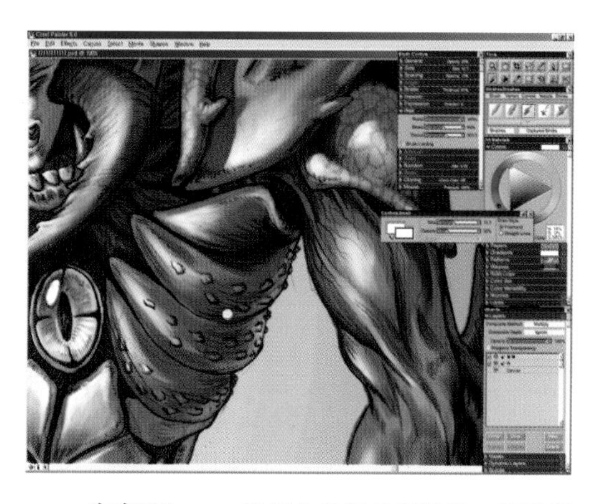

31 在表面Layer里用白色找出反射光。反射光位置在光源的反方向、给它绿色或带有周边颜色的感觉就可以了。在这里只要给表面Layer添加白色，周围的紫色也自然会变成Multiply形成绚丽的反射光。

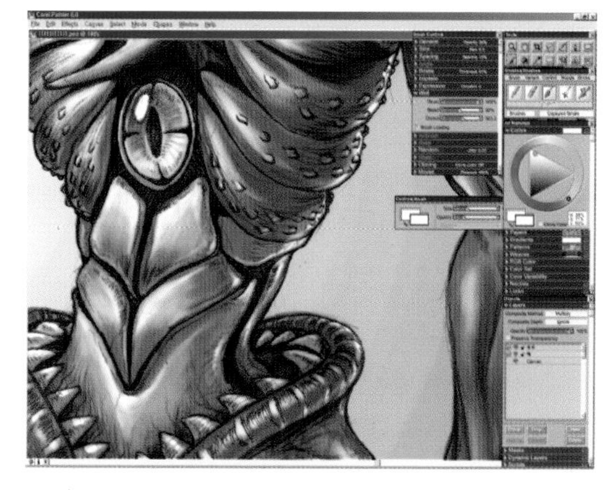

32 在色Layer里用白色找反射光的高光部分。反射光也有最亮的部分。用贴近绿色的亮蓝色找到高光部分，它也是自然变成Multiply，很和谐。

普通水彩画的是从亮色开始，越接近完成越用暗色来收尾。但是油画恰恰相反。从暗色开始渐渐越画越亮。在前面已讲了这是用油画的方法上色的例题。所以Layer全部Multiply后渐渐往亮的方向前。

33 在Layers面板点击New按钮，新建一个Layer。然后把名字写成高光。

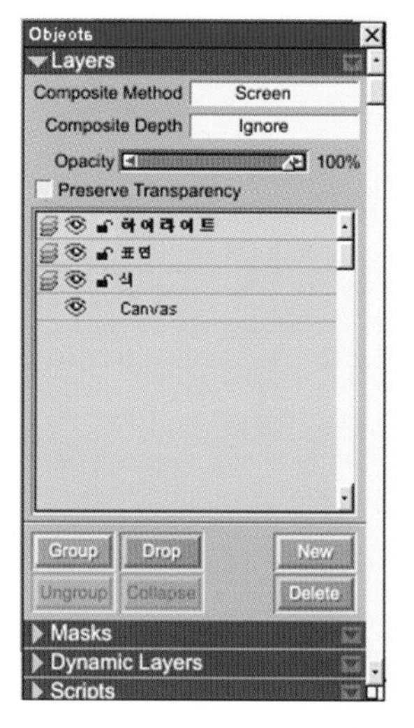

34 高光Layer的Composite Method改成Screen。这里的Screen甚至对铅笔线也有影响。所以把Brush Size调小后上画高光。

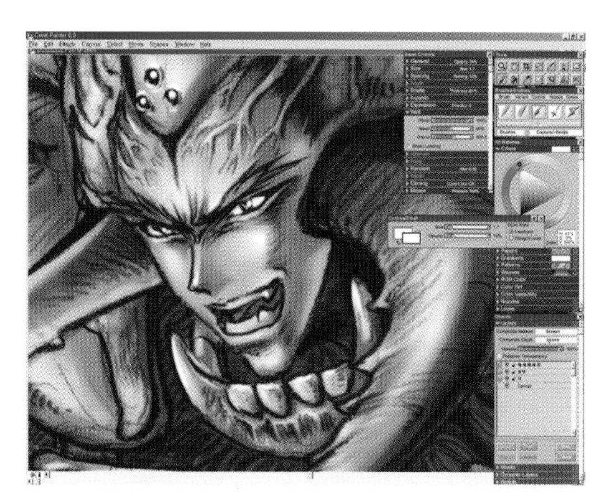

35 给脸部上高光。边修整铅笔线的粗糙图像，边描写脸部。

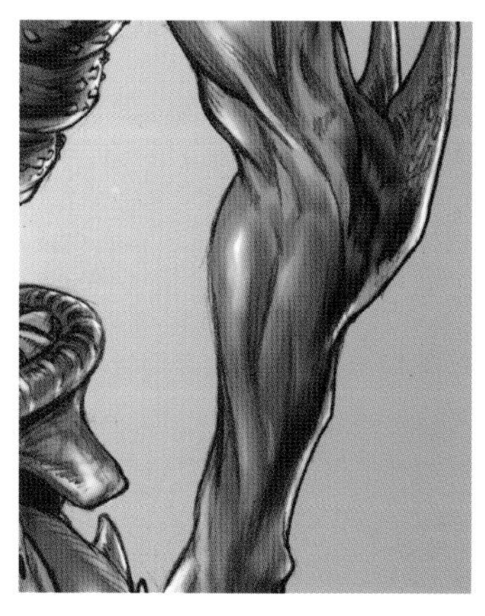

36 过多的使用高光容易使图片变的杂。只给形态受光最闪耀的部分就可以了。

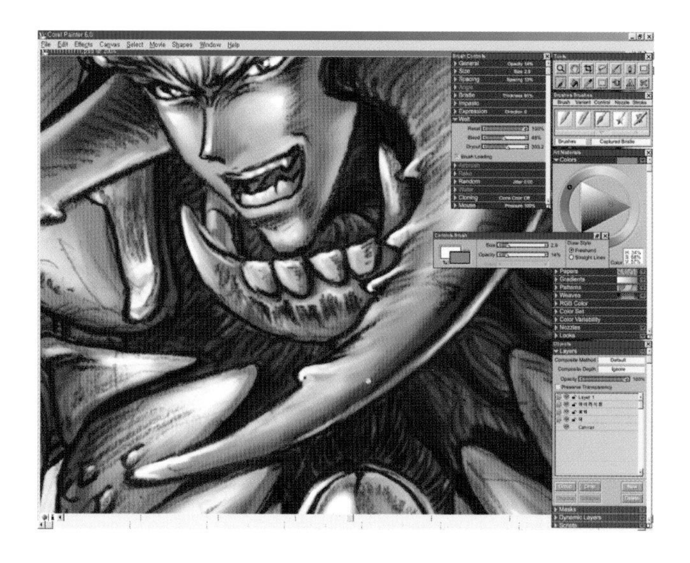

37 在Layers面板新建一个Layer做仔细的描写。同时修整色调和漏的部分。

38 人物形象的怪物完成了。Painter的界面虽然看起来非常难懂，但事实上只要正常活用画笔就可以创作出优秀的Painter作品。

现在开始制作背景

先考虑合适的背景后设定构图和状态。做一个骸骨堆着的田野上散落着十字架的背景图片。

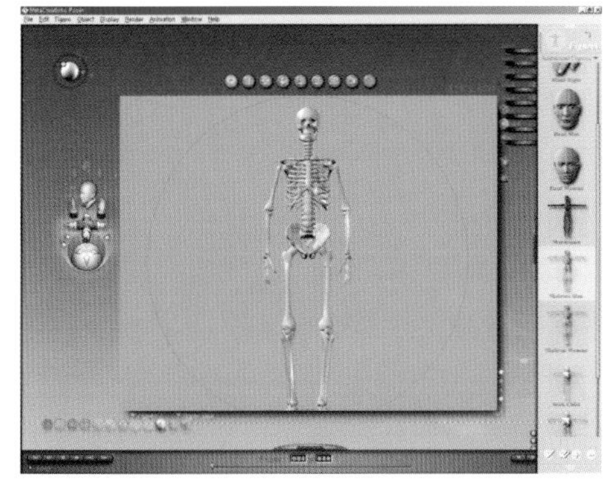

39 为了做骸骨把名为Poser的软件打开了。在Poser里选择骸骨，用File-Export-DXF保存。这样，就可以在Bryce里使用这个骸骨3D模特儿。

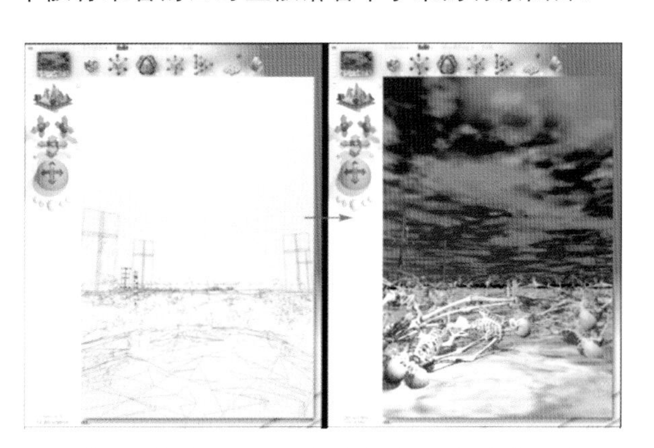

40 这是名为Bryce 4.0的3D软件。对这个软件在下一章里介绍，在这里只作为背景使用。不要几分钟就能制作出所需要的背景。不是很复杂，而是非常的容易。

要点

在Painter画笔绘图，用其它画笔在别的Layer上画就可以有独特的图像效果。（水彩化画笔在Layer上不了颜色。）

41 这是用Bryce做出来的背景，画前要考虑怪物形象的位置。为了减少怪物形象和背景合并时的异质性，把背景换成有画感的图像。

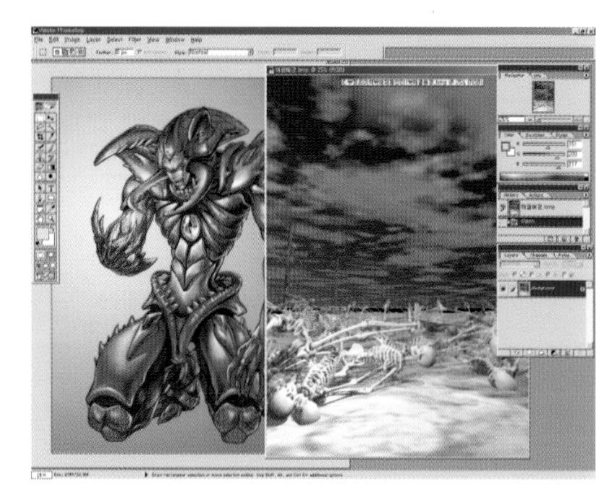

42 用Photoshop把怪物和背景调来。虽然Painter3.0有完全支持Photoshop的Layer技能，但Photoshop比Painter更容易进行编辑、修整、色彩调整。许多软件都有自己独特的长处。利用它可以提高画画的效率。

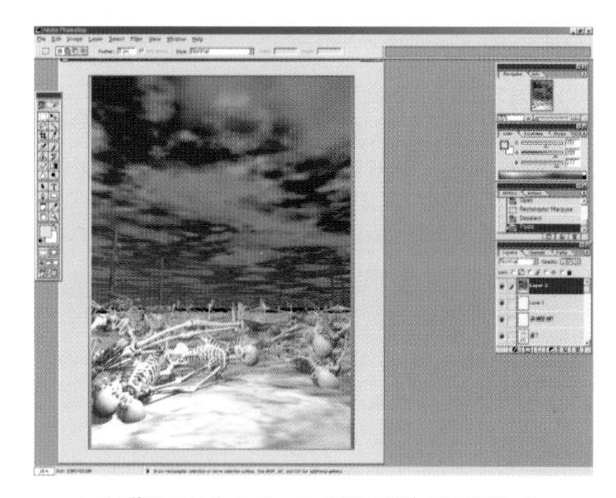

43 在背景图片Select All后执行Edit-Copy，然后在怪物图片上执行Edit-Paste。用Edit-Free Transform把背景拉大到满屏为止。

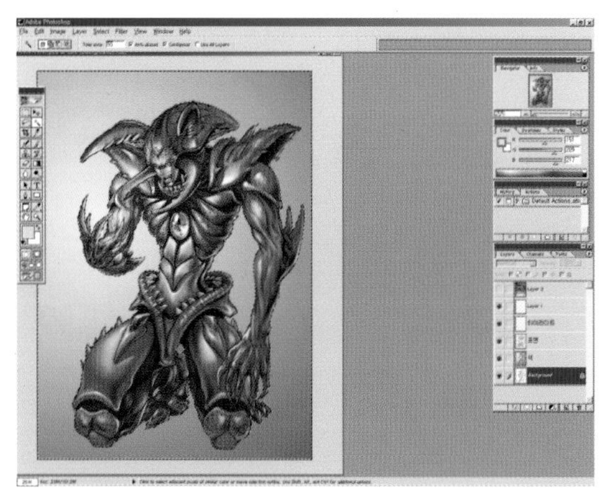

44 把调来的背景的Layer Mode选择Multiply后点击眼睛按钮把图片遮住。然后在Background里Select。把魔术棒的Tolerance调高一些后进行选择。

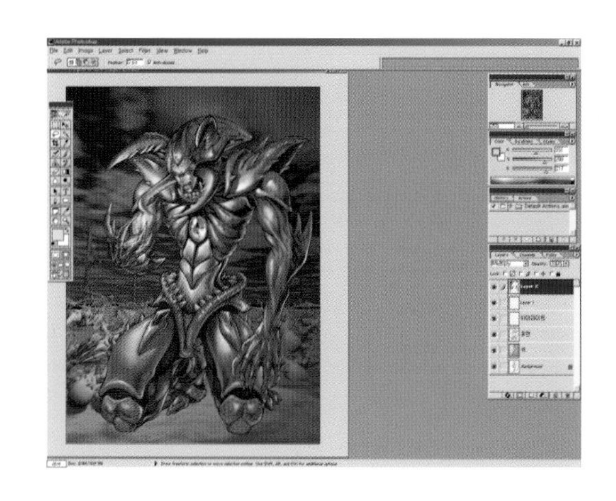

45 如果把作背景的部分做Select的话在背景图像Layer里Select-Inverse后做Edit-Cut剪掉人物部分。这样就会出现适合于背景的怪物形象。

到这把它保存一下。因为要打开Painter再做修整。

46 在Painter重新打开图片文件。（File-Open）

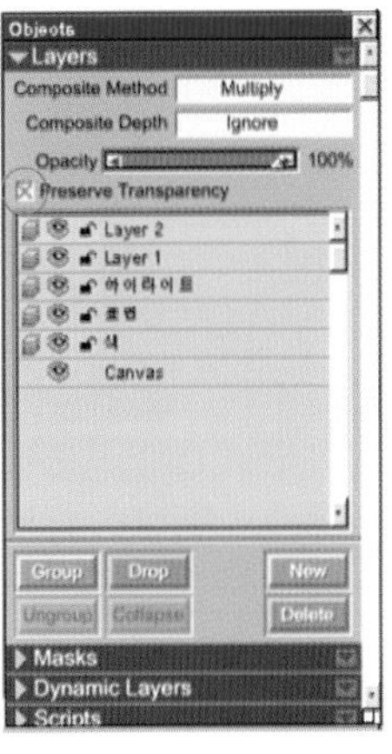

47 Objects 面板里选择有背景的Layer 2。
然后在Preserve Transparency点对号。

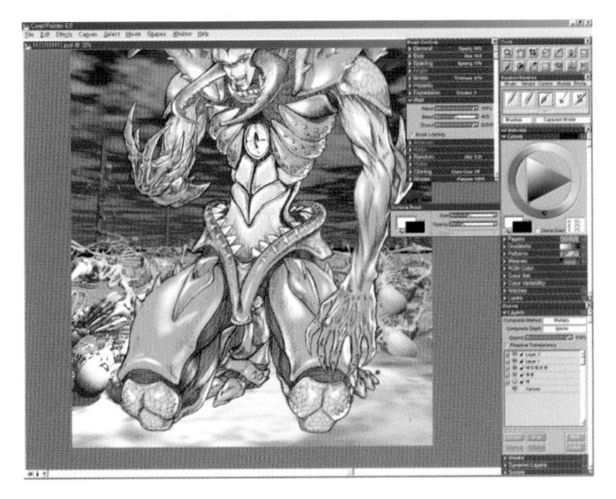

48 选择色Layer的眼睛按钮把色遮住Layer。然后用调色板工具选择在背景Layer的骸骨影子色彩。

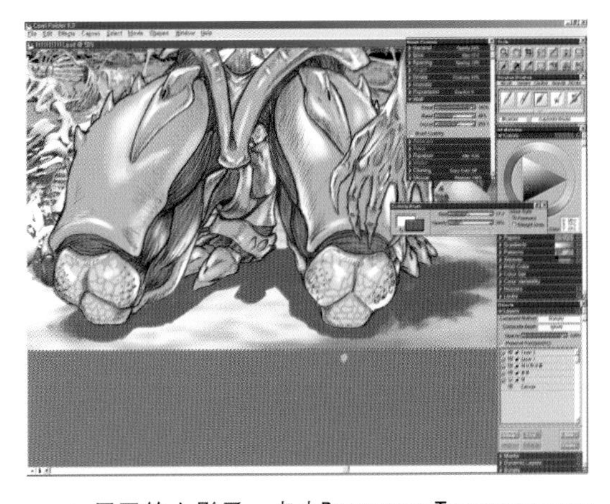

49 用画笔上影子。点击Preserve Transparency前面的对号，防止背景外的地方被上色。画完影子后把整体氛围变成图片式的图像。

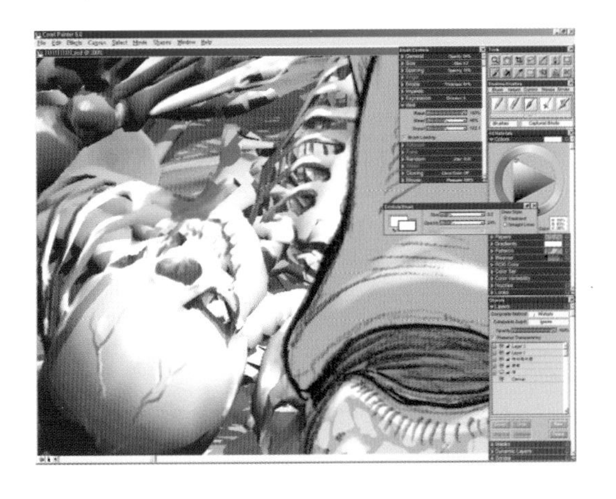

50 白色和周边的影子色用调色板重叠上色。给锋利的3D分界线上色使它柔和就可以了。住Ctrl把画笔换到调色板，放开Ctrl又回到画笔。只描写背景前面确实可见的部分，后面大概修整一下就可以了。

51 描写了整体背景。怪物形象是用画笔画的，所以只用画笔稍微修整一下就会有图片的感觉。

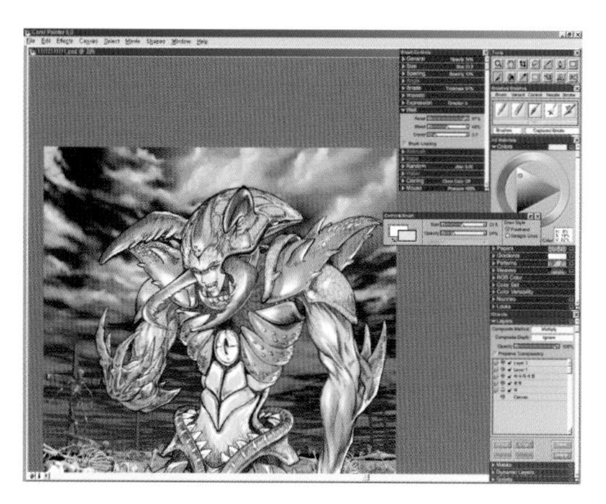

52 在画天空图像时把画笔Size调大，轻轻上白色。一边上暗色后向另一边徐徐涂白。

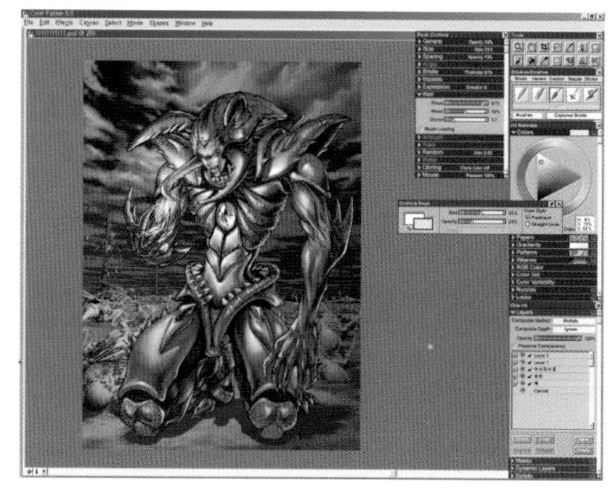

53 选择色Layer。色Layer里亮的部分用白色重新涂抹，色感和亮度渐渐变亮，并跟周边颜色和谐起来。这也是Multiply的色Layer和背景图像的Layer 2之间是Multiply的缘故。

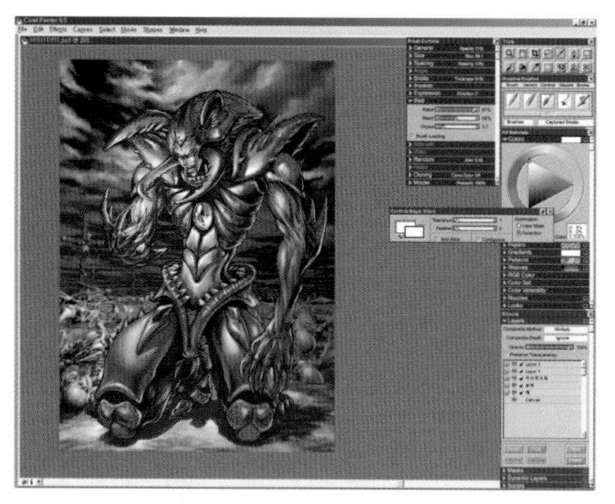

54 色Layer里出现有白色部分上色。给手画火光就可以了。

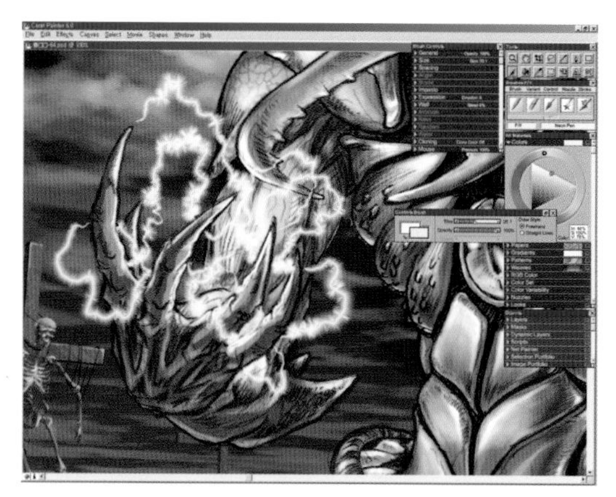

55 在Brushes面板里选择F/X后选择Neonpen，画入闪电。表现闪电效果上没有比这个画笔更优秀的了。最后把图层合并就完成了。

在Photoshop中的Filter里选择Lens Flare效果给手部。这样好看多了。

7 运用Painter的水彩画上色

用Painter 显示出水彩画似的感觉。水彩画跟油画相反，从明到暗的顺序整理就可以了。

Painter 的长处之一就是可以做出水的感觉。这里所说的水的感觉是指“与用水画的一样”的意思，就是指水彩画。那现在就请看水的表现!

1 用铅笔细画脸部，其他地方只要有轮廓就可以了。先考虑怎样画，表现什么等问题。

2 不必把铅笔线描黑。在画水彩画的时铅笔线若隐若现效果会更好。

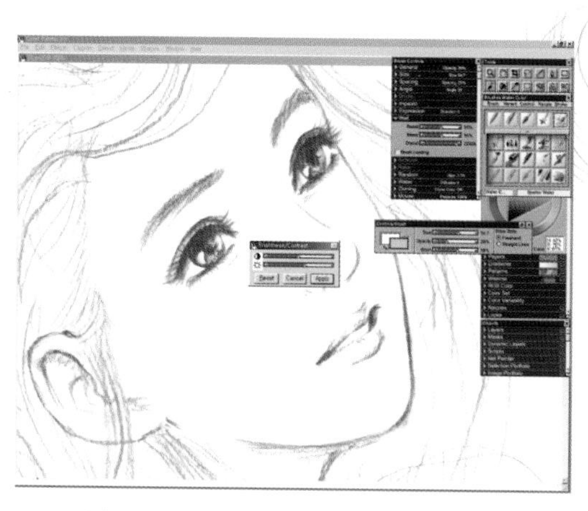

3 选择Effects-Tonal Control-Brightness/Contrast 就会弹出对话框。这里像太阳的图标的功能跟Photoshop 的Brightness 一样，半月模样的图标是跟Contrast 功能一样的。在这里只调整Brightness 把图像变亮。

4 水彩画是在Brush 面板里选择Water Color。这样就会在Canvas 的Wet Paint 里打上对号。只有打上对号才能上色。

Brushes:Water Color
Brush Variant Control Nozzle Stroke
Water C... Spatter Water

5

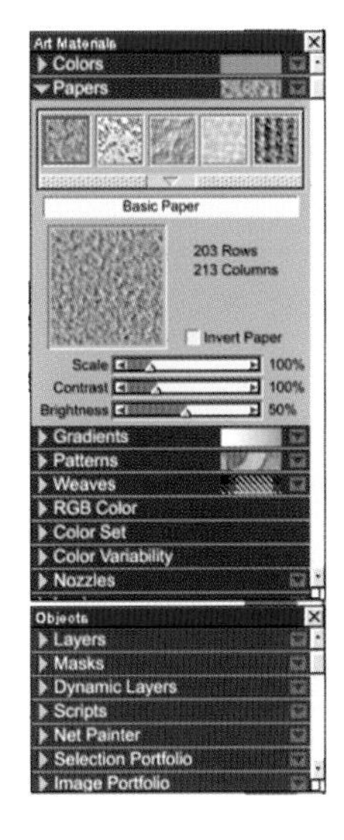

7

6 在Art Material 面板里选择Pagers 后选择水彩用纸。不同的纸有不同的整体氛围。

选择纸张后开始上色

8 怎样表现水彩氛围跟用水有很大的关系。用Simple Water Brush 给整个图片上基本色。用肤色来调节气氛，并且按斜线方向涂颜色。这时涂的色是点中Secondary 色相和Primary 色相之间的方向标，选择Secondary 色相（背景色）后给Primary 色相（全景色）上别的颜色。Water Color Brush 是在Wet Paint 状态不能上色。

9 给比背景色稍微暗点的颜色上明暗。错的时候用Secondary 色相来把方向标点中换后边修整边画。

10 给脸部上源色。Wet Paint上色的部分还有水气的状态。在这上面再上色，就会有渲染的效果。利用这个方法使上色有温和的表现。

11 用白色点高光部分。主要鼻子尖、下巴、眼睛底部给高光就可以了。

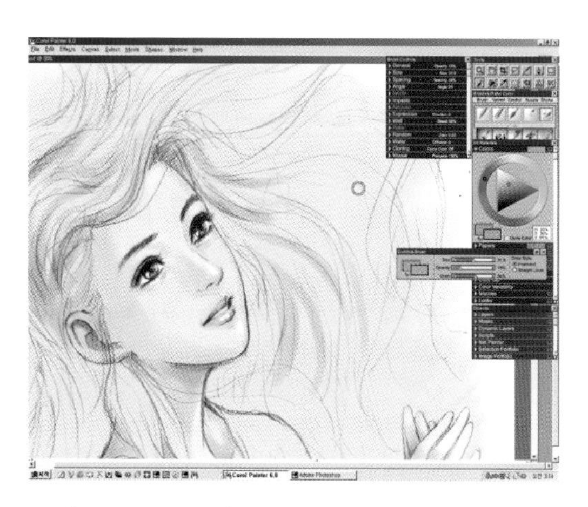

12 给头发上颜色。考虑整体的氛围，选择颜色。

13 给头发上色时边用暗色给明暗边顺头发上色。

14 考虑整体的均衡上颜色。描写不要太注重一侧，而要给整体上色。这是在Painter 里比较有效的方法。

15 选择白色，画头发的亮处。这也是像梳头一样跟着头发的流向上色。

16 选择Canvas-Dry。这是上完色的部分要烘干的意思。这样下次上色时色会变暗，才能见到重涂是的底色。继续加色，来做收尾工作。

17 完成了。水彩画是越画越暗。出现所要的效果和氛围时要及时整理，才可以减淡一些暗的效果。否则会使画变暗。

8 非透明水彩画的漫画插图

在Painter 上色作业中最广泛使用的是Water Color 的Simple water。

在Painter 的画笔中给漫画上颜色最合适的画笔是根据作者的个性可以调节的Brush Controls。

1 做为铅笔素描的漫画illustrate，为了用Painter上色，素描时要画的干净利落比较好。首先画出模糊的形态。

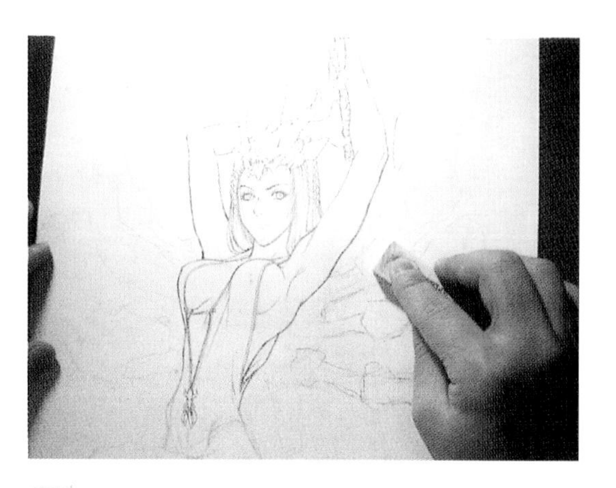

2 用力按橡皮擦铅笔线隐约能见的程度。

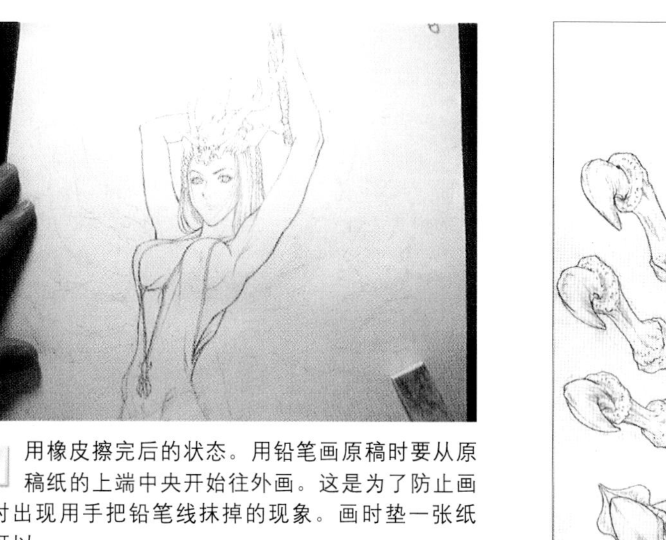

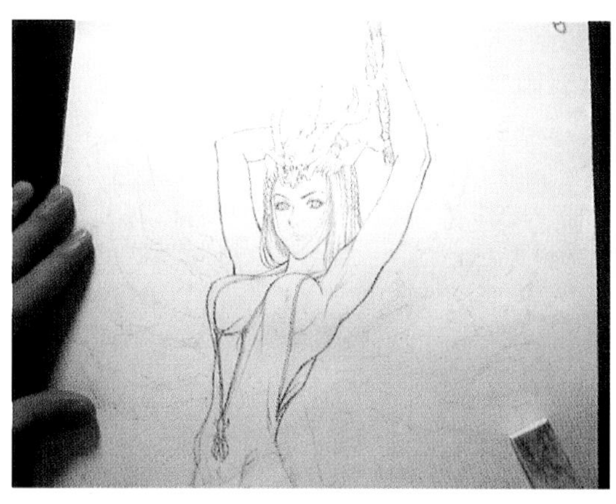

3 用橡皮擦完后的状态。用铅笔画原稿时要从原稿纸的上端中央开始往外画。这是为了防止画画时出现用手把铅笔线抹掉的现象。画时垫一张纸也可以。

4 铅笔稿草图完成了。在画中素描占很大比重。在怎么会上色，也不能弥补草图的漏洞。漫画的表现手法虽然重要，但更重要的还是基本的草图。

用 Painter上色时往往模糊的铅笔线比钢笔线更好。但是太模糊的笔在表现精妙的地方上是限度的，所以多用自动铅笔。铅笔芯用B比较好。HB对于画画来说有点淡。

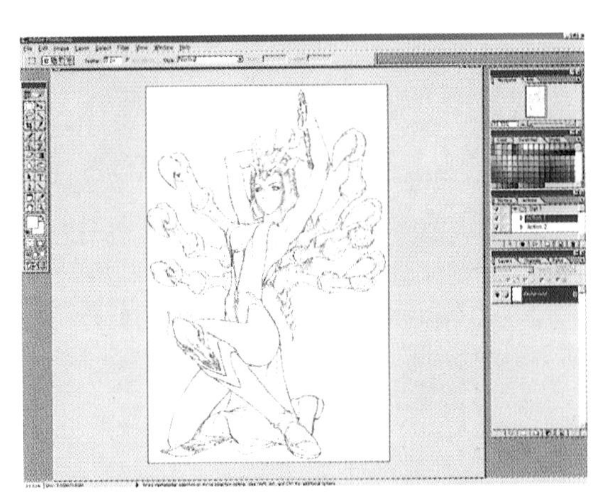

5 进入Painter作业之前为了做基础作业，打开了Photoshop。

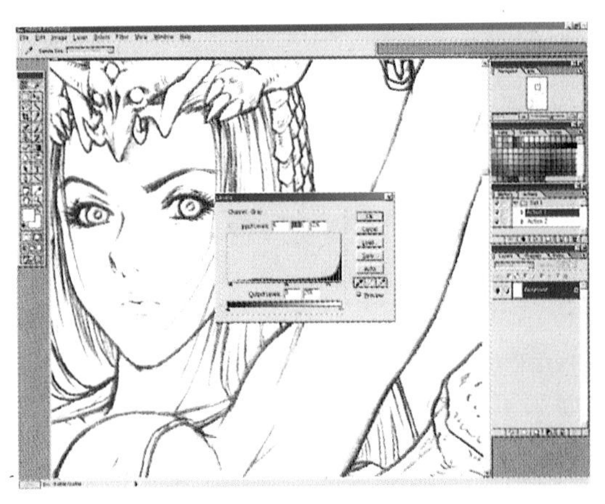

6 为了不让铅笔线太深，用Levels把画布变成白色，调整铅笔线。铅笔线太深画面就会变模糊。

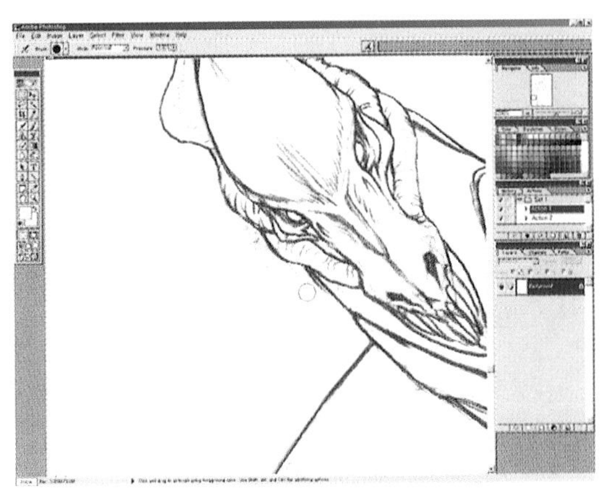

7 铅笔线的乱线和灰尘，用喷笔工具或者画笔工具涂上白色抹掉。

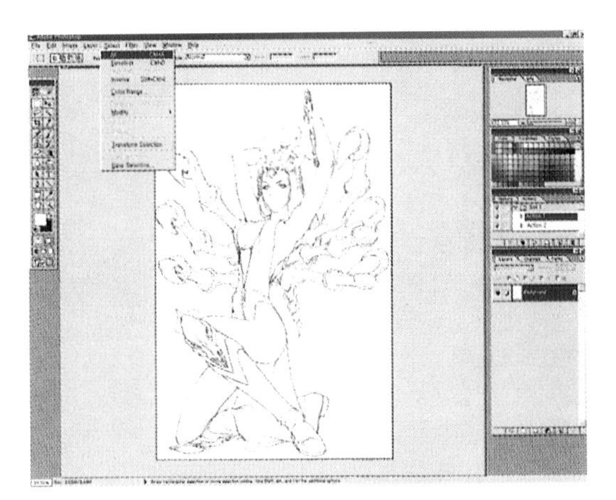

8 脏的灰尘去掉后选择Select-All把全部选中。然后选择Edit-Copy(Ctrl+C)。

9 在Channels面板新建一个通道。

10 在新建的通道（Alpha 1）里选择Edit-Paste（Ctrl+V），把原稿放进去。

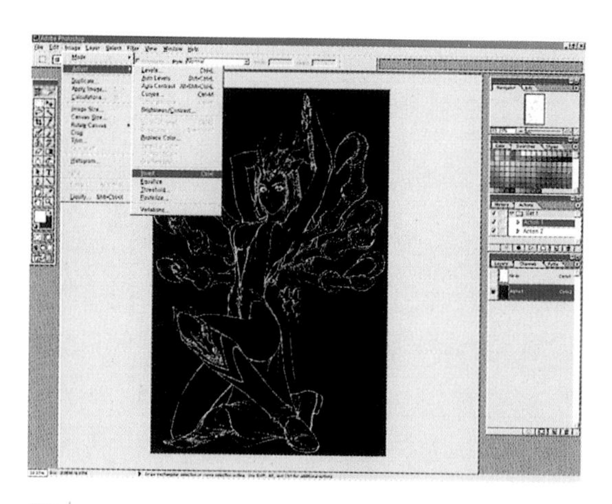

11 选择Image-Adjust-Invert 把通道图像反转。

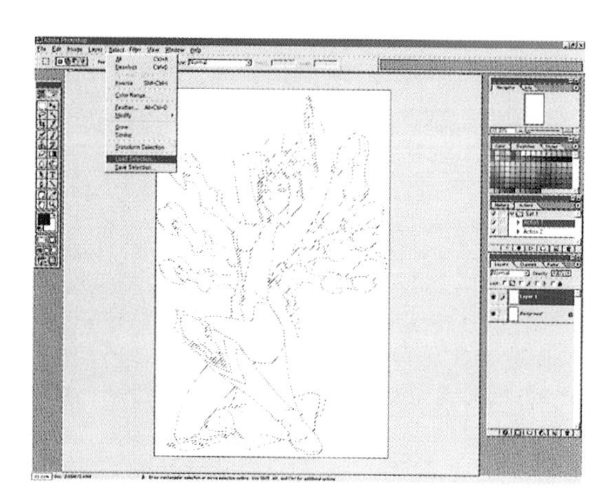

12 选择Layer 面板在Background layer 里使用Fill 填充白色把图片罩住，新建一个Layer。选择Select-Load Selection，把Alpha 1 调过来。

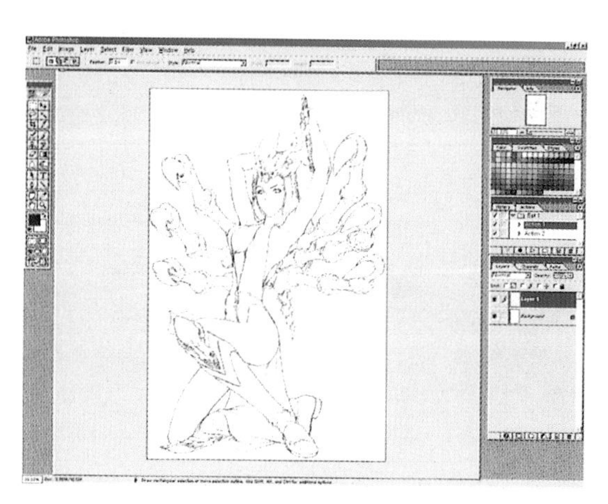

13 用黑色填充选择的部分只挪动铅笔线到Layer上。

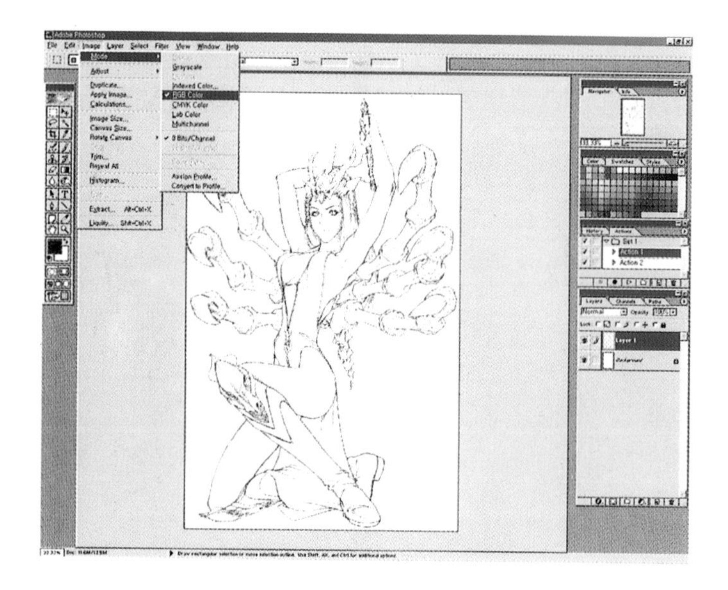

14 选择Image-Mode-RGB color 后，保存。

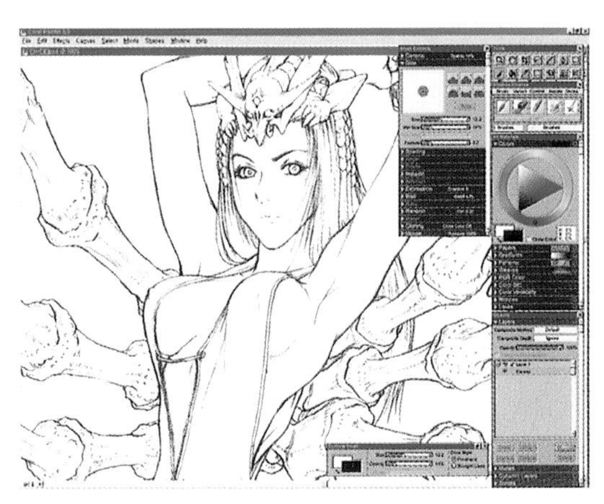

15 在Painter把保存的原稿调进来。可以见到Background Layer换成Canvas。在Painter里Canvas是Photoshop的Background。

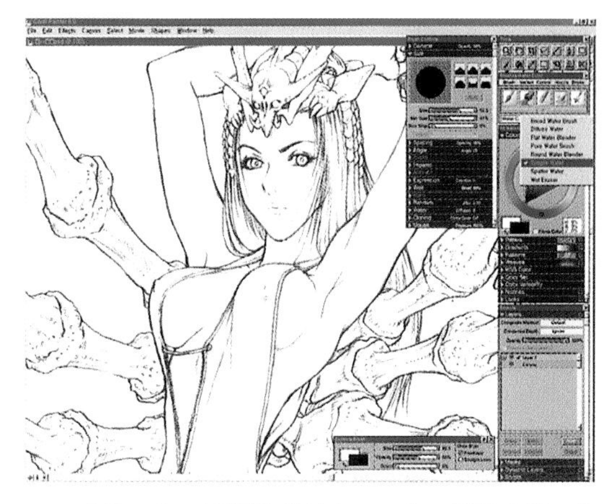

16 在Brushes面板选择Water color后换成Simple Water。然后在Controls面板里把Grain设置成0%。这样就会选择不受纸张影响的画笔。

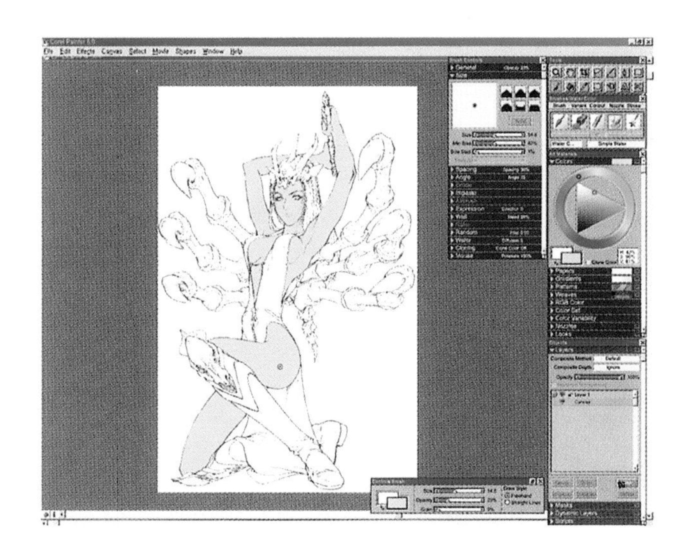

17 首先在Art Materials面板选择肤色后，在Canvas里上肤色。

18 选择低彩度的紫色给整体上色。上色时肤色部分要找明暗上色。这样论整体上色的理由是为了整体的色感统一和多样的色彩。

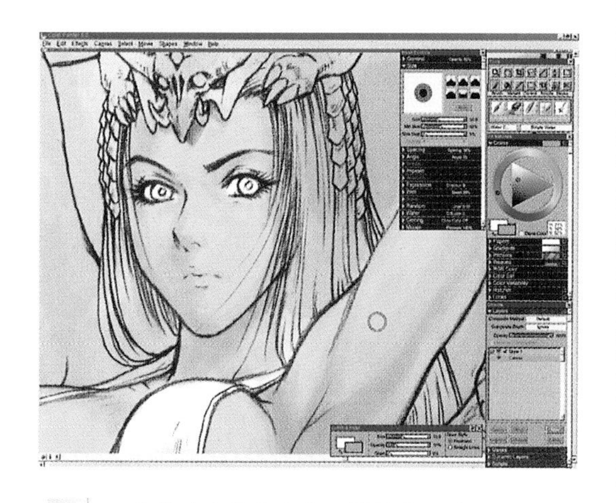

19 用稍微暗点的紫色给更精妙的明暗。

20 用红色系列给把明暗的紫色和肤色中间部分隐隐的上色，给抹去很多紫色的感觉。

21 找出明暗中暗的地方用深紫色描写。这时调整反射光和明暗的强弱。

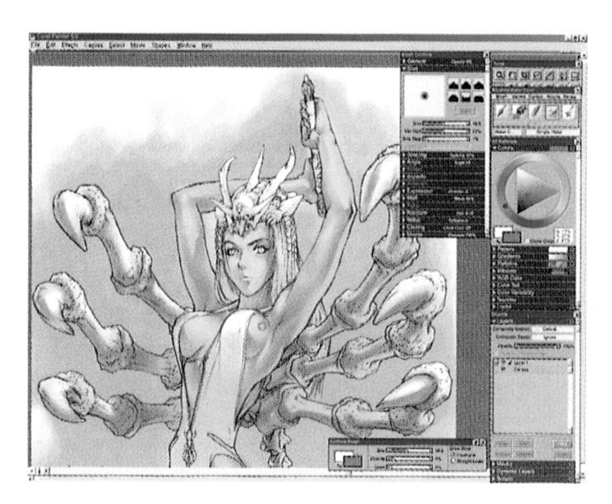

22 螃蟹的腿部也用紫色和白色上明暗。

23 选择红色给上完明暗的地方隐隐的再上一层。

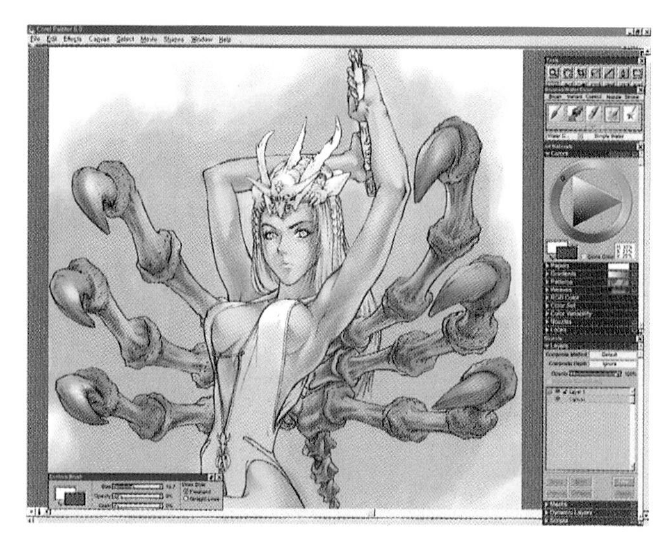

24 用深红色表现暗部的明暗。描写时找到影子的明暗，给影子强弱感。形态的模样是根据光而形成的，立体感来自于影子。无论画什么都用光和影子、还有色感来表现。

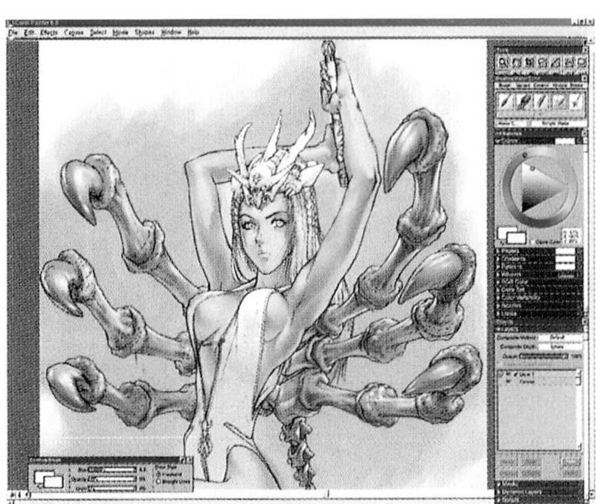

25 找到最亮的地方画出来。透明水彩画是因为越画越暗，所以一开始要画的明亮，但非透明的水彩画和油画 acrylic 画，等都是从暗处向明处画的。

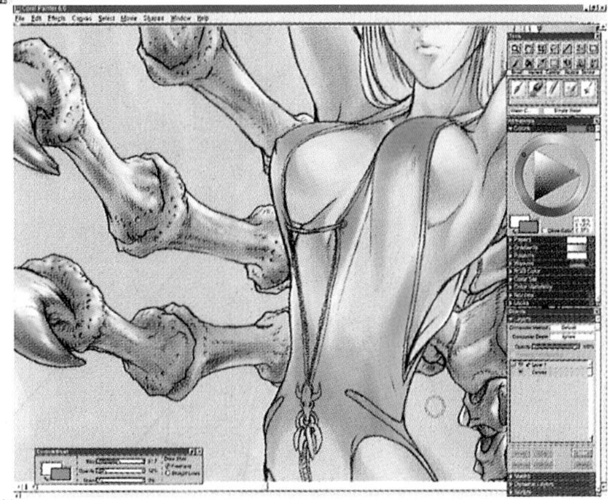

26 衣服部分上红色。首先只要给有光线的亮部的明暗上红色。

27 用暗红色来表现明暗。衣服褶皱和拉伸的部分要多费点心思画。

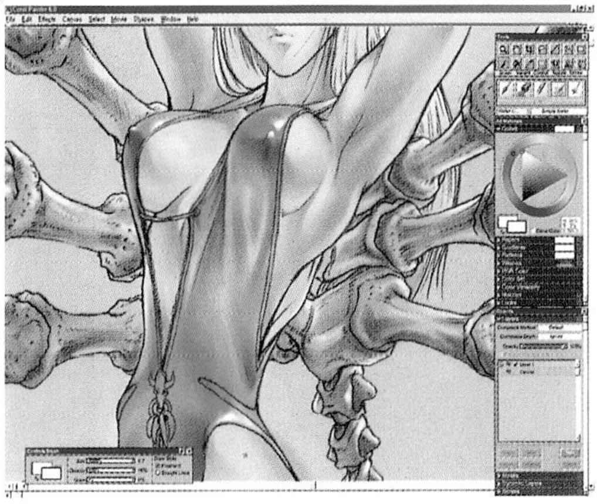

28 找到最亮的部分用白色点缀。点缀太多会让图片散乱，所以适当加点就可以了。

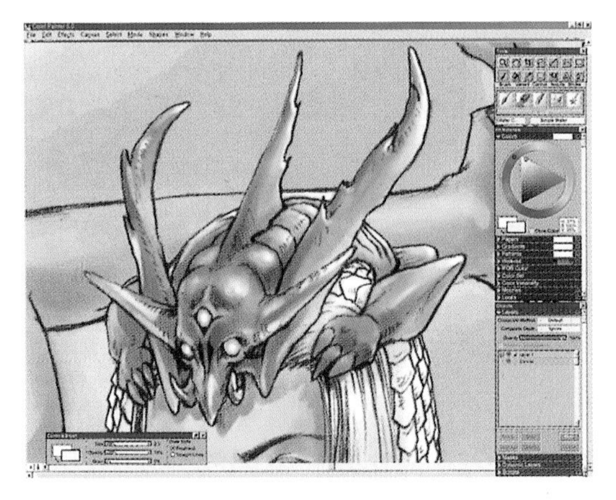

29 画头上的头饰。头饰的眼睛部分用当作补色的绿色上色，凸出来的效果。附件的要素是跟人们的耳环或项链起装饰作用一样，做点缀的用途。在这里是眼睛变成发亮的绿色，起点缀脸部的作用。

30 头发表现得不凸出，而有隐隐的感觉。在画人物的半身像或者头像的时候费很多精力使头发具有凸出的感觉，但在画全身像时根据整体的和谐而表现色彩和明暗。

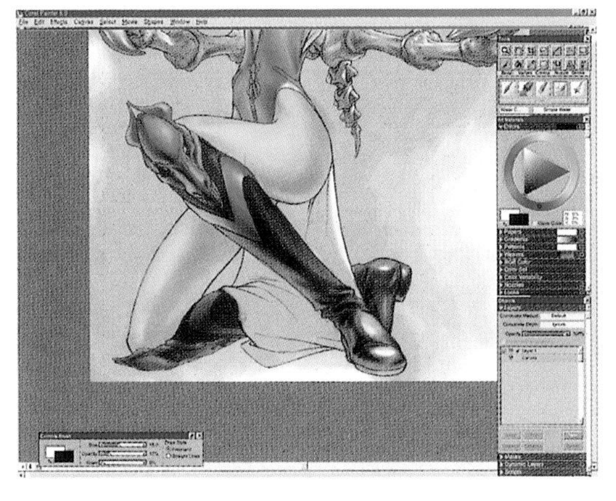

31 在位于最前面的腿部上增加明度差，使它具有凸出的感觉。

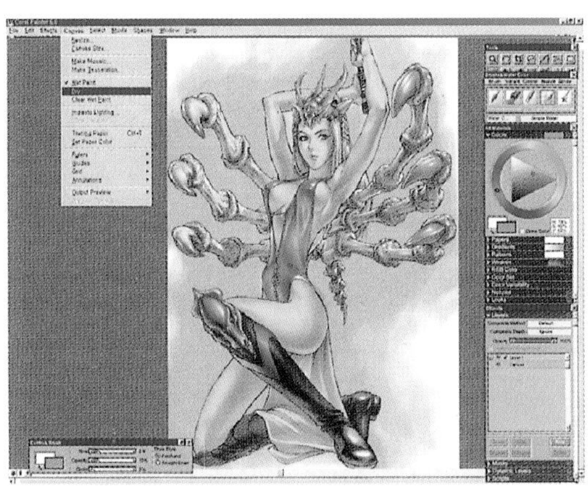

32 往腿后低垂的衣服是因为整体上只有红色系列，因此为了使之变亮选用蓝色系列。如果色彩过分偏向一种系列，虽有安定的氛围，但会减少丰富色彩的华丽感。把衣服画完后选择Canvas-Dry。选择Dry 的图像用Simply water上色时会有水彩画的效果。

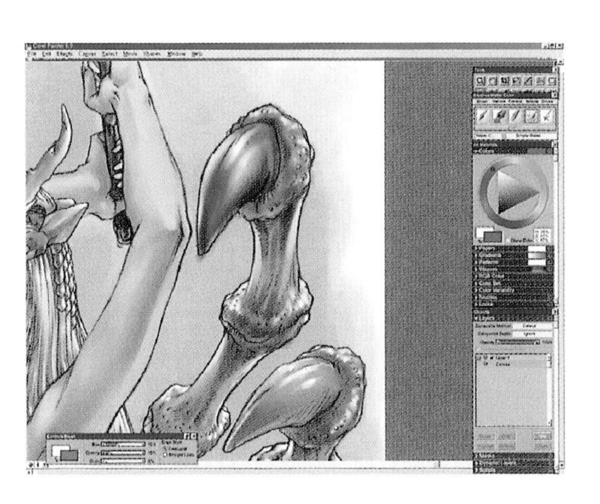

33 为了螃蟹腿末端的凸出用红色加色。这样因为Dry 状态，颜色会叠加而变深，也提高色彩度。

要点

在图像里装饰物虽起点缀作用，但是过分凸出会有相反的效果。为了装饰脸部和身体的点缀，尽可能给一部分有凸起表现，其余的部分用和谐的同一色感和网点纸上色。

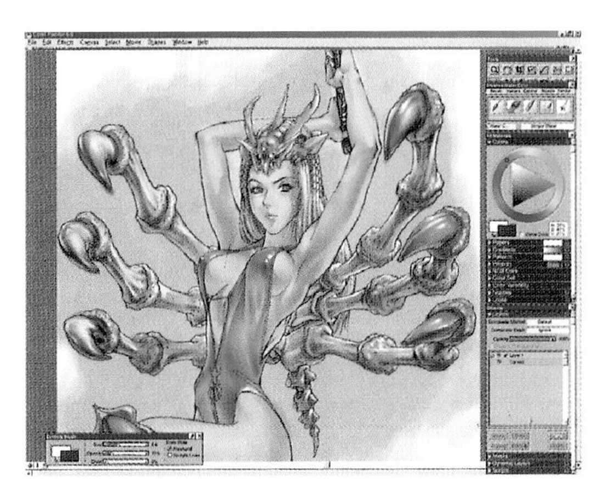

34 给整体再上一次颜色，增加明暗的强弱。

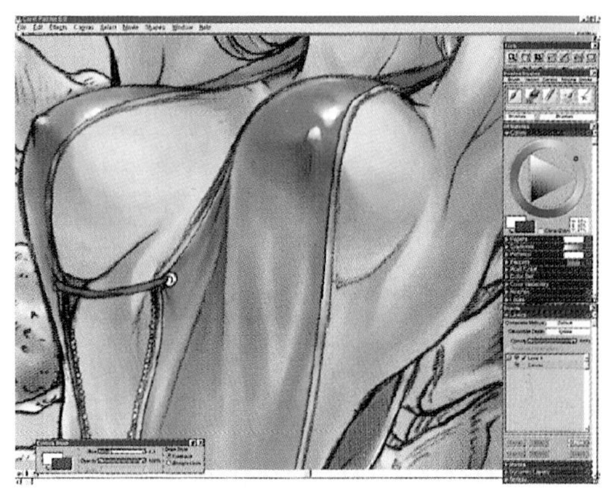

35 选择Dry后不能用Simply water画笔画亮。所以选择Brushes,用brushes来画。参考的Water color在Layer里不能画，只有在Canvas才能表现。

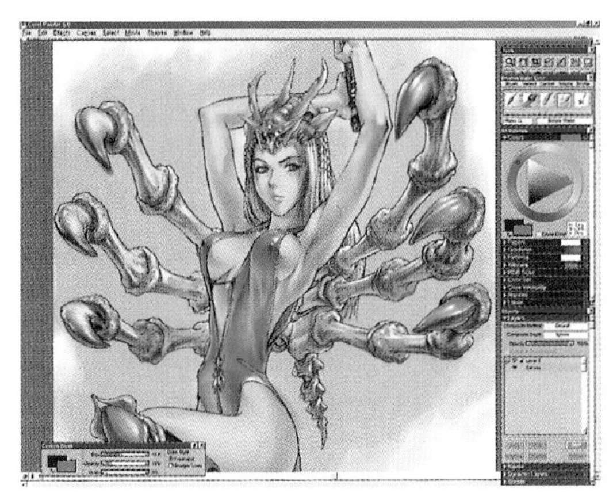

36 像最后的修整一样，对着整体色感，让没上色的装饰物都表现出来。

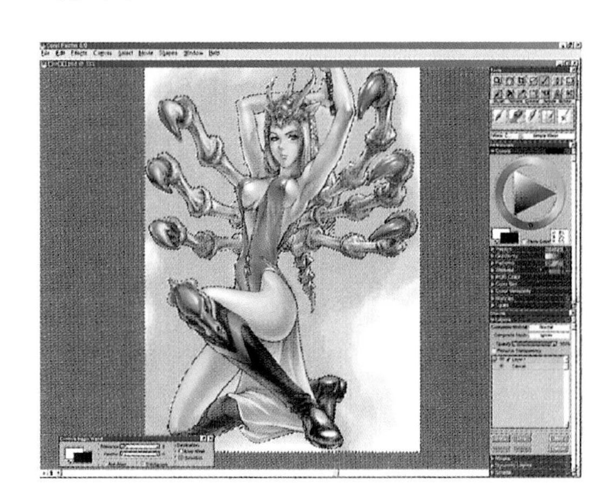

37 选择Layer 1后用魔术棒工具选择背景部分。

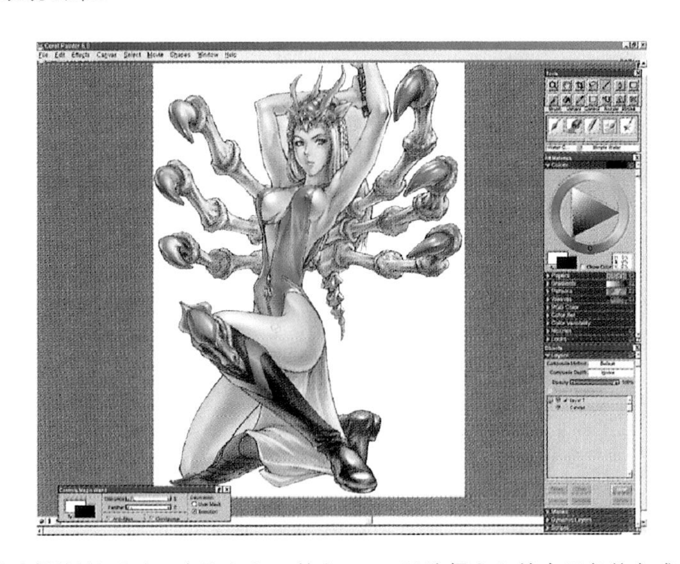

38 选择Canvas后选择Edit-Cut。在Painter的Canvas里选择Cut就会无条件变成白色。都使用Cut解决这样的背景部分。

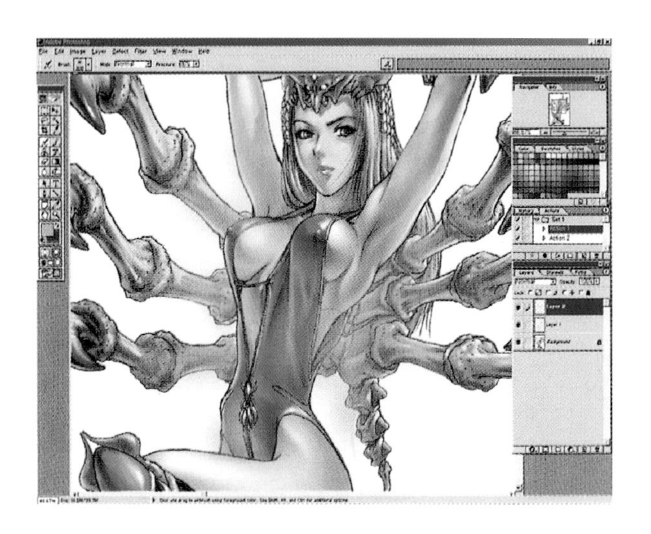

39 差不多完成了就可以用Photoshop打开进行色彩补整和修整。先新建一个Layer（Layer 2），用喷笔工具给螃蟹腿部中较远的部分用亮的清绿色隐隐的上色。

40 使用橡皮工具把人物后面的除右手以外部分全部抹掉，并进行整理。

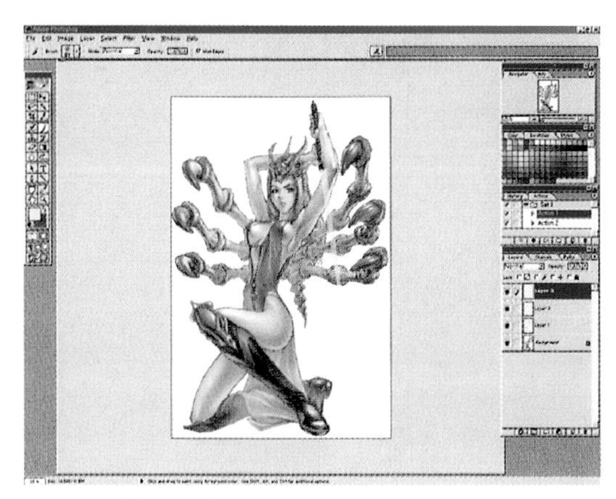

41 再新建一个Layer（Layer 3）后选择画笔工具。画笔工具里点中Wet Edges选像，然后画电子剑。用手写板给电子剑开始部分用力按住后，按住Shift键拖动，在结束部分按轻一些，就会画出从宽到细的电子剑。

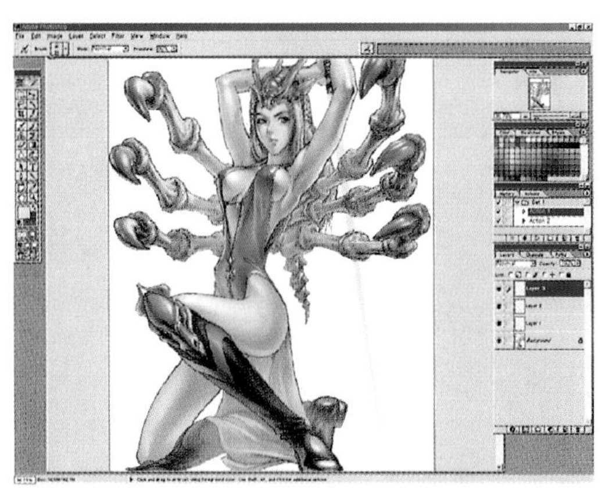

42 选择Filter-Blur-Gaussian Blur，把图像变模糊后再选择Fade Gaussian Blur。然后在Layer 1用魔术棒工具选取背景，选择Select-Inverse后在Layer 3选择Edit-Cut。这样看起来剑好像在最后面。

43 给膝盖写上文字。把Layer合并就可以完成了。

要点

色彩的调整虽然在Painter里也有，但是在Photoshop里更有效率而且做得更精巧。

44 用Painter的Simple water笔触画的不透明水彩画。Grain调成0%，所以会有油画的粗糙感，但就因为这样的原因很多Painter的用户都愿意使用Simply water。

可以看到在Painter完成的作品调入Photoshop颜色就会有所改变。所以笔者会直接在Painter里修整，最后打印出来图象。

9 利用Painter和Photoshop上色

这是活用Photoshop和Painter，发挥Photoshop的编辑功能和Painter的绘图功能等两个应用程序的长处的例子。Photoshop的Select和Filter比Painter优秀。但是对于画画的人来说Painter的魅力比Photoshop更大一些。

当然两个软件都是非常厉害的应用程序。虽然版本更新速度快并增加很多功能，但也使应用程序的运算速度减慢并常出现错误的提示，但是Painter6.0移植了Photoshop Layer功能的差不多99%，Painter6.0则增加了Layer、矢量和Web Graphic等功能，使它更贴近Portal Site的感觉。

但这不意味着把Painter的Layer功能提高就不在用Photoshop了，也并不意味着Photoshop增加了绘图笔就已经超过Painter。

结果最大限度发挥各自的长处，使得应用程序越来越复杂，因此对于第1次接触电脑绘图的人是会比较困难的。所以不要想着一次就全学会，而是在每次画画的时候，学会1、2种就可以了。

下面是用以上两个软件制作的例子。

Painter+Photoshop

先把在A4纸上用自动铅笔绘的图用300dip来扫描进电脑。
当然因为不是彩色所以用黑白来扫描。

1 在Painter打开扫完的图片，用File--Open打开。

2 Object调色板里按Layer--New来建New Layer。双击New Layer，把图层的名字改成"色彩"。然后在色彩Laye的C-omposite Method选择Multiply。然后用喷笔来上衣服和肤色等基本色。

3 把色彩Layer原封不动的复制成新的Layer。把这个Layer起名为“明暗”，在Preserve Transparecy前面打上对号。然后选择亮的褐色，点击Effects--Fill。这样就会把亮的褐色上在上面上基本色的地方。把色彩Layer的眼睛图标点中遮住图层。

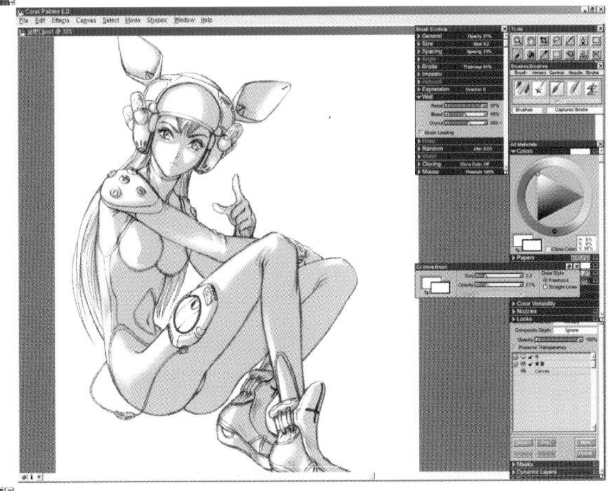

4 在明暗Layer选择白色，并在整张图中找到亮的地方上色。上色的时候假设光从左上方打过来。

5 用蓝色给耳朵上的照明器具填充，以给人发蓝光的感觉。

6 反射光用贴近黄色的浅绿色来上色。因为与色彩Layer叠加的部分想用绿色来填充，所以用了这种反射光。在选择反射光的颜色的时候最好考虑背景的颜色和后方照明等因素。之所以用浅绿色色阶来上色，就是因为在左上方打来强光，然后光被背景（绿色）反射的原因。

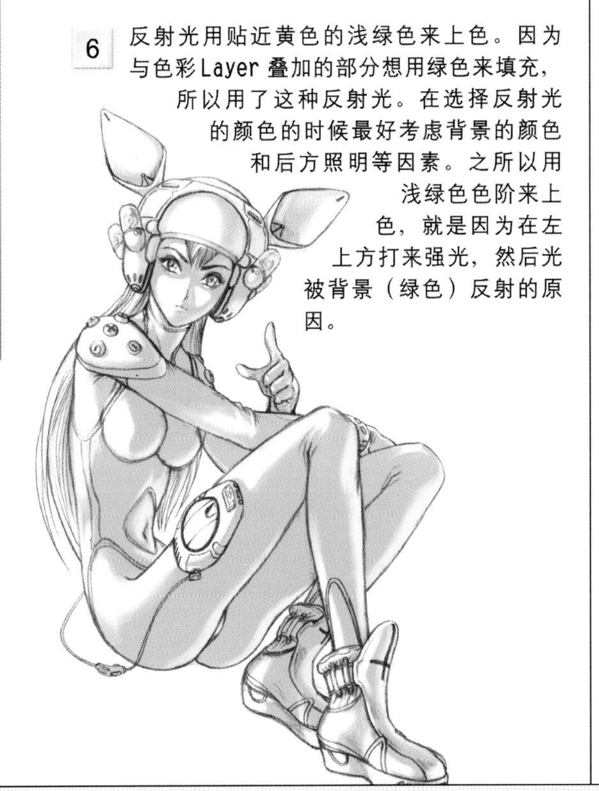

7 选择色彩Layer。然后点击眼睛图标，重新显示被遮住的基本色。这样就可以看到明暗的走向。顺着走向，找到亮光部分，并用白色来给更亮的部分上色。明暗倾向的基本色太深看不见的时候，把Layer的Opacity 值降下来就能看见了。然后涂上白色，把Opacity 值调上去。

8 找到整体中更亮的部分，靠一边给它柔和的。Object 调色板上选择Layer-New，来新建一个New Layer,并把这个图层起名为"明暗2"。选择这个图层，把 Composite Method 里选择 Multiply 模式。然后找到暗部中更暗的地方，用灰色来上色。有误的地方可以用橡皮和白色来抹掉。这样就可以完成人物的整体色感和明暗了。

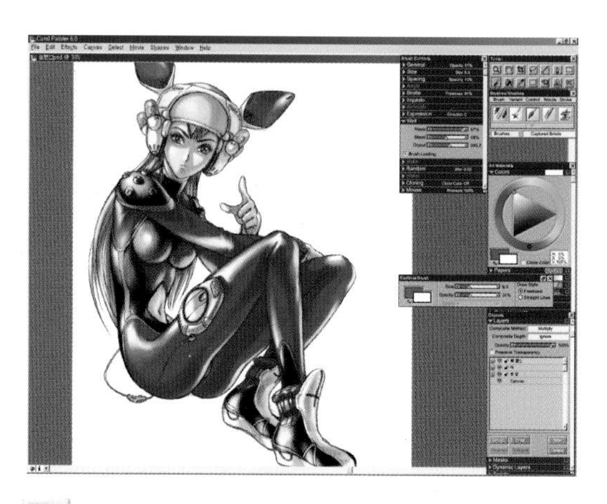

9 完成后保存。

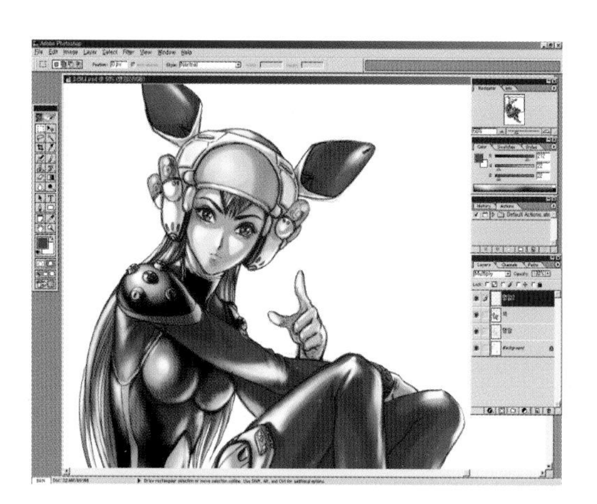

10 打开Photoshop，把刚才保存的图片打开(File-Open)。

11 在图层面板上新建一个图层(Layer-New)，然后点中其他图层的眼睛图标，让其他的图层暂时消失。最后能看到的图层只有New Layer (Layer1)，并且它前面的眼睛图标是亮着的。

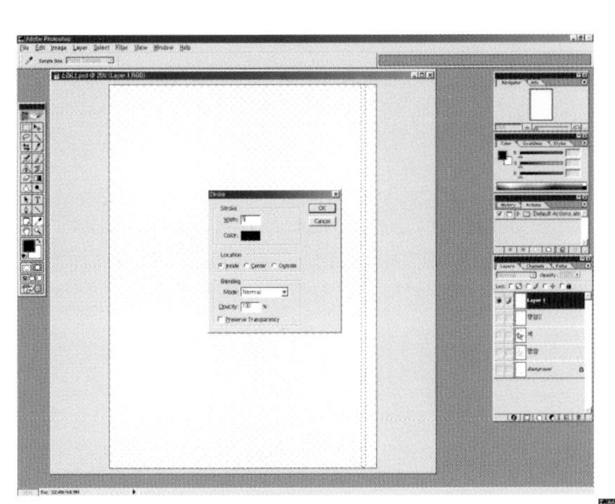

12 利用矩形选择工具在新Layer(Layer 1)中选择长方形区域。然后选择黑色,选择Edit-Stoke。Stroke 对话框里把Width 值输入为5，并点击Location inside，然后再点击OK 按钮。

13 完成后在长方形的选择区域内部形成宽为5 Pixel 的黑线。

14 用鼠标左键按住新Layer(Layer 1)图层，并拖动到Create new layer 按钮上。这样就会建立一个Layer1 Copy 层。按下Shift 键后利用Move Tool 稍微移动来调整间距。利用Move Tool 时按住Shift 键就只能按水平或垂直移动

15 复制的图层和以前的图层链接在一起，并用 Merge Linked (Ctrl+E)来合并成1 个Layer。

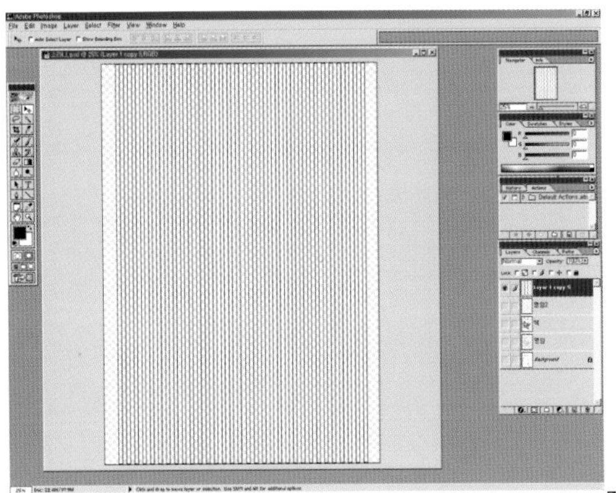

16 用相同的方法重复操作几次，就可以形成很多竖线。

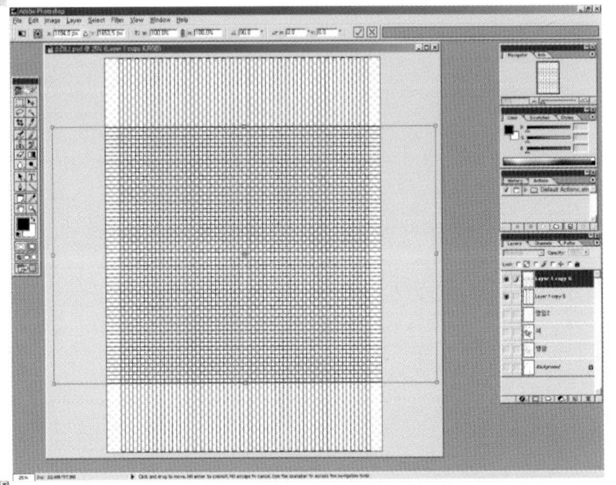

17 把有竖直线的层复制一份，并在复制的层上用Edit-Free Transform把竖线旋转90度。然后把两个图层重新合并。象围棋板似的线是用来给角色的长袜和手臂部分上纹理的。

18 选择Edit-Free Transform，把图层倾斜45度。为了让长袜有立体感，先应裁剪出所要的纹理。

19 裁剪出一个长方形。

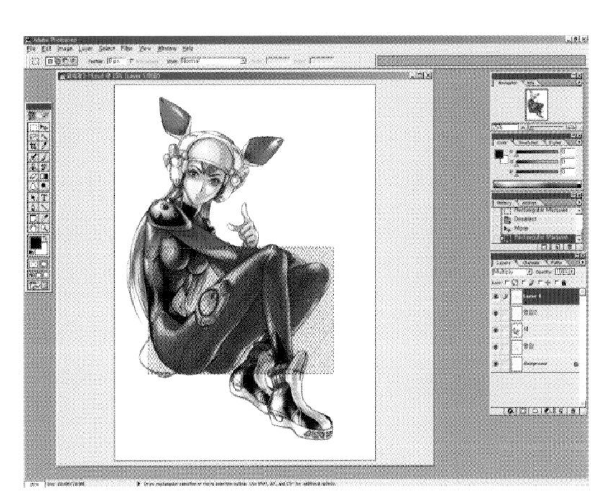

20 用矩形选框工具选择网纱。为了使长袜有立体感，就得使用Filter 功能。

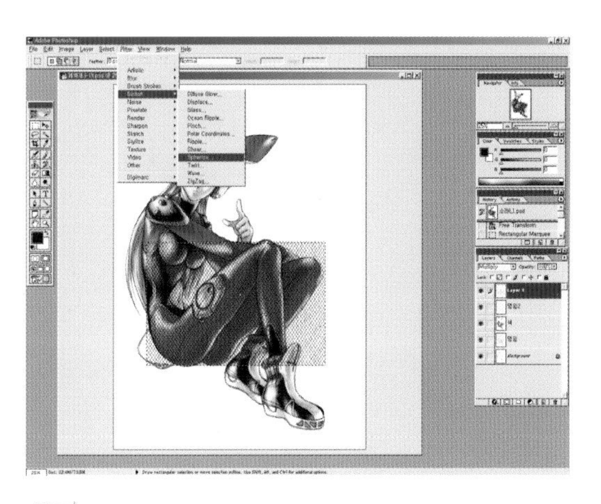

21 选中Filter-Distort-Spherize

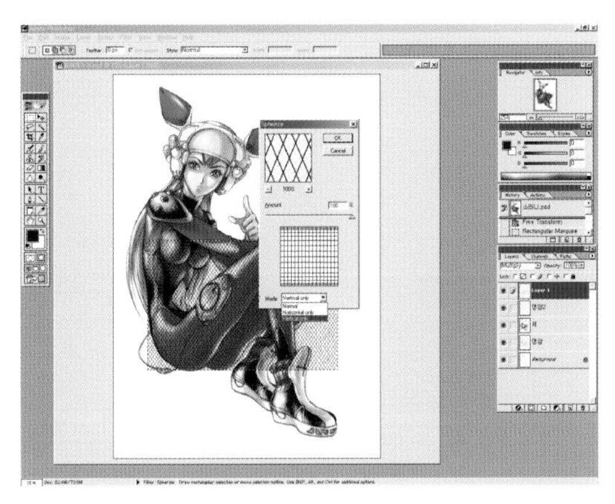

22 在Spherize 对话框中Amount 100% Mode 选择Vertical only。这样就可以让人感觉到网纱是卷起来的。

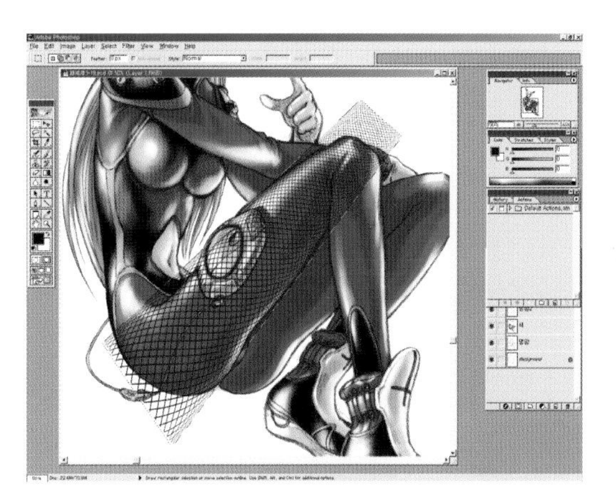

23 为了把圆筒状的网纱对齐到腿上，选择Edit-Free Transform 进行调整。这样就会给人一种缠裹在腿上的感觉。

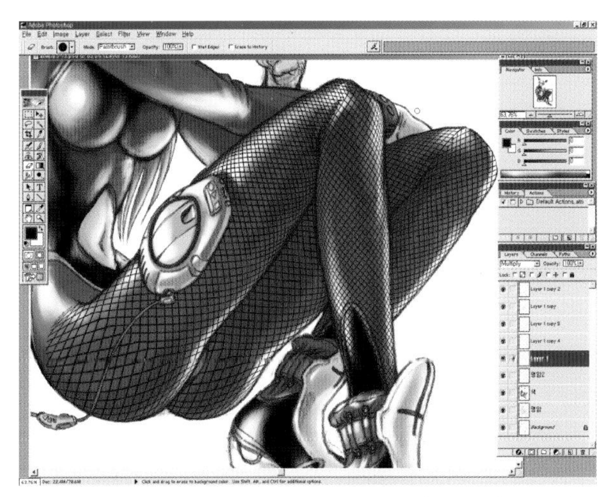

24 如此使用Free Transform 来做出穿着长袜的感觉，剩余的地方可以裁剪掉或者用橡皮工具抹掉。

25 手臂部分也一样。用Free Transform来做出适中的形状，剩余部分可以裁剪或者抹掉。用Paint brush工具顺着长袜的边线给边缘涂上黑色。长袜做好后合并那些长袜层

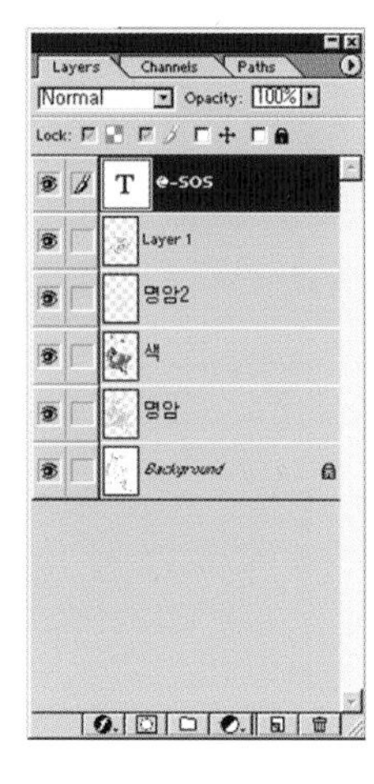

26 用Type Tool，选择屏幕空余地方输入文字。我们在这里写上@-sos。这样就会在图层面板上新建一个带有T字的新层。文字层不同于图像层，只能使用Filter和部分功能，局限性比较多。把字变大后跟一般的层合并(Merge Linked)，再给效果就可以了。

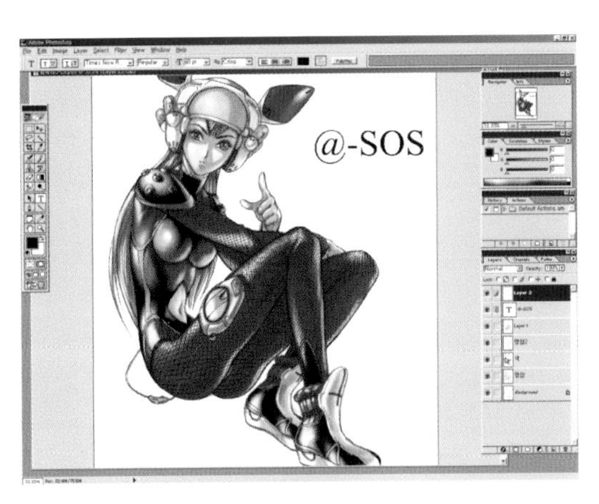

27 选择Layer-New新建图层，并与文字图层链接。利用Merge Linked合并Layer。

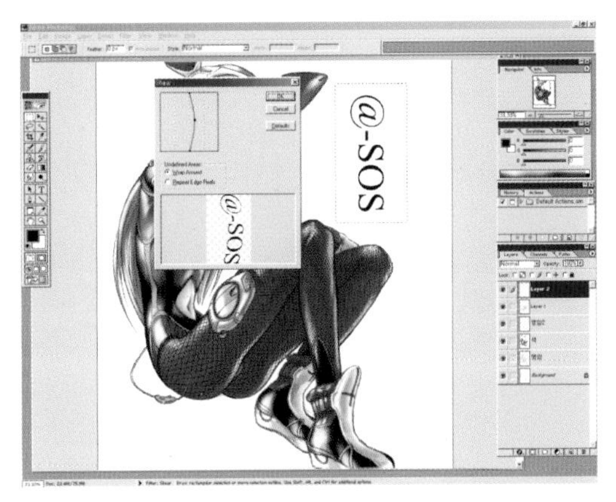

28 在合并的图层中选择Filter-Distort-Shear，就会弹出Shear对话框。在Shear对话框的左上方弯曲窗口中调整弯曲的程度。调整完毕点击OK按钮。字就弯曲了。

29 把字放到头部空的地方，调低Opacity值。选中Preserve Trans parency，用喷笔工具添明暗，在空余的地方添上文字可以增强效果。

30 找到强光部分加以修饰，并把它保存。再次导入到Painter，开始画背景。

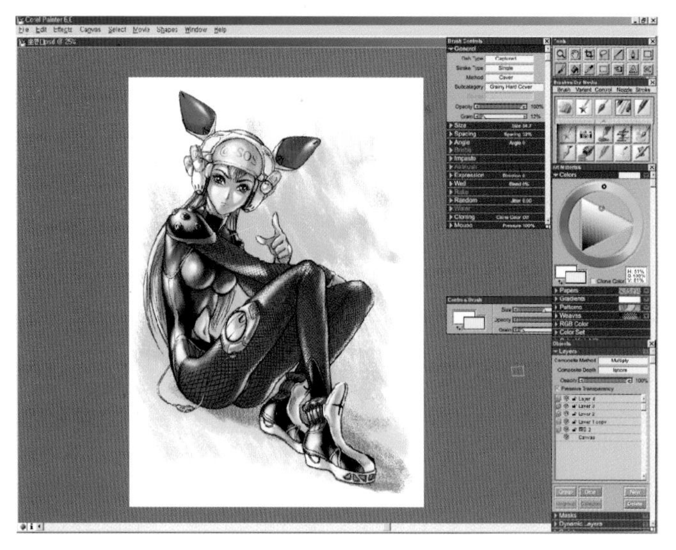

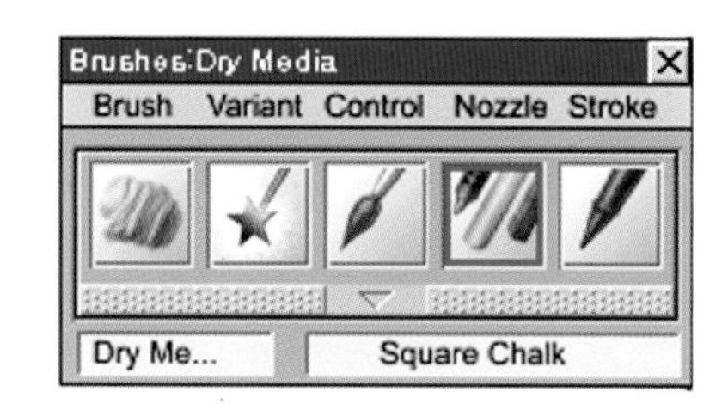

31 在Painter打开(File-Open)图像文件。它与人物描写不一样，背景用绘画手法来表现。在Brushes面板里选择Dry Media-Square chalk。这个笔号有彩色蜡笔的效果，还有纸的质感。四角形的，是效果比较好的笔之一。

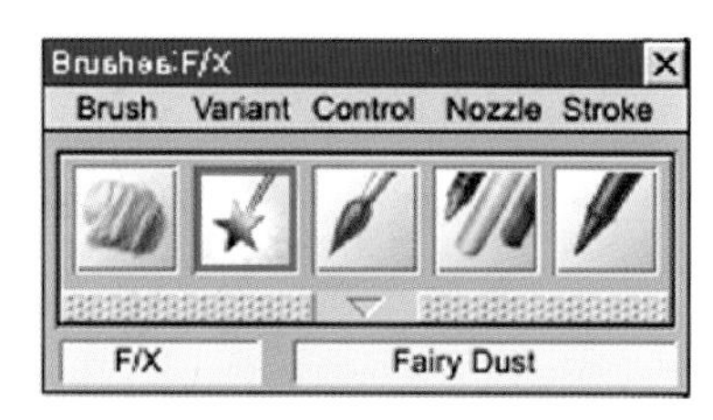

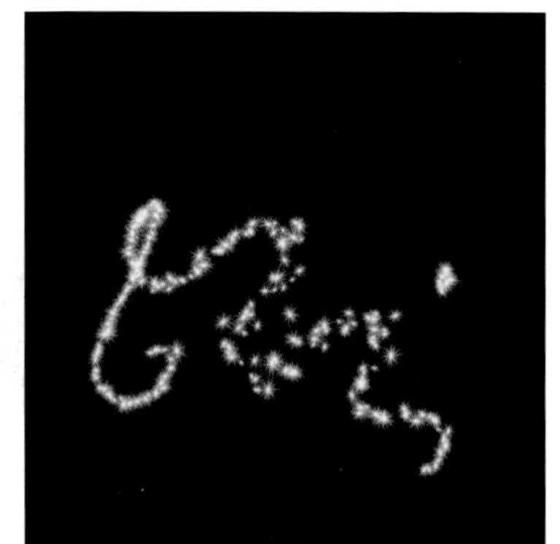

32 为表现手指尖上发出的火焰效果，在Brushes面板里点击F/X-Fairy Dust。用这个笔触制作闪闪发光的火焰是再容易不过了。手指发出的火焰形成跳动的心形，在此心形里放上文字，效果会更好。

33 完成了，它是利用Painter 和Photoshop 做出来的。今后不仅用Photoshop，还要使用3D 软件来做图。为了使图片变的更加漂亮，用多少软件都不成问题。

要点

用Painter 绘图，并用Photoshop 加工、调整则很容易画出自己想要的图片。

10 利用Path(路径)的人物插图

现在开始不是用扫描后上色的方法，而用电脑画人物插图。

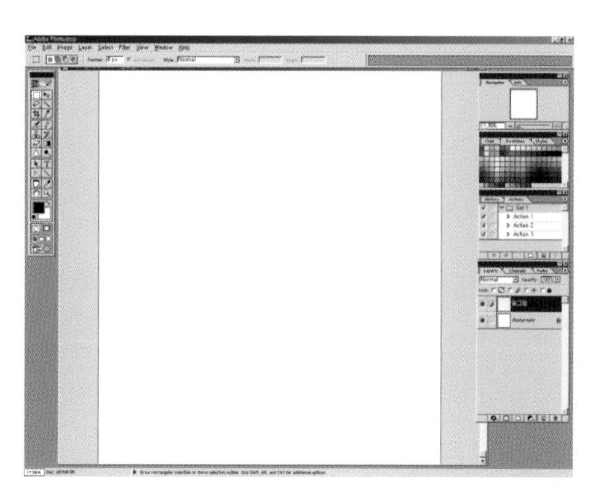

1 在Photoshop新建文件。解析度300dpi，Width 39cm,Height 43cm的层，并把层的名字改成“底图”。

2 从网上找到一幅可供参考的传统服饰相片，并在“底图”层上用毛笔工具来速写。这时只需把整体形态和位置画出来就可以了。

3 新建一个图层(Layer 1)，在新层用Pen Tool把脸部的皮肤部分勾出来。

4 在path面板里点击Loads path as a selection。这样Path区域就会变成选择区域。

5 给Layer 1涂上肌肤颜色。

要点

路径(Path)?

利用魔术棒选择原稿Layer(Background)中的一部分。涂同一颜色的部分被Select选中，此外区域就不能涂色。

6 用喷笔把基本的明暗画大一些。

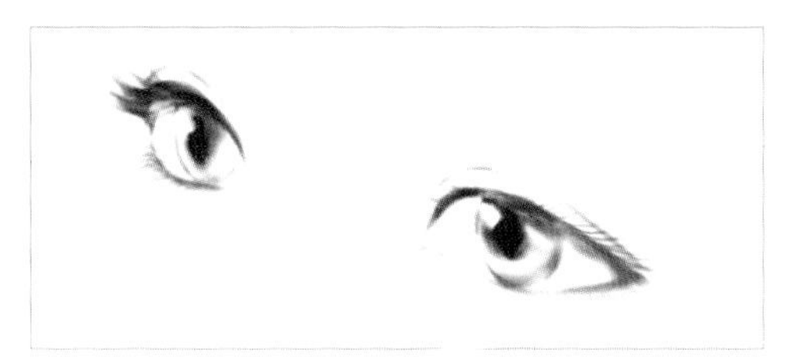

7 新建一个图层，用喷笔工具画眼睛。看着底图，以形态为主描出眼睛。

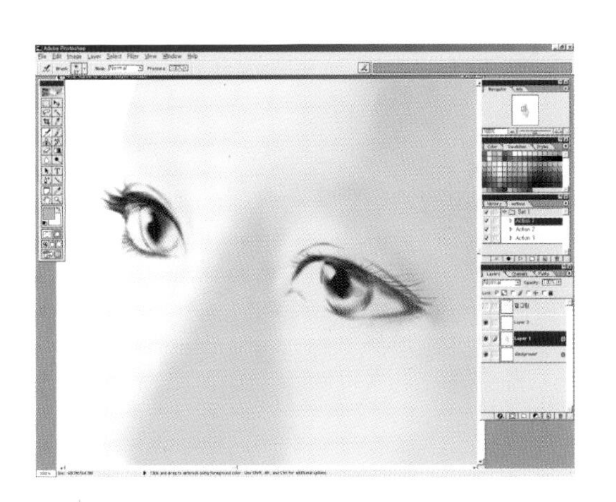

8 描眼睛时把底下Layer 的眼睛图标关闭。

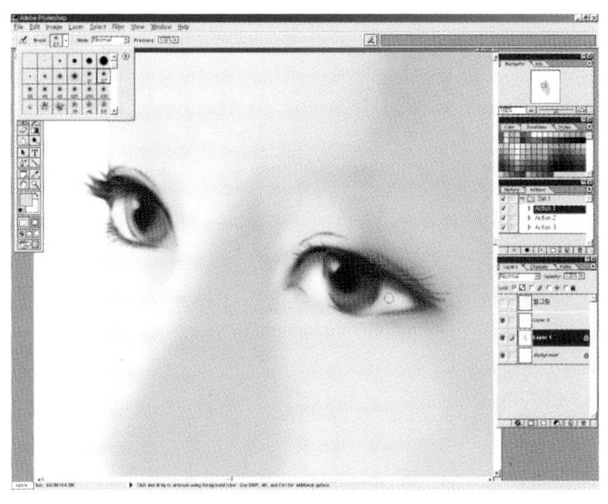

9 把描眼睛的层就放在那里，在底下的Layer (Layer 1)中涂眼睛上面的色彩和白眼珠部分的颜色。

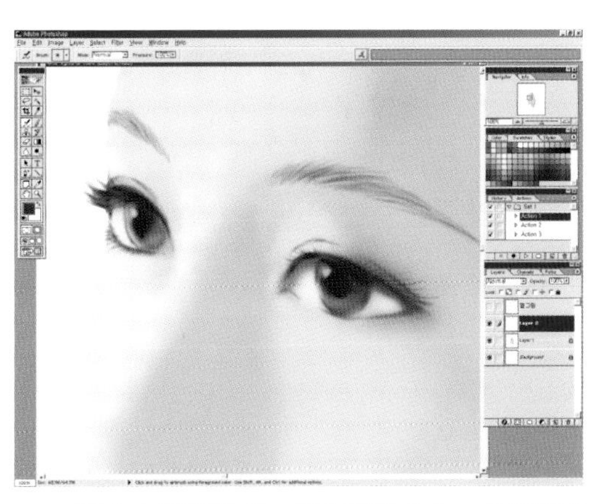

10 再点击眼睛图标，把底图活性化，并把眉毛画在Layer 2 层上。眉毛的形态出来后关闭底图，开始描线。

11 看着底图画鼻子的明暗和嘴唇。

12 开始描写整个脸部。为了避免颜色太凸出，画完后可使用模糊工把皮肤变朦胧一些，或者用加深工具把亮度调暗。

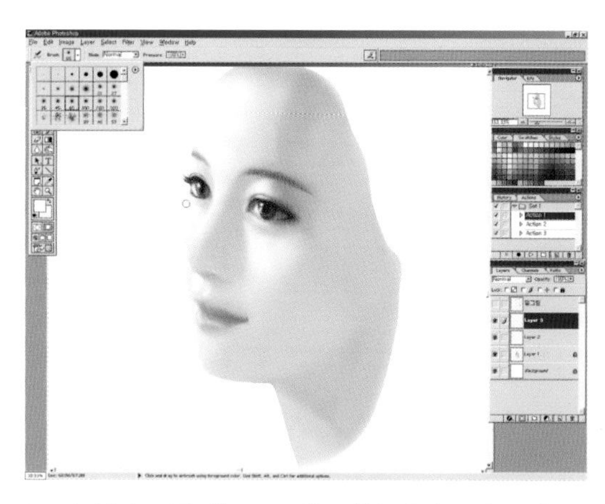

13 新建图层（Layer 3），并用白色画出强光部分。

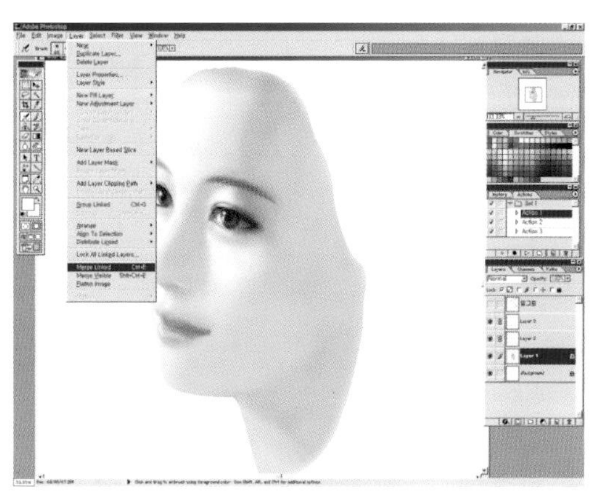

14 描写脸部的层(Layer 1,2,3)互相链接后，用Layer-Merge Linked 合并图层。

15 新建一个图层后，在那图层里看着底图用Pen Tool 画头发的轮廓。Pen Tool 可用Free form pen tool（里面共有5 种不同的功能）。

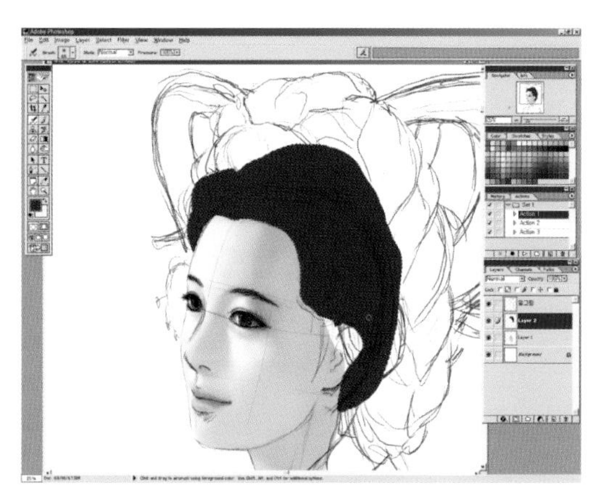

16 在路径面板中按Loads path as a selection，把路径转换成选择区域后给头发涂颜色。

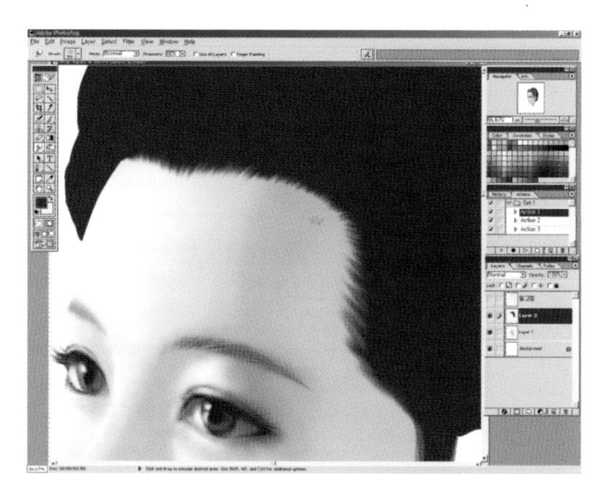

17 按Ctrl+D 取消选择区域后用Smudge Tool(涂抹工具)把头发和皮肤的界线涂得自然一些。

18 Layer 2 层锁定后用喷笔工具和涂抹工具把头发的样子粗略的表现一下。

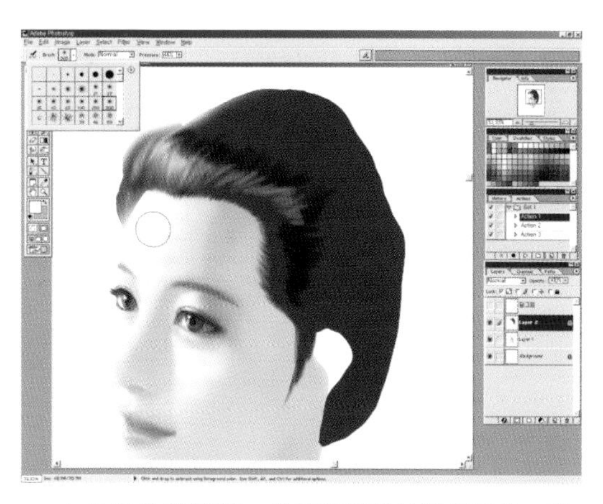

19 头发也跟脸部一样找到亮部的强光部分，用大一点的喷笔工具来上颜色。这时也只是粗略的展现。精细的地方用Path 来制作。

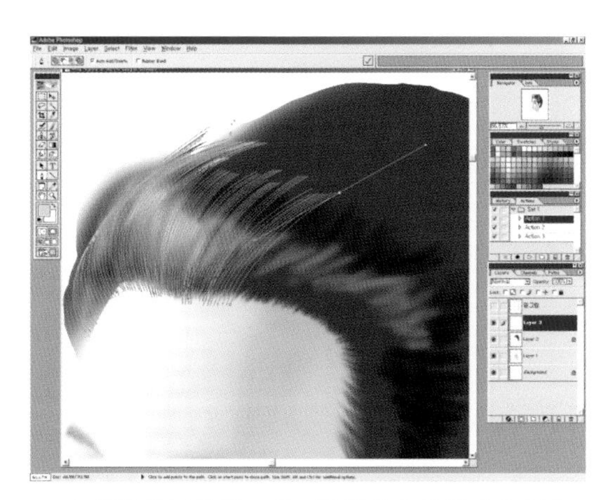

20 用钢笔工具(Pen Tool)顺着头发的方向制作Path。然后反复复制、粘贴，并用移动工具制作头发模型。

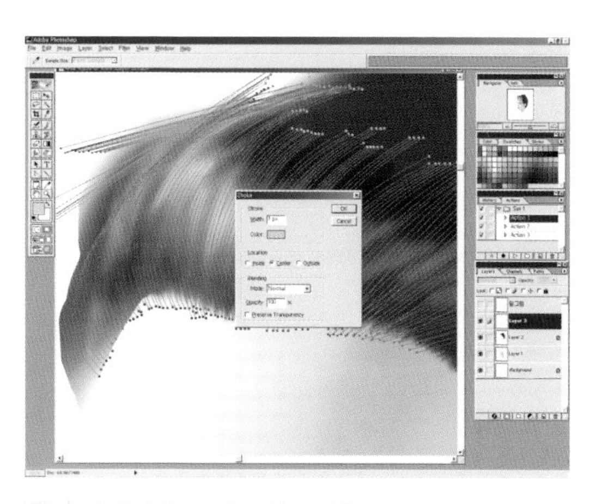

21 点中全部Path，然后选择Edit-Stroke。

22 用Path 制作线的Layer 3 锁定后给亮部和暗部上颜色。

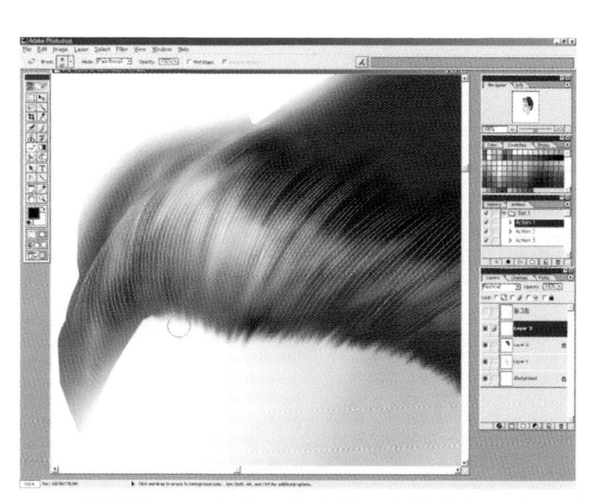

23 解除锁定，线的末端用橡皮工具抹掉，并加以修饰。

在Path 操作中突然看不到Path 的时候，可以点击Path 面板里的已生成的 Path 项目，这样Path 就会被击活并可以看到。

24 复制Layer 3层。然后把复制的层稍微左右拖动，就会出现很多头发丝。

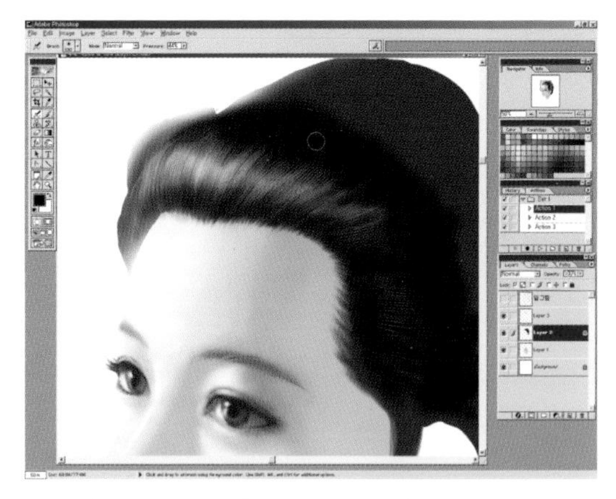

25 把用Path制作的发丝层链接后合并。在头发颜色的层(Layer 2)，为了让头发有立体感用黑色加以修饰，这样就可以制完头发丝了。

26

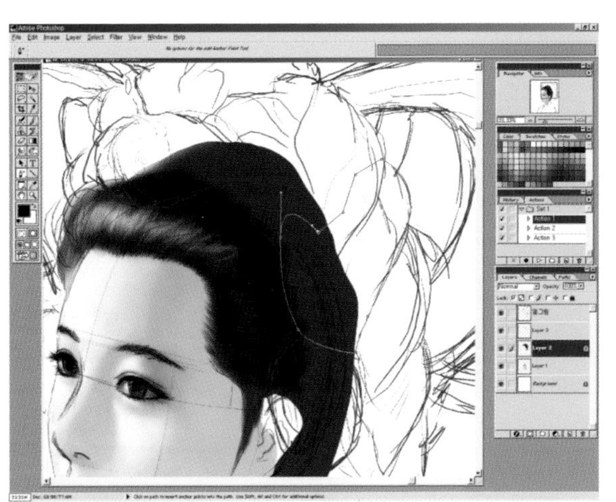

27 看着底样把卷起来的头发的一部分用钢笔工具选择路径。

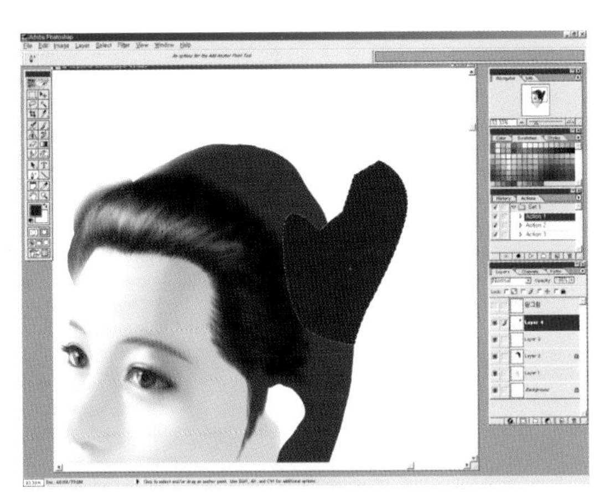

28 在Path面板选择"建立工作路径"后新建一个图层，然后上颜色。

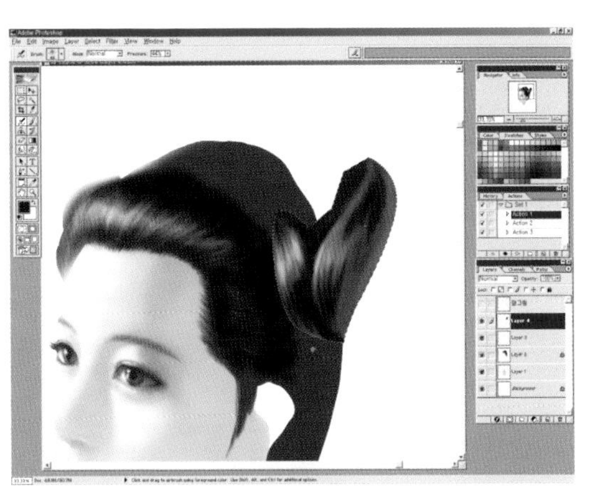

29 用喷笔工具给发丝以卷着的感觉。发丝的表现手法跟刚才在前面介绍的画发丝的方法一样。

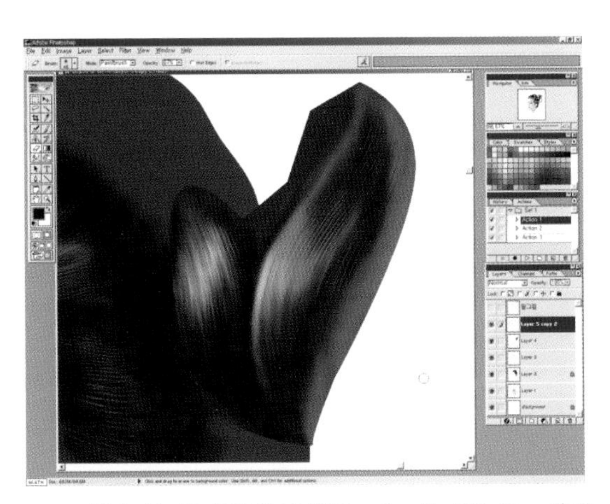

30 用Path画完发丝后用Stroke的方法画，并用橡皮工具和喷笔工具来整理。

31 跟卷着头发的层链接，并合并。然后把那个层复制，用Edit-Free Transform旋转、调整大小进行安置。

32 用橡皮工具把头发象向上盘着似地擦一擦。这时根据模型来涂抹是很重要的。

33 对面的头发也是一样的，给人一种盘着头的模样。

34 用橡皮工具涂抹着找准形态。

35 用加深工具和喷笔工具来调整，为了给人一种不同的感觉。

36 新建一个图层，用Pen Tool画出象（过去新娘头上的）装饰似的装饰品。

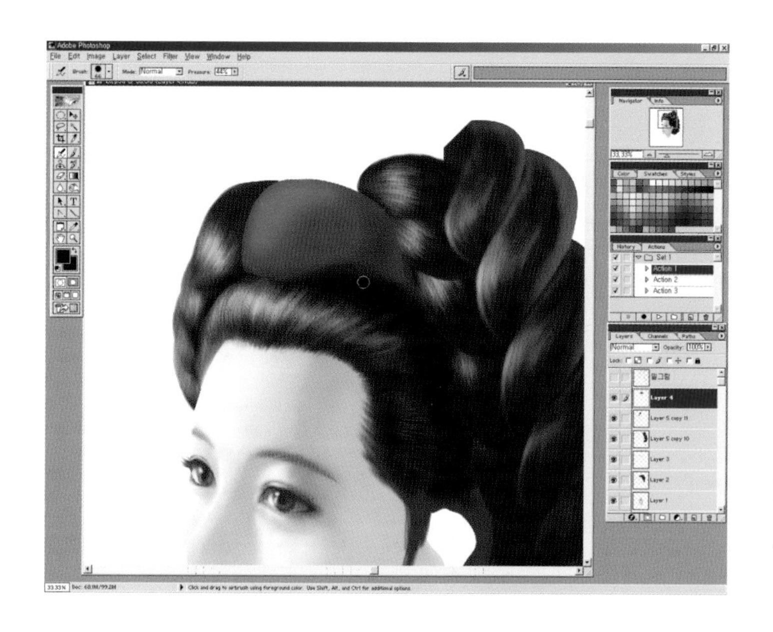

37 把路径转换成选择区域，然后上颜色，并用喷笔工具上明暗。

38 新建一个图层，用椭圆选框工具画一个上下长的椭圆形。然后在Path面板选择Make work path（新建工作区域）。这样被选择的区域会路径化(path)。

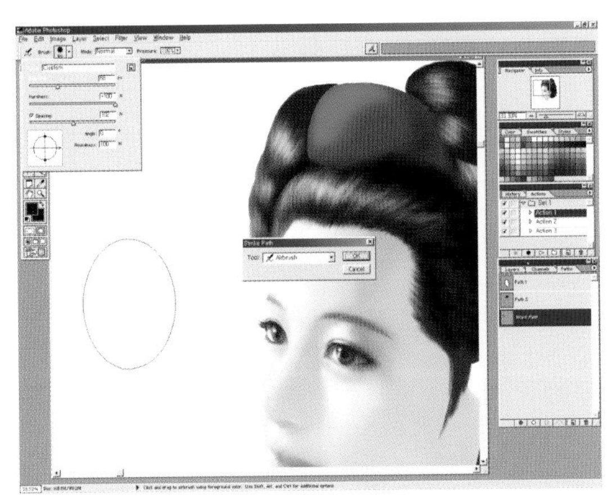

39 在喷笔中选择深一点的笔触，并把间距调大一些。在Path 面板选择Stroke path。在Stroke Path 对话框里选择喷笔工具就会用深色笔触按选择区域画上去。

40 用路径转成选择区域重新选择椭圆上颜色。

41 把层复制，并更改颜色。然后往左侧稍微移动，就会若带立体感。

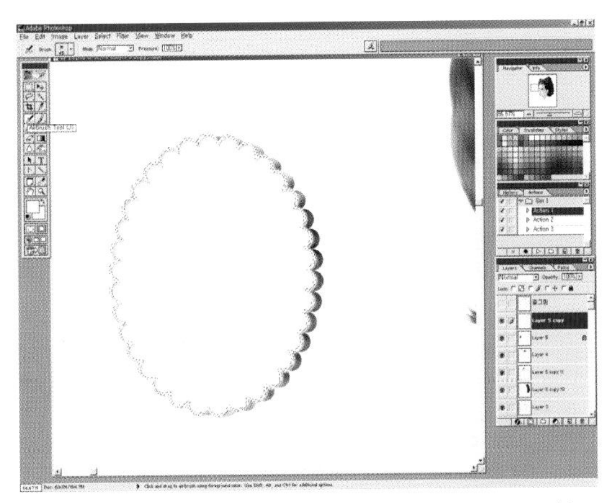

42 在复制的层选择Select-Modify-Border 给于暗色。然后把选择区域往左上稍微移动，并上亮色。

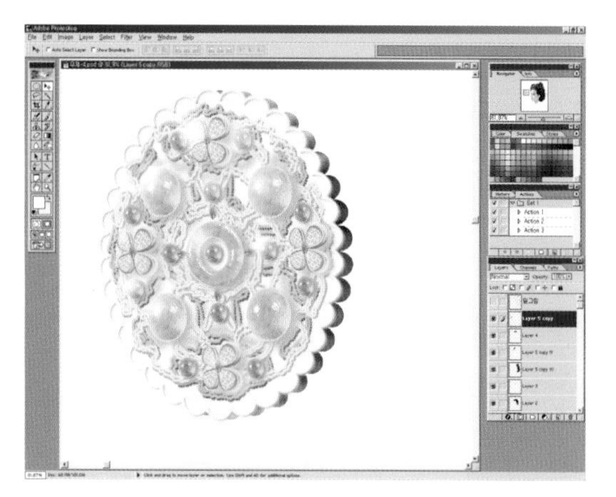

43 开始做精美的修饰。黄色珠子是在Bryce 里做完后调过来的。花模样和细线装饰物是用Path和Filter 等工具制作的。装饰物做完就可以合并成1 个层。

44 把有装饰物的层复制后，用Edit-Free Transform 来调整适当位置、角度。

45 新建一个图层，把这个层放在装饰物和头发之间。利用Pen Tool 画出形状，Select 后上明暗。

46 画蝴蝶形的头发。这个头发的做法跟前面讲的一样。调整头发层中最底层就行了。

47 衣服是照底图用Pen Tool 画。用Pen Tool 把选择的Path转换成Select，然后上颜色。

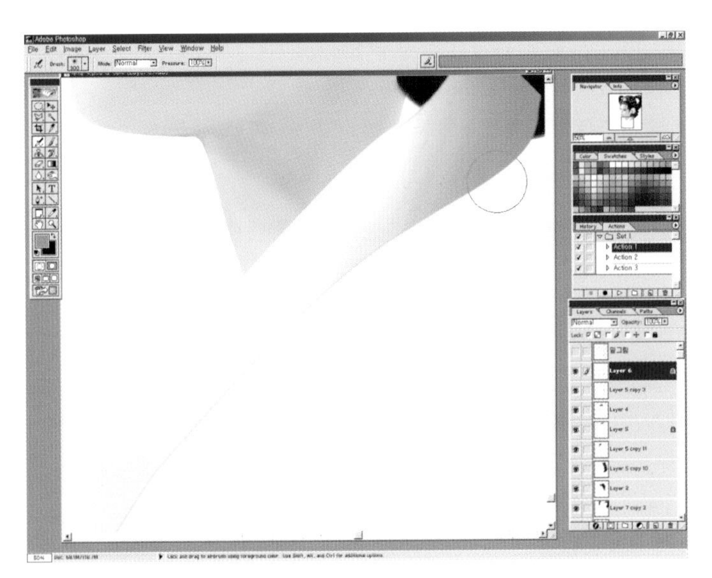

48 用喷笔来上明暗。上完明暗后，在被选择的状态下把Select-Modity-Border调到10左右，来表现衣领的厚度。

49 把衣领层拖动并复制。选择Edit-Free Transform把衣领的两边对齐。

50 选择Image-Adjust-Brightness/Contrast-Color Balance来调整色彩。

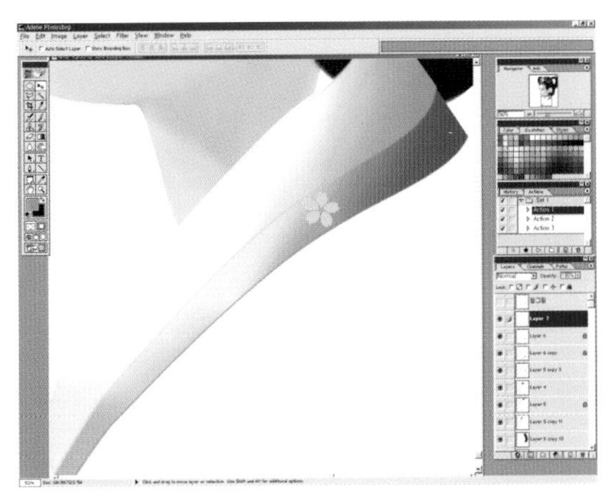

51 新建图层画一杂樱花。在Layer Mode里把Normal改成Overlay。

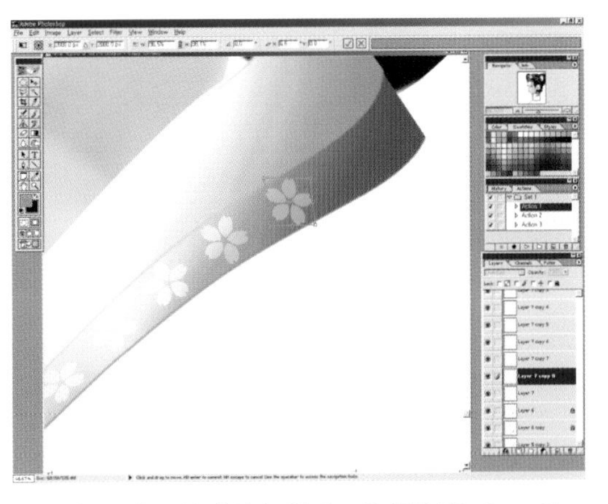

52 把樱花层拖动并复制后，使用Edit-Free Transform调整樱花的角度，排列到领子上。

53 用Pen Tool 画衣服，并选择后上明暗和颜色。这个层是放在衣领层下面。

54 显示要放进韩服的花纹图像。

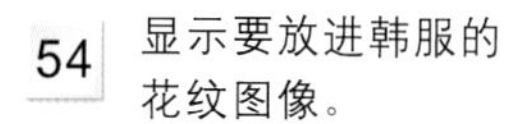

55 改变花纹图像的颜色。Image-Adjust-Brightness/Contrast 里把黑色调亮后在Color Balance 里换成黄色。图象的余白部分选中后剪掉。用Edit-Free Transform 和涂抹工具根据衣服的样子改变花纹。

56 把花纹所在图层的Mode 调Overlay 82% 后拖动复制。把复制图层的Mode 设置成Hard Light 82%。

57 用前面画衣服的方法来把左侧的衣服也画完。先用Pen Tool 掌握好形态，在新的层画上明暗和色感。然后把图象调过来合并。

58 画耳朵和脖子，然后整理。

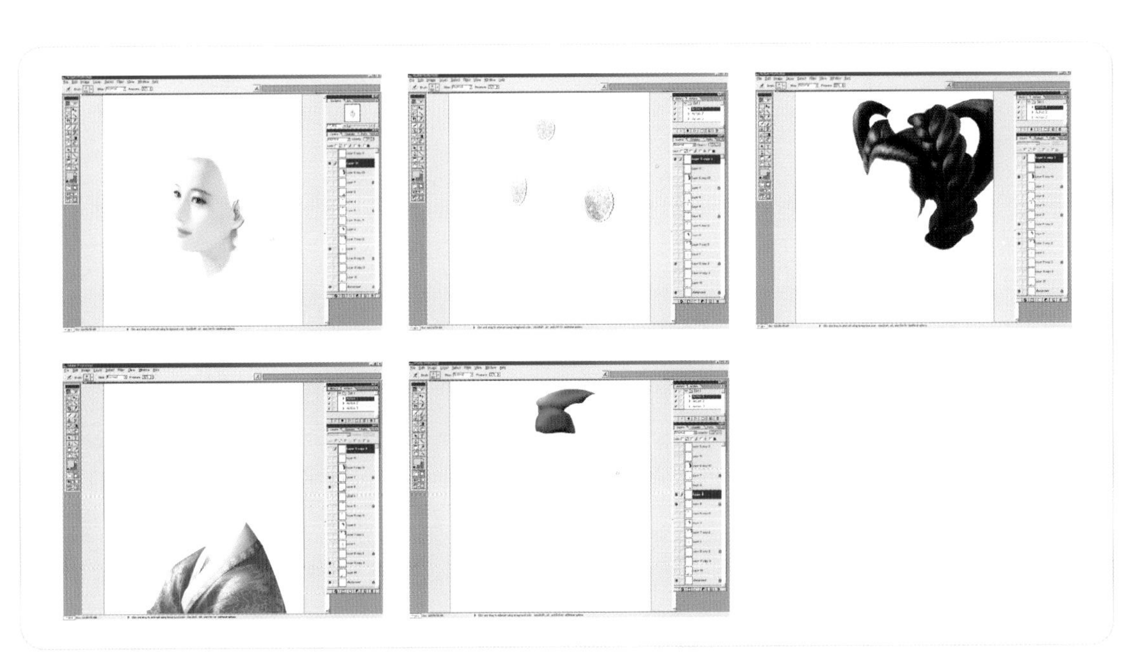

59－63 上面是各层的位置。
越复杂的图片越要有步骤地整理各层和安排好位置。层太多会使文件变的太大、过于复杂难以操作。按部分连在一起又美观又易作业。重要的是层的位置。以脸部为基准，在脸部前面的头发和衣服层都定在脸部上面，跟脸部有距离的头发和衣服是可以定在下面。

64 在新层用毛笔工具调最细的画笔画鬓角。然后用加深工具整理，头发不要太多。

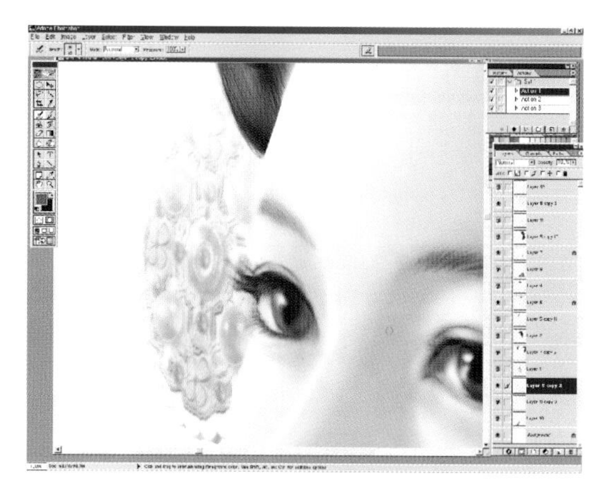

65—66 用素描表现的部分和Path、Filter 表现的不同质感可以用Filter-Blur-Gaussian Blur 和Fade来淡化。

67 用模糊工具把用Path 画的感觉锋利的线修改成柔和些

68 把层锁定，并用又大又柔和的喷笔画笔找到强光部分轻轻上色。然后随整体和反射光的氛围。

69 人物插图的人物形态制作完毕。为了适应导入背景的氛围把人物的一部分变形或者调色，就可以完成人物插图了。

70 除Background layer外，选择Layer-Merge Linked将其它层选择，并合并起来。

71 把Background layer 用肤色来填充(Edit-Fill)。

72 选择紫色和黑色用Gradient Tool 上颜色。Gradient 的Mode 选择Screen。

73 新建图层(Layer 1)，用比肤色暗的颜色画出竹子的茎干和细枝(使用毛笔工具)。选择毛笔工具里的Wet Edges，用这个带有水彩感的画笔画竹子，就可以表现出更好的气氛。

74 竹叶最好是用手写板的感压功能，一笔画完比较好。竹叶是4 个或者3 个要连在一起。

75 选择Image-Adjust-Brightness/Contrast，把背景调亮一些。然后选择Filter-Blur-Gaussian Blur，用Edit-Fade Gaussian Blur 把背景变模糊化。

76 用Image-Adjust-Curves 调整饱和度。

77 人物插图完成了。
形态主要用Path，并考虑Layer的位置画就可以。画画时不要被固定的模式捆住手脚，这才是最主要的。用软件的时候不要以为必须这样，而要考虑完全不同的方法。创意是从不同的视角开始的。使用软件会变成单一的技能还是变成一种创造，就看能不能摆脱固定的思维了。

要点

Gamut是说显示器和印刷出版物之间的差异。想缩短这个差异有以下方法：在CMYK模式的时候可以看着印刷物来调整显示器。在RGB模式下可以把模式改变，不能被打印。View-Gamut warning来确定哪种颜色

11 Cell 感觉的上色

Cell 是在 OHP 胶卷上用 Cell 染料或者丙烯酸,利用胶卷的背面清晰可见现象的上色方法。

这是在动画领域具有代表性的上色方法，其特征是色和色之间的界限很明显。

在 Photoshop 里主要用两种方法:

①把笔触的 Hardness 调到 100% 后用喷笔工具或者毛笔工具来直接制图的方法。

②用 Path 上色。同时使用这两种方法是比较有效率的。大画面用 Path 画，小画面用笔画就容易多了。

1 画画的时候注意不要有断线。跟 Cell 有关的图片先整理好线条，还要删除象表示量感和明暗的不必要的线。最大限度以形态为主来表现漫画原稿，才会跟 Cell 相吻合。

2 用 Photoshop 把扫描的原稿打开。把线条修整完，选择 Select-All。然后选择 Edit-Copy(Ctrl+C) 复制整个图。

3 在通道面板中新建一个通道后选择 Edit-Paste (Ctrl+V)，把复制的图象转换成通道。然后选择 Image-Adjust-Invert 翻转。

4 在图层面板新建一个图层，把Mode改成Multiply。用魔术棒工具在Background Layer里选择区域后在Layer 1里上颜色。

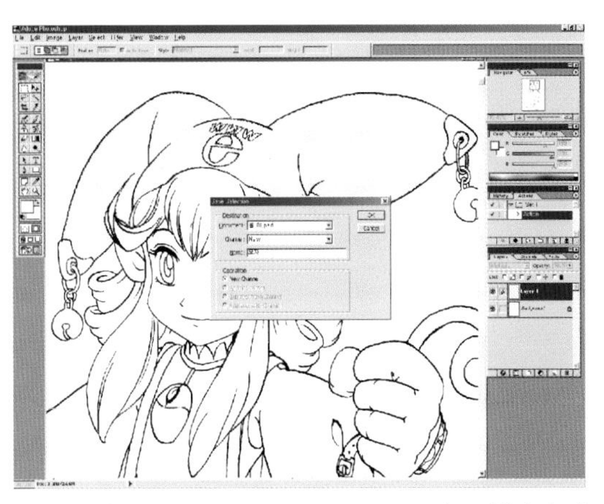

5 选择Select-Save Selection，把区域名字改成“帽子”并储存。

6 剩下的部分也用相同的方法，在Background里用魔术棒选择后在Layer 1里上颜色，并Save Selection保存选择区域。选择小范围的可以不用储存。大体上只储存大范围的选择区域。

7 这些是在通道面板里储存的区域。

8 Background layer选择后用Pen Tool给帽子画上明暗的区域。用Path帽子里。画得要细一些，帽子外面有大概的轮廓就可以了。

9 Path面板里选择"把路径转换成选区"，把Path转成选区。

10 在Path变成选择区域的状态下选择Select-Load Selection，把Load Selection对话框打开。在通道面板里选择“帽子”，在Operation里选择Intersect With Selection。

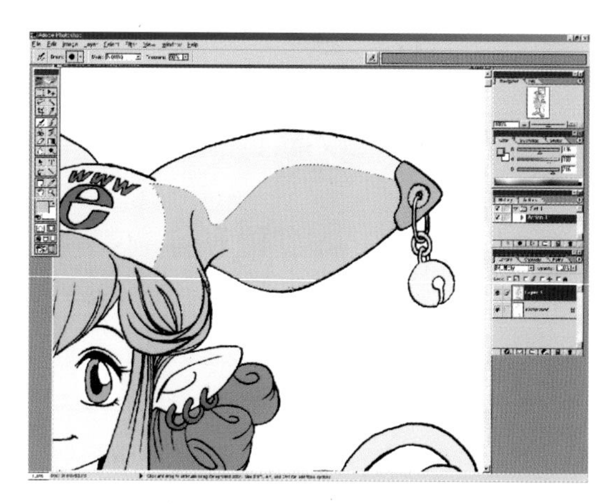

11 为了上颜色选择Layer 1。然后选择比帽子颜色还要暗点的颜色，用Fill上颜色。

12 帽子的其它部分也用Path画要上明暗的地方。

13 在Path面板里把路径选区化以后，在Load Selection里选择帽子，并选中Intersect With Selection。然后在上颜色的Layer 1里用Fill调暗色上色。用同样的方法给其它地方上明暗。

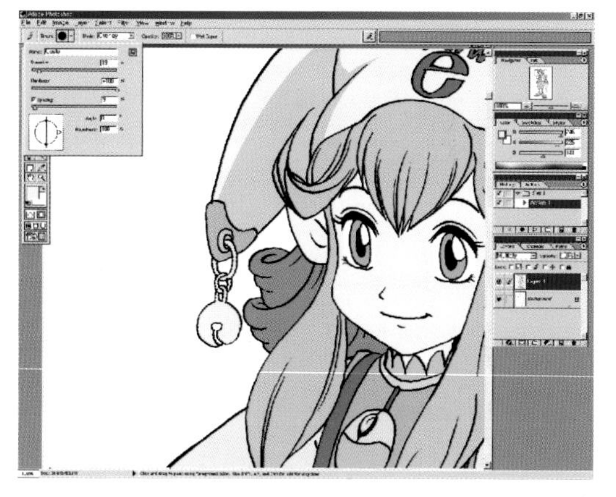

14 象铃铛一样小的区域可以直接用魔术棒工具选取后选择毛笔工具。在毛笔工具的笔触里把Hardness调到100%，Spacing是用调整栏调到10%以下。

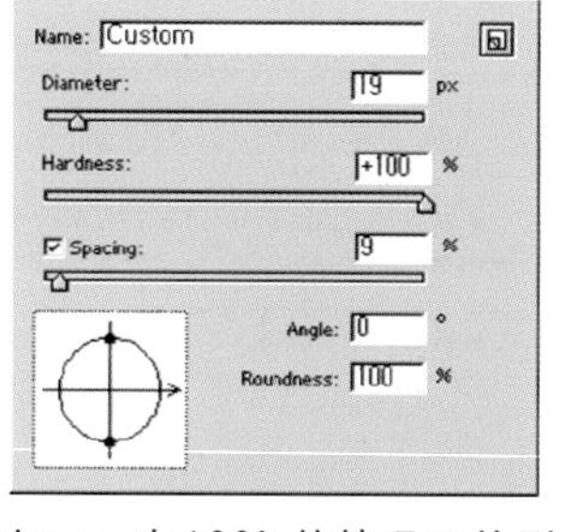

15 Hardness在100%的情况下笔刷之间的界线会明显，数值越小笔刷之间的界线会越模糊。所以用界线分明的笔刷直接画也可以有同样的效果。但是在大的区域里因为手的抖动会有很大困难。所以在大的区域里还是Path最适用。

16 给整体上完明暗的图象。熟练掌握Path后会比用笔刷绘图更快。

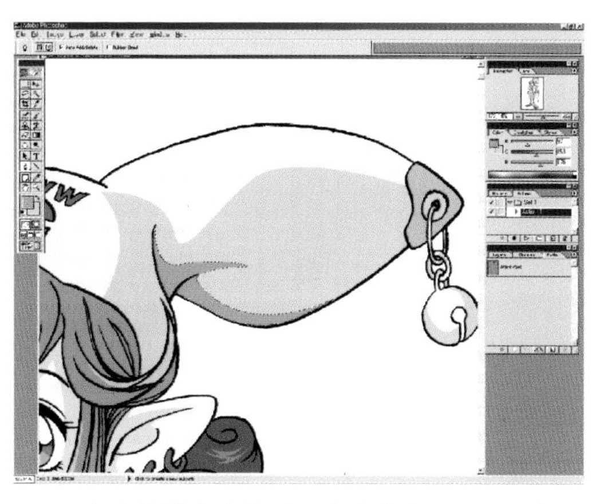

17 在暗的地方中找到更暗的地方，在上一次明暗。这是为了找到最暗的地方。最暗的地方范围广，整体画面就会变沉重，所以应当画得范围要小点。

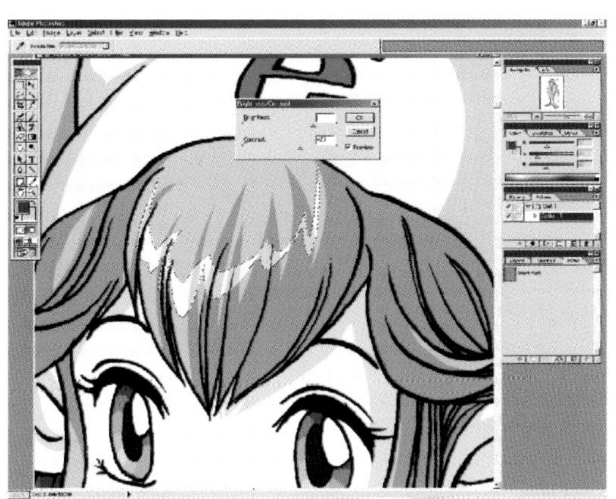

18 画强光部分。强光不用Fill上颜色，而是用Image-Adjust-Brightness/contrast，调整亮度。这也是范围小点会给人一种清新的感觉。

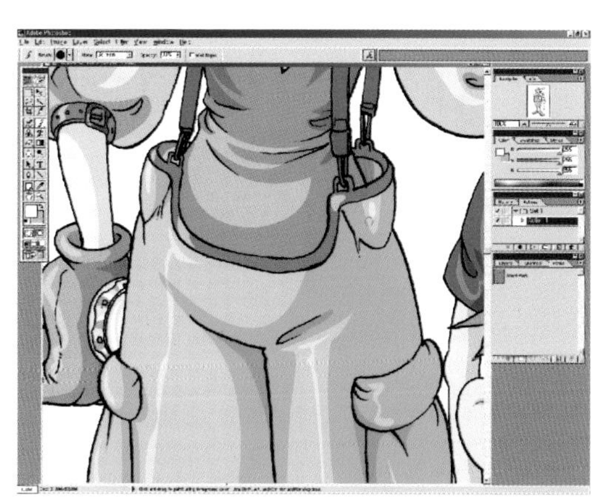

19 很小的强光是用毛笔工具画的。毛笔工具的Mode选成Screen，Opacity调到33%选择白色象绘图一样地画。

New View的活用：选择View-New View就可以显示跟作业物一样的图象。把这个图象缩小，剩下的图象放大后在放大的图象里绘图的话，也会在缩小的图象里也同时绘图。画面上虽有两个图像，其实是一个。

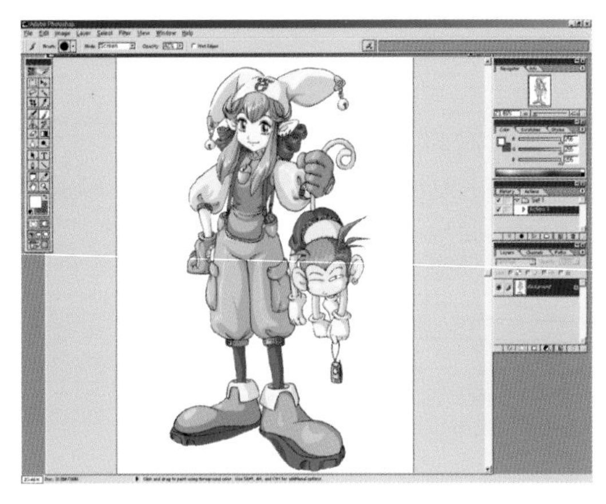

20 觉得差不多完成了就可以用Layer-Flatten Image 把层合并。

21 在前面储存在通道里面的笔稿用Select-Load Selection 调过来。

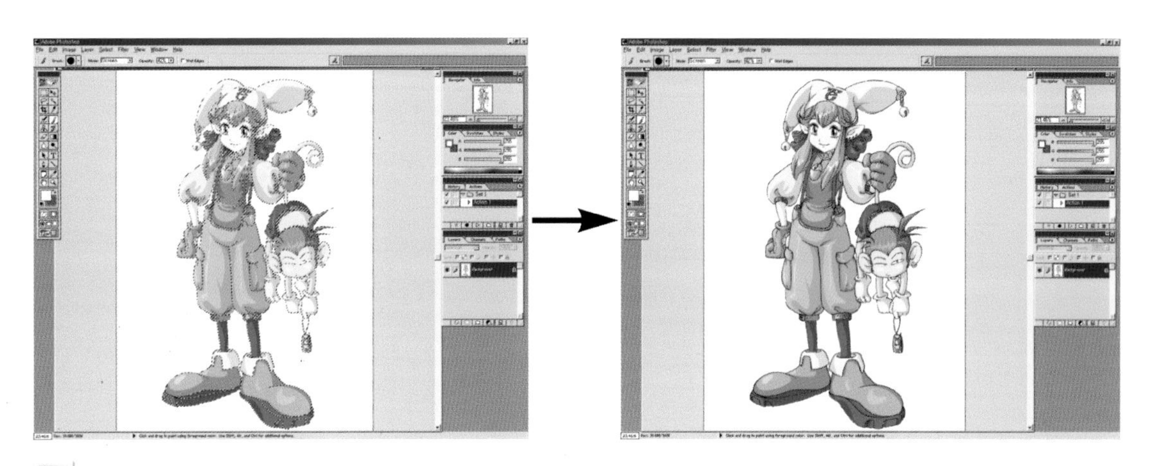

22 被调过来的笔稿图象因为有Select 的选择区域线，所以很难看清楚细线条。这时按Ctrl+H。

23 用喷笔工具改变笔线的颜色。把天蓝色的帽子边线改成暗的天蓝色、紫色头发用深紫色来给边线上色。

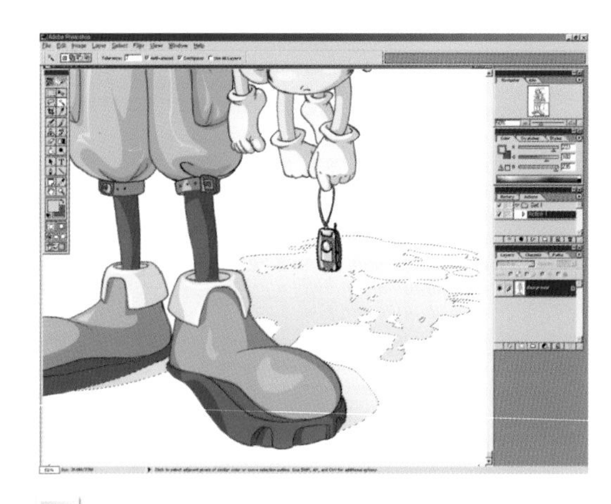

24 画上影子。

25 用笔线为基础完成了有Cell感觉的上色。有Cell感的上色是界线鲜明，锋利的感觉跟温柔的笔的笔触行成强烈的对比。所以它常用於漫画的上色。

26 把笔线变成Path后的图象，输入文字。

要点

选择Make Work Path，做出跟Path感觉一样干净的笔线，感觉会变成更好的图象。

12 手工图像的电脑制作

漫画手工作业上颜色的方法有很多中，像水彩画、彩色蜡笔画、马克笔画、玛卡、油画。这种手工作业画的画是用颜色的3原色，即红、黄、蓝互相配置来表现色彩的。减少混合法把色彩越混合它的彩度和明度就会下降（在调色的时候加入很多色彩，当然会变暗）。

在漫画里一般使用跨度很大的颜色。所以为了干净、鲜明，有时用玛卡，但玛卡也有在混色下变暗、变乱的缺点。

电脑上色是光的3原色，即加减混合法来把显示器画面用CMYK色相为基准，为了能够印刷出表现自己想要表现的颜色。当然不能把在显示器上出现的色彩完全表现出来。但是最大限度可以调整彩度和明度来把自己想表现的色感和明暗自由的体现出来。

比起电脑冰冷的上色方法要想表现温柔的手工作业，就有一种把手工作业的图用电脑重新制作的方法。把手工作业时降下来的明度鲜明的提高，调整作业也会变的容易，手工作业和电脑作业并行就可以把互相难以表现的部分很好的表现出来。

1 用铅笔画好原案、然后把用钢笔完成的稿再用彩色笔涂上色彩和明暗，完成原稿的制作。为了体现温和的色感和明暗，所以把彩色笔粗糙的部分用废纸擦掉、并用硬的橡皮抹出亮的部分。

2 把手工作业原稿扫描后的图象。

3 在PhotoShop里打开已扫描的图象。

4 选择Image-Adjust-Brightness/Contrast调高亮度和色度。

5 复制Background layer。

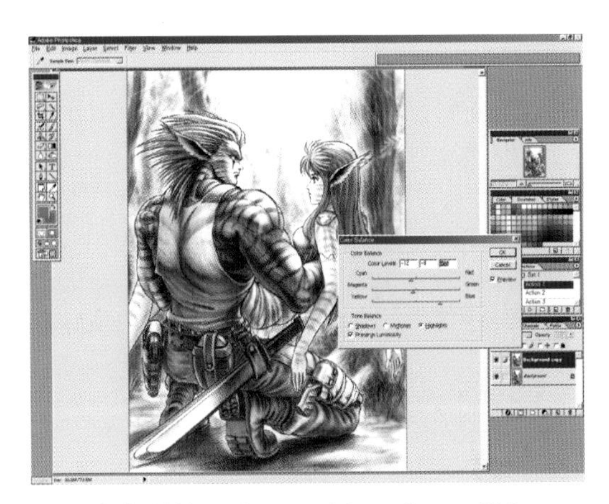

6 把复制的Background Copy layer用Image-Adjust-Color Balance修改颜色。在Midt-Ones和Highlights里把Cyan,Magenta,Blue方向调整滑动条，使整体颜色倾向于蓝色。

7 用橡皮工具抹掉在Background Copy layer里的人物部分。这样会显现出底层的Background图像，并回到以前的颜色。用这种方法抹去人物的中央部分。

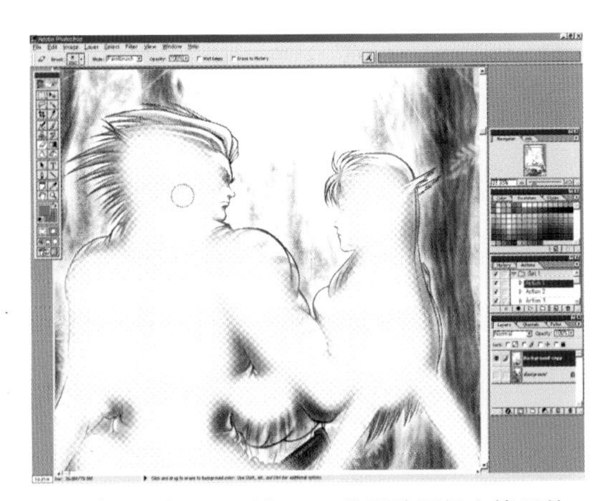

8 把Background layer的眼睛图标去掉后的图像。

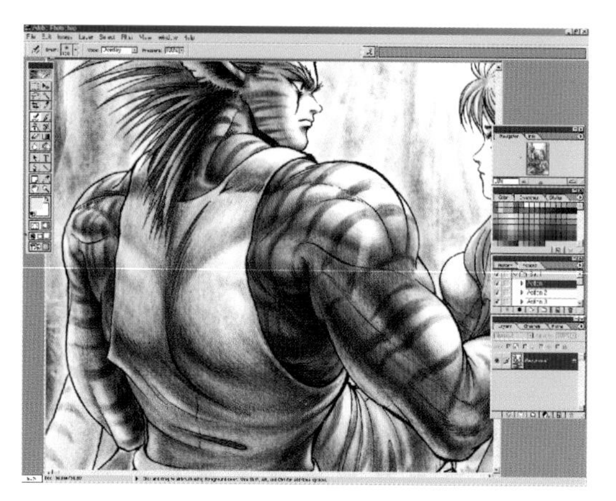

9 选择喷笔工具，把模式调成overlay，并用亮的天蓝色表现反射光。

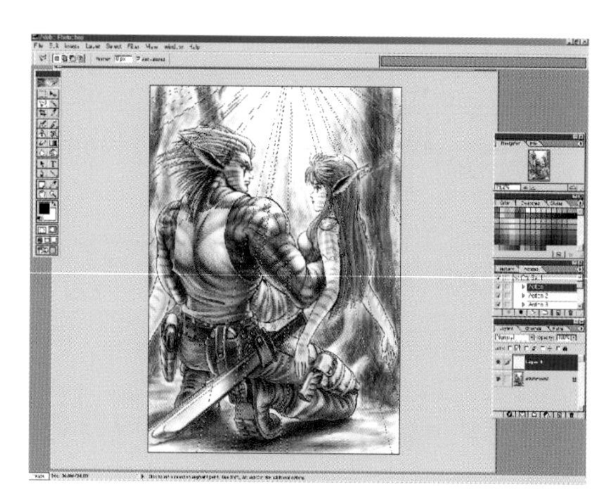

10 新建一个图层（Layer 1），用多边型套索工具做发光的多边形。

11 使用渐变工具并用白色和黑色做成上面亮、下面暗。

12 把Layer 1 的模式调成Screen，把Opacity调成30%。

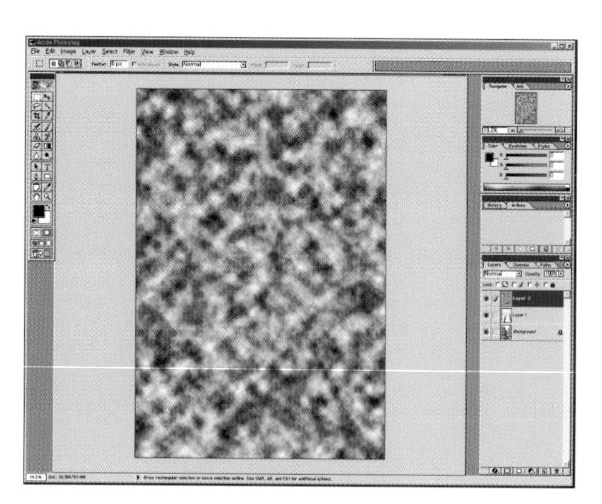

13 新建一个图层(Layer 2)，用Filter-Render-Clouds 做出云彩模样。

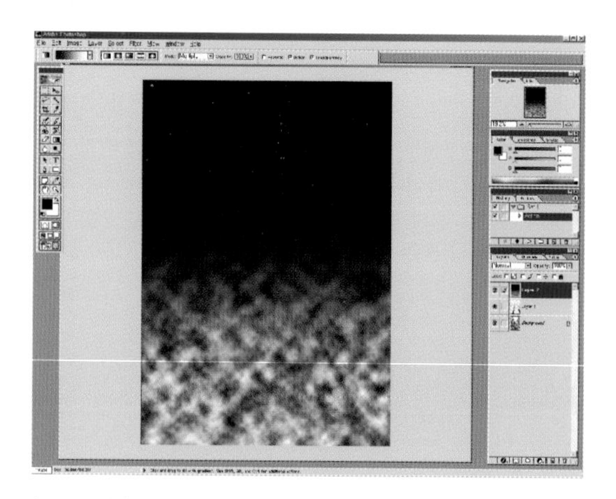

14 选择渐变工具后，把模式改成Multiply，并给渐变使上面变暗。

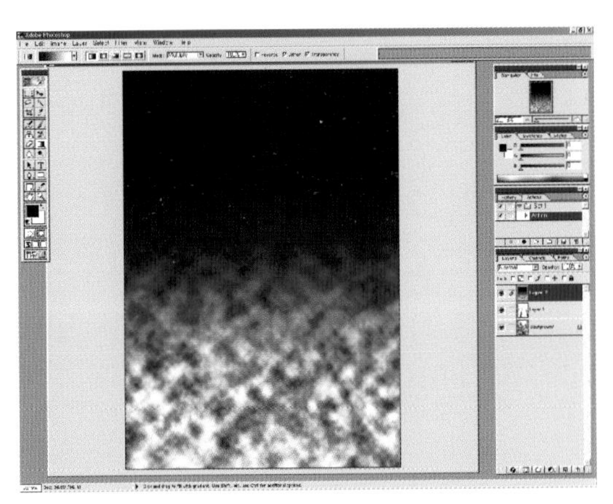

15 选择 Image-Adjust-Color Balance 把 Highlight 部分和 Midtones 部分上换成蓝色。

16 把 Layer 2 的模式换成 Screen，把 Opacity 值调到 70%。

17 新建一个图层(Layer 3)，用喷笔工具为增加人物受光面和色感的亮度上白色。

18 新建文件。用多边形套索工具做一个 X 字的模样，并用矩形选择工具选择X字模样。然后选择 Edit-Define Brush，把 X 字模样变成笔触。

19 新建一个图层(Layer 4)，在笔触中选择 X 字模样，后给背景闪闪发光的效果。用笔工具画才能容易调整大小。

20 给点 Filter-Gaussian Blur 效果后，把 Layer的 Opacity 调到 89%。

21 选择Layer-flatten Image合并所有的图层。完成了手工的修改作业。

22 下面重新加工板是进行了色彩调整，给了反光和过滤效果，同时对背景方进行若干加工的板。
为了提高这种手工作品的质量和效果，往往采用重新加工的方法。

13 利用许多软件的插图

光是图像处理软件就有很多种，所以往往出现不知用哪一个软件好的情况。

但是没必要把所有的软件都用上。要以一个自己喜欢的软件为基础再利用些其它软件的长处。

笔者主要用Photoshop。Photoshop 有很有效地表现别的软件作业物的编辑功能，同时也有集许多软件的作业物为一体的功能。但有时也出现被替换主要软件的现象。

要求有绘画感的作业里重点放在漆匠后使它对别的软件的作业物进行修整或重新描线。软件随Premium 或Painter、After Effect、Premiere、3DMax、True Space 等的效果和制作，有时也更换重点。

那么这里以 Photoshop 为主的软件 Painter、Premiere、Bryce、After Effect、3D Max、True Space 等进行作业。

1 首先要构思画什么。在练习纸上打好草稿。然后把草稿挂在显示器旁边，边看边做作业。

要点

在Photoshop 里除了自带的画笔模样之外还想要使用别的画笔模样可以用如下的方法。先点击喷枪工具或画笔工具，在Photoshop 主菜单下的Options bart 里选择Popup 面板的Assorted Brushes.abr。画笔的模样明显增加，Assorted Brushed 下面选择别的abr可以得到更多的画笔种类。把所有画笔模样都拿出来看之后选择要用的模样也是可以的。

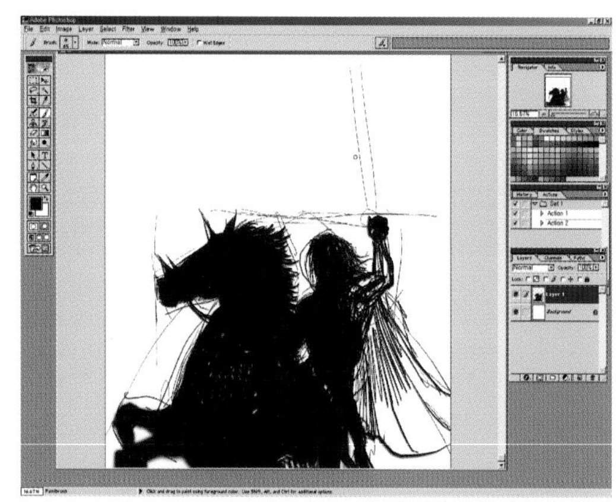

2 先从主要人物开始做作业。用毛笔工具在Layer 上像素描似的画人物。

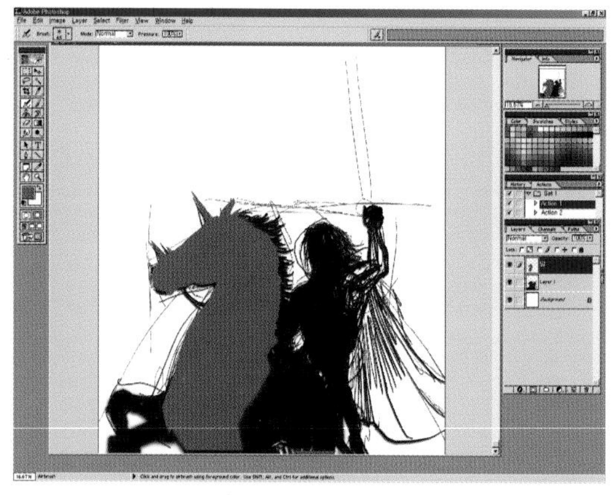

3 以Layer 1 为基准新建一个名为“马”的Layer。在那上面画一个界限较模糊的马的形状。形状上确实凸出的部分可以用Path明确界线，然后在“马”Layer 的上面再建一个Layer。这只是为了使要画的部分叠在一起。

4 给人物的皮肤部分和盔甲部分各做一个Layer 后看着底稿画形态。

5 把底稿层Layer 1的眼睛按钮点一下，把Layer 1 变成不可视的状态。在“马”Layer里点击Lock，画上反射光。一般反射光多用绿色或者紫色等冷色调，这种色调带有后退感。它与从前方射来的暖色（黄，红等）光一起表现出更进一层的立体感。这里考虑马的颜色，给稍带红色的紫色系列的反射光。像盔甲部分用贴近绿色的紫色上颜色就可以了。画时根据事物的色相采用不同的反射光的色彩。

6 边上明暗边画形态。明暗呈用喷笔上暗褐色。

7 用多种色上色，颜色越多越好。越贴近现实的构图越多用色来丰富色感。合理的使用Dodge Tool 和Burn Tool，用Dodge Tool 表现亮的部分，用Burn Tool 表现暗的部分。

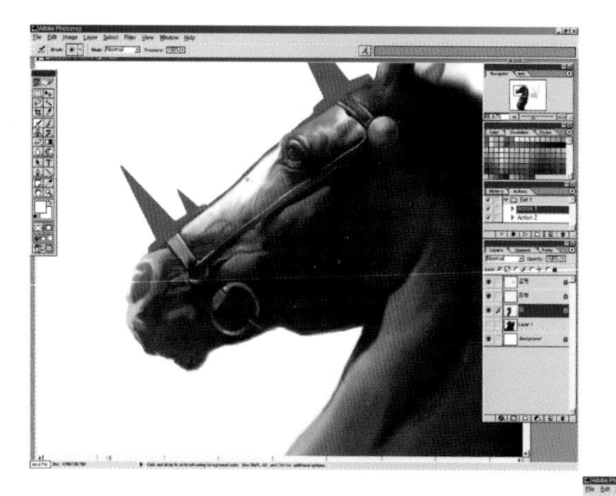

8 需要认真而精致的表现。
利用Photoshop Layer 的制图方法是一部分一部分去完成，而不是把整个同步完成。用 Painter 的制图方法是把整体同步进行。Photoshop 为主的制图方法是采用先完成一部分后逐步往外画的层递式画法。

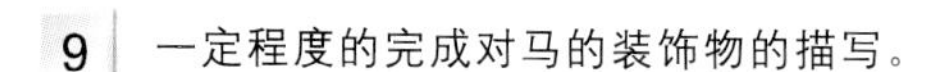

9 一定程度的完成对马的装饰物的描写。

10 把皮肤Layer 锁定，上反射光和明暗。在马的反射光中紫色反射光比红色系列表现得更为出色。因肤色不同表现也有些变化。主要在明暗的阴影部分给反射光。

11 用喷笔、Dodge Tool、Burn Tool 等来进行描写。

12 脸部画的跟气氛融洽一些。

"提醒一句"

图象的整体氛围和用什么色来表现是由画的内容而定的。事物也有性格。像画石头、怪物或者植物时各用不同的方法、色调、技巧表现一样，根据画的内容选择其氛围。一切对象都有反射光的属性，因此在画画的时候把对象与周边的色彩相融合的表现方法是比较好的。在画画之前先把对象的属性和反映性格的氛围掌握好就可以给对象定义色调，再了解了对象的反射属性就可以调和出相应的色彩。

肤色是根据以背景色为主的照明的色感、强度、反射光等条件来决定的。它又受到周围的色彩的影响，会出现颜色往来的反射属性。

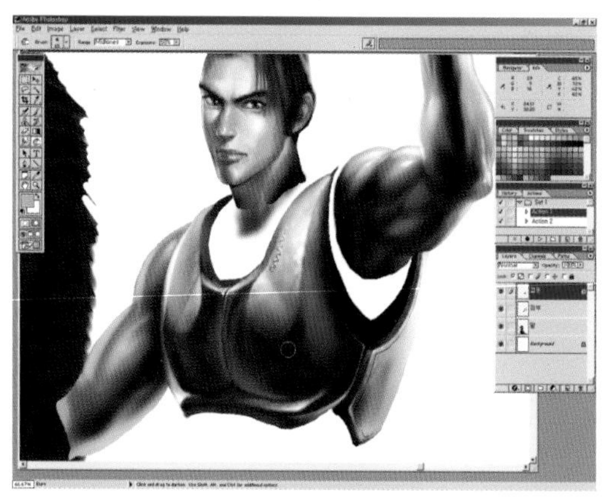

13 选择盔甲Layer，盔甲也跟画脸部和马头一样，要考虑好反射光和周边色彩关系。快完成背景时再一次修正反射物—盔甲的颜色和背景色。

14 考虑马的腿，人物的身体和衣服部分Layer上层关系，分别来画。

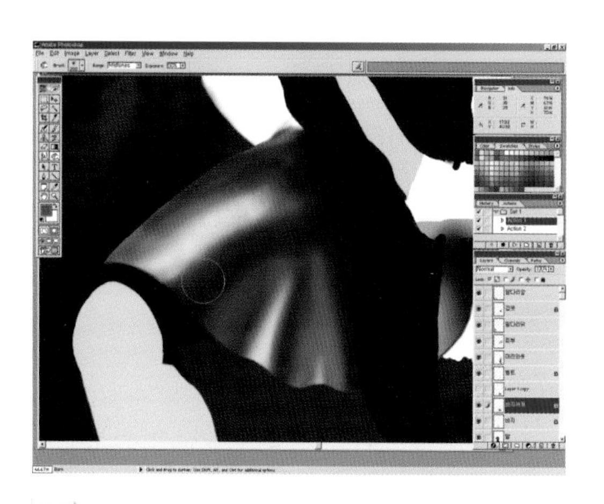

15 在外裙上表现皱纹。在这里填充纹理。

16 黑色背景上的白色纹理。白色部分是把Layer的Mode选成Screen，就可以只出现纹理。

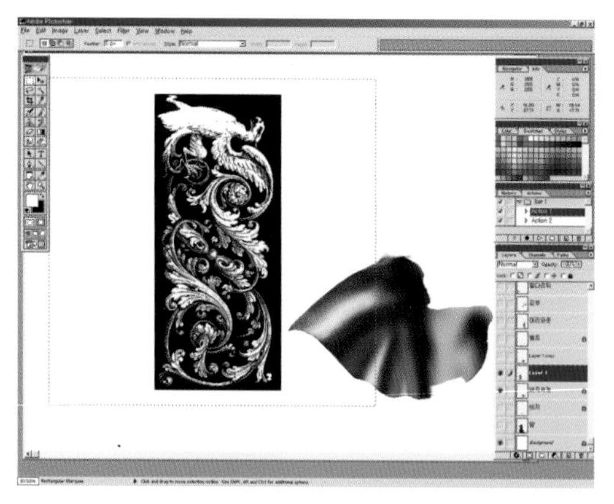

17 把调进来的纹理竖着放后用矩形选框工具来扩展。

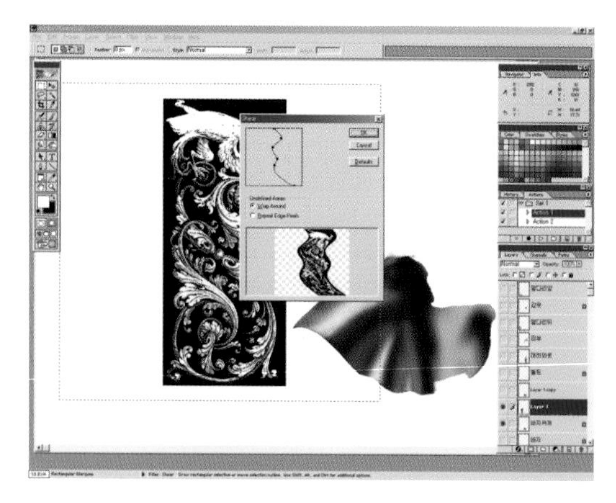

18 利用Filter-Distort-Shear，把图像扭曲成皱纹的模样。

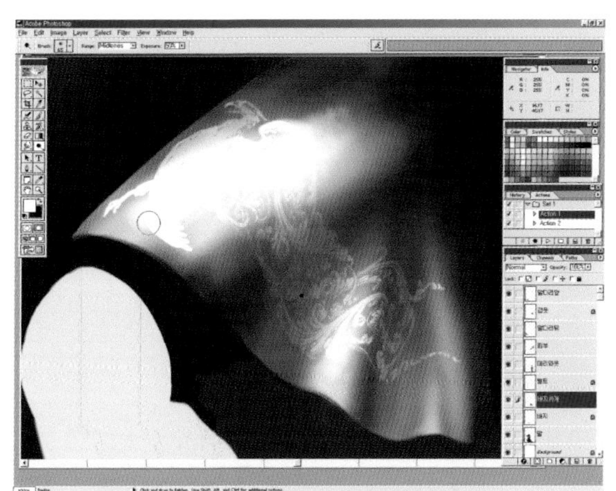

19 把纹理Layer的Mode选成Screen后用Free Transform对齐纹理和皱纹。然后用Dodge Tool和Burn Tool相互和谐的表现明暗后进行链接上，并跟外裙合并。

20 在画衣服时重点从明暗深的地方开始，往外逐渐变淡，并尽力进行温柔的描写就可以有衣服的质感了，根据材质，坚硬的对象用画笔画边线的时要稍带有棱有角。温柔的对象用温柔的笔触，根据对象的性质表现。

21 头发是用喷笔工具选择小的笔形一根一根画后，用Blur Tool做模糊一些。然后选择毛笔工具，给亮的头发表现色的反射属性。

22 膝盖和腿部金属感觉的盔甲也跟先前画的盔甲一样画，之后根据周边色彩的影响表现的稍微暗一些。用Path画像马缰绳一样自然弯曲的物体。

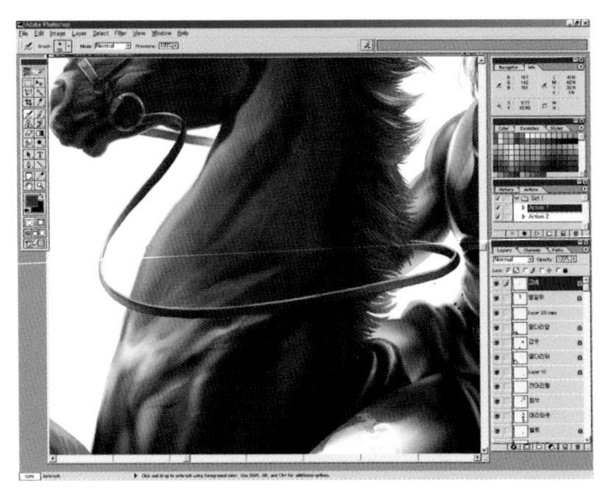

23 根据着缰绳的形态上明暗和高光。缰绳的影子也用Burn Tool表现。

24 在Photoshop里保存图片，之后用Painter打开。新建Layer，在F/X笔里选择FurryBrush，并用土色来画。Furry Brush是可以表现毛的笔触，根据鼠标或者手写板的倾斜程度表现出长毛或短毛。

25 重新调进Photoshop。之后画上斗篷和剑。然后，链接除了Background之外的所有层后选择Merge Linked把它们合并成一个层。

26 图片里的主角虽然完成了，但还要对合并后的背景色做若干的调整才能圆满完成。

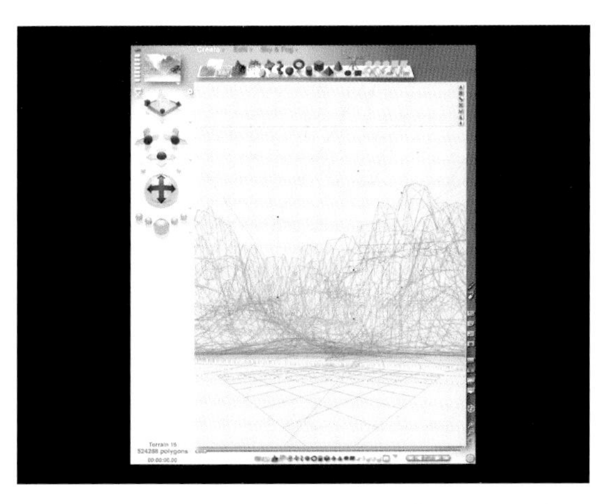

27 在Bryce里做出堆满雪的山的背景。这个过程跟3单元里的过程一样。

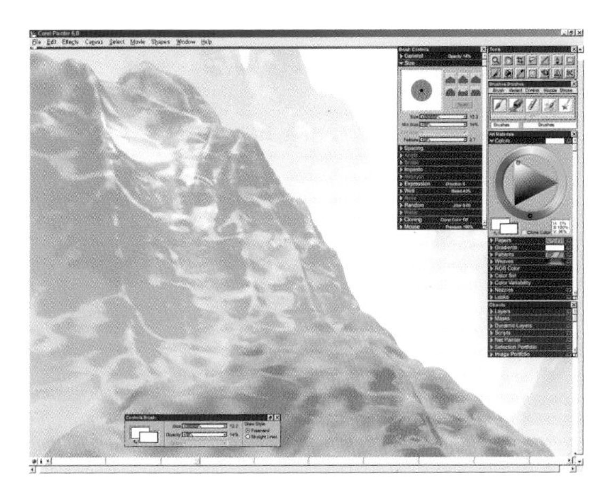

29 调入到Painter，用Brushes的Brush把3D冰冷的感觉换成绘画的感觉。

31 为了背景的紧张感把背景稍微拉长了一些。峻峭的山才跟拿剑的图更片相配。

28 用Bryce输出的图像。

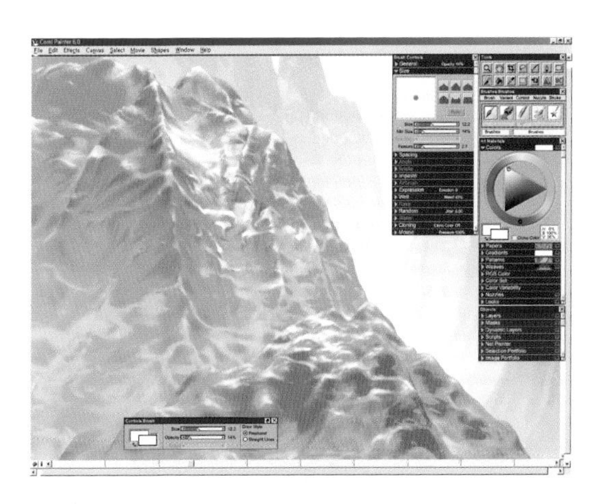

30 重点描写山峰中比较靠前的山峰，增加远近感。

32 在Photoshop把背景合成。合成时把背景层放在人物层底下就可以了。

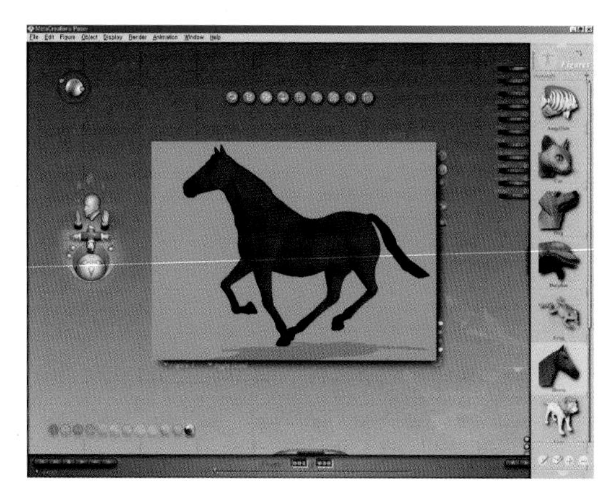

33 在Posser里选择马，然后做出跑动当中马的形态并输出成图像格式。用TIF格式的文件保存。

34 把这个输出的Tif格式图片导入到Photoshop。在Lode Selection里选择Alpha 1。这样就会选中马然后Copy,Paste，只保留在Layer 1复制的马，把另外Background layer扔到回收站里。

35 在跑动的马的身上画骑士、马鞍和缰绳。

36 在给骑士上颜色的时候把马也换着重新上色。

37 其它骑士也用同样的方法来画。

38 用2个骑士复制出很多图像。利用Free Transform把骑士图像缩小，表现远处骑士。选择Filter-Blur-Blur Mode把远处的骑士变模糊，能更好的表现远近感。

39 点击人物Layer眼睛按钮遮住人物。建一个影子Layer和表现万马奔腾所引起雪花飘的飘雪Layer。用喷笔工具画影子和飘雪。

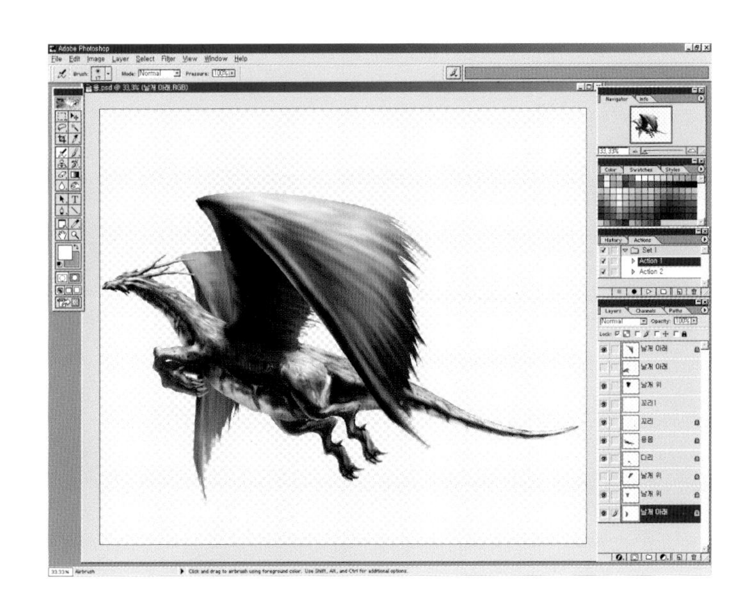

40 新建一个文件，画一条有翅膀有脚指甲的恶龙。为了表现几条龙在天空上飞的感觉把龙分离后画。

41 这是画恶龙的Layer的排列。为了表现翅膀的各种动作分解Layer状态的图像。利用Layer的有顺序的排列和Free Transform调节翅膀的大小，就可以制作各种动作的恶龙的翅膀。

在Photoshop6.0里做容量大的作业时History面板的History States基本有20个，这是速度慢的理由之一。想减少这个只要在Edit-preferences-General里减少History States就可以了。

42 利用 Free Transform 的恶龙在拍翅膀的图像。除此之外还可以表现很多拍翅膀的动作。把龙的腿部和尾巴用Free Transform 变形效果会更好。

43 安排好龙的位置。用Free Transform 调小的龙，可以用Filter-Blur-Blur Mode 使它模糊表现远近感。

44 用Flatten Image 把Layer 合并。然后新建一个Layer，给主角人物的马安排溅起的雪花。

45 为剑的反光效果，使用Filter -Render-Lens Flave。

46 完成的图像。画或者表现图时，好的程序是适合作者个性的程序。

The Digital comic Techniques

III 漫画和3D

1. 理解Bryce
2. 使用Bryce制作自然背景
3. 使用Bryce制作都市背景
4. 使用Bryce制作海底背景
5. 使用Bryce制作梦幻背景
6. 使用Bryce制作场景
7. 2D漫画和3D的合成
8. Bryce5
9. 制作有山有树的冬天风景
10. 利用Bryce5的漫画合成

1 理解Bryce

在Metatools 制作的Bryce 是可以用3D 制作地形和地物等的3D 软件。
它可以容易表现3D 难以表现的自然图片。是比较简单的界面和操作形成的。
不会3D 的读者也可以轻松的操作做出优秀的3D 图片。

执行Bryce4 的画面。
把鼠标移到最上方时出现菜单栏
执行Bryce 命令的方法是用图片形式说明的，所以容易懂其功能。

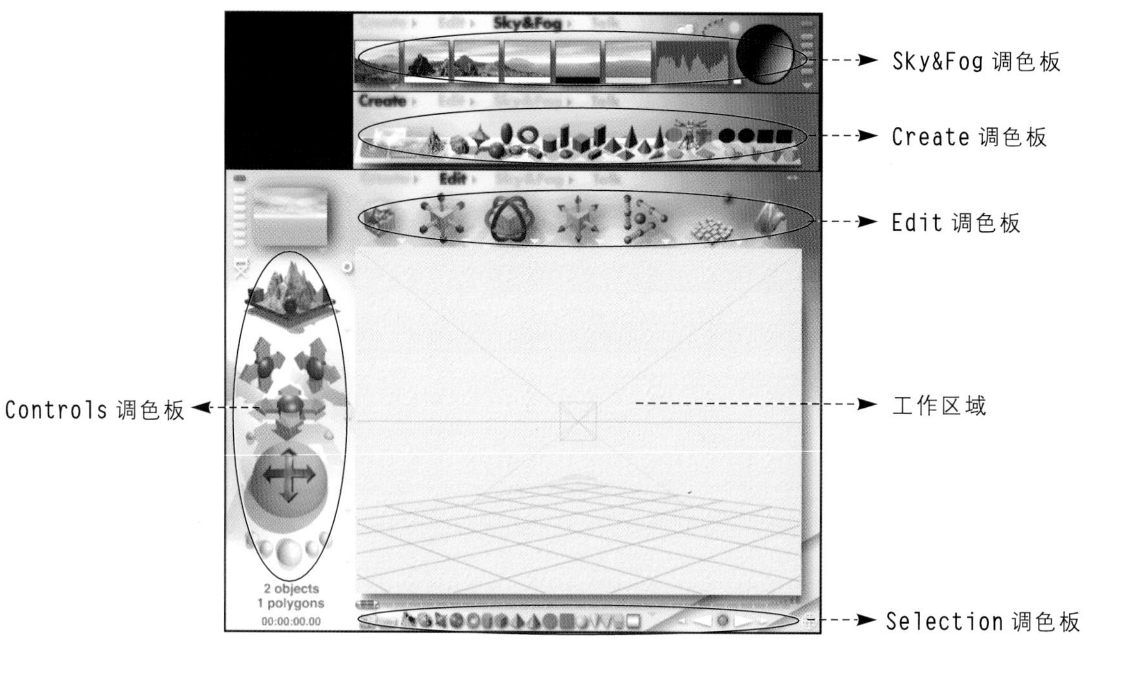

Bryce是制作漫画背景时非常好用的软件。Bryce以彩色才可以rendering黑白原稿时在Photoshp换成黑白图片后再到背景使用。

制作面板

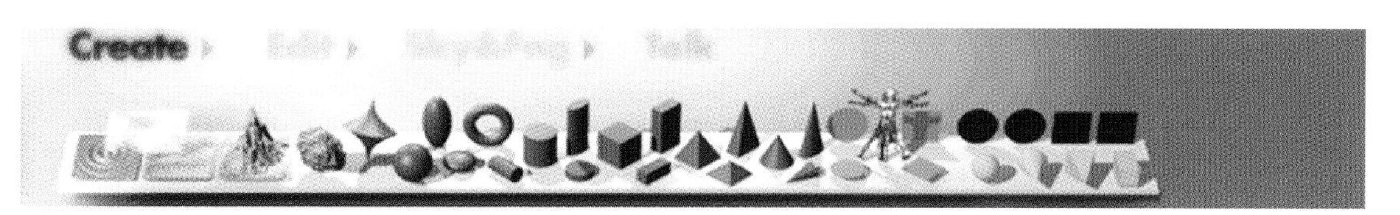

Create 面板是制作对象时用的面板。它由基本的自然物制作要素、图形和2D 图片、照明等构成的。

Water 图标

点击 Water 图标时形成像海的图片对象。

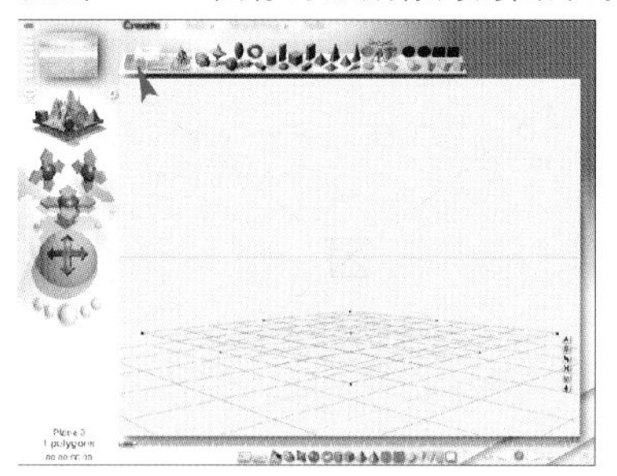

点击 Water 图标制作水面的图片对象。

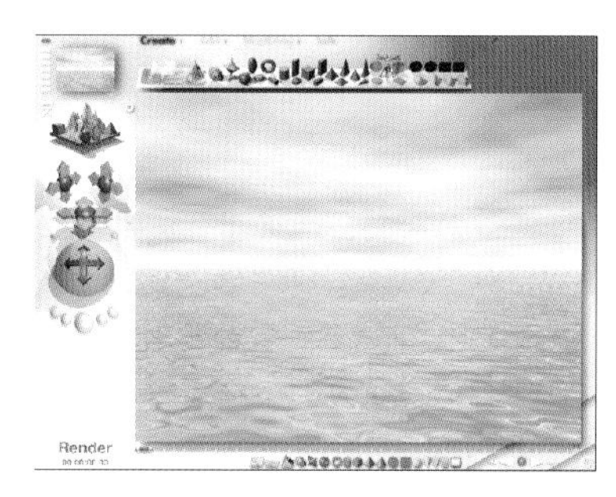

rendering 的图像

Ground 图标

点击 Ground 图标时形成地面图片的对象。

点击 Ground 图标制作地面的图片对象。

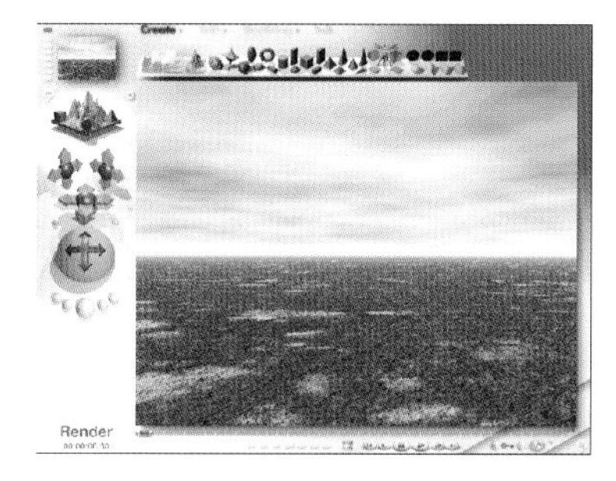

rendering 的图像

Ground图标

点击Ground图标时形成云的图片。

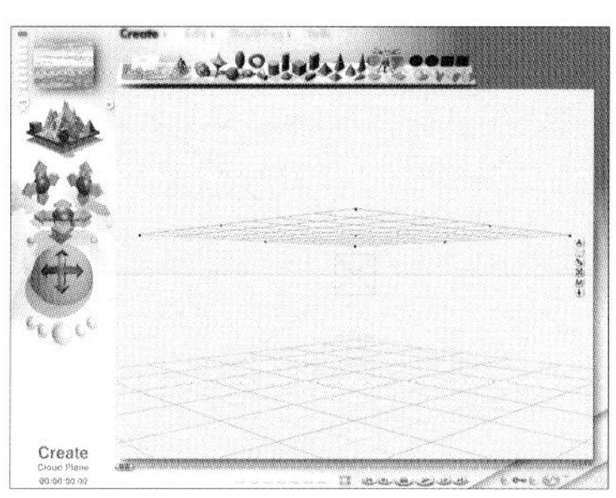

点击 Ground 图标制作云的对象。

rendering 的图像

Terrain 图标
制作山形的对象。调节对象可以制作出不规则形态的地形物。

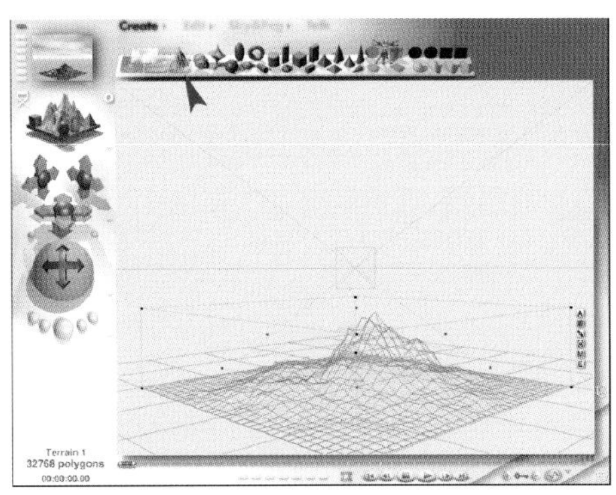

点击Terrain 图标制作山形的对象。

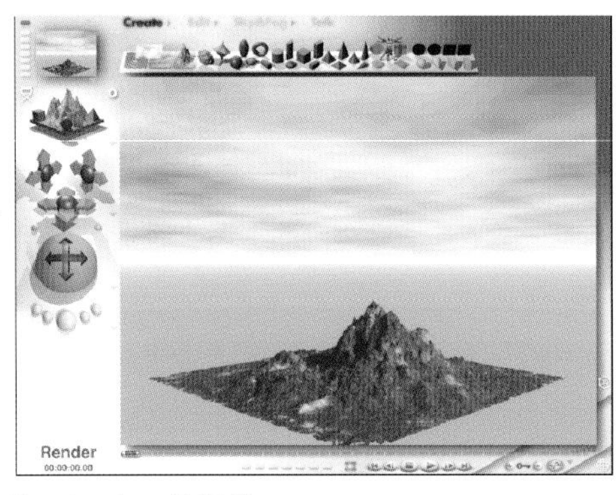

Rendering 的图像

Rock 图标
制作石头模样的对象。

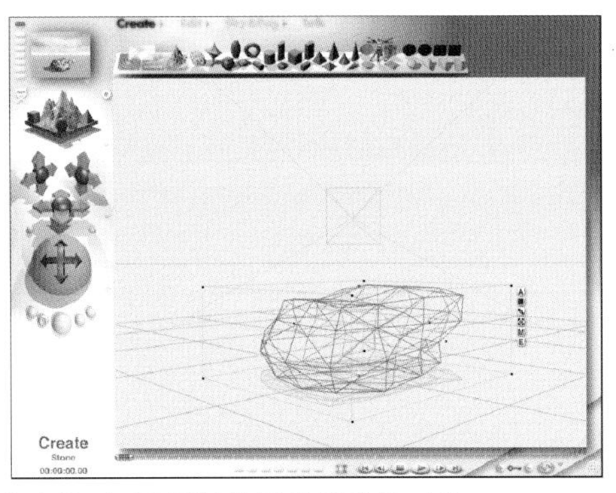

点击Rock 图标制作石头模样的对象。

rendering 的图像

Symmetrical Lattice 图标
制作上下对称的不规则的地形对象。

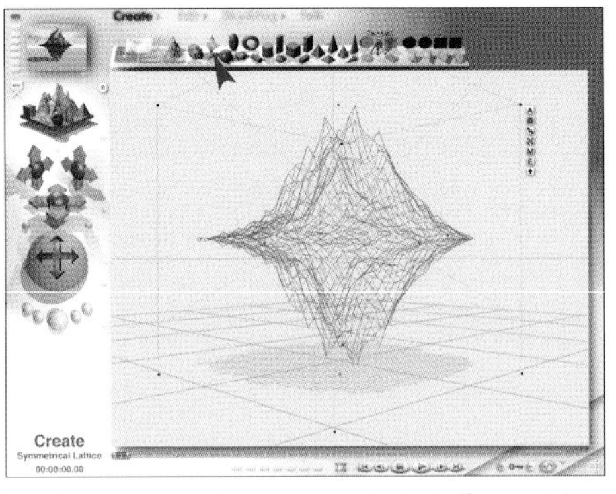

点击Symmetrical Lattice 图标制作上下对称而不规则的地形。

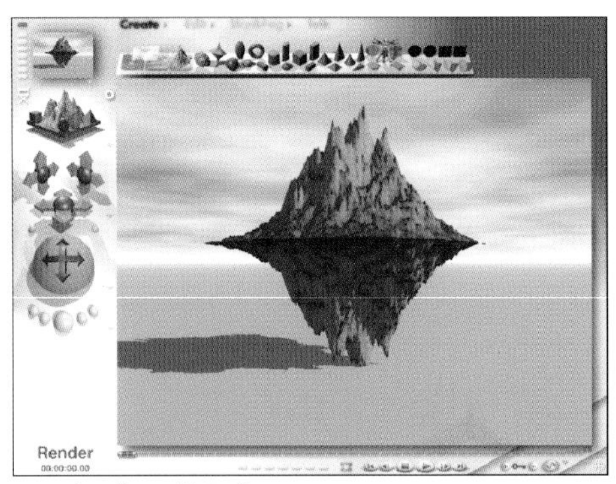

rendering 的图像

Primitives 图标
制作各种图形的对象。把各种图形组合起来可做模型,也可以利用它的效果做mapping

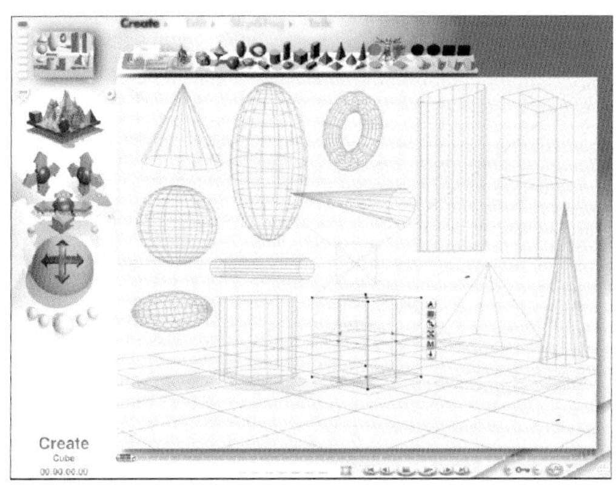

点击Primitives 图标制作各种图形。

Rendering 的图像。
Primitives 图标是mapping source 没有被选择的状态以灰色表现。

是给 Primitives 图标的图形选择mapping 要素的图像。按 mapping source 状态有所变化,但这不是图形对象的变化,而是mapping 范围内的透明状态。

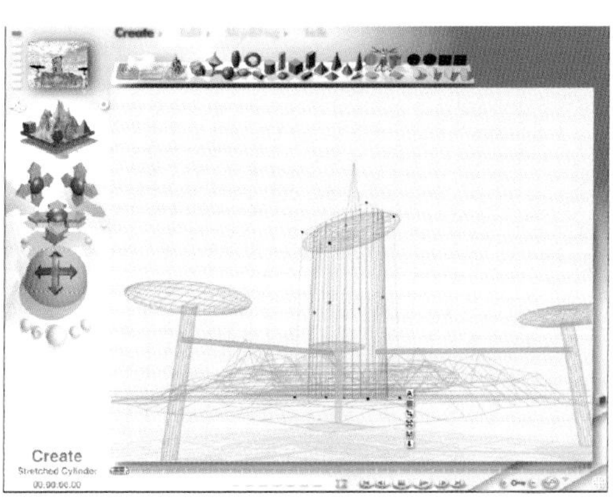

组合各种图形制作的建筑。

Rendering 的图像。
表现未来型的建筑也可以选择几个图形和mapping source

Pict 对象图标
在三维空间里制作导入2D 图片对象。
在Photoshop，透明层的人物以Psd 格式保存。

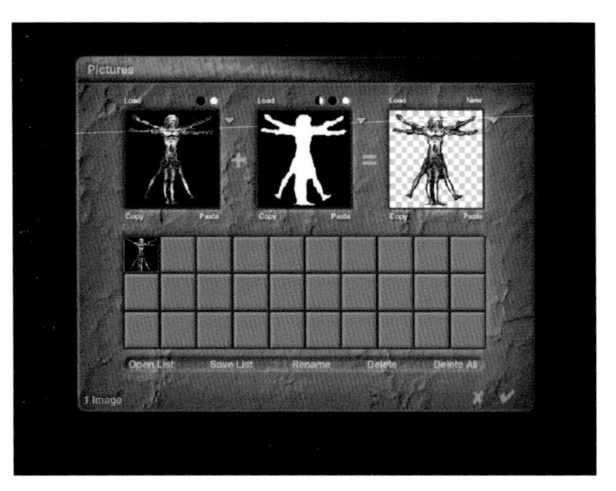

点击Pict 对象图标时会弹出Pictures 对话框。

点击Pict 对象图标时会弹出Pictures 对话框。在 Pictures 对话框上端的三个小方框里，设定成2D 图片可以在3D 使用。

点击第一个方框里的Load 时会弹出对话框，在这里导入2D 图片。第二个方框Load 是导入2D 图片的Alpha 通道的地方。第三个方框是二个图片合成Alpha 通道做成透明结果图片的方框。

在Photoshop 透明层方式保存后导入到第三个Load 时会自动做成Alpha 通道。

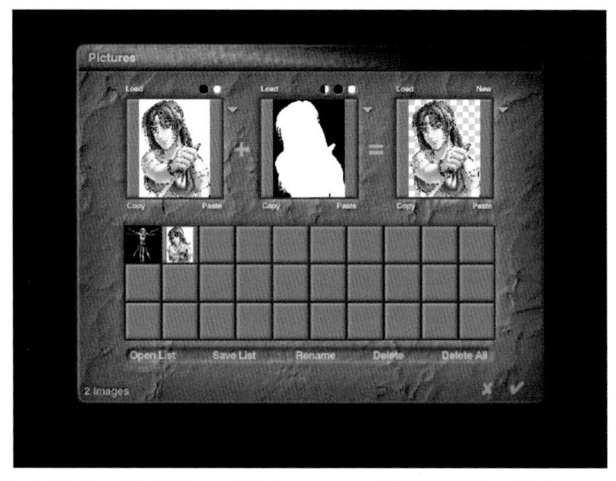

点击Pict 对象图标，从Pictures 对话框里导入保存的图片。

用Pict 对象图标导入2D 画像放到3D 后rendering 的图像。

利用Pict对象导入背景图和Bryce对象一起使用会得到很好的效果。

Lights 图标
各种各样的照明效果。

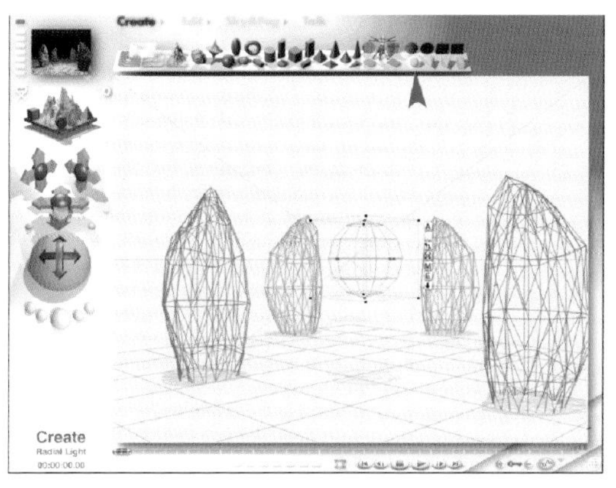

Radial Light
用的最多的是四处扩展的光。

Radial Light rendering 的图像。

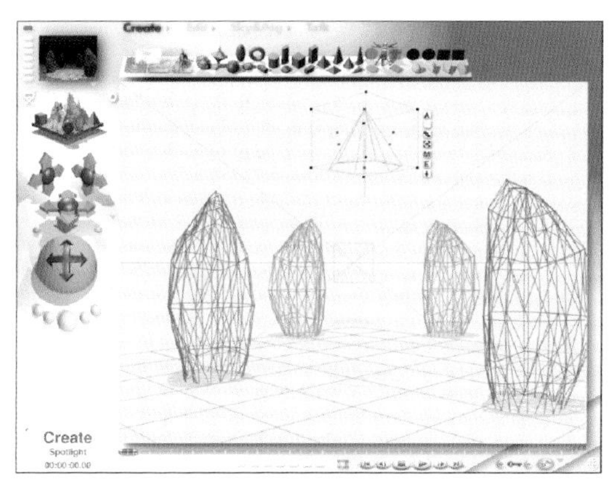

Spot Light
向一个方向扩展的照明。

Spot Light rendering 的图像。

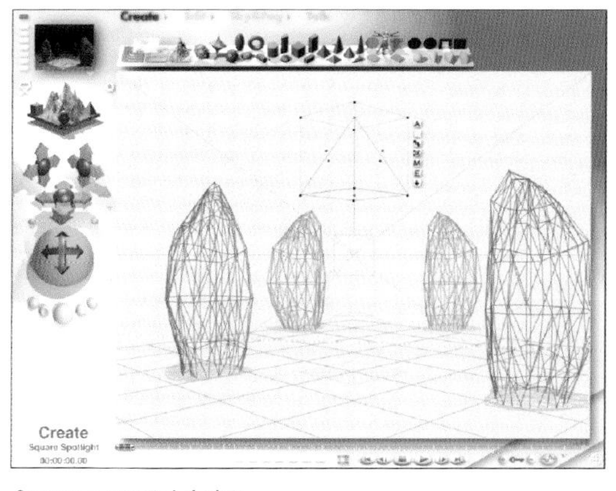

Square spot Light
向一个方向扩展的四方型照明。

Square spot Light rendering 的图像。

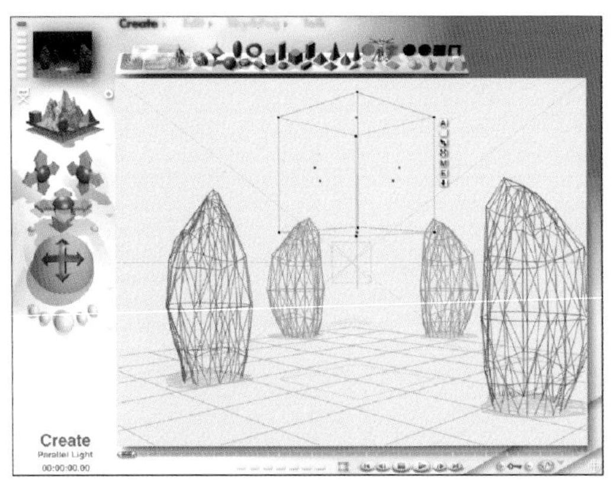

Parallel Light
向一个方向发散的四方型照明。

Parallel Light rendering 的图像。

调节照明的色彩、亮度和境界的鲜明度。

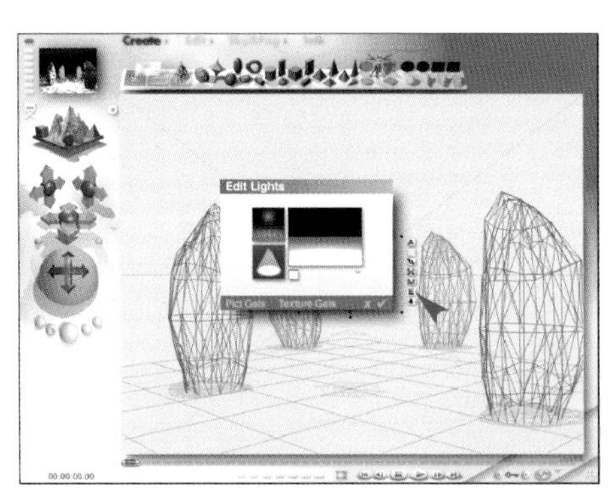

点击照明对象上拉菜单的E图标时会弹出Edit Lights 对话框。可以调节照明的色彩、亮度和境界的鲜明度。

Edit Lights 对话框的亮度部分可以左右拖动来调整数值。

亮度数值调到120 的 rendering 的图像。

可以左右拖动来调节Edit Lights 对话框的境界部分的数值。

调暗Square spot Light 的境界的照明rendering 的图像。

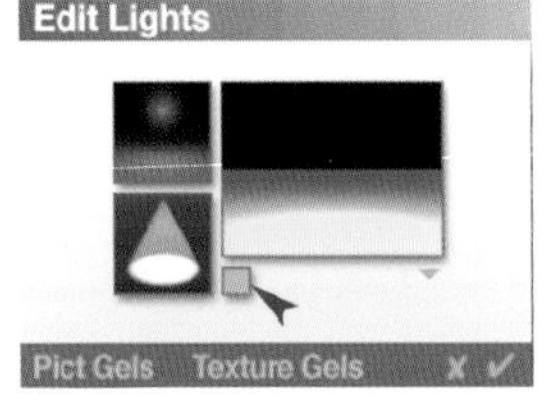

选择Edit Lights 对话框的色彩箱后，可以选择色彩。

填加颜色的照明 rendering 的图像。

Controls(控制)面板

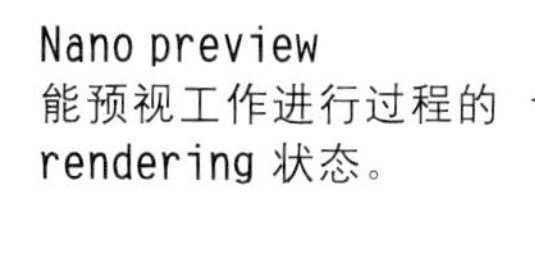

Nano preview
能预视工作进行过程的
rendering 状态。

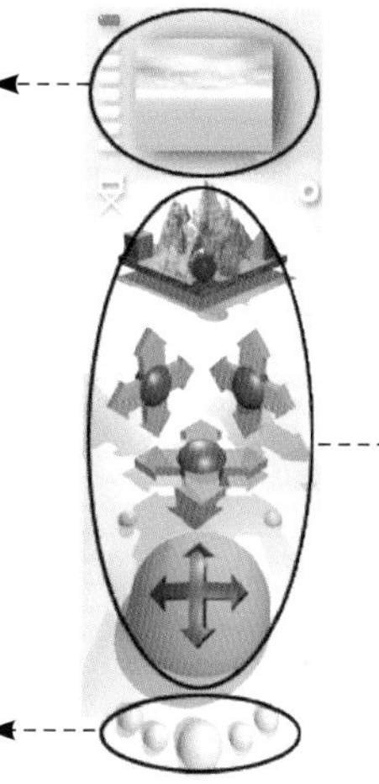

View controls
能调整工作区域的视点和镜头的视点。

Render dontrols
开始rendering 或指定
属性的按钮。

2 objects
1 polygons
00:00:00.00

View controls

工作时把工作区域的视点做成上、下、左、右、前、后或照相机镜头的视点，容易看到其位置和形态。

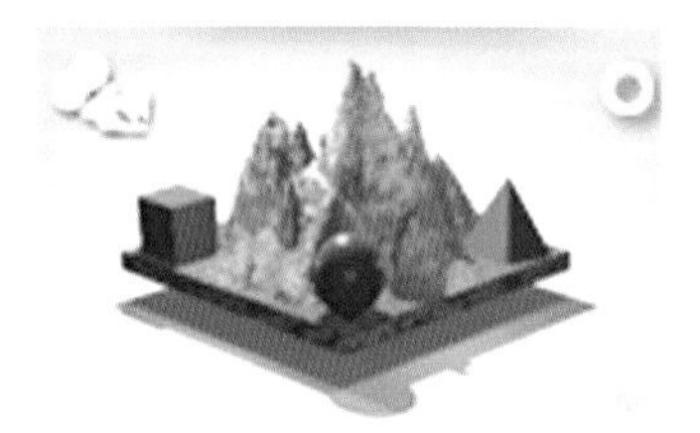

Camere view
把工作区域做成镜头视点。

From top
把工作区域做成从上往下看的视点。

From front
把工作区域做成从前面看的视点。

From back
把工作区域做成从后面看的视点。

From right
把工作区域做成从右边看的视点。

From left
把工作区域做成从左边看的视点。

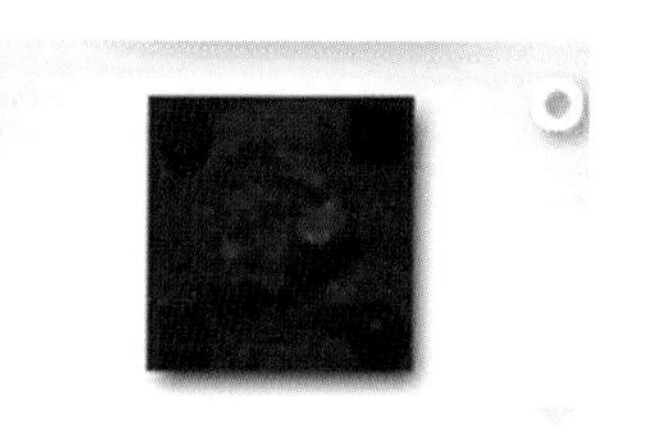

From bottom
把工作区域做成从下往上看的视点。

Camera cross

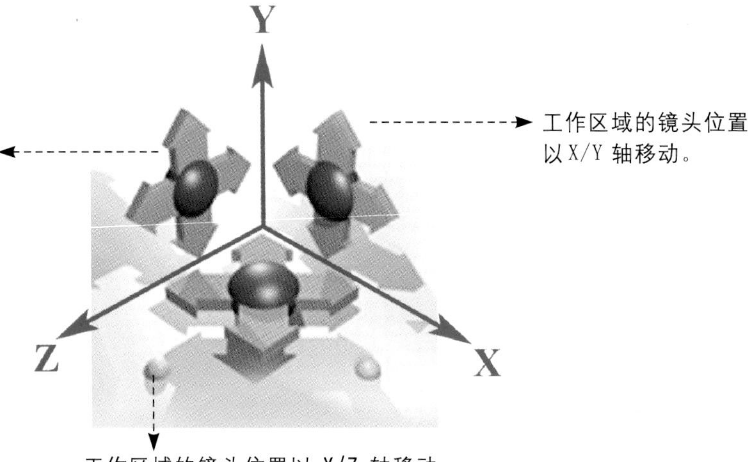

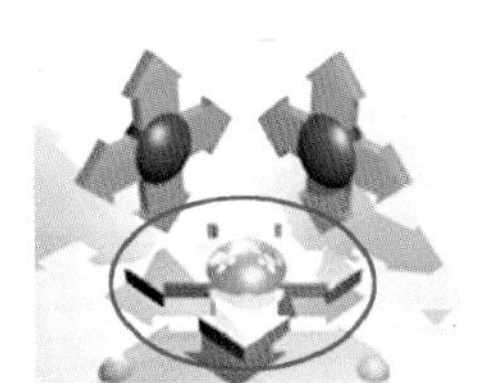

移动Camera cross 的X/Z 轴的图像。

移动Camera cross 的Y/Z 轴的图像。

移动Camera cross 的X/Y 轴的图像。

Field of view

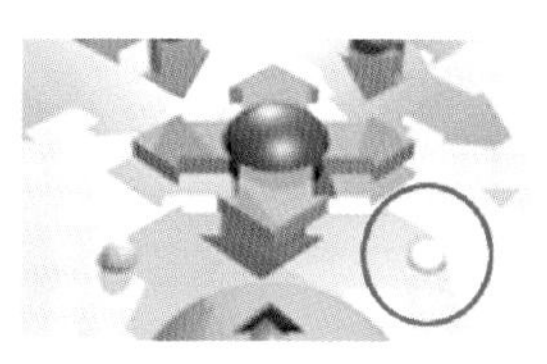

把Field of view Zoom in,out 的图像。

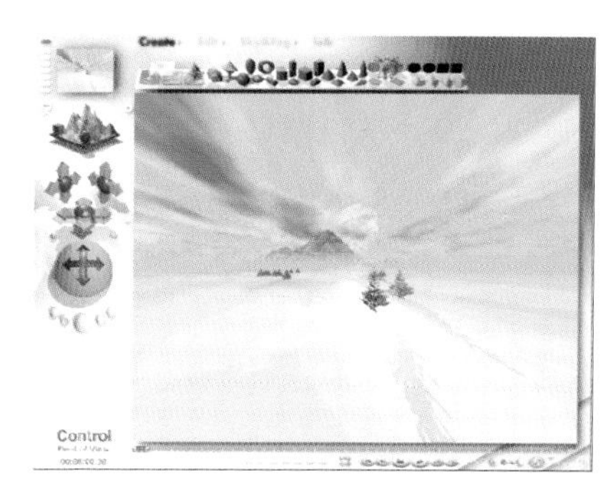

Backing control

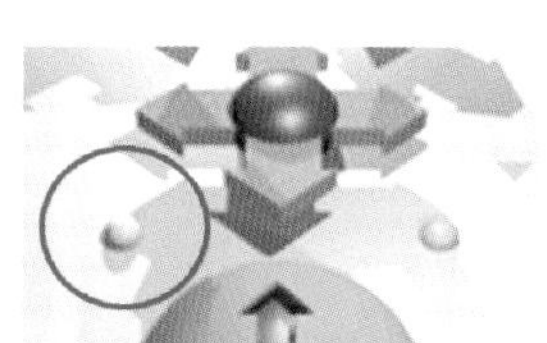

调整Backing control 的倾斜角的图像。

Camera Trackball

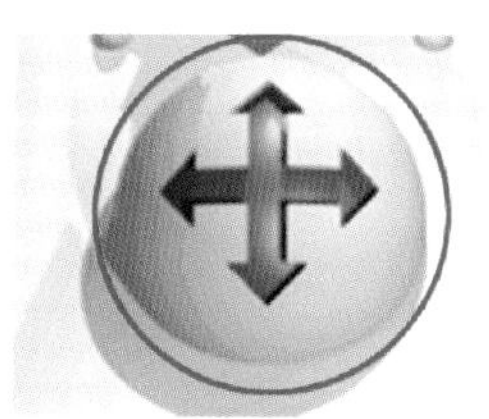

把Camera Trackball 的镜头的角度和视点随意移动的图像。

Render controls

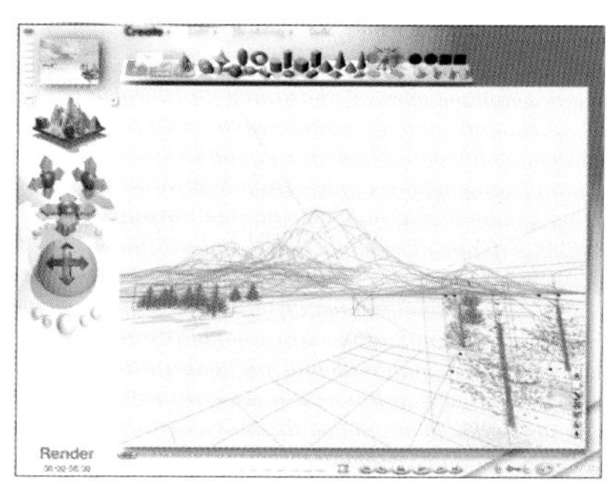

Rendering 前的工作区域。

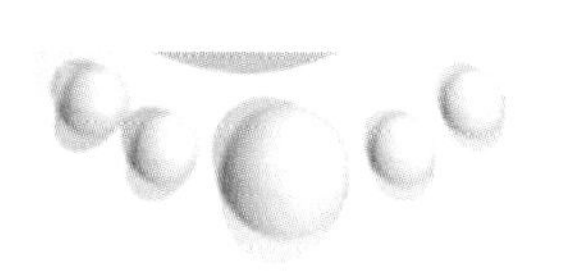

Render controls

rendering 后的图像。

Edit(编辑)面板

调节Create面板里制作的对象的移动和修改、变更、质感等的面板。

Materials control

Materials control
可以设定对象的材质。

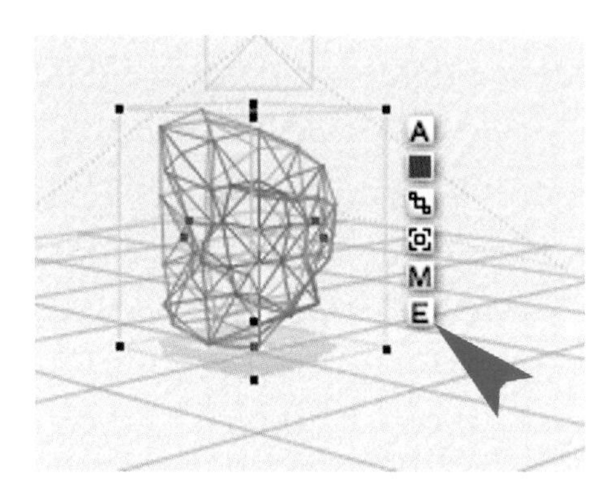

在对象的Popup menu里选择M一样。使用Popup menu 的M比使用Materials control对复杂的对象更有效。

选择Materials control会弹出Materials lab对话框。

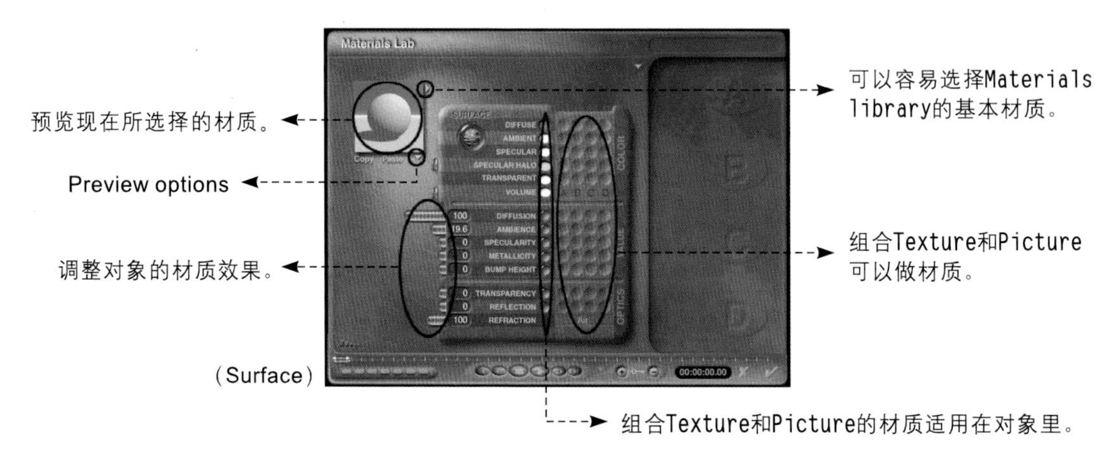

(Surface)

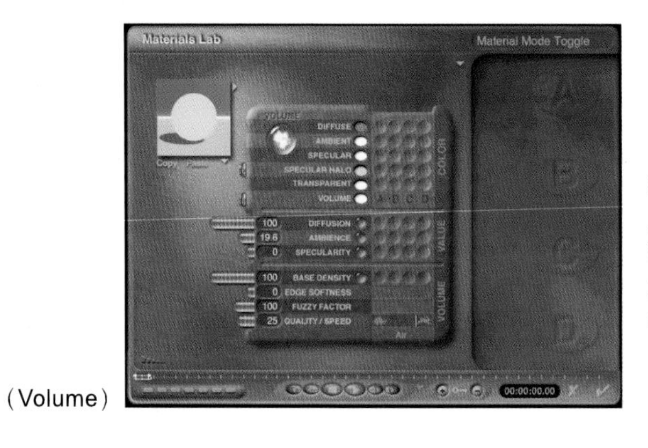

(Volume)

利用表面材质的Surface使用在适合材质的对象里，Volume是要表现对象里面的实际空间里存在的材料时进行选择。

对象的移动

按Ctrl键拖动对象时向Z轴方向移动。按Alt键时向Y轴方向移动。按Ctrl+Alt键时向X轴方向移动。

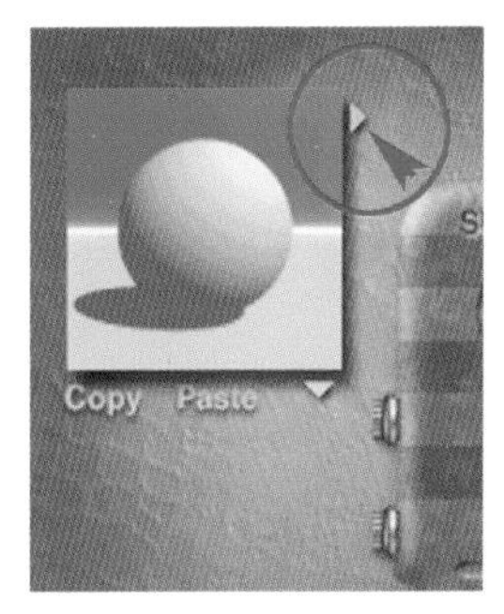

单击Preview边的小三角时会弹出Material library对话框。这对话框里集合了使用在Bryce里的基本材质。

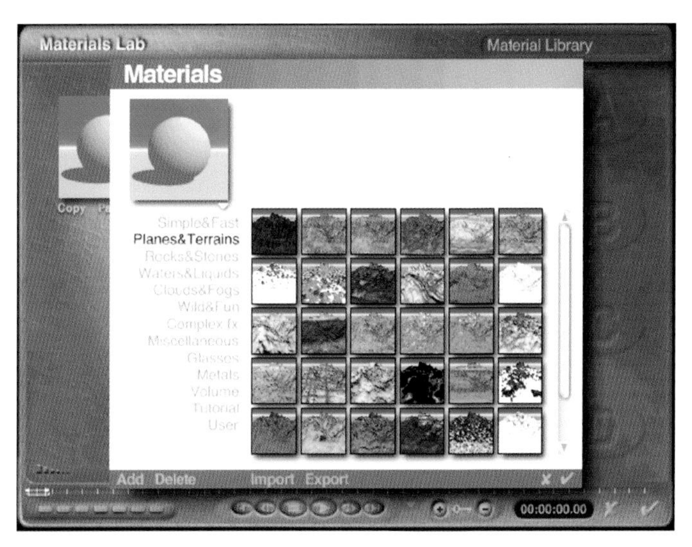

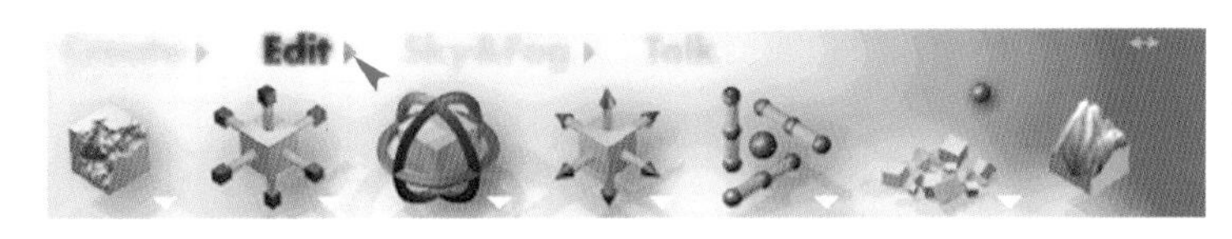

单击 Edit 调色板边的小三角时会弹出Material library 对话框。

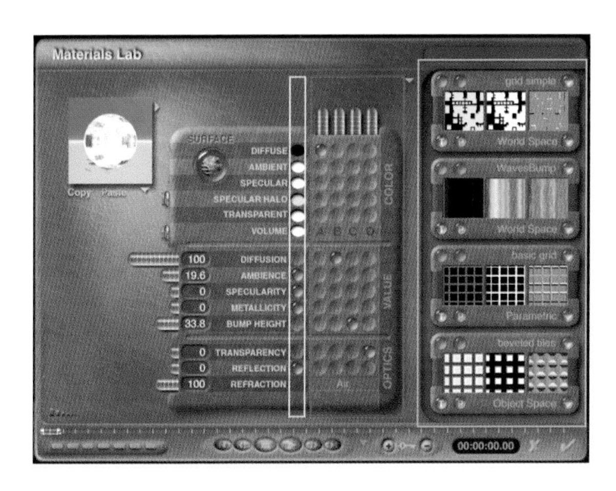

选择红色方框部分的A.B.C.D时蓝色方框部分分成A.B.C.D可以把4个材质合成。选择红色方框时最先的黄色方框会消失，弹出红色方框里选择的按钮。

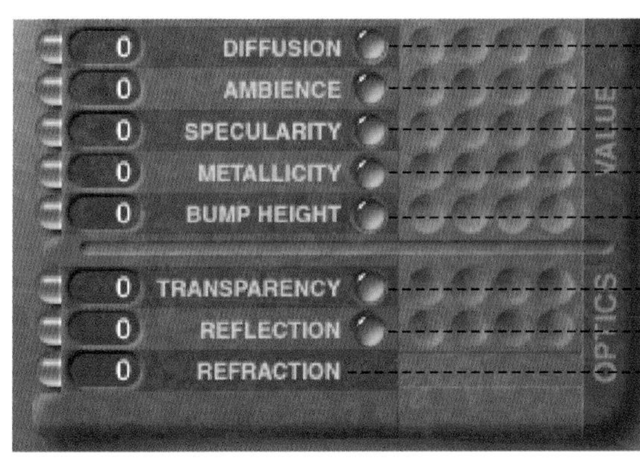

- DIFFUSION → 调整照明或太阳光的反射律。
- AMBIENCE → 调整对象的自体色或材质原色的明暗。
- SPECULARITY → 调整highlight的亮度。
- METALLICITY → 调整对象的金属性质感。
- BUMP HEIGHT → 对象选择的Texture的明暗的感觉来设定高度做成凹凸不平。
- TRANSPARENCY → 把对象做成透明。
- REFLECTION → 调整周边的颜色或周边看到的状态的反射程度。
- REFRACTION → 调整光的折射程度。

Resize control

Resize control 能调整对象的大小。
在Create 面板做对象，然后调到适当的大小。
虽然在Create 面板做的山，但是最初设定山是非常小的图像对象。只有放大图像时才能看清楚。为了得到真实的效果放大到适当的大小是非常重要的。

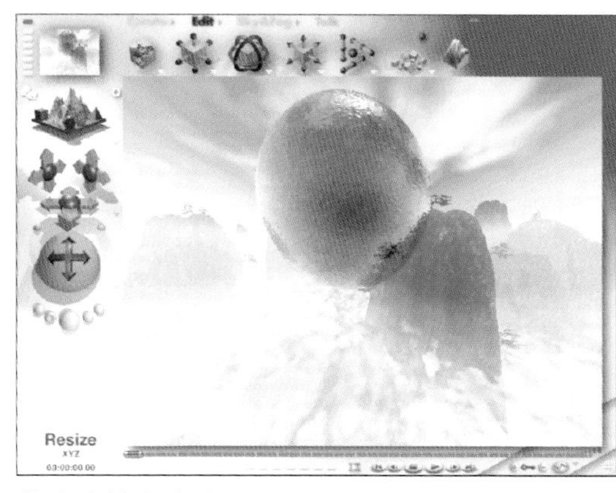

单击Resize control 图标中央后调整全图大小，会以同倍大小放大缩小。

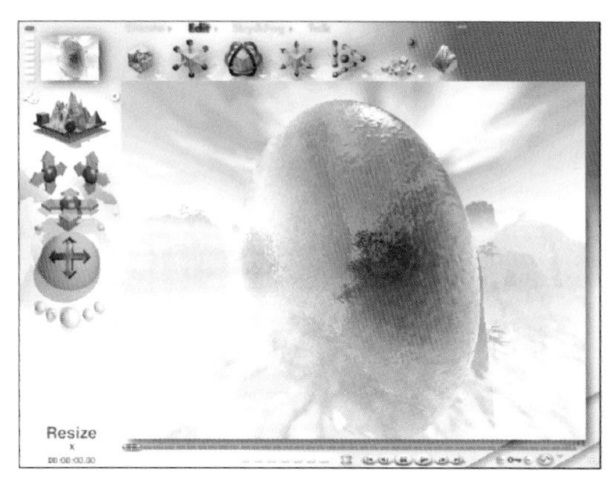

选择Resize control 图标X,Y,Z 坐标系，也可以使它只向一个方向变大。

Rotate control

Rotate control 是旋转对象时使用。

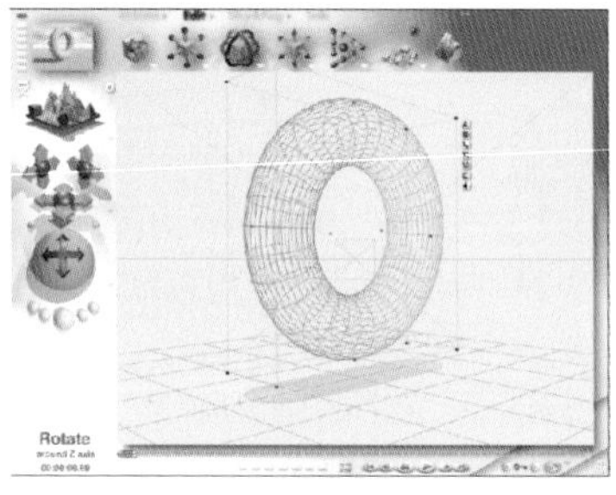

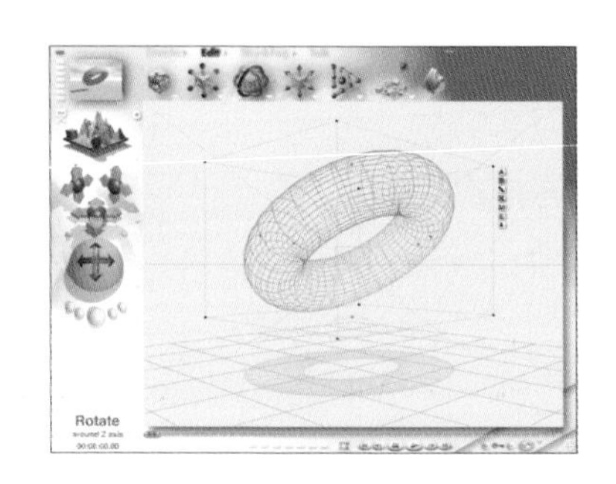

使用Rotate control 旋转后的状态。

Reposition control

Reposition control 是移动对象时使用。

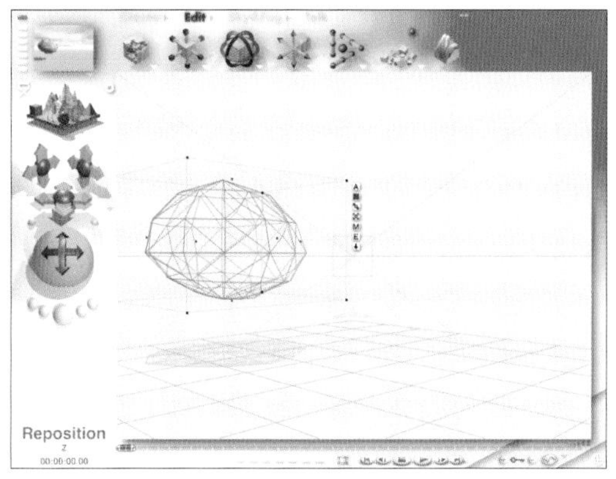

使用Reposition control移动后的状态。

Alignment control

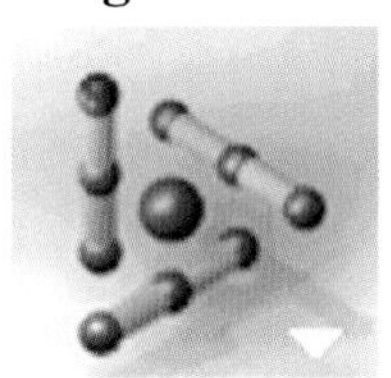

Alignment control 是把对象以 X,Y,Z 轴整烈时使用。

Randomize control

Randomize control 能容易地调节把对象的大小、位置、角度、回转等不规矩的移动。点击右边上端的珠子，对象按选择的模样移动、放大、或旋转。

2D Disperse
对象以 2 维方式散开。

2D Disperse rotate
对象以 2 维方式散开，旋转角度。

2D Disperse size
对象以 2 维方式散开，放缩尺寸。

2D Disperse size/ Rotate
对象以 2 维方式散开，旋转与缩放。

3D Disperse
对象以 3 维方式散开。

3D Disperse rotate
对象以 3 维方式散开，旋转角度。

3D Disperse size
对象以 3 维方式散开，放缩尺寸。

3D Disperse size / Rotate
对象以 3 维方式散开，旋转与缩放。

可以按键盘的方向键移动对象。方向键是移动X轴和Y轴时使用。Page Up 键和 Page Down 键往 Z 轴移动。

Edit Terrain/对象

选择 Symmetrical Lattice 对象时弹出，可以编辑的 Terrain Editor 对话框。

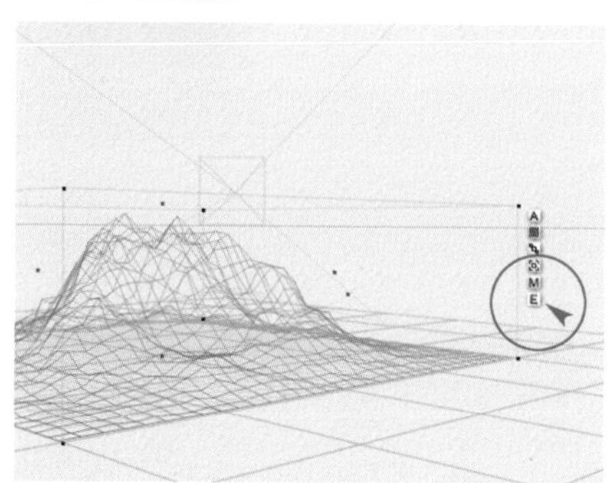

选择 Symmetrical Lattice 或 Terrain上拉菜单的E时，会弹出 Terrain Editor 对话框。

Terrain Editor 对话框

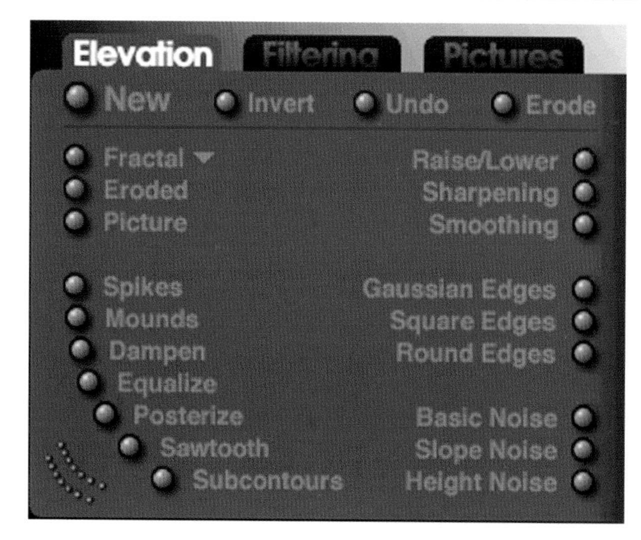

Eroded:可以做腐蚀或侵蚀而形成的山沟样的地形。

Picture:可以导入图片以地形模样使用。

Raise/Lower:可以调节地形的高低。

Sharpening:可以使地形模样陡峭。

Smoothing:可以使地形模样平滑。

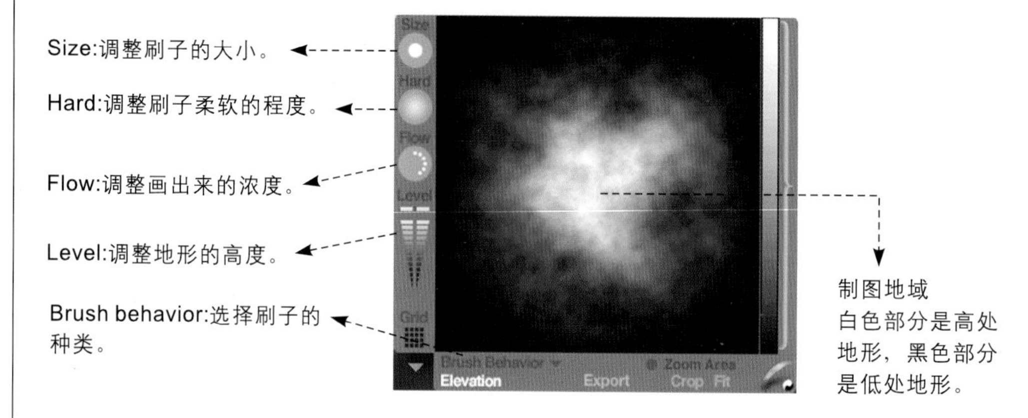

天空和云雾面板

表现大气状态的面板。调节和表现自然现象如天空的云和地上的雾，远方水平线上的色感和夜晚天空的星星和月亮等，这样非常自然地表现出一种氛围。

Sky & Fog

可以选择4种的天空。

Soft sky:
Bryce最基本的天空。

Darker Sky:
稍微暗一点的天空。

Custom Sky:
用3种色彩可以直接做出太阳周边的颜色、基本的天空颜色和云的颜色。

Atmosphere off:
被空气远近法忽视的天空用单色来表现。

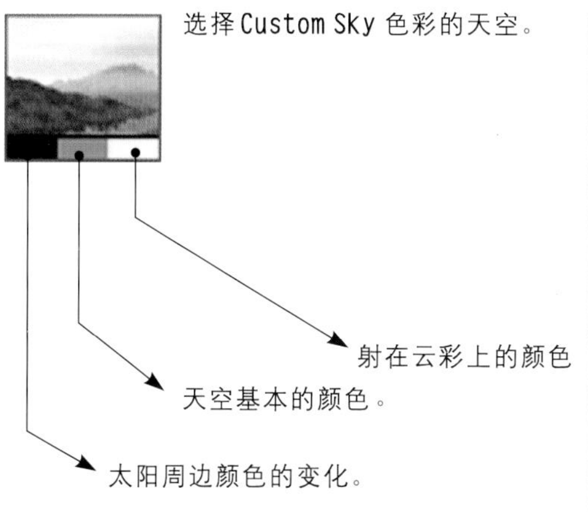

选择Custom Sky色彩的天空。

射在云彩上的颜色

天空基本的颜色。

太阳周边颜色的变化。

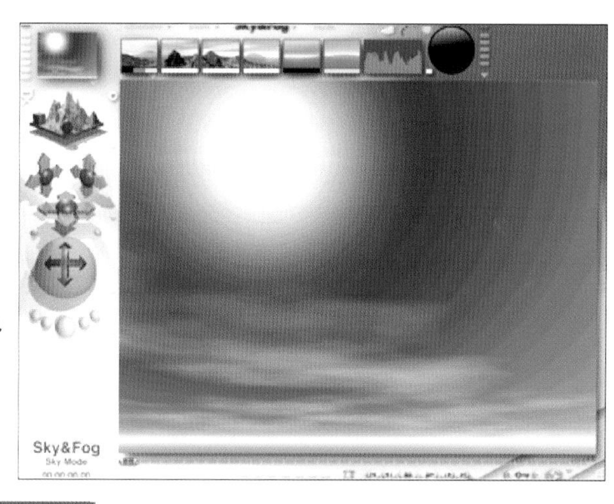

选择Atmosphere off色就变成天空一样的颜色。大气现象消失了，依远近感的亮度变化或雾类也不再适应了。

Shadows

调整所有出现在对象的影子。

Shadows 0 时是没有影子的状态。

Shadows 50 时是影子可显示中间程度。

Shadows 100 时是影子很暗。

Fog

从地上开始向上做雾。以上下左右拖动的方式调整雾的量和高度。

Fog0, 0 没有雾的状态。

Fog66, 68 雾的高度和雾量少的状态。

Fog100, 100 高雾的高度是有限度的，这是把雾的高度和量调到最高最大的状态。

Haze

在大气状态的空气中填颜色。在远处的空气是因为空气的量多，可以见到想要的颜色，但对近处的空气就没有那么大的影响。
显示跟水平线的颜色相似的颜色。在调色板里选择颜色。

Haze0 时如果没有选择雾，就能清楚地看到水平线。

Haze50 时在调色板里选择的蒙蒙颜色填充在水平线的中心来表现图像。

Haze100 时水平线周边全是选择的颜色填充的图像。越远的风景就越虚化表现出蒙蒙空气远近法的效果。

Cloud height

调整大气周围云彩的高度可以做出上层云、中层云、下层云。

Cloud height0 以云彩的高度最低的下云层，可在水平线看到Haze的色彩。

Cloud height50 以云彩的中层云比下层云高一点Haze也更宽了。

Cloud height100 是云彩高度最高的上层云。Haze的领域更宽了。因为云彩越来越高，那里的空气层也多，所以在Haze选择的色彩范围也宽了。

要点

Bryce对画过风景画的读者操作时会有很大的帮助。因为这与画风景画时构图法和远近感的表现、主题和倾向等操作方法几乎相同。

Cloud cover

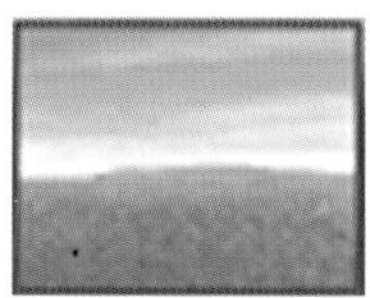

调整云彩的密度。
表现云彩少的天空和多的天空。

Cloud cover0 时
是云彩量少的天空的图像。

Cloud cover100 时
整片天空都是云彩的图像。

Sky Lab 表现太阳和月亮、云彩、星星、流星、太阳halo、Moon halo、彩虹等在天上可以看到的现象。

Sun control
设定太阳和月亮的位置。

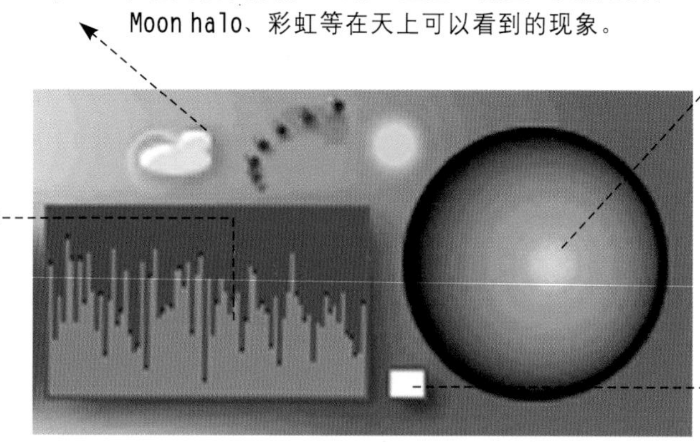

Cloud Frequency & Amplitude
云彩的形状按图表调整。图表的形态上下层次宽时云彩的浓度就变深，图表的形态接近水平时云彩的浓度就变淡。

设定太阳的颜色。

Sky Lab-Sun & Moon

Starfield:显示彗星。
显示夜晚天空上的星星。这时天空做暗才能突出星星。设定太多的Haze或云彩可能效果不明显。
Comets:调整太阳和月亮的大小。
Sun/Moon Size:显示太阳halo 和Moon halo
Moon Phase:显示月亮的多种形状。

Sky Lab-Cloud Cover

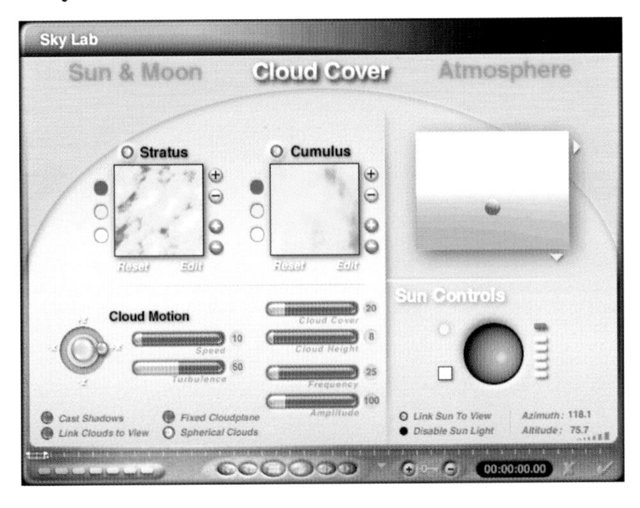

Stratus:对象上边存在的云彩属于基本的Bryce 天空。
Cumulus:云彩像在山底下形成似的效果。

Sky Lab-Atmosphere

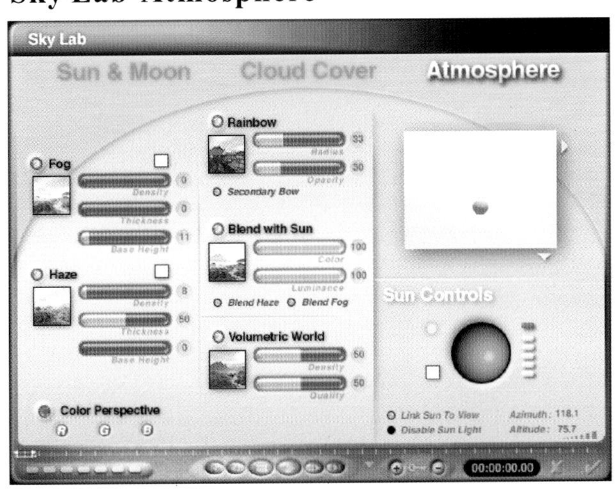

Fog & Haze:更细的调整雾和大气状态的色彩。
Rainbows:做彩虹。
Blend with Sun:调整日落或日出时太阳大气中的反差效果。

2 使用Bryce制作自然背景

用3D做自然的图像不是件容易的事。但是用Bryce做从真实的自然图像到幻想氛围的背景都没有问题。

先做一做江边夕阳的图像。

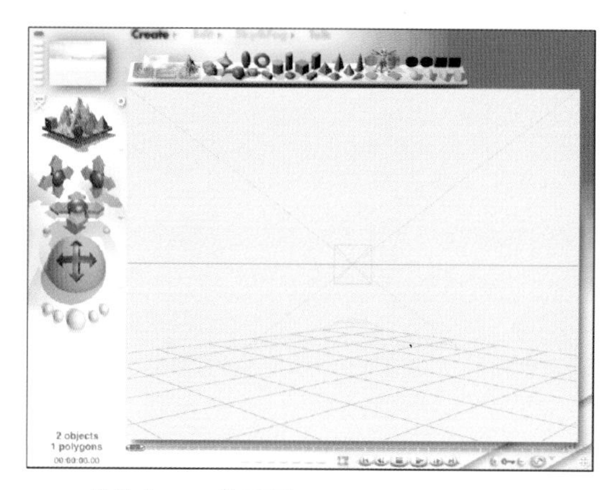

1 操作Bryce的画面。
工作区域Size的Standard设置成640: 480。

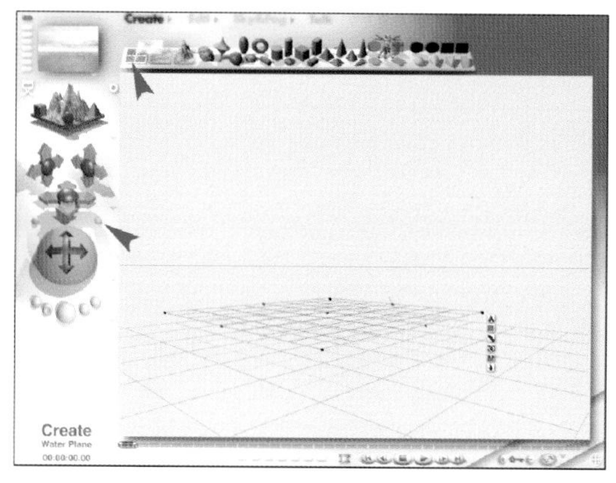

2 在Create面板单击Water图标做海。是要显示江的原因。用Field df View图标稍微调整Zoom Out使近景和远景距离调大。

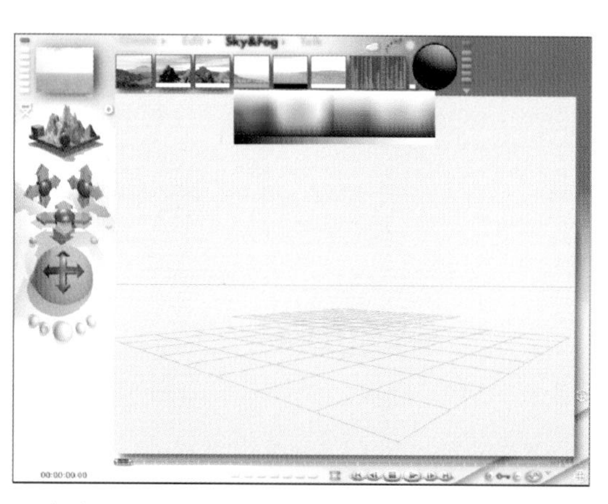

3 在Sky & Fog面板里选择Haze的色彩为桔黄色。Haze6P程度把全部图像做成夕阳。

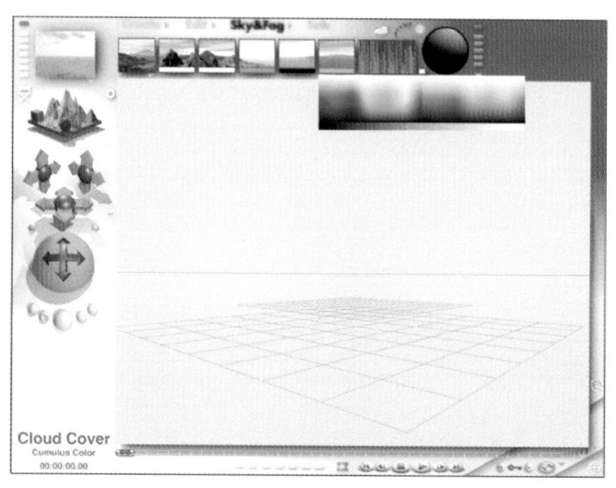

4 在Cloud cover选择亮的桔黄色调整到17程度。云彩量会减少。

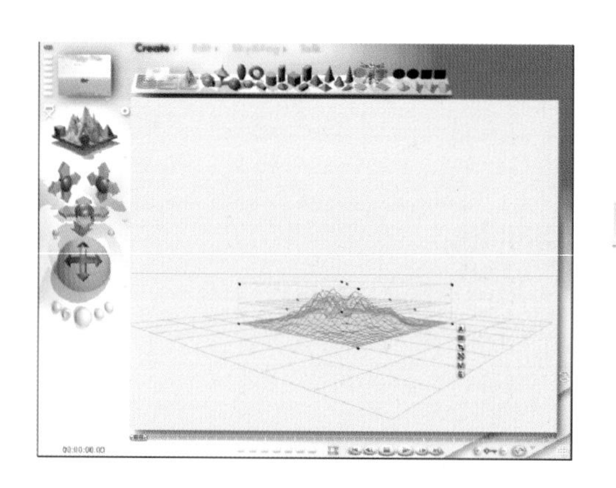

5 在Create面板单击Terrain图标做一个山。

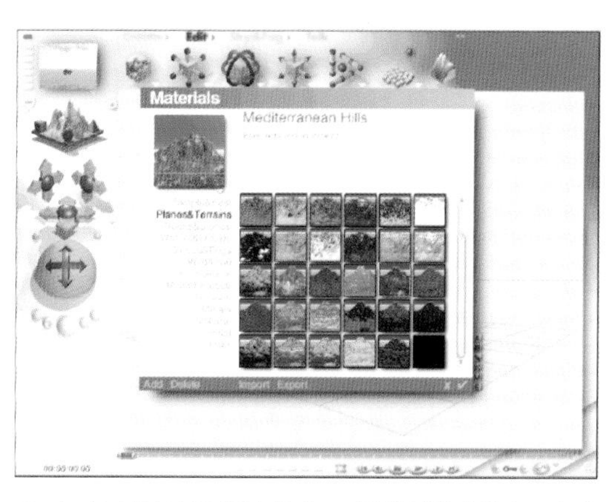

6 点击Edit面板边的小三角形时弹出Materials对话框。在Planes & Terrain选择Mediterranean Hills。

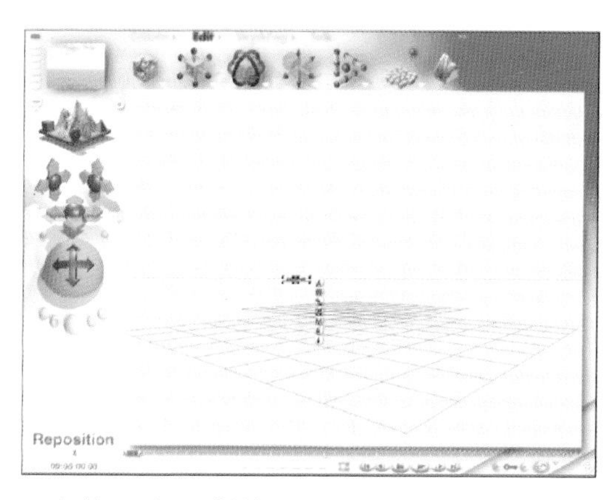

7 使用Edit面板的Reposition Control把Terrain 对象放在远处。

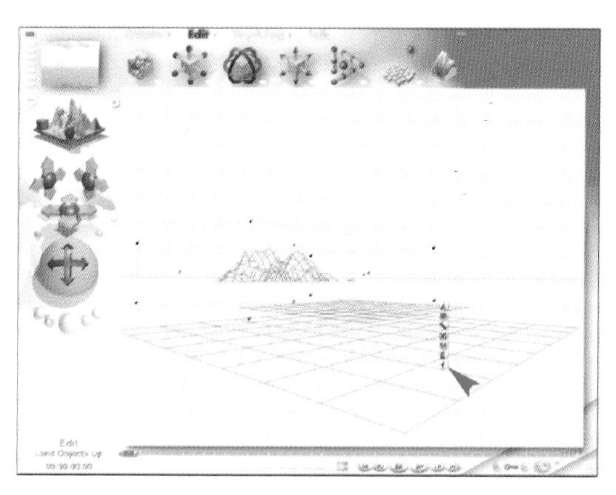

8 使用Edit面板的Reposition Control把Terrain 对象放大。放大时拖动 Reposition Control的中央。放大的对象的大小向四方扩大有一部分会沉浸在水中。这时选择上拉菜单右下角的箭头把对象向上提。

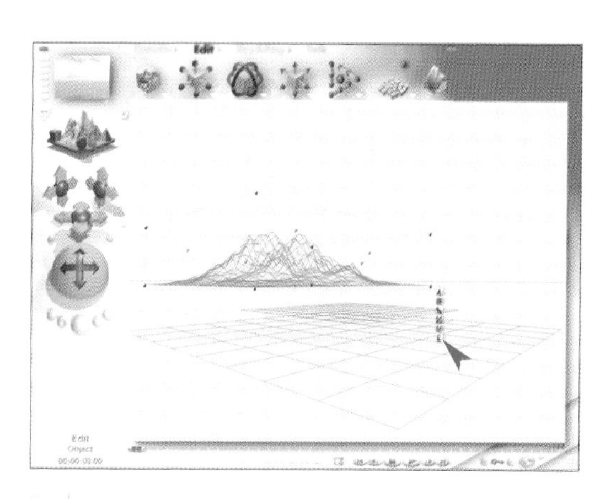

9 在Terrain 对象的上拉菜单选择E。

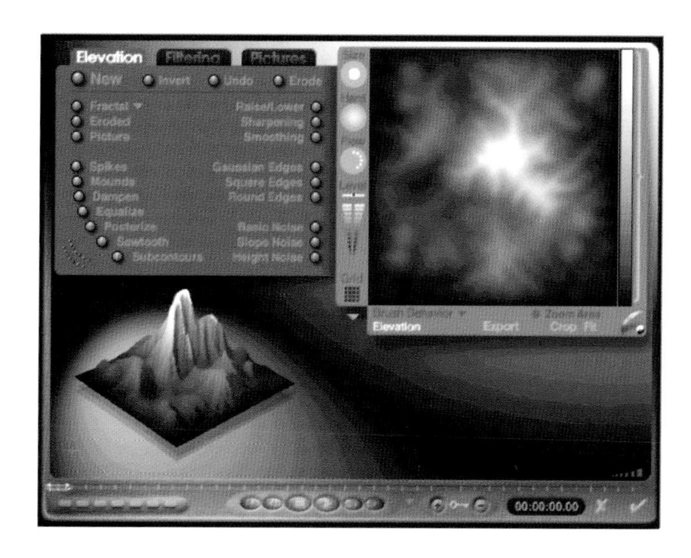

10 在Edit Terrain调整Fractal修复无规则分裂的地形。然后调整Eroded做出有腐蚀或侵蚀感觉的地形。用Eroded调整的Terrain更能显示出有实感的山。

可以选择菜单栏里 Edit - Clear选项或点击键盘上的Delete键来取消以被选中的对象。

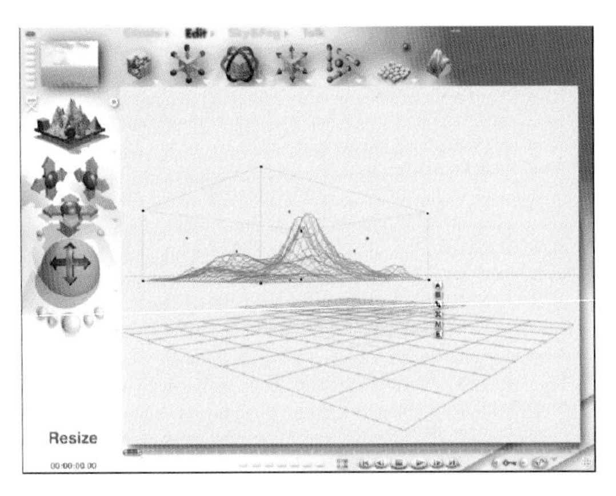

11 在放大Edit Terrain 做出的地形。如果图形太小就看不出是山。

12 点击Render 按钮看rendering 图像。选择R-ender按钮左边的Preview Mode后，rendering 更快的看到rendering 图像。为了自然背景越多做rendering 越好。

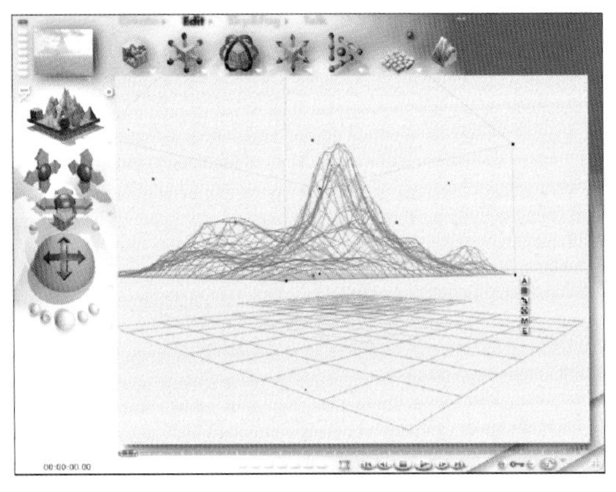

13 按住Ctrl+D,可以复制出一模一样的Terrain 对象。（Duplicate）

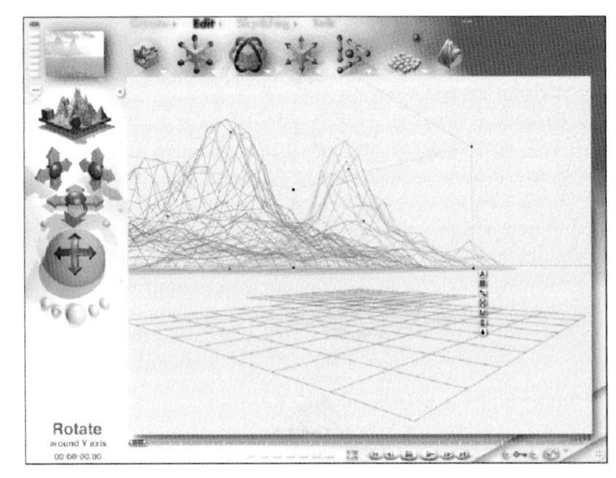

14 使用Edit 面板的Reposition Control 放在先前选择的 Terrain 前面。然后使用 Rotate Control 稍微旋转对象。

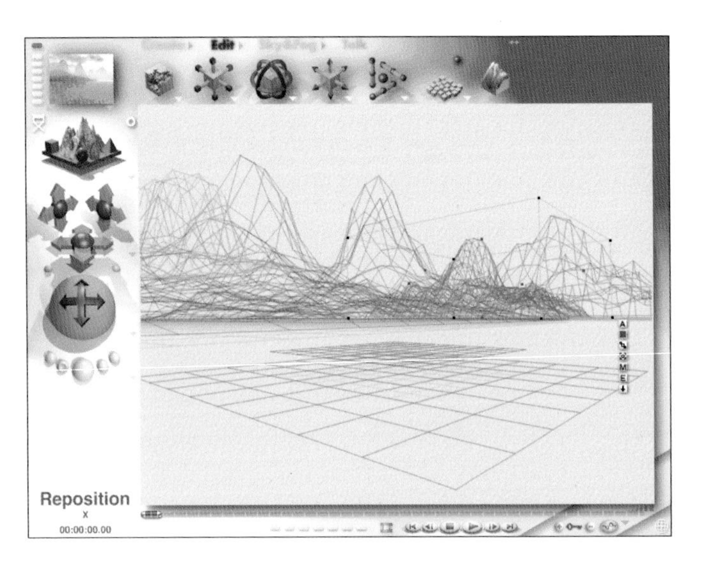

15 按住Ctrl+D（Duplicate）用复制对象方法再多做几个Te-rrain 对象后，使用Edit 面板排列。因为Terrain 对象是一个模样，所以稍微旋转一下图像，就将能同样的地形图像成列，减轻异质的感觉。

Rendering 图像。

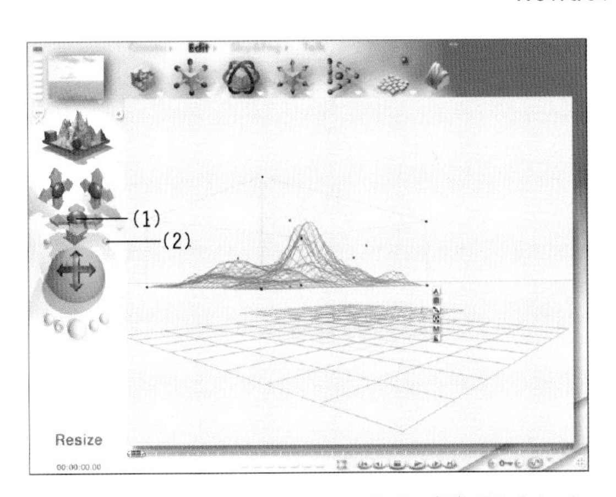

16 使用(1)XZCamera control 和 (2) Field of view 图标从新把握画面的整体构成再rend-Ering。对象的排列也很重要，但镜头角度排列canvas 构图也很重要。

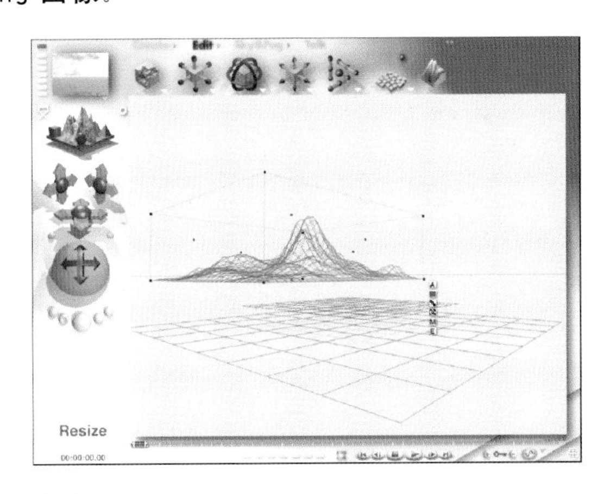

17 在Create 面板点击Terrain 图标从新做一座山。

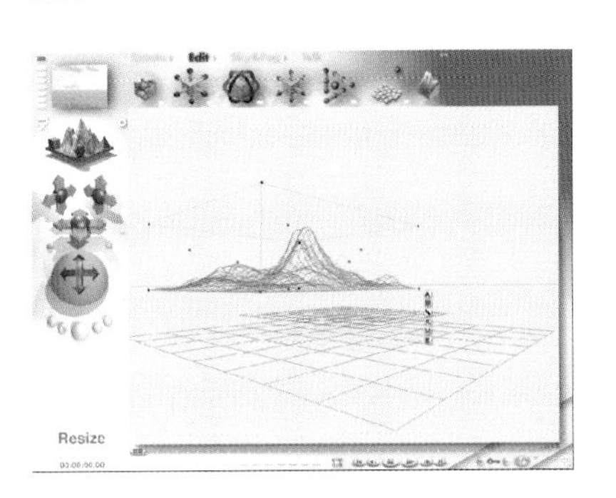

18 点击Edit 面板边的小三角形就会弹出Materials 对话框。在Rocks & Stones 里选择Riverbed。

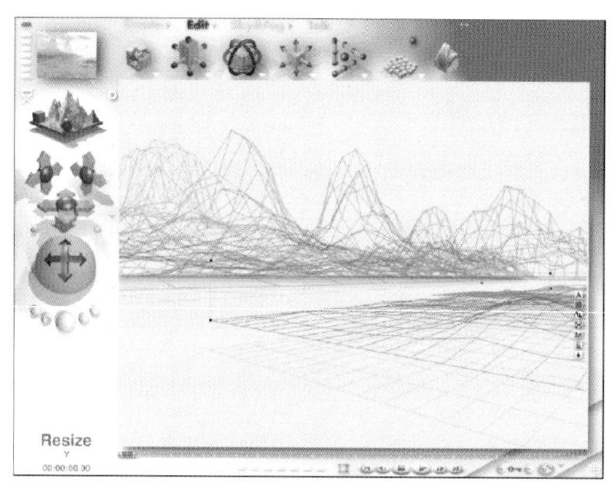

19 在Edit面板使用Resize control，使Terrain对象放大后，制作成稍微扁一点。

20 使用Reposition control垂直上下移动来调整石头堆，给人一种轻轻盖在前方水面的感觉。

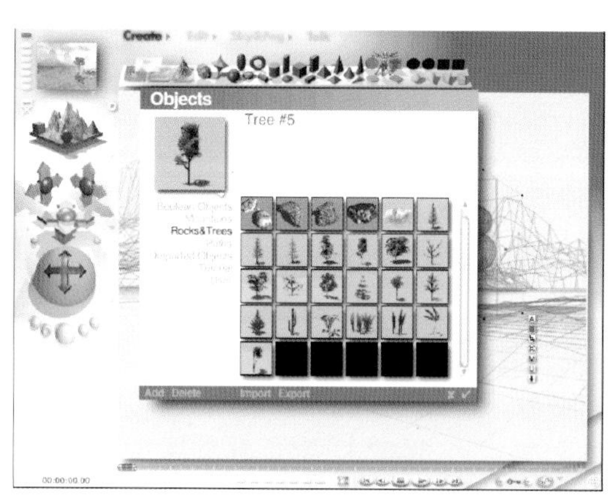

21 Create面板边的小三角形就会弹出对象s对话框。
在Rocks & Trees选择Tree #5。

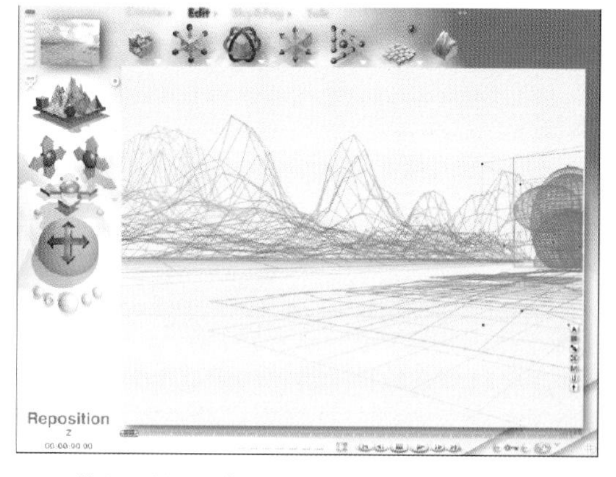

22 使用Edit面板的Reposition control找安置树的位置来移动。

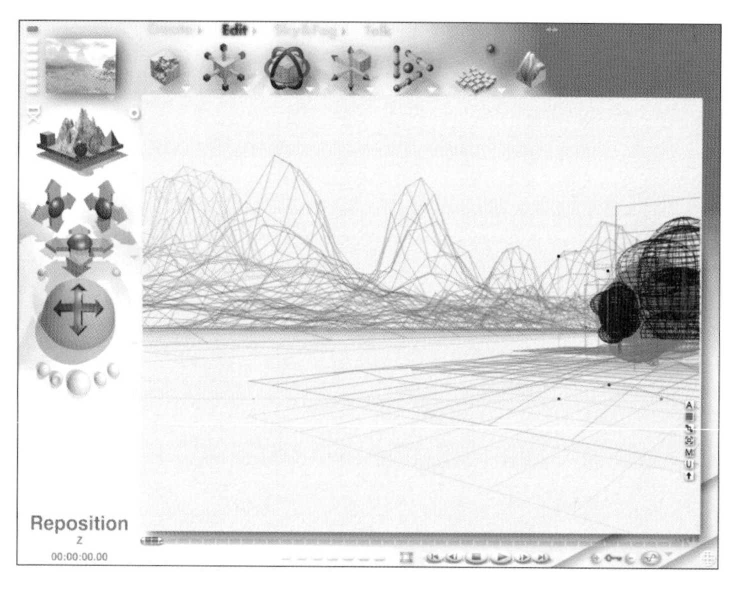

23 按住Ctrl+D多做3个程度Tree #5，使用Edit面板的Reposition control来调整位置。使用Resize control和Rotate control调节大小后稍微旋转看起来像同类其他树一样排列。

选择所有的对象时选择Edit-Select All或快捷键Ctrl+A。

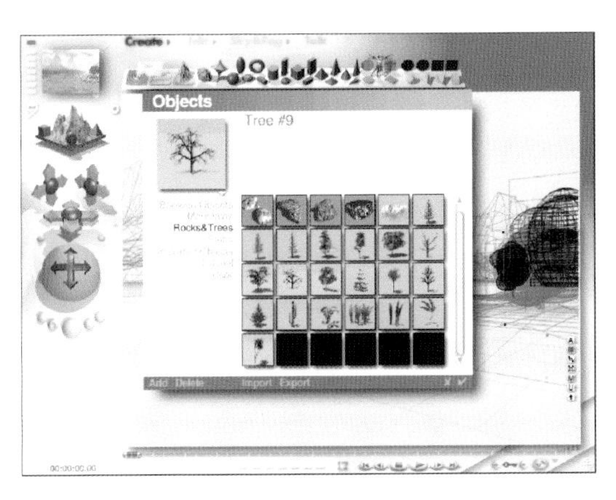

24 点击Create面板边的小三角形就会弹出对象s对话框。在Rocks & Trees选择Tree #9。

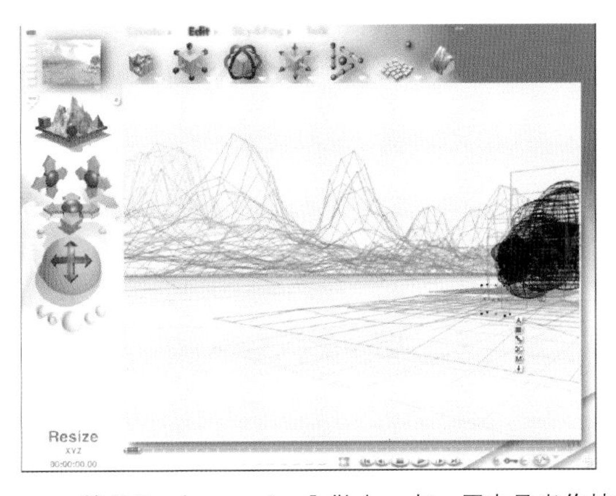

25 使用Resize control做小一点。原来是当作枯木而制作，但换成小草使用也很好。

使用Bryce做成的江边风景图像。

3 使用Bryce制作都市背景

使用Bryce 展示一下非自然图的人工都市。

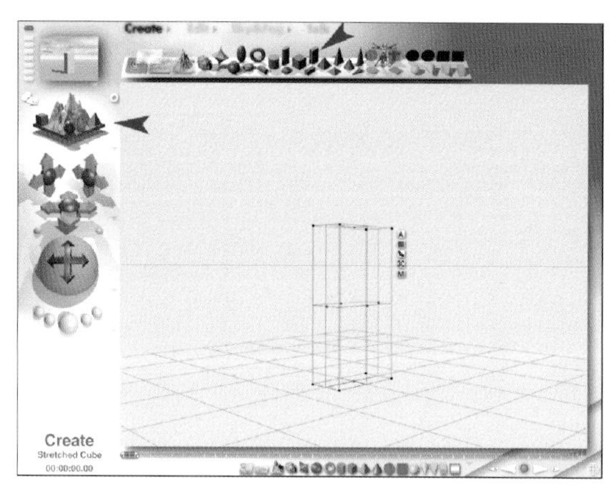

1 在Director view 换成Camera view 状态。Camera view 状态能表现动画片的技能和多样的视点。在Create 面板选择Stretched Cube 做长方形对象。

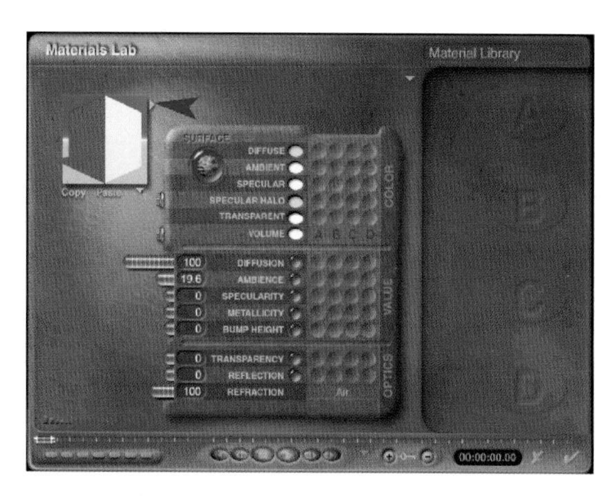

2 在Material Library 选择Wind & Fun-Office Building。

3 点击长方形对象的上拉菜单的M就会弹出Material Lab 对话框，并选择Material Library。

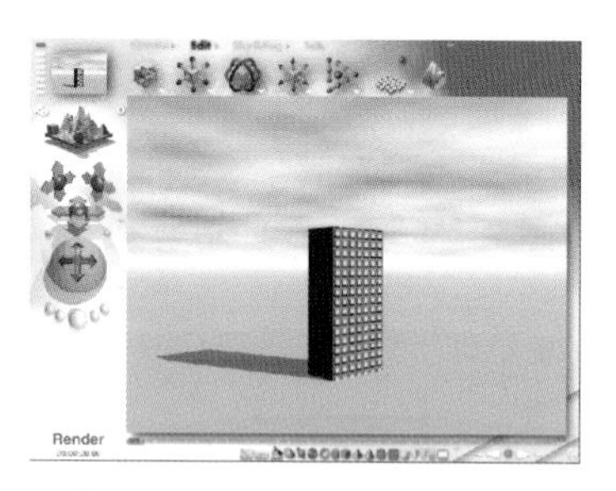

4 Rendering 后的图像。

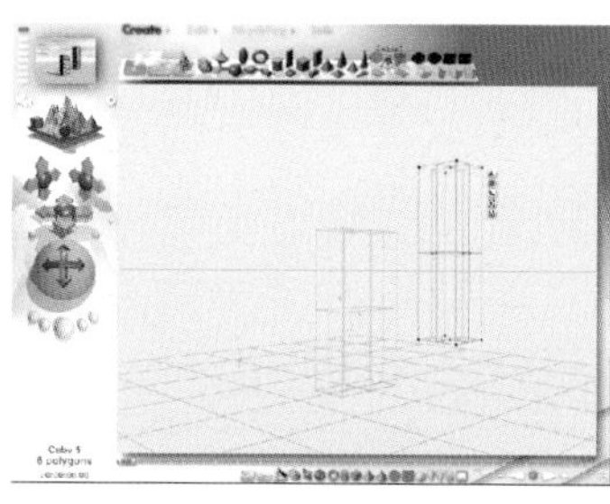

5 从新在Create面板做长方形对象。在Edit 面板把长方形拉长后，和先前做的长方形隔着距离点击上拉菜单的M就会Materials Lab 对话框。

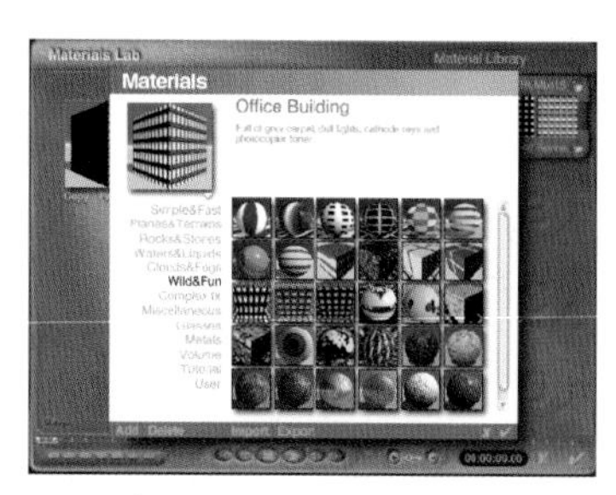

6 在Material Library 选择Wind & Fun-Office Building at Night。

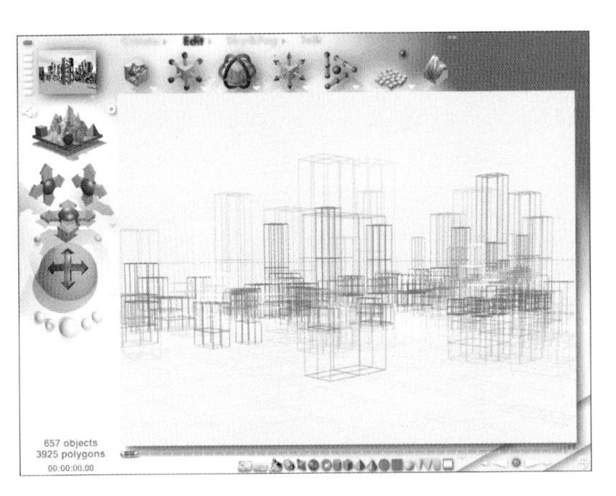

7 在Create 面板多做几个前面说明的长方形。每个对象的Materials 多做几个不同的更好。

8 Rendering 图像。

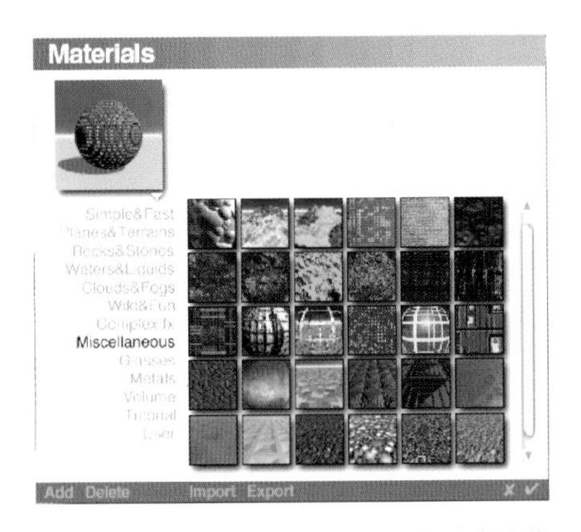

9 在Miscellaneolus 使用多样建筑的Materials。

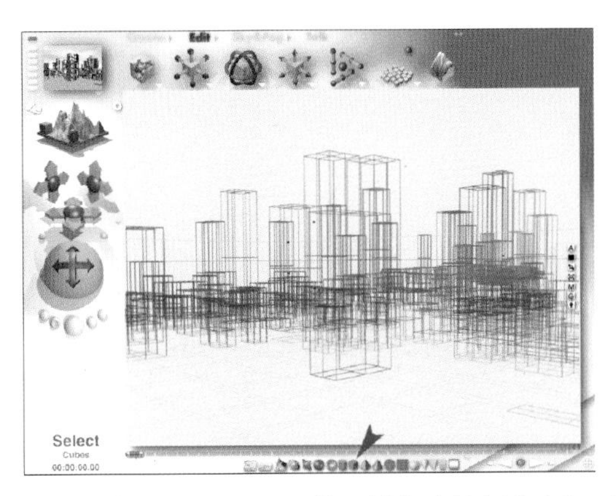

10 选择Select cubes 就可以全选长方形对象。为了做都市需要很多的建筑，但一个个做是非常费时的，制做几个建筑后，使用群组的方法复制。

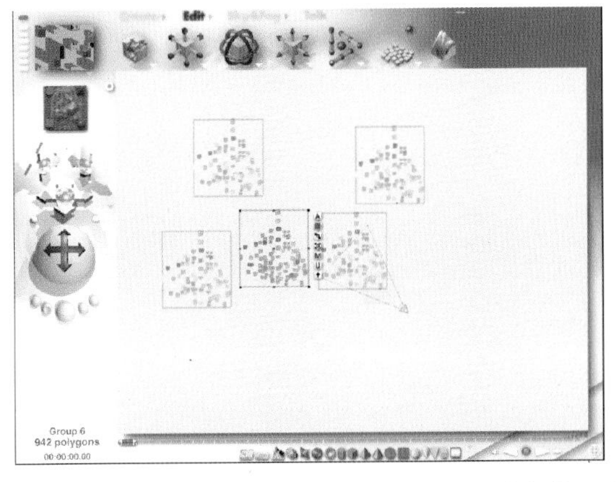

11 几个对象全选后，点击上拉菜单的G 就会使几个对象群组。工作区域的视点设定成From Top，点击Ctrl+D 复制移动对象，继续复制更多的建筑物。

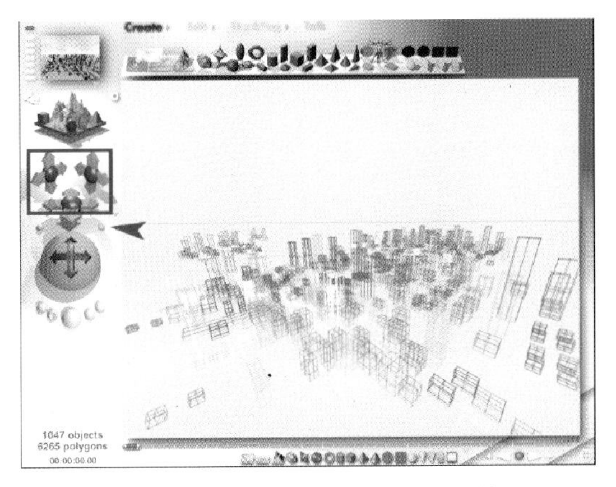

12 从新设定 Camera view 状态，调整 Camjera cross 和Field of view 制作成从远处遥望都市状态。

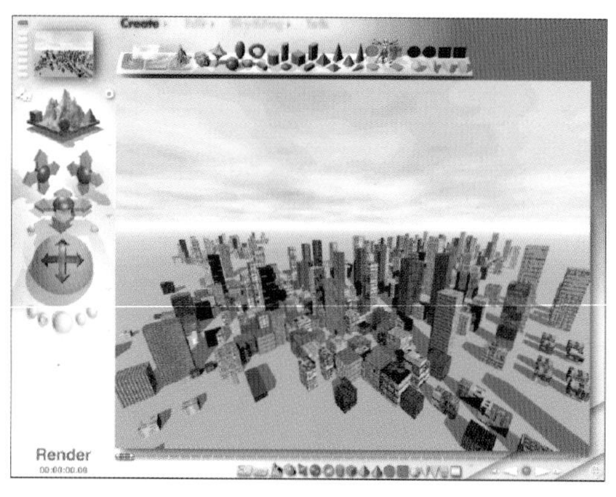

13 Rendering 图像。经常rendering 确认进行情况，该加的就加，该删除的就删除，制作成背景。

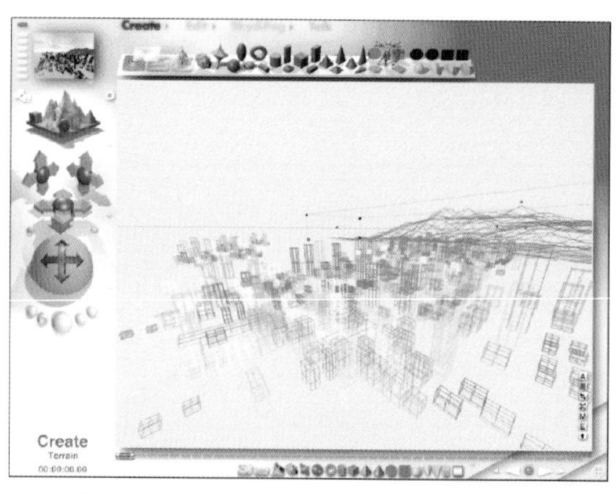

14 在Create 面板选择Terrain 制作山对象。在Edit 面板放大后，在镜头里移动Terrain 对象到较远处。为了使Terrain 对象和背景相衬把一部分拉长。

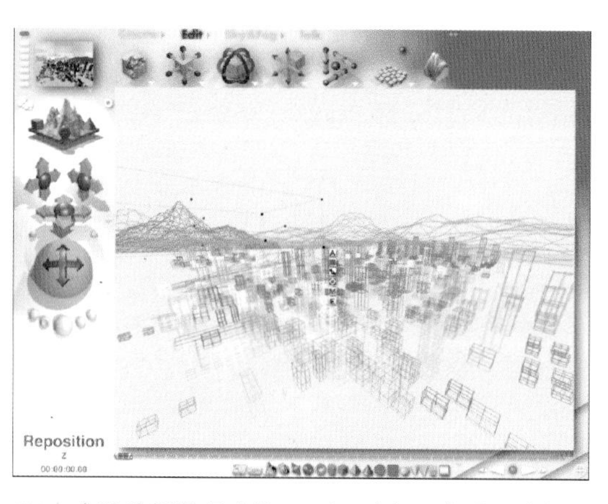

15 在远处制作几个Terrain 对象，表现山脉相连的感觉。

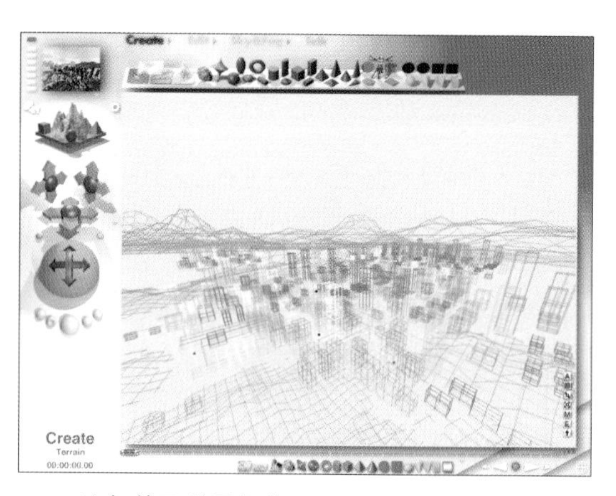

16 比起前面利用各种Terrain 对象表现小山似的图像，而制作多样感觉的地形。

17 Create 面板点击 Stretched Pyramid 制作长的金字塔型的对象。这是为了在前面山腰上制作铁塔表现多样的地形的原因。地形单调时3D会有缺乏活力的感觉。

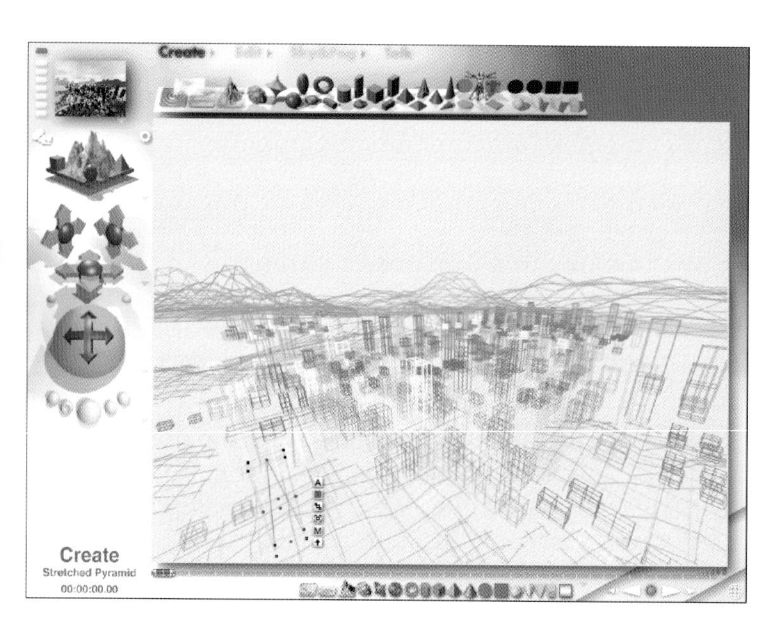

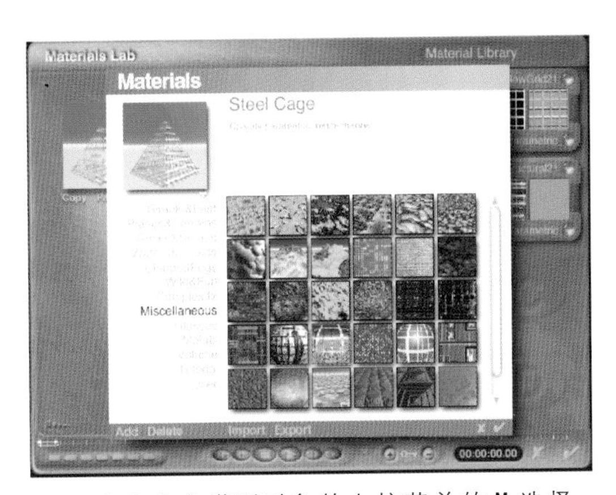

18 点击金字塔型对象的上拉菜单的 M 选择 Materials-Miscellaneous-Steel cage把金字塔型对象制作成铁塔的感觉。

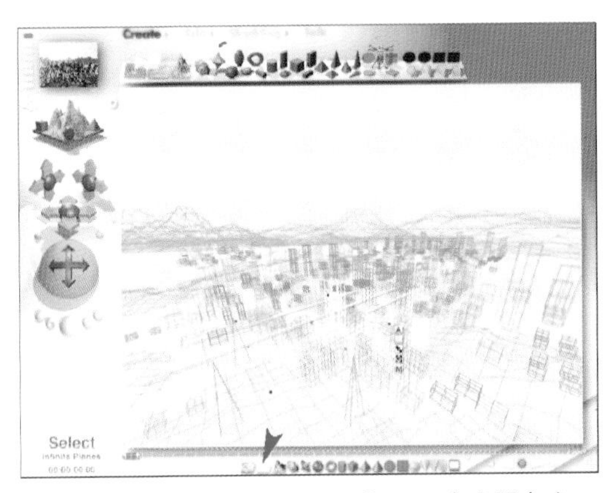

19 选择 Select Infinite planes 会出现灰色的土地。然后在土地部分选择道路感觉的 Materials。

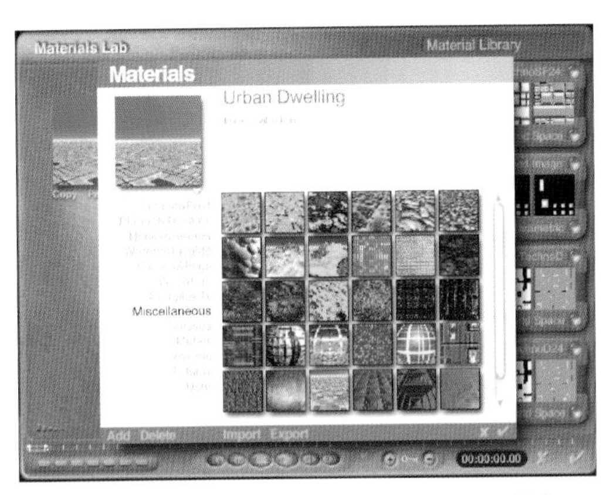

20 在上拉菜单的 M 选择 Miscellaneous-Urban dwelling。

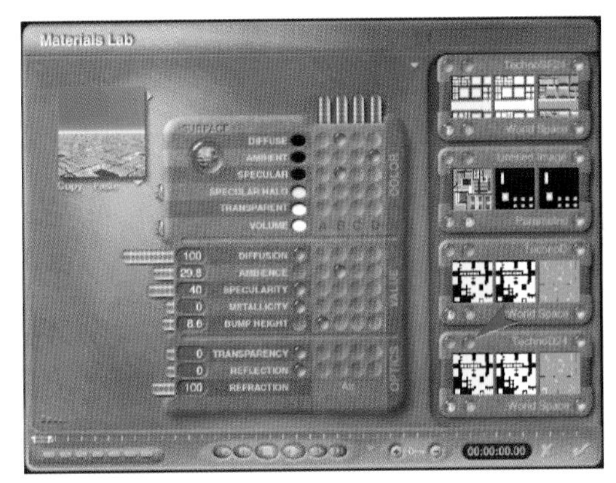

21 Materials 是在建筑上广泛使用。为了颜色的变化在 Texture source editor 里换颜色。

22

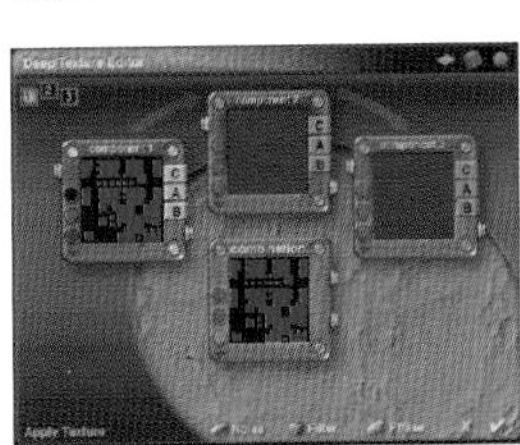

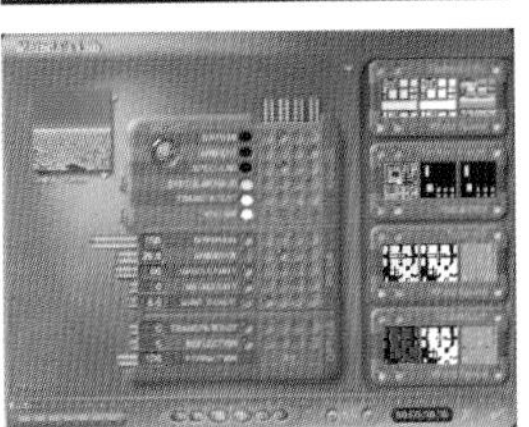

▶Rendering 图像。到这为止介绍了对象的构成和 Mapping。现在用 Sky & Fog 面板来表现自然的图像。

可以选择 Sun Controls 里面的 Disable Sunlight, 来取消太阳光效果, 使阳光消失, 变得跟黑夜一样。

使用Sun control来排列成能看到太阳。

把Sky mode设定成custom sky，照在云彩上的第三个颜色选择成偏红的紫色。是要表现夕阳的气氛。

影子设置成100，颜色是蓝色。

用雾来表现自然景象很有效，梦幻般的感觉也很好。调整到17:73在选择深紫色。

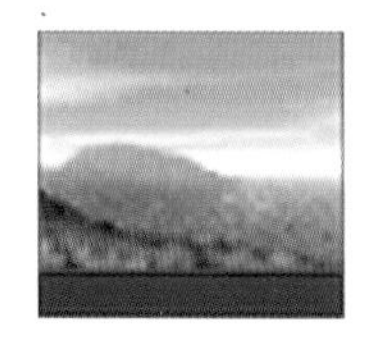

像远处水平线那样，颜色变化最多的空气层的颜色是利用Haze选择紫色。太阳落时在Bryce太阳自体里形成很多的红色和黄色的色调，所以剩下的颜色选择成蓝色和紫色。调整到Haze 3程度。

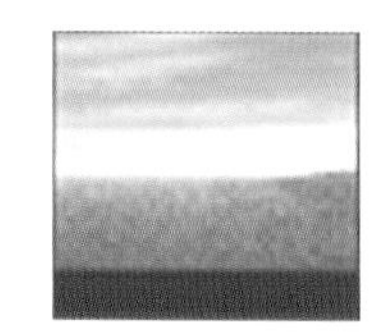

调整到12，选择暗的颜色。

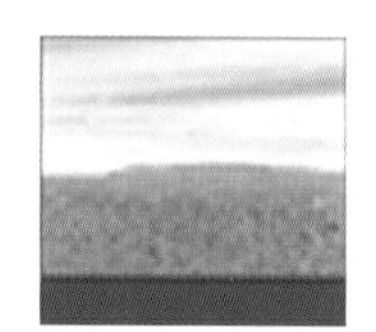

以33程度设定成有些云彩。选择的颜色是蓝色。

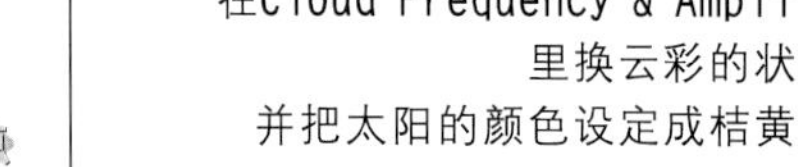

在Cloud Frequency & Amplitude里换云彩的状态。
并把太阳的颜色设定成桔黄色。

要点

对象重叠时按着Shift键选择重叠的对象时被选对象就会撤销群组，重叠而没有被选择的对象就会被选中。

最后rendering图像。

在Photoshp调整的图像（Image-Adjust-Auto Levels）。

用Bryce制作背景时重要的一点就是表现远近感。让近处的图像鲜明，远处的模糊就能减轻3D的冷感而极大地增加空间感。

4 用Bryce制作海底背景

用Bryce 可以做出幻想的海底背景。

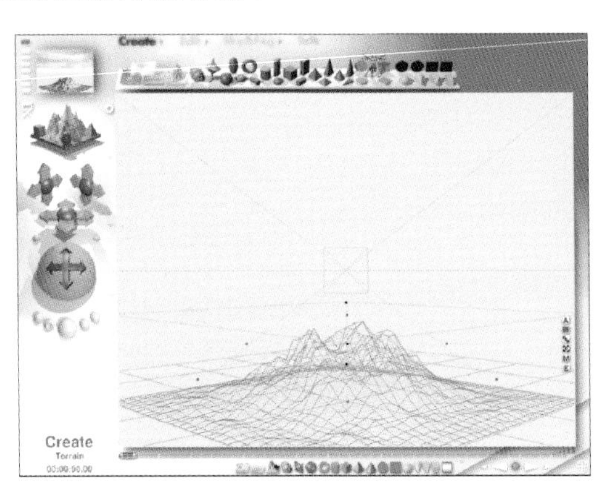

1 在Create 面板制作Terrain 对象。然后点击上拉菜单的E 按钮打开Edit Terrain 对话框。

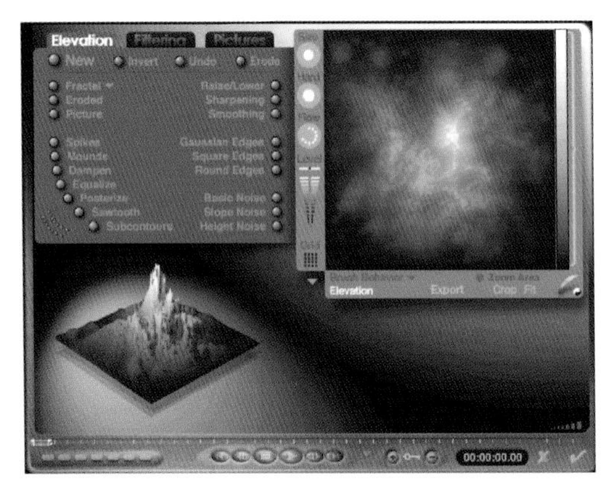

2 在Edit Terrain 的elevation 里使用Fractal 和Eroded, Subcontours, Raise/Lower 把地形变形。

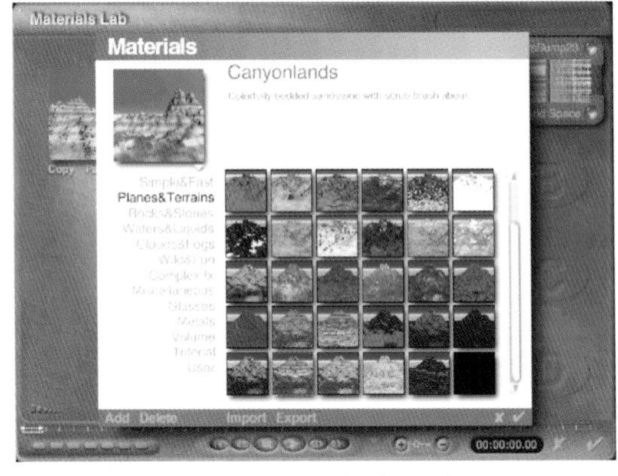

3 点击Terrain 对象上拉菜单的M 打开Materials 对话框，选择Planes & Terrains-Canyon Lands。

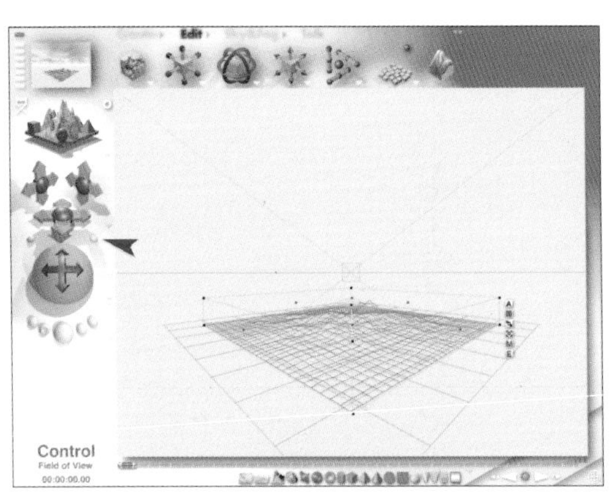

4 使用Field of control 拖动远近。扩大近景和远景差距提高背景的深度。

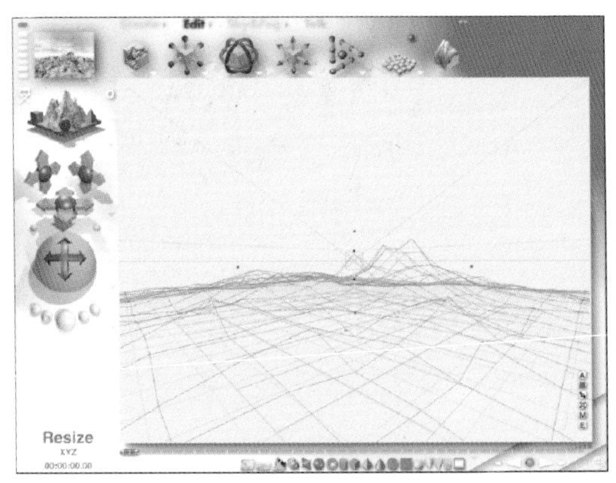

5 Terrain 对象放大。使用Edit 面板的Resize control 就可以。

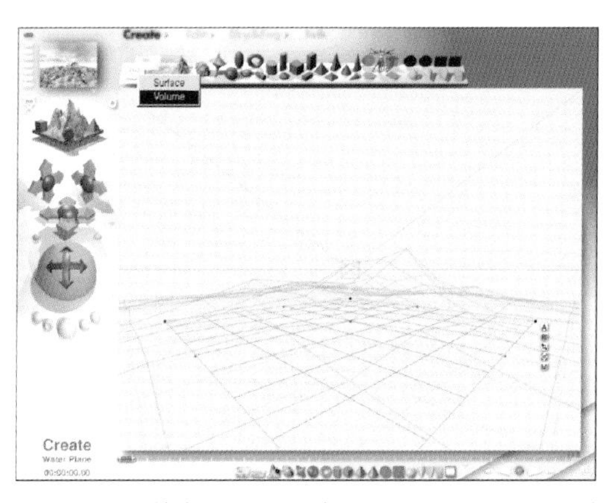

6 用鼠标单击Create面板的Water plane图标就会弹出Surface和Volume的对话框。在这里选择Volume就会出现有立体感的海。在水面时使用和Surface一样的对象也没关系，但是要表现水底的感觉时选择Volume才能有水底的真实感觉。

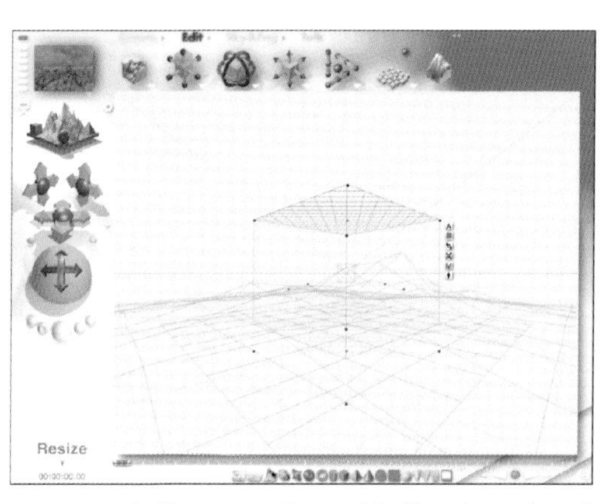

7 为了制作Water plane对象的Volume在深海底的感觉，把Edit面板的Resize control的Y轴往上提使Terrain对象沉浸在水中。

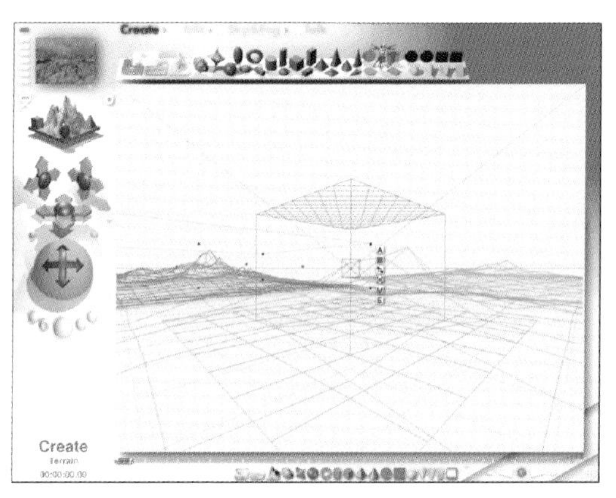

8 在Create面板多做二个左右Terrain 对排列在后边。

9 在Sky & Fog面板把Haze数值调到88。然后把Haze颜色换成浅蓝色。空气是离得越远就越模糊，水是离得越远，越深就会越暗。

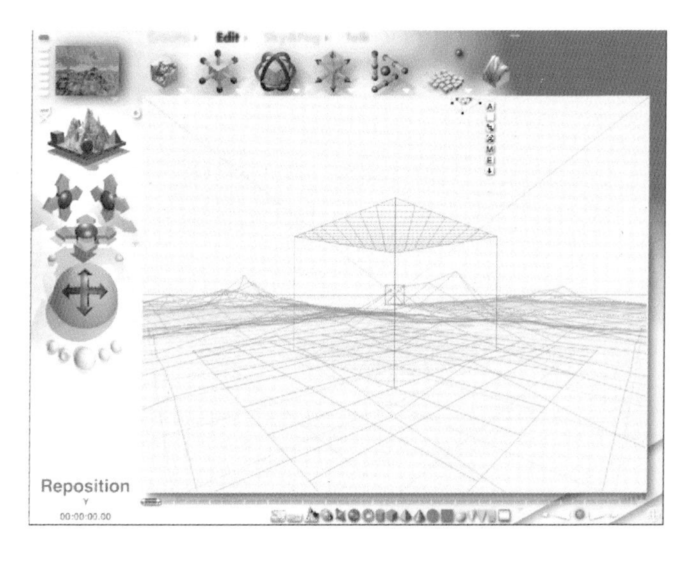

10 在Create面板选择Radial Light制作照明。然后使用Edit面板的Reposition control向水外移动。

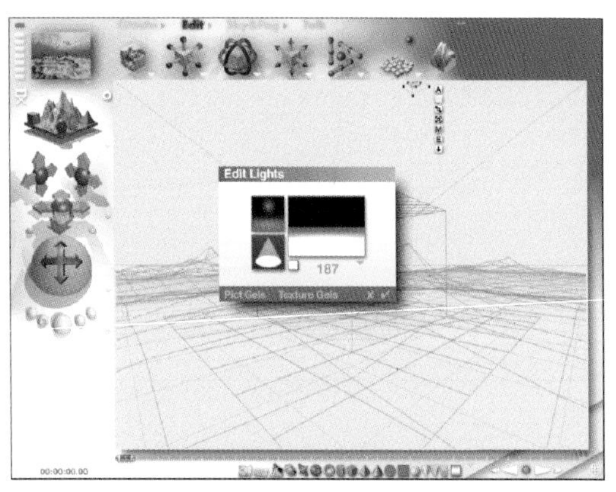

11 点击 Radial Light 的上拉菜单的 E 打开 Edit Lights 对话框。光的亮度调到 187 。因为 Bryce 的自然光在水底没有什么效果，所以太阳光外再制作照明使用会更好。

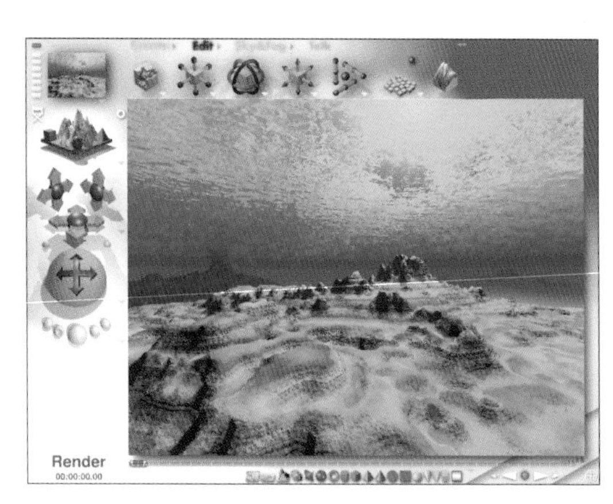

12 这样就做好了基本的海底背景。现在做一些海底风景就可以了。

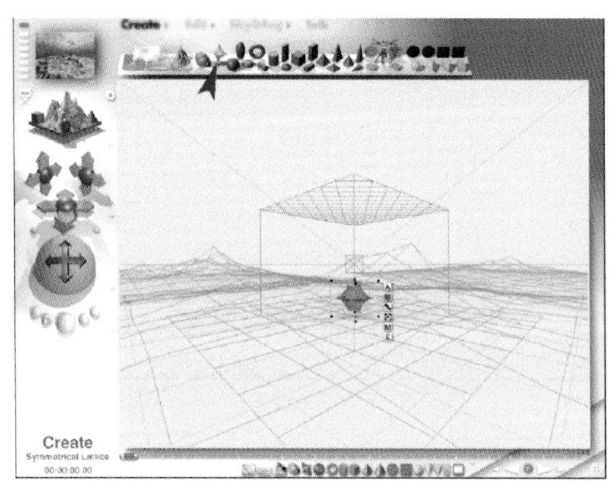

13 在 Create 面板选择 Symmetrical Lattice，制作上下对称的对象。

14 点击上拉菜单的 E，打开 Terrain 对话框。提高 Terrain canvas 的 Haze 的数值后制作圆模样。然后使用 Eroded 制作成稍微有腐蚀的样子。

15 利用 Edit 面板的 Resize control 功能建立对象。
做柱子沉在海底的模型。

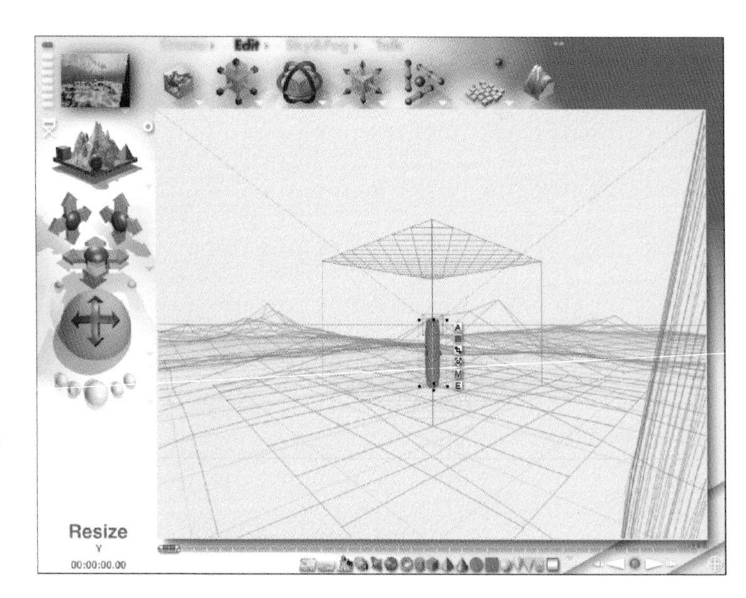

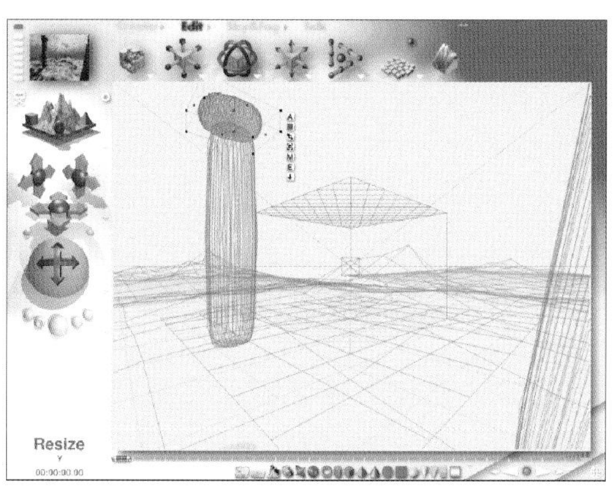

16 使用Reposition control把上下对称的对象排列后，按Ctrl+D键复制。使用Resize control稍微放大后，把Y轴缩短制作成石柱样子。

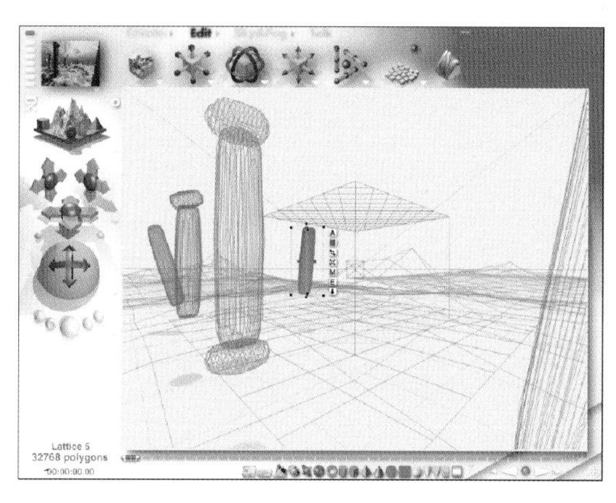

17 复制几个石柱之后，把它布置得像到处散落的样子。把对象安放在水底。

18 Rendering后选定插入海藻类的地方。

19 点击Create面板边的小三角形打开对象s对话框。在Rocks & Trees选择Piant #3写上海藻就可以。

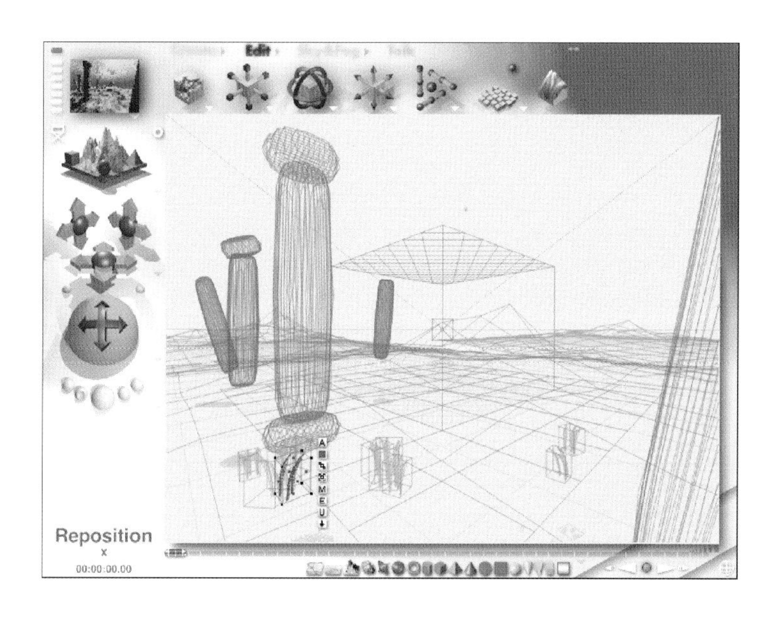

20 好好使用对象上拉菜单下方的箭头把海藻排列在地上。

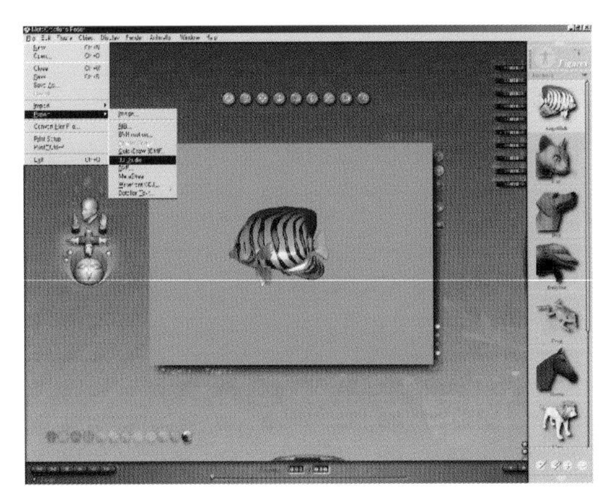

21 在Poser软件里把鱼Export后导入Bryce里。Poser不仅使用于人，还使用于动物、机器人和物件也都能使用。

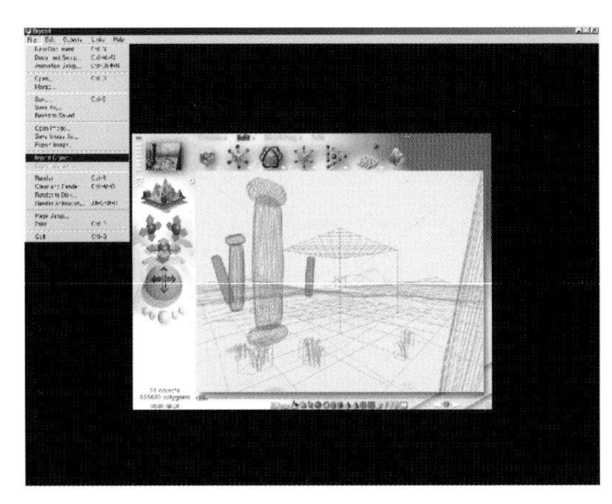

22 在Poser里Export的鱼对象，在Bryce里File Import对象就可以导入。

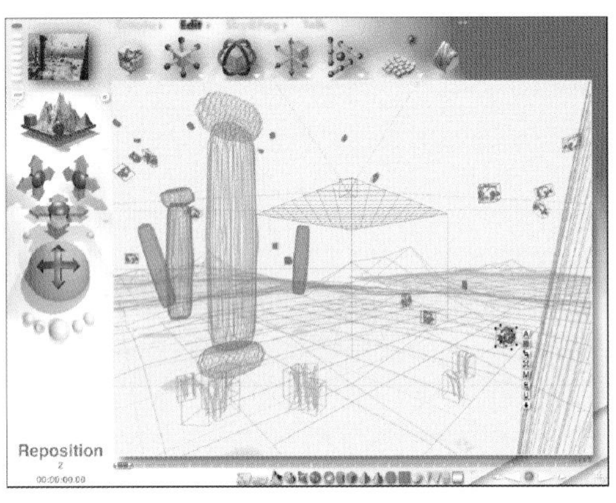

23 为了显示海底的鱼，多复制几个后排列。复制是使用Ctrl+D键，排列是使用Reposition control和Rotate control。

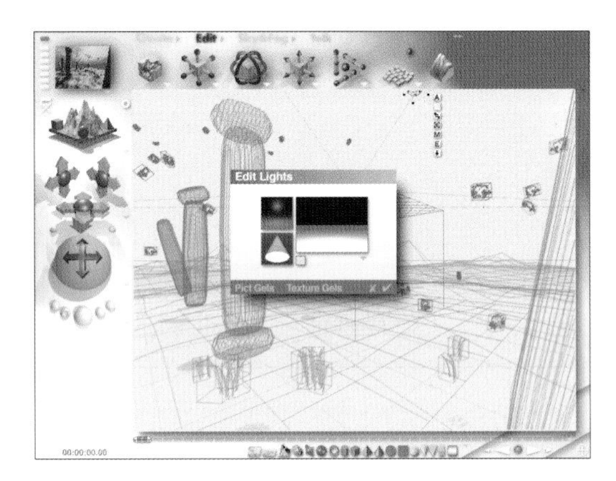

24 在Create面板再做一个照明后，移到最初制作好的照明附近。亮度设定成69程度。海底的水反射对象，使对象越来越多，水就越来越暗。

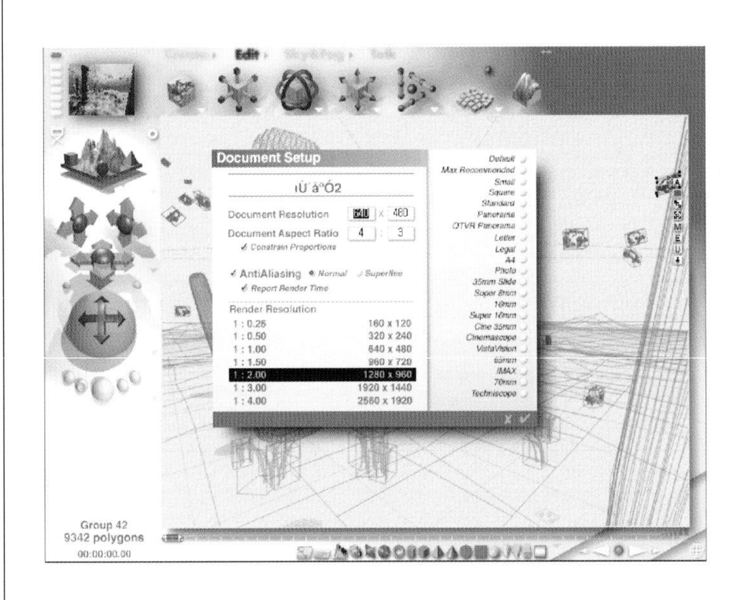

25 rendering前，为了设定rendering图像的大小，选择File-Doument setup后再设定大小。

用Bryce制作的海底图像。

完成的图像导入到Photoshp修整后，使用Filter制作的水珠。

5 使用Bryce制作梦幻背景

Bryce是最适合制作有梦幻般背景的软件。Bryce的词是美国的雄伟的大峡谷、巨人大峡谷、Bryce大峡谷里摘来的。制作像广阔、一望无际与现实稍微不同的背景，非常有效果。

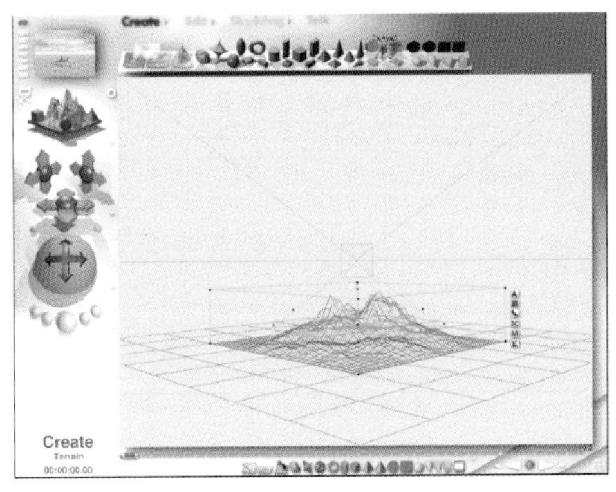

1 在Create面板制作一个Terrain对象。然后点击上拉菜单的E打开Terrain Editor对话框。

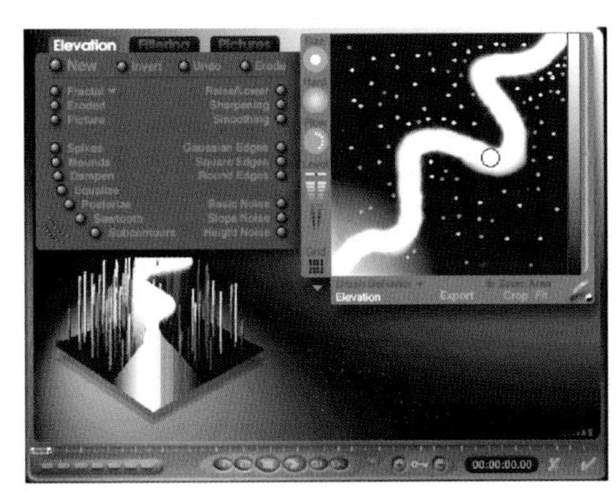

2 在Terrain Canvas里画一个像弯曲的路似的白线，然后在它周围点一些白点制作Terrain对象物，白线就成弯曲的路，白点就成周围的石柱。

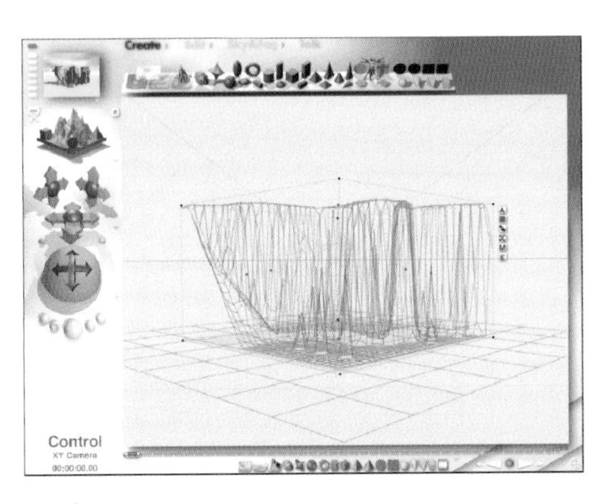

3 使用Terrain Editor制作的地形对象。

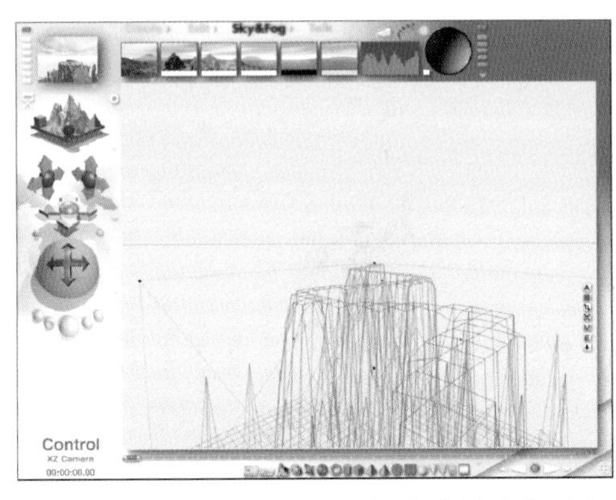

4 使用Camera control把弯曲的路排列在画面的开头到远处。

5 Rendering图像。

6 在Create面板点击Water plane，制作海。

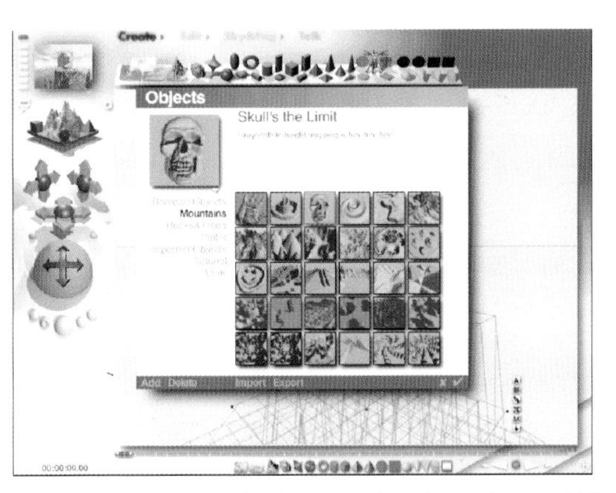

7 点击Create面板边的小三角形打开对象s对话框。选择Mountains-Skull's the Limit。

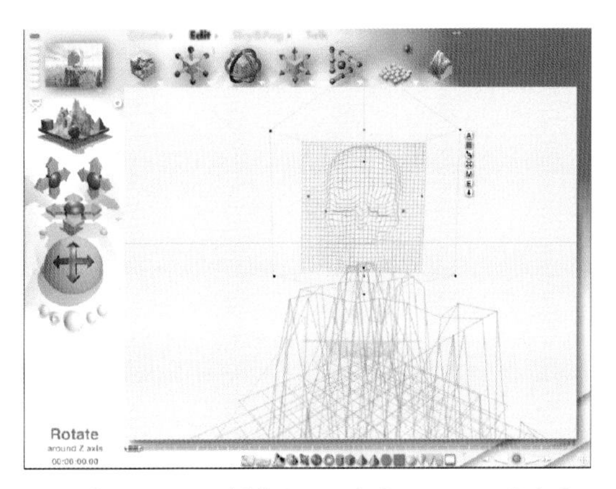

8 使用Edit面板的Reposition control和Resize control,Rotate control，在弯曲的路的尽头把图像排列成看着镜头似的。

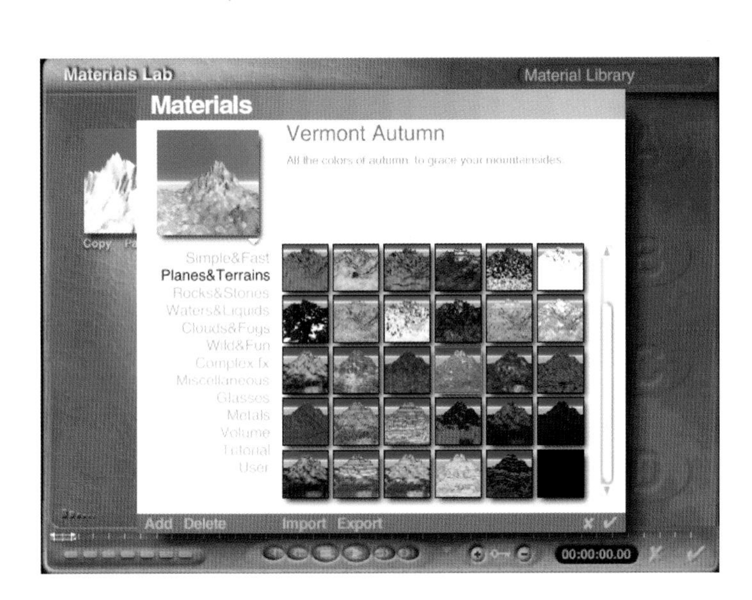

9 为了制作骸骨对象的Materials，选择与弯曲的路一样的Planes&Terrains-Vermont Autumn。

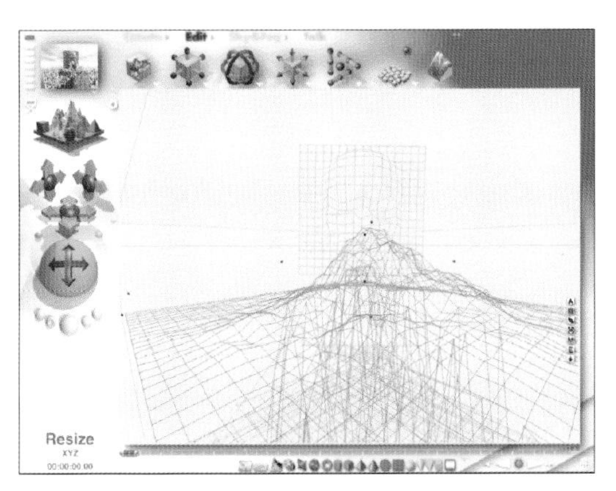

10 在Create面板从新做一个Terrain 对象，使用Edit面板的Resize control进行放大。

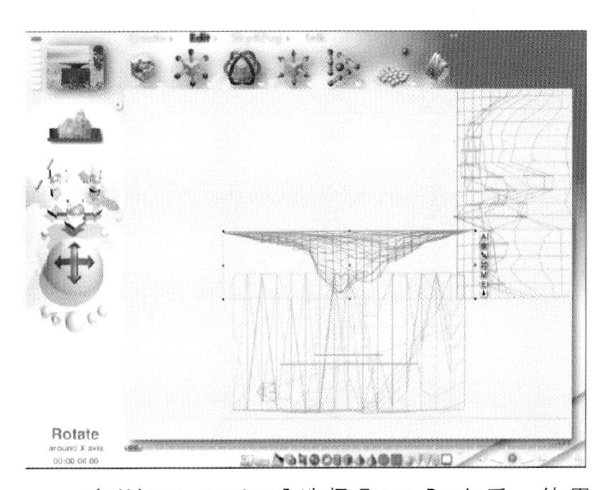

11 在Views control选择From Back后，使用Edit面板的Rotate control，反转Terrain对象。

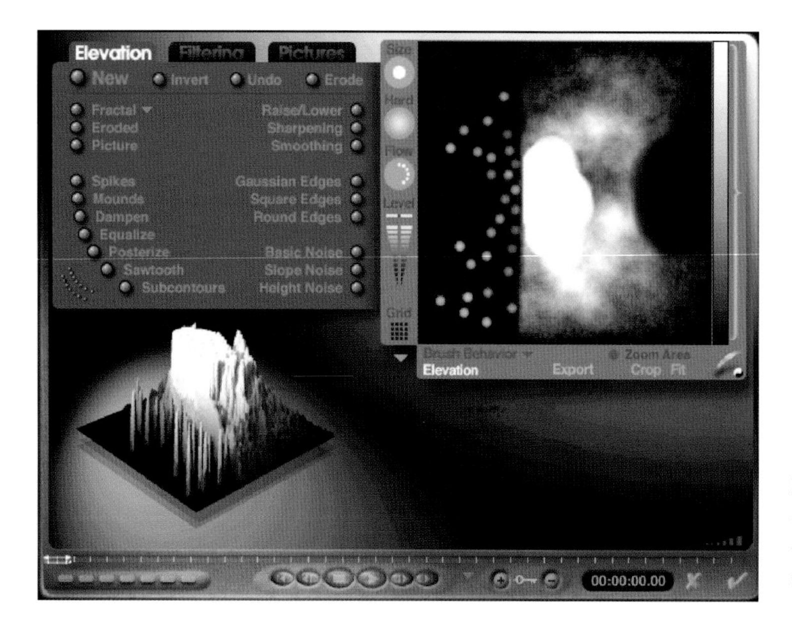

12 点击反转的Terrain 对象的上拉菜单E，打开Terrain Editor对话框。Terrain canvas一面设定为黑色划垂直线当作绝壁。点小白点的部分制成洞穴的钟乳石形。

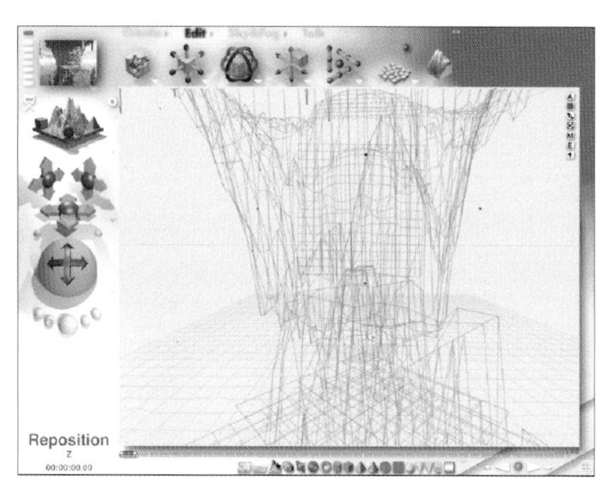

13 Terrain 对象与骸骨模样的对象物链接起来，只把骸骨模样排列在绝壁外。

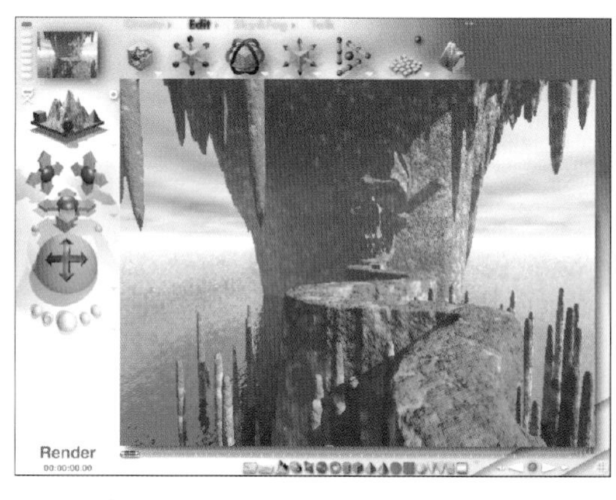

14 选择其他地形的Materials一样的Vermont Autumn。

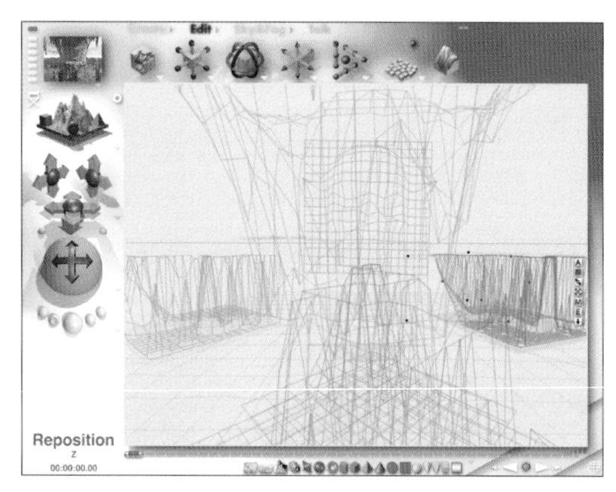

15 复制2个弯曲的路对象（Ctrl+D）排列在骸骨模样的旁边。

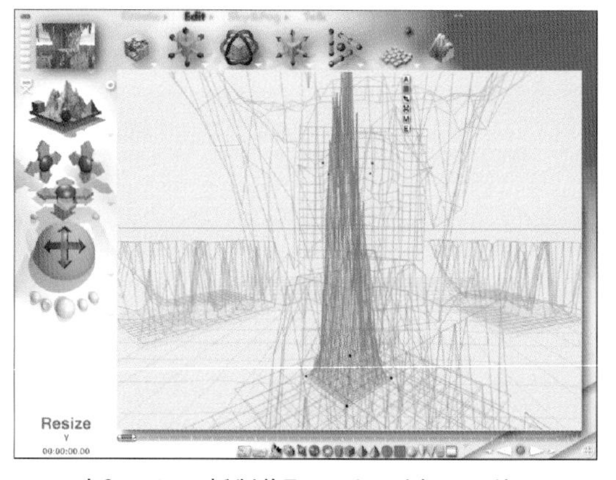

16 在Create面板制作Terrain 对象后，使用Edit面板的Resize control把Y轴拉长后做出尖尖的对象。

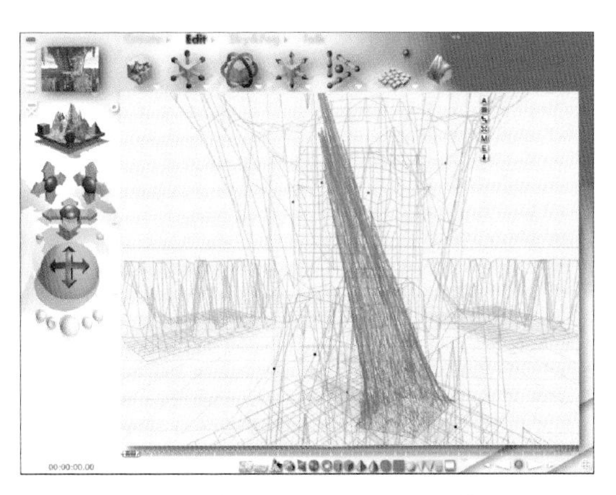

17 使用Edit面板的Rotate control使Terrain对象稍微倾斜。

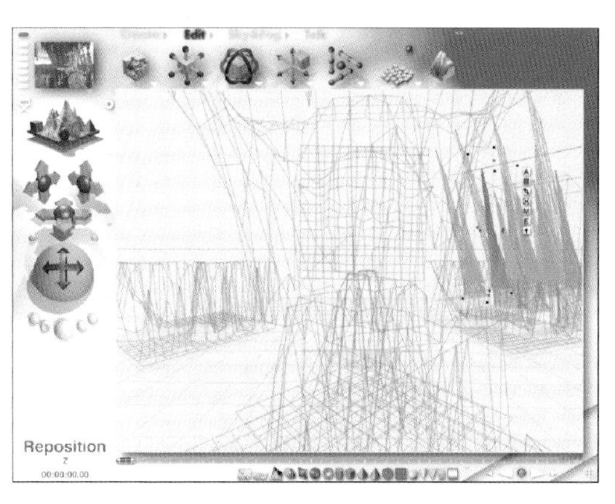

18 使用Edit面板的Reposition control进行排列，然后再复制几个重新排列。

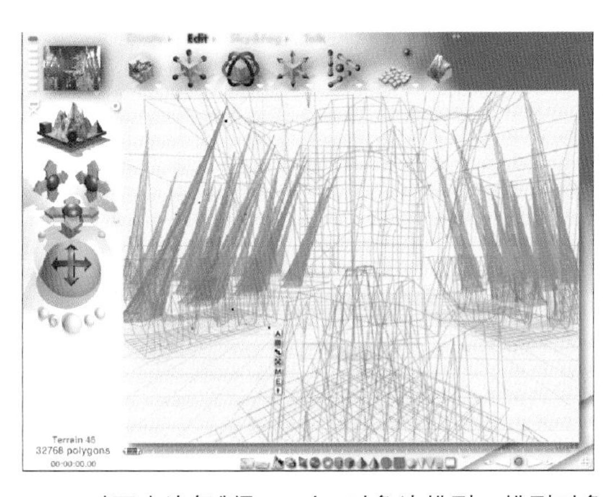

19 对面也边复制Terrain 对象边排列。排列对象时要考虑整体背景图像。为了图片恐怖感和幻想感，选择陡峭的地形比平坦地形好。

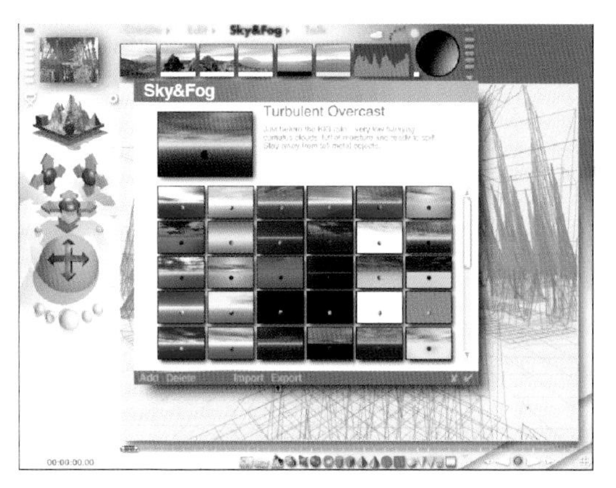

20 为了显示天空，点击Sky & Fog面板边的小三角形，打开Sky & Fog对话框。选择Turbulent Overcast。

21 为了选定照明的位置先rendering。

要点

选择对象时出现描点，按住Ctrl键用鼠标拖动，就可以使对象旋转。

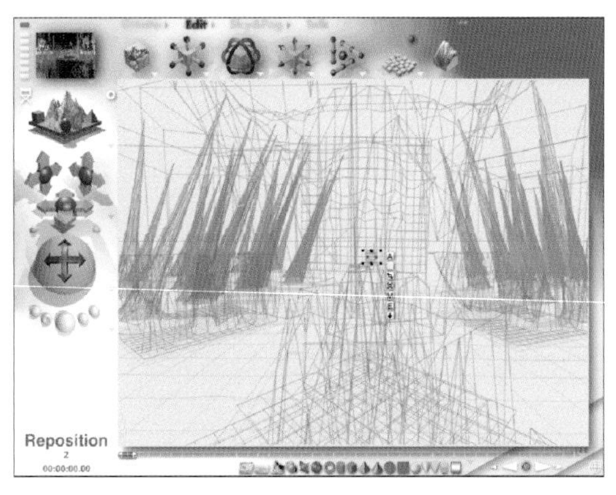

22 使用Create面板的Radial Light给照明的效果。不要太亮，为了幻想般气氛，采用从下往上的照明。

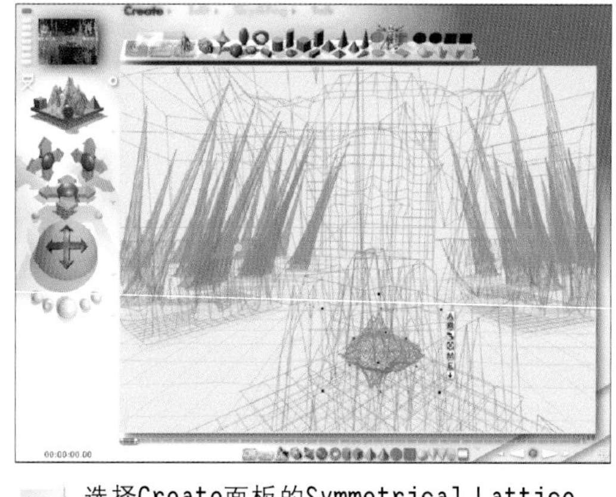

23 选择Create面板的Symmetrical Lattice。在Bryce制作物体时应用上下对衬的对象，则会制作出多样的对象。点击上拉菜单的E打开Terrain Editor对话框。

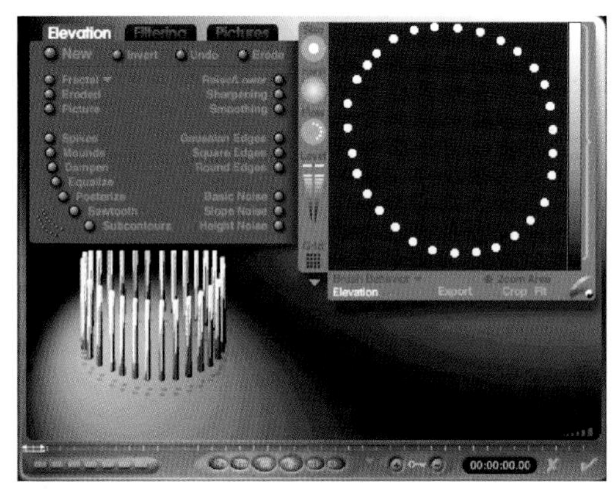

24 在Terrain canvas里Level填充黑色，画面则会出现褐色，但这是透明状态。为了制作铁杖，点小白点当柱子。

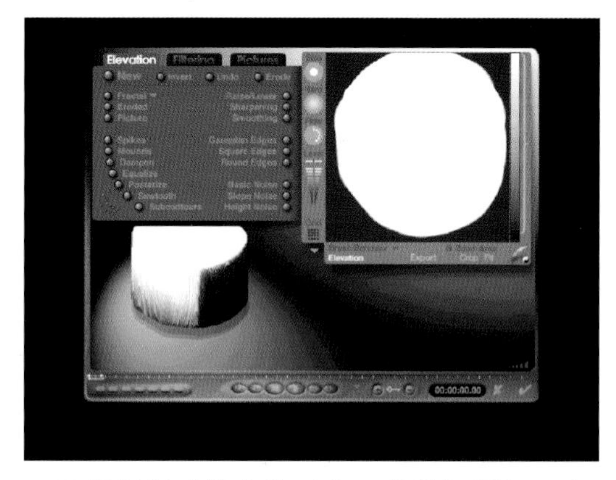

25 复制制成铁窗的对象，从新打开Terrain Editor对话框。然后画一个比点点的范围大的圆圈。是为了制作铁窗的盖子。

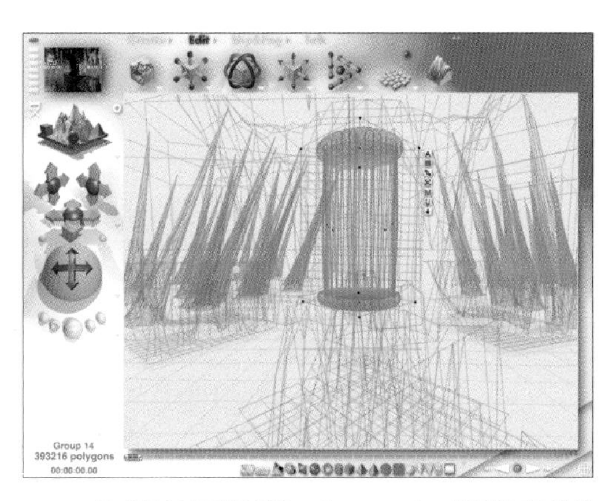

26 使用Edit面板的Resize control把铁窗的盖子压扁，然后再复制一个制作下面的衬垫物。把三个对象向移动后制作成铁窗形，再选择三个对象后点击上拉菜单的G后，再群组。

27 在Create面板选择Torus后，使用Edit面板的Resize control向Y轴稍微拉长。

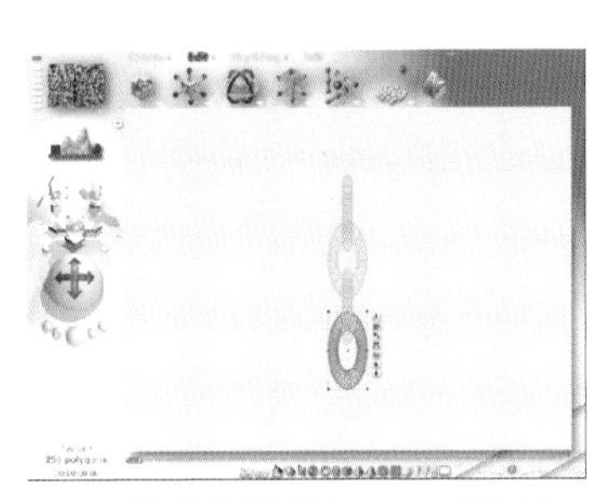

28 复制拉长的Torus 对象后，使用Rotate control向Y轴方向旋转90度。然后使用Reposition control制作成铁链形。

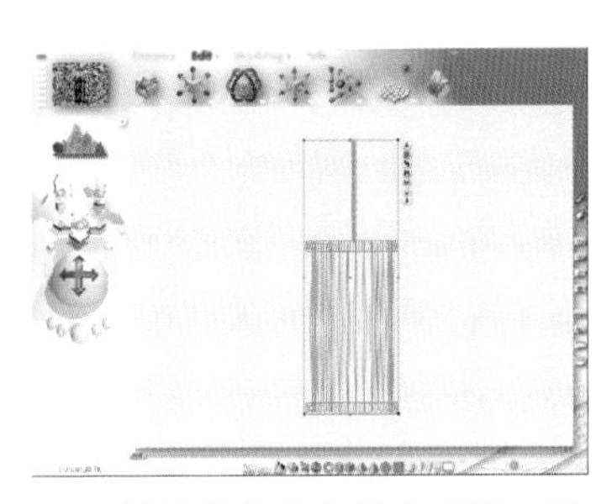

29 铁链放在铁窗的上面后，再群组。

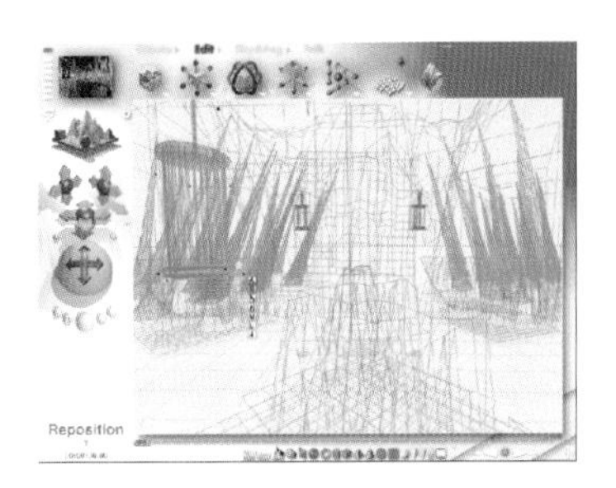

30 30使用Edit面板的Reposition control把铁窗排列在背景的适当位置。

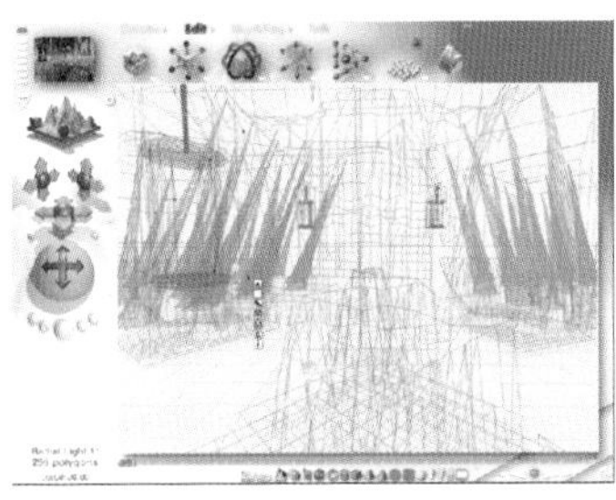

31 31排列好的铁窗前面稍微加一点照明。Bryce的自然光，虽然能很好地表现整体的自然光，但在物体上另外加一点照明会更好。

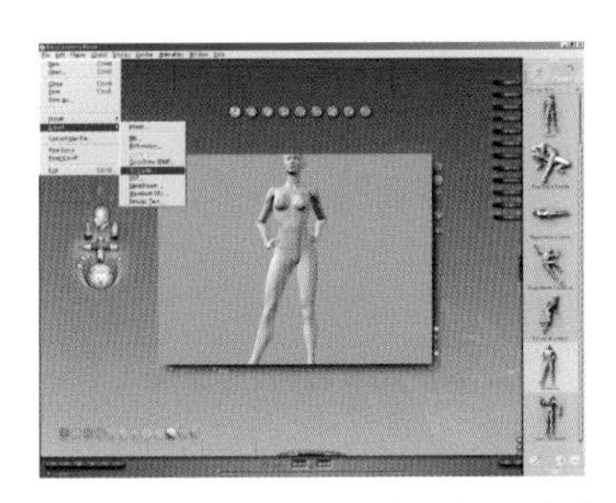

32 在Poser选择女性人物后定姿势，再选择File-Export-3D Studio保存。

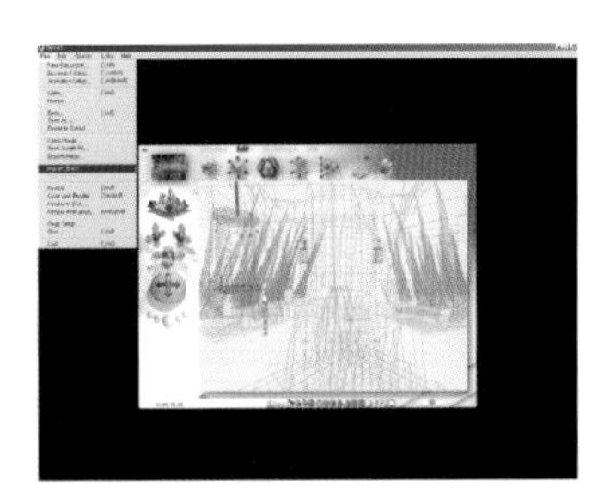

33 在Bryce选择File-Import对象导入在Poser保存的女性人物。使用Edit面板的Reposition control排列在铁窗的里面。

完成了有幻想感的背景。

6 使用Bryce制作场景

使用Bryce不仅能制作背景还能制作有良好效果的演出场景。

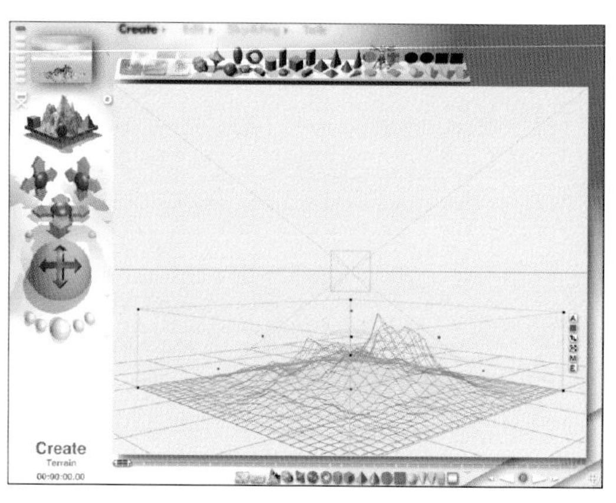

1 1以640*480Size来制作。制作完后也可以在File-Document setup从新设定Size。在Create面板制作一个Terrain 对象。

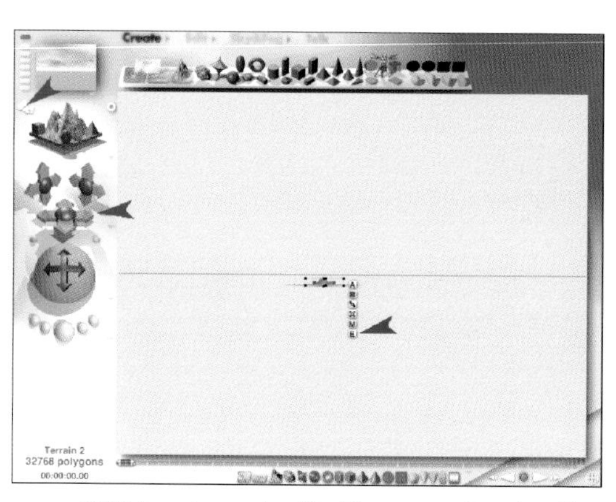

2 2在Director view换成Camera view后，使用Camera cross移动镜头的位置离Terrain对象远些。然后点击Terrain 对象的上拉菜单的E。

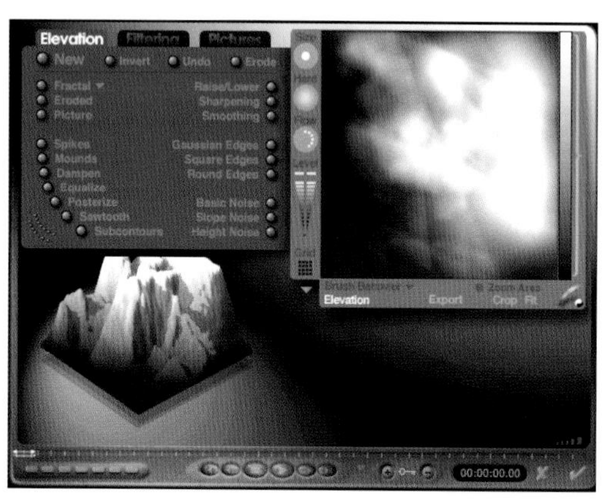

3 3适当地制作像真画一样的地形后，使用Elevation-Sawtooth制作成用刀切下来的感觉。适合于溪谷似的地形。这与峡谷地形相陪衬。

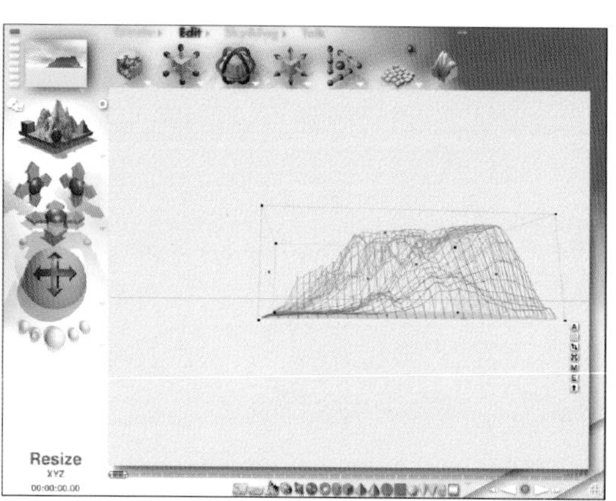

4 使用Edit面板的Resize control和Terrain control进行排列。

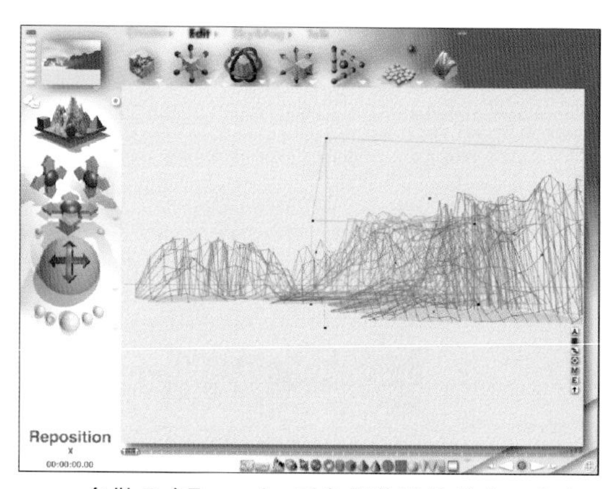

5 多做几个Terrain 对象制作远处的山。在上面把Terrain放大排列一样，移动Edit面板的Resize control和Reposition control。

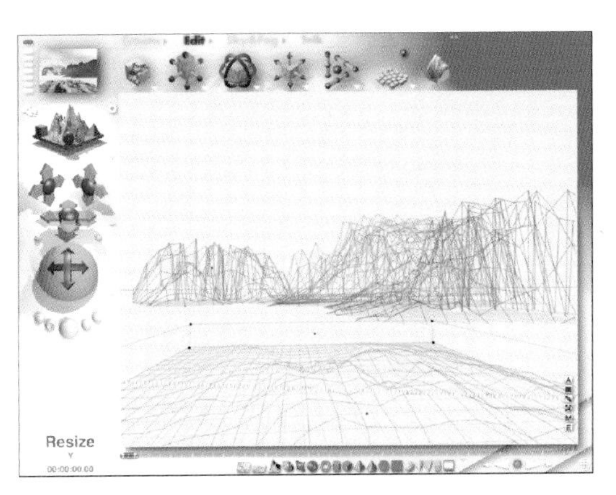

6 制作一个Terrain 对象排列在前面。然后把Resize control的Y座标缩短制作扁的Terrain对象。

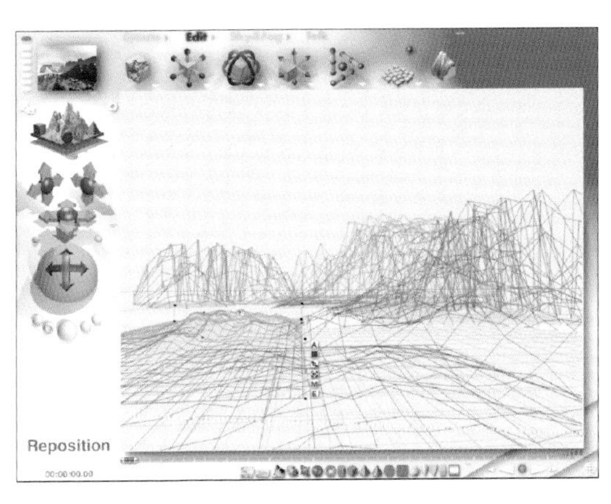

7 前面也排列几个扁的Terrain 对象。像Terrain对象的情况时，按构图调配好近景和远景。

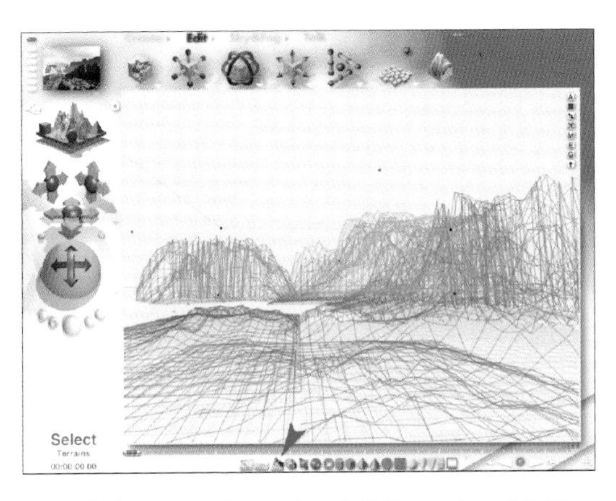

8 点击Select Terrains全选Terrain 对象后，点击上拉菜单的M。

9 选择 Materials-Planes&Terrains-Deep Mossy Grass。有真实感的山（Terrains对象）比Material更能造成自然的氛围。

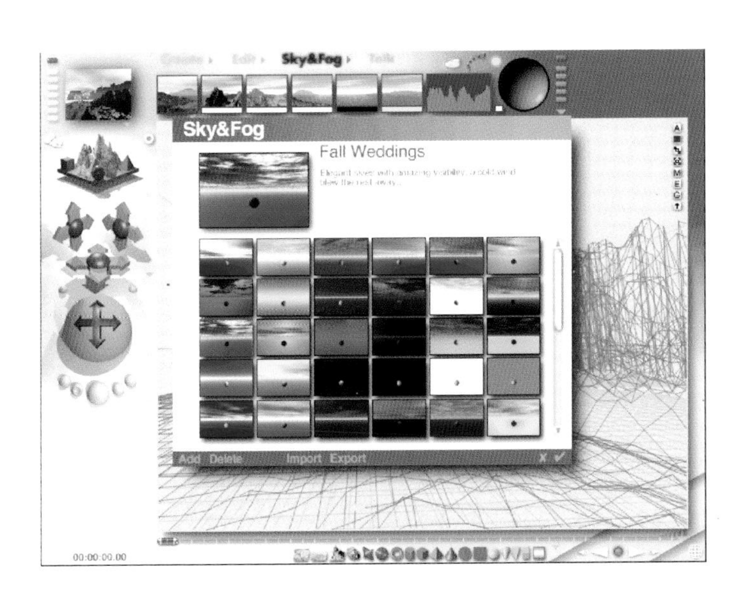

10 点击Sky & Fog面板边的小三角形打开的Sky & Fog对话框里选择Fall weddings。

11 在Create面板选择海（Water plane）。使用Edit面板的Reposition control把水面往上提一些。海的Matarials是选择Deep sea使它稍微暗一点。

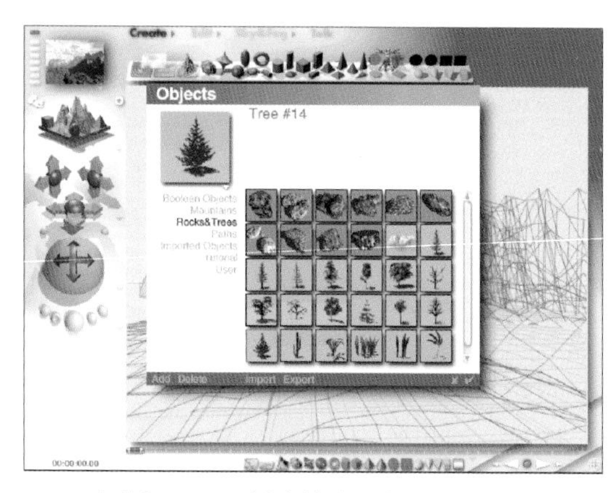

12 点击Create面板边的小三角形，选择Objects -Rocks & Tree #14。

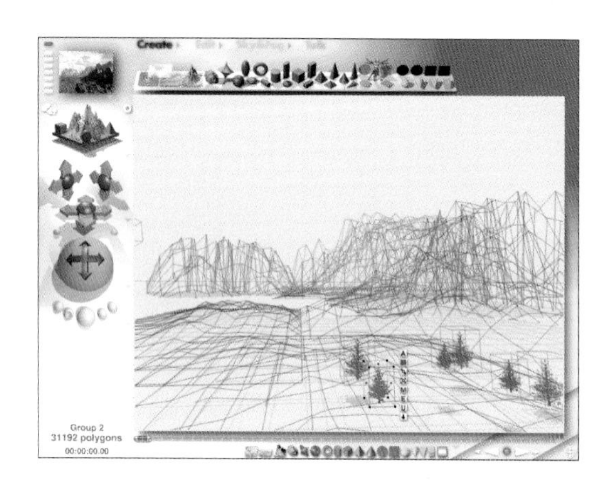

13 把前部分的Terrain 对象，在上面的背景里适当缩放后，再排列几个Tree 对象。

14 整个背景制作完了。现在把3D 模型Import后，导入Bryce继续制作。

15 用File-Import 对象导入3D模型。Bryce的建模技能比起3D软件，相当弱。所以和建模技能强的软件一起使用会更好一些。

● Bryce可以Import的扩展名。

3D studio File(.3ds)	Light wave scene files(.lws)
3DMF (ASCII) Files(.t3d)	PGM Files(.pgs)
3DMF (Binary) Files(.3mf)	Truespace Files(.cob)
3DMF (Binary) Files(.b3d)	USGS DEM/SDTS Files(.ddf)
DEM Files(.dem)	VRML 1.0 Files(.wrl)
DXF Files(.dxr)	Video scape Files(.vsa)
HF Files(.hf)	Wavefront Files(.obj)
Light wawe 对象files(.lwo)	

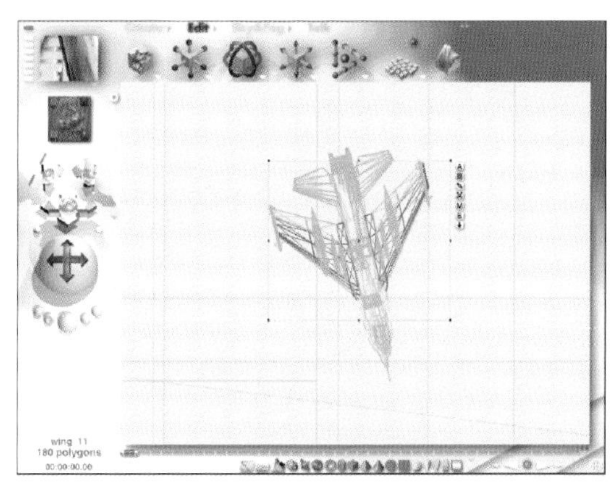

16 3D Stuio文件的3ds的对象导入到Import。点击对象的上拉菜单的U撤销群组后，选择撤销群组的个别的对象。

17 导入的3D模型对象的Materials是Wild & Fun-Cross-Hatched wood和Alien Tree Bark制成的。

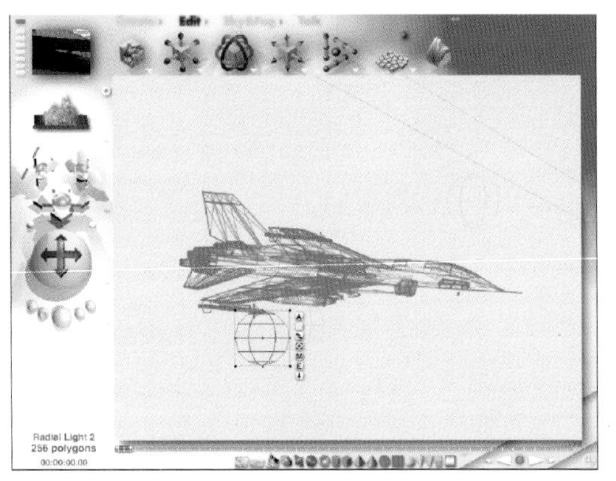

18 因为Bryce是着重于自然光的软件，对3D对象的照明效果会弱。
所以Import后导入的对象另外设定照明会更好些。在Create面板里把Radial Light排列到3D模型对象里，另外再给照明效果。排列在上面的一个Radial ight是为了强化太阳光的效果，下面的二个Radial Light是为了反射光的效果。
下面的照明会相当减弱亮度。

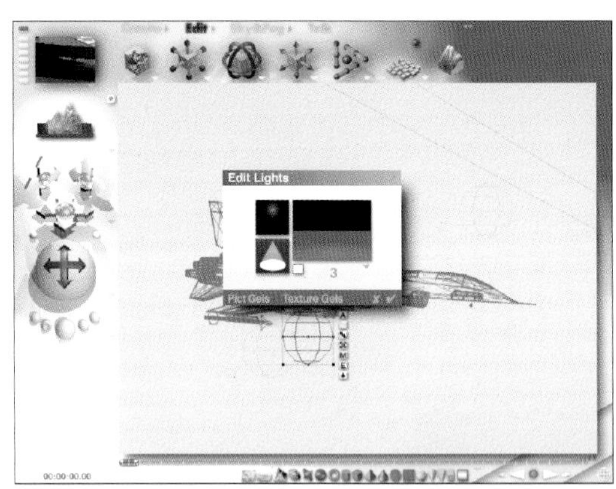

19 点击Radial Light的上拉菜单的E时会弹出Edit Lights对话框。
上面照明的亮度：4
下面照明的亮度：3

20 选择照明和3D模型对象点击上拉菜单的G后群组化(Group Objects)。

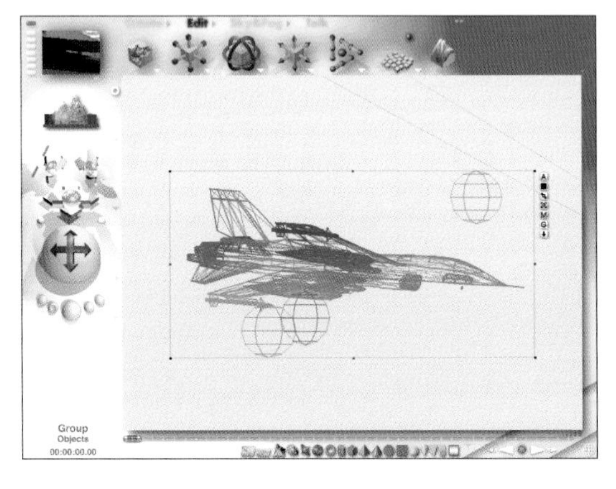

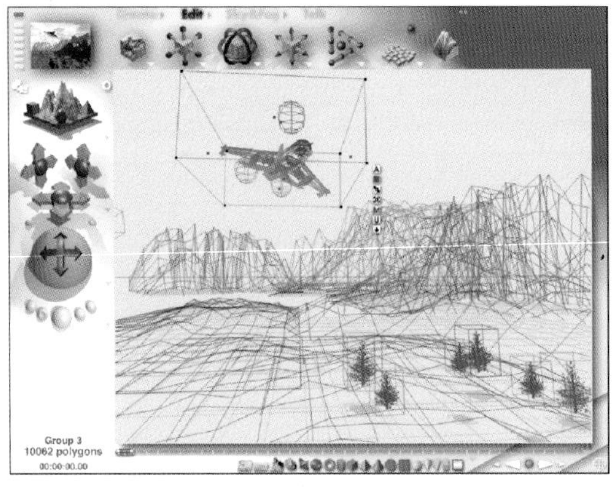

21 在Camera view里使用Edit面板的Reposition control进行排列。无论什么样的对象，排列时都要考虑构图。像在画面画画似的处理3D软件才能有好的成果。应该考虑画面是不是太偏了，整个画面的色调是否和谐多样，主题发挥的真阳等问题。

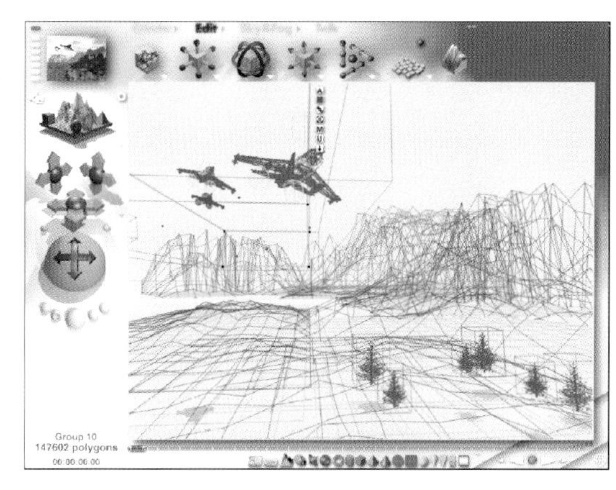

22 按住Ctrl+D键复制飞机，使用Edit面板的Reposition control排列得像三架飞机飞过来似的。

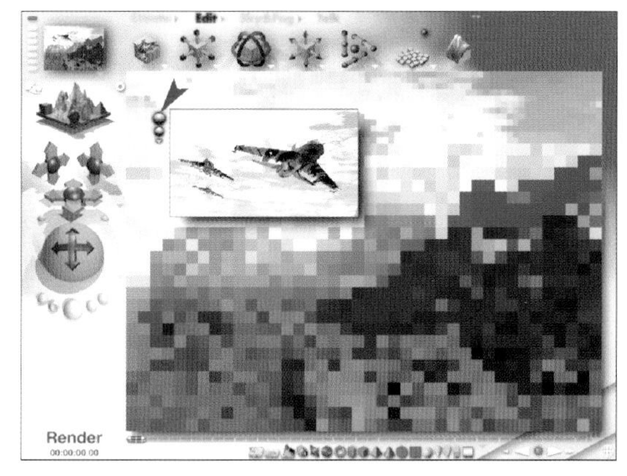

23 Patch Rendering是局部作业所以对象多时使用会很方便。使用Patch Rendering 时rendering中间有暂停或rendering 结束的时候用Cursor指定Drag大小，就能形成Rendering范围。
在指定范围的 边和下边选择圆 Rendering。

24 整体画面的rendering。rendering 在制作对象时、变更位置是或者稍微修整时常常使用。可细心观察整体气氛和修整的对象是否相衬。虽然用功制作的对象，但不适合时最好是果断的删掉。删除对象时按Delete键会很方便。

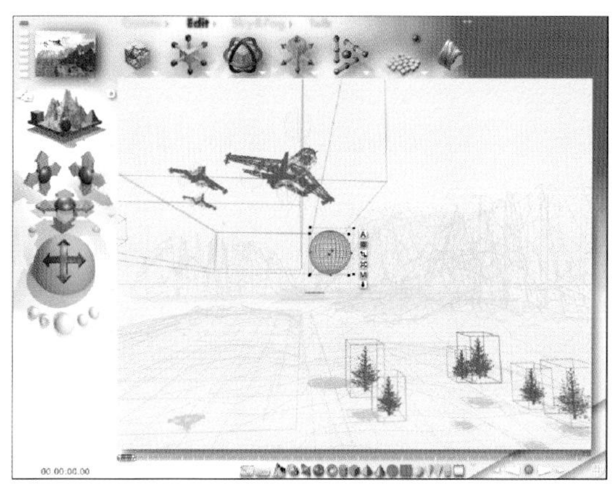

25 在Create面板选择Sphere制作一个圆形的对象。使用Edit面板的Reposition control摆放在镜头近处。

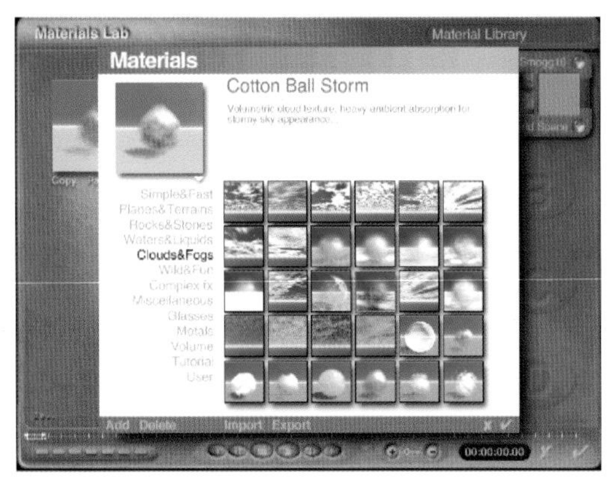

26 点击上拉菜单的M后，单击Preview 画面右旁的小三角形打开 Materials 对话框，选择 Coouds & Fogs-Cotton Ball storm。

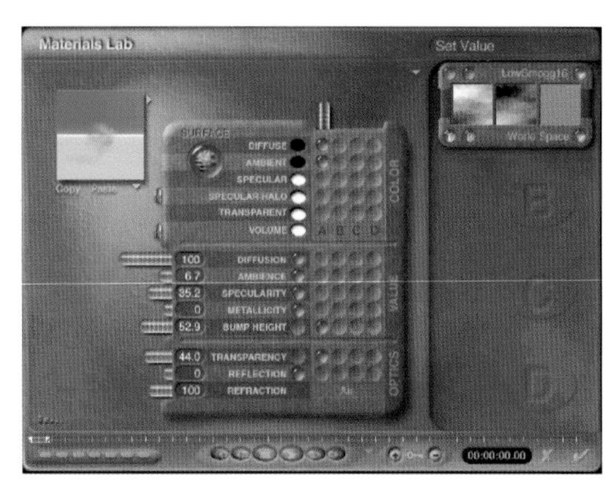

27 在Materials Lab 把AMBIENCE 数值降到6.7使对象自身的颜色变得暗一些。然后把TRANSPARENCY 数值调到28.8。用对象的透明度来减少圆形感觉。

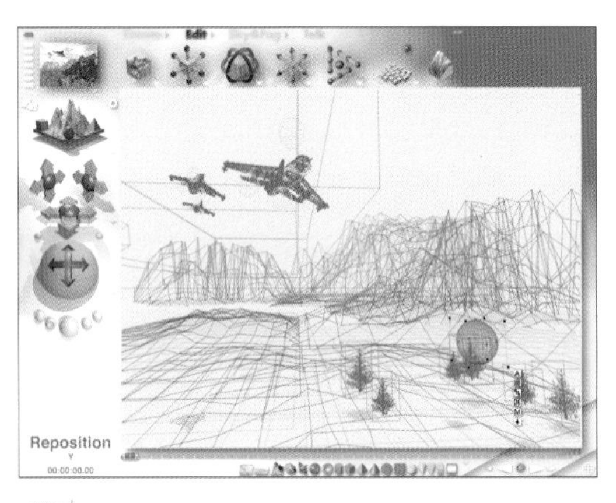

28 把像烟雾似的圆形对象排列在地面上。

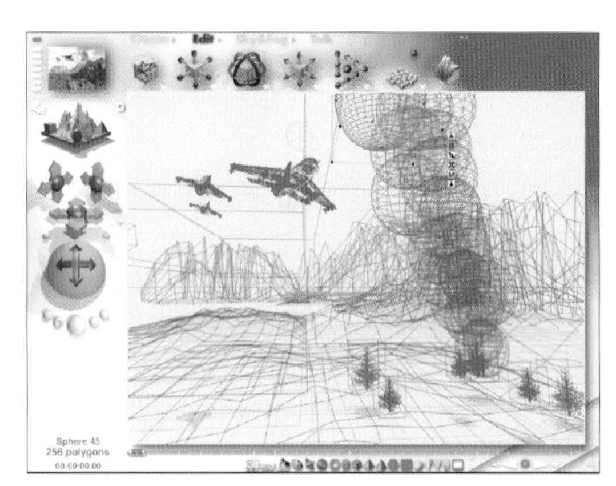

29 按住Ctrl+D复制圆形对象。使用Edit面板的Reposition control排列成烟雾向上漂的感觉。像上的圆形对象越来越大似的，用Resize control 来放大。

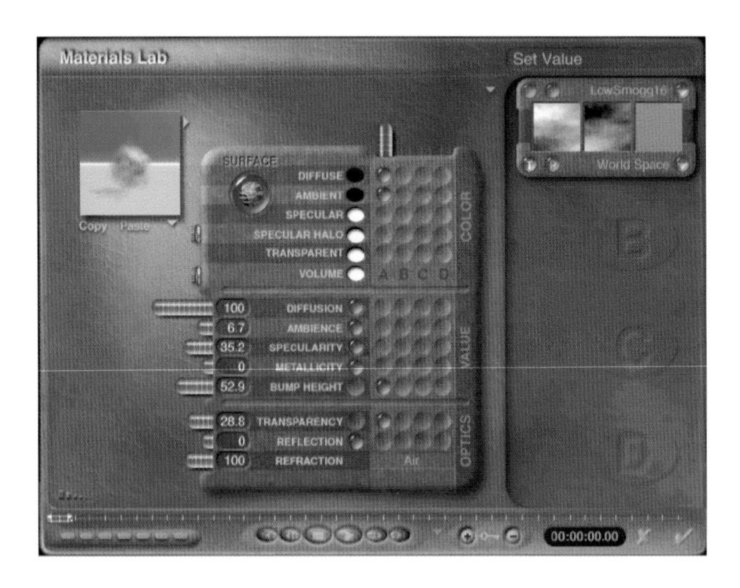

30 把向上漂的圆形对象的Materials的TRANSPARENCY 数值渐渐提高，增加向上漂的烟雾的亮度会有更好的效果。

使用Bryce完成的演出场景。

稍微调整对象排列的另一个图像。

7 2D漫画和3D的合成

用3D制作的背景可以在hotoshop里合成。在3次元空间里直接放进漫画人物来表现也可以，这样做比起在Photoshop 里合成更有立体感。

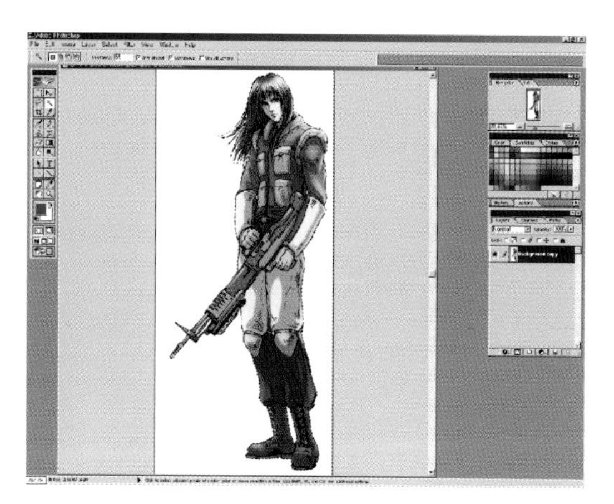

1 把草图图漫画人物上色，合并图层后的Bacdground状态的图像。

2 拖动Bacdground layer复制就会出现Background Copy。

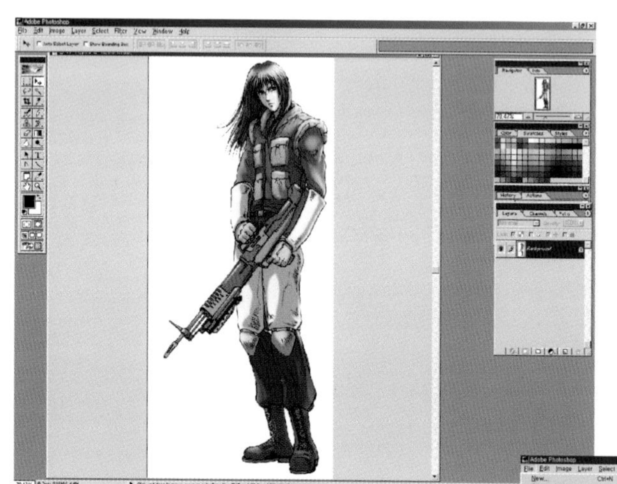

3 拖动Bacdground layer 扔进垃圾桶。
然后再 Background Copy layer 用魔术棒把Tolerance 55 成为背景部分Select。

4 用魔术棒Select的部分选择Edit-Cut(Ctrl+X)删除。这样背景部分就透明了。
以这状态保存。

5 使用在漫画背景的Bryce背景。点击Create 面板的 2D Picture object。

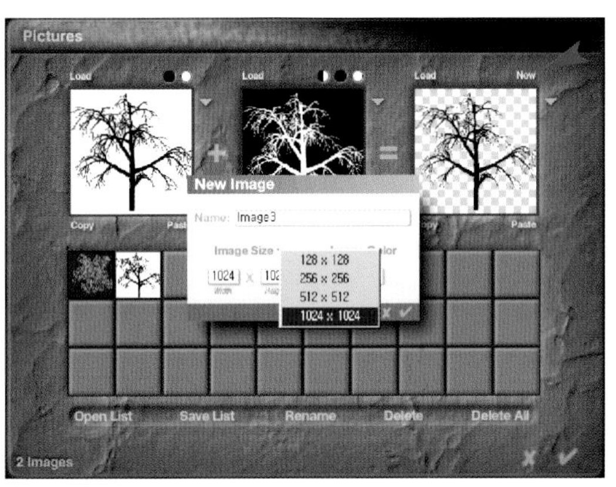

6 点击Picture对话框的New则会出现New Image对话框。把Image size设置成1024*1024.。

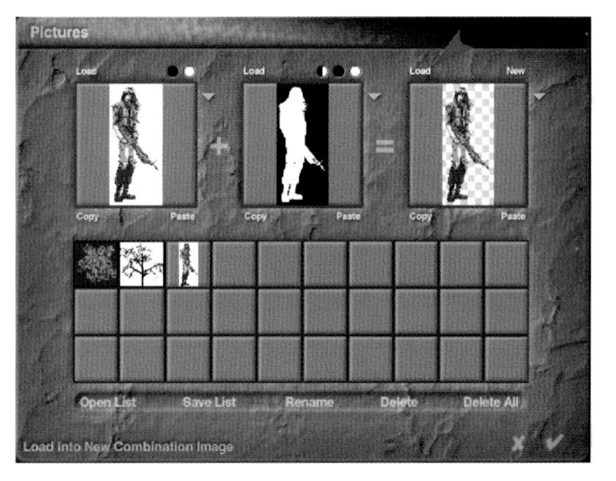

7 点击第三个Load 部分就出现对话框。导入在Photoshp 保存的漫画人物。

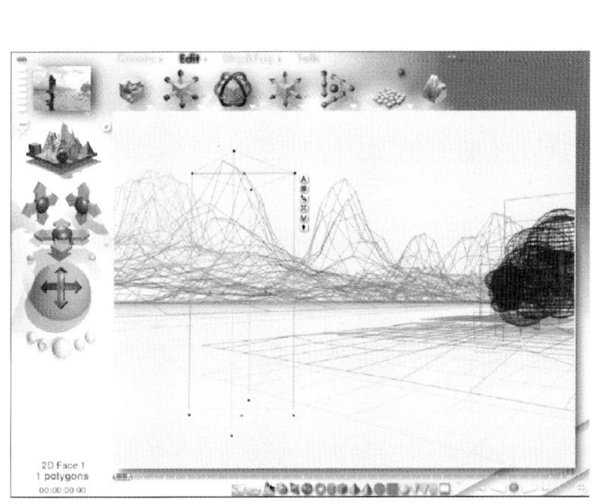

8 因为2D Picture object平面图，所以把画面排列为互看的状态。

9 rendering后的图像。因为漫画人物是平面2D，所以太阳光在后面时会很暗，相反的太阳光在正面时会很亮。

10 把Create 面板的parallel light 排列在漫画人物的前面照亮，就会使不是很鲜明的影子更加鲜明。

11 完成的rendering 图像。2D 图像放进3D 背景里更有立体感和现实感。

12 使用Photoshp 补正和加了Filter 效果。

13 为适合与Bryce背景和漫画人物的色感，明暗，构图等，所以画了一个漫画人物。

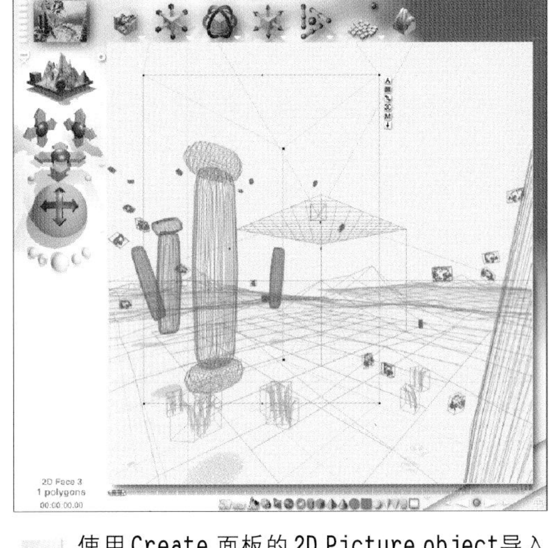

14 使用Create面板的2D Picture object导入漫画人物。漫画人物的背景是透明的才可以。然后向着镜头互看似的排列后，在漫画人物前面设置照明。

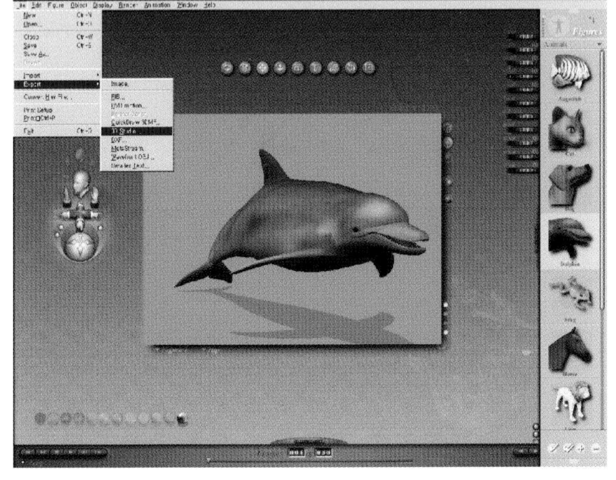

15 在Poser里选择鲸鱼后，选择File-Export-3D studio保存。

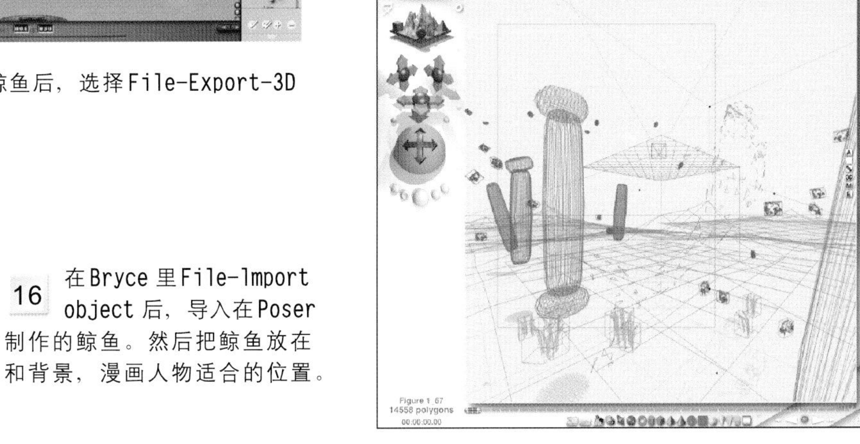

16 在Bryce里File-Import object后，导入在Poser制作的鲸鱼。然后把鲸鱼放在和背景，漫画人物适合的位置。

17 放置漫画人物和3D模型时要注意画面构成关系。
所谓构成是在组织体内找出多样性再把他再现。
换句话说，把读者的视线集中，让读者在图像里找到兴趣，仔细观察让他们感到有趣。这里漫画人物成为主题鲸鱼成为衬托主题的副主题有互动关系。
周边背景里看的东西要很多，但不可以喧宾夺主，这是很重要的。

18 合成机械人物和都市。

19 19 在前面例题制作的都市背景里把建筑稍微提高，换天空的状态。提高建筑的操作是在Select mode，选择Cubes 则会把建筑全部Select。按住Resize control 的Y 轴，则会在Edit 面板选择的建筑会提高。

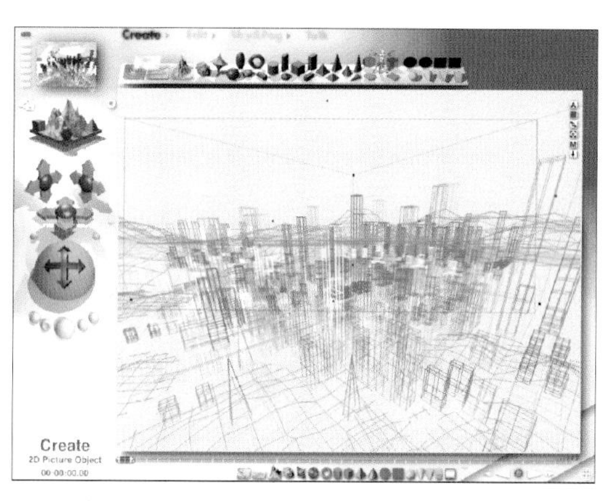

20 选择Create 面板的2D Picture object 把2D 图像机械人物导入到Bryce3D里。把导入到Bryce 的2D Picture object 和镜头互看似的排列。最好是和镜头近一些。

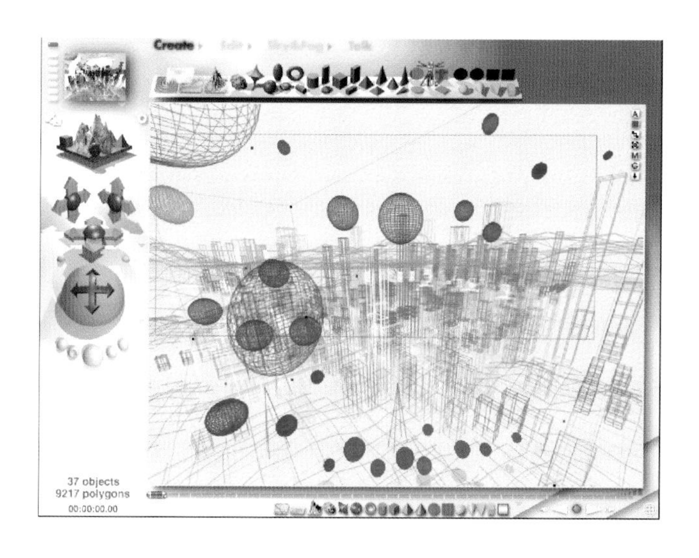

21 使用Create 面板的Sphere 来编织背景和人物。Sphe re的 Materials是Glasses-Combo Colored Glass。

22 Rendering 的图像。

23 在 Bryce 里 rendering 的图像导入到Painter 里，选择Brushes 面板的F/X 刷子。
然后选择亮的草绿色来画。

24 在Bryce 里rendering 的图像用Photoshp 或Painter 等的2D 软件Retouch 会形成更有效果的图像。

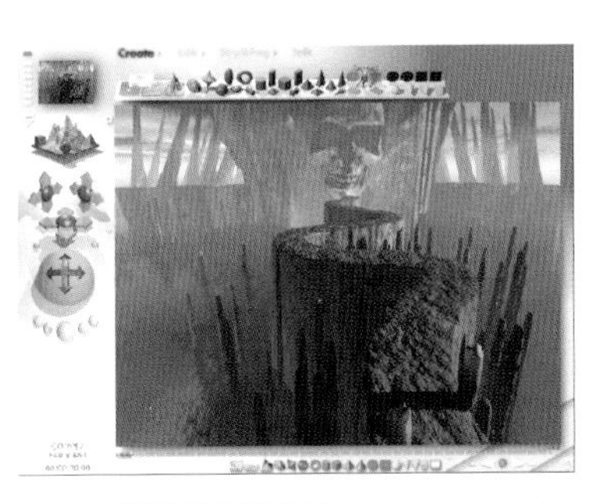

25 用背景来进行Bryce rendering后，放进2D Picture object的位置和周边颜色要和人物配合。

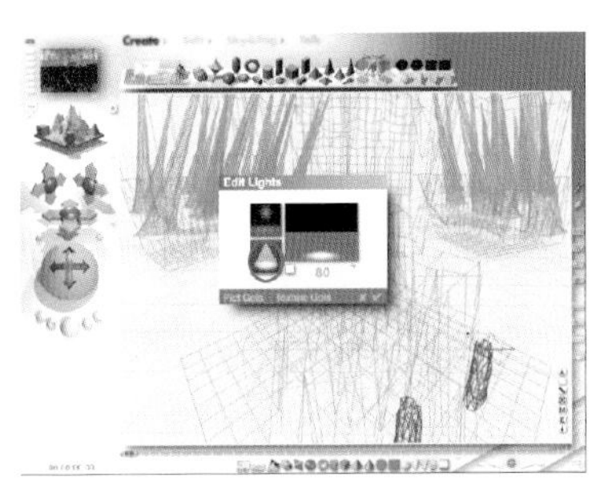

26 把照射在2D Picture object照明的光亮调小些，使照射在周边背景的光调整到少一些。

27 2D Picture object技术的应用可以产生多种效果。

8 Bryce5

Bryce5 是一Bryce4 后的最新版本。比起Bryce4 的rendering, Tree Lab, Light Lab, Sky Lab 有很大的不同。

基本界面的构造没有多大的变化, 图标的颜色换成银青色使界面更精制。Bryce5 使在Bryce4 里最难表现的树木的自然景物, 以增加Tree Lab 使密林或丛林似的自然景物能容易的表现出来。

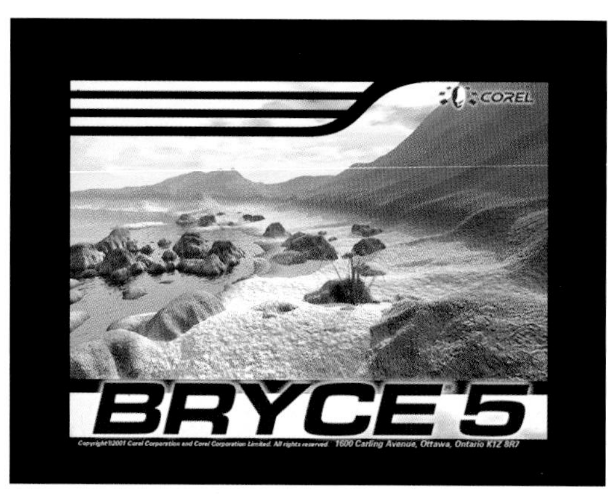

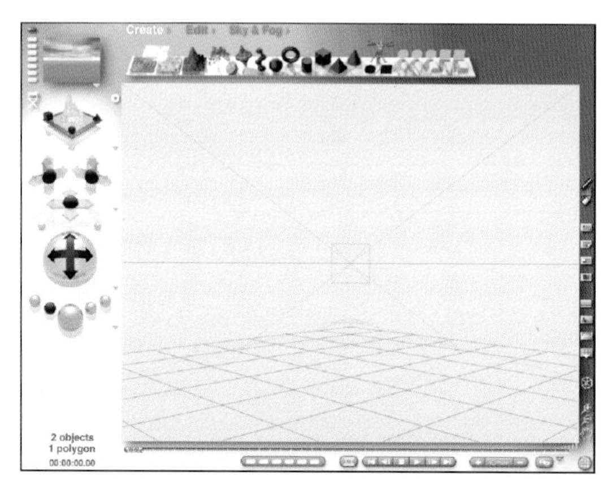

打开Bryce5 的最初的状态。全体图像的颜色换成银青色和Tree 图标外其他的按钮没有什么不同。Rendering 选项中Depth of Field 功能和声音功能关联的相当多的按钮都被隐藏。

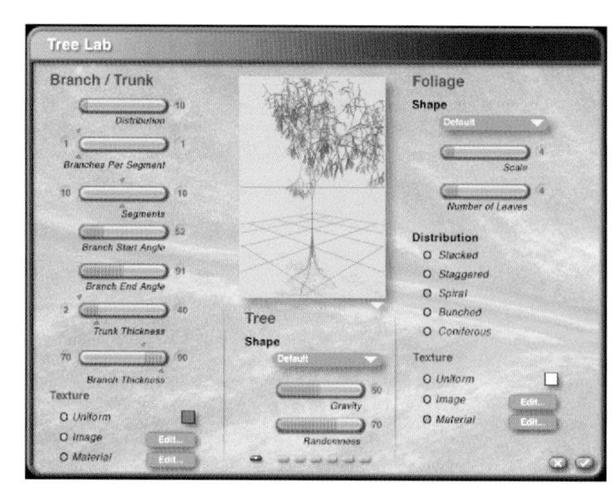

Tree Lab:可以选择很多种类的树。

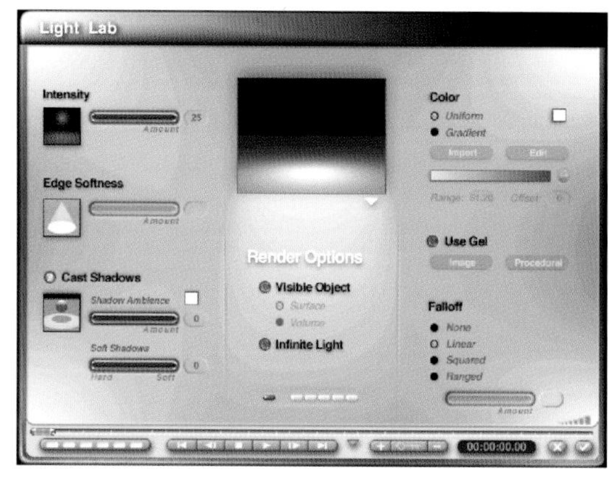

Light Lab:可以调整光, 也可以使用很多种类的照明。

Tree wrap的使用

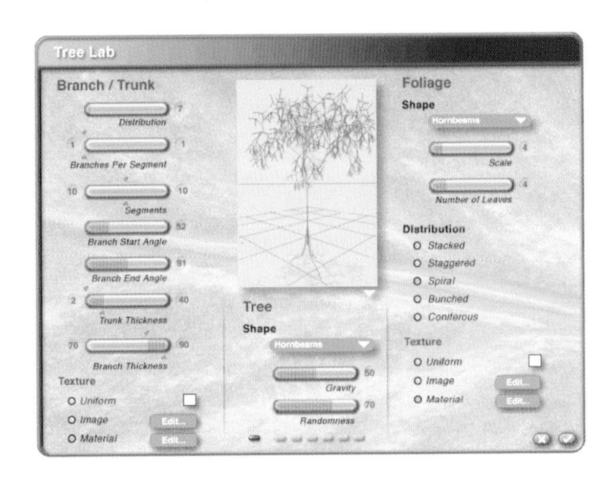

按住Create面板的Tree图标，选择上拉菜单的，E打开Tree Lab对话框。

Branch/Trunk(调整树枝和树的主杆)

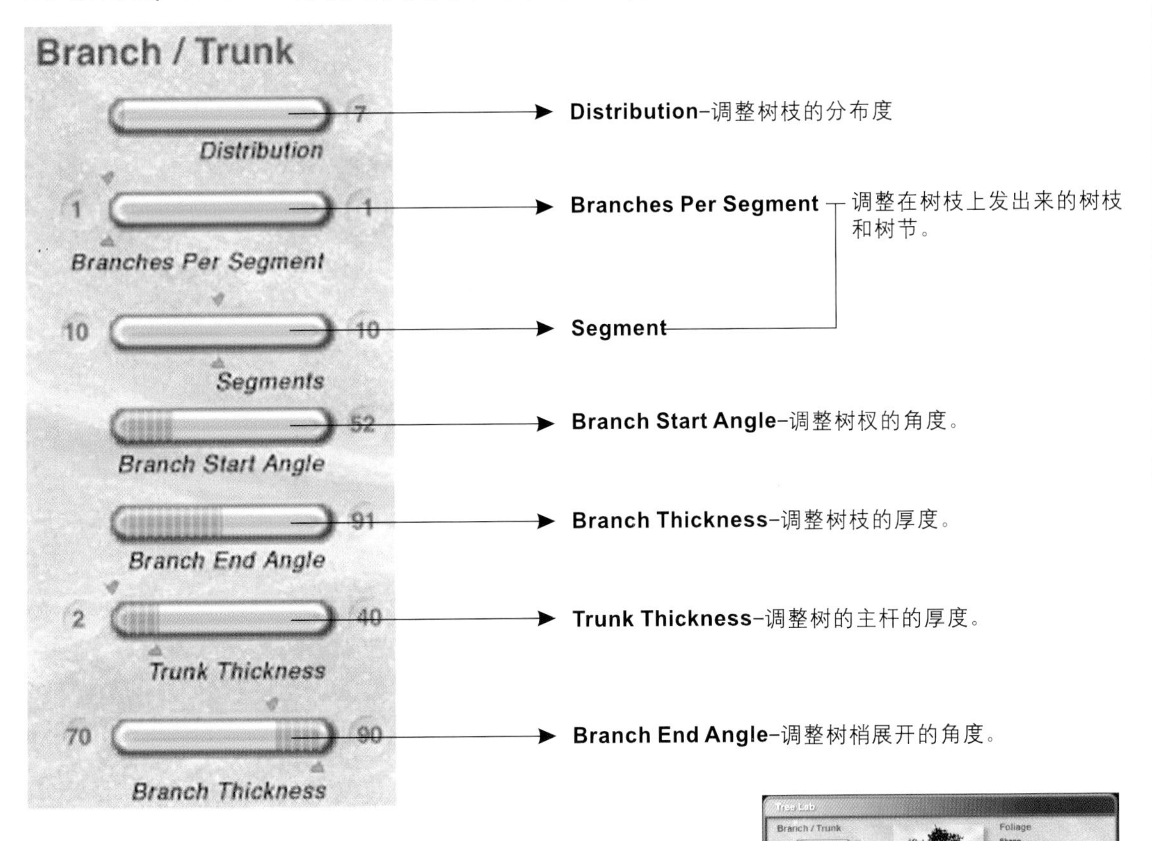

选择Rendered Preview rendering后预视着制作树木。

Branch/Trunk的例题说明。

Distribution-调整树枝分布度的滚动条的数值，数值低时树枝的分布度就变宽，出现很多枝。

Distribution 0时

Distribution 100时

▶ Branches Per Segment

▶ Segment

设定树枝上发出来的枝和枝数。滚动条的上端和下端各有个调整的三角形。
上端的滚动条因下端的滚动条有调整的范围，但下端可以随意调整。
从主杆发出来的枝和新发出来的枝，过程上上端的滚动不能比下端的大。

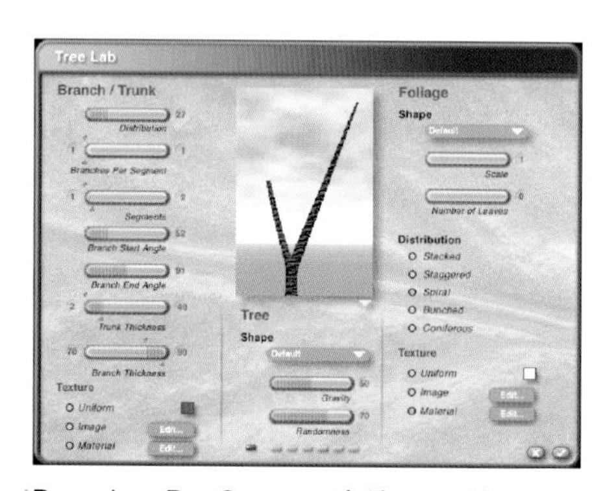

Branches Per Segment上端1，下端1
Segment上端1，下端1
二个树枝，第一个是树的主杆，第二个成为树枝。

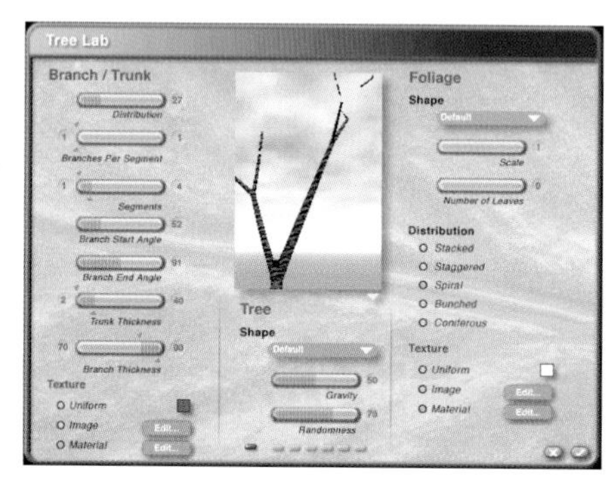

Segment上端1，下端4
树枝发出四遍的状态。像从主杆开始折断四遍似的。

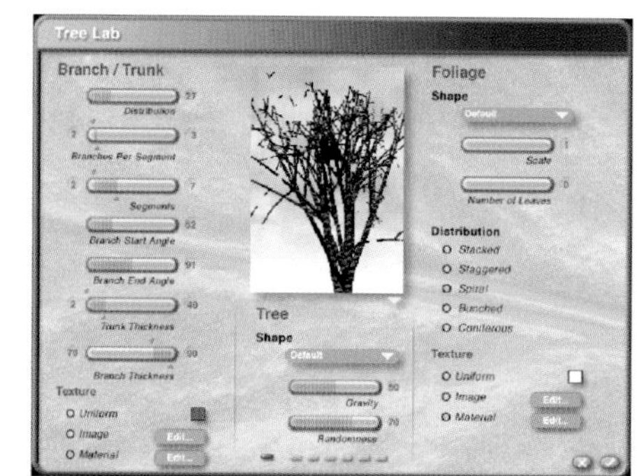

Branches Per Segment上端2，下端3
Segment上端2，下端7
小树枝的个数也多，新发出来的枝也多的状态。

Branch Start Angle
Branch End Angle —— 调整树枝的主杆的角度和树梢部分的杂树枝的角度。

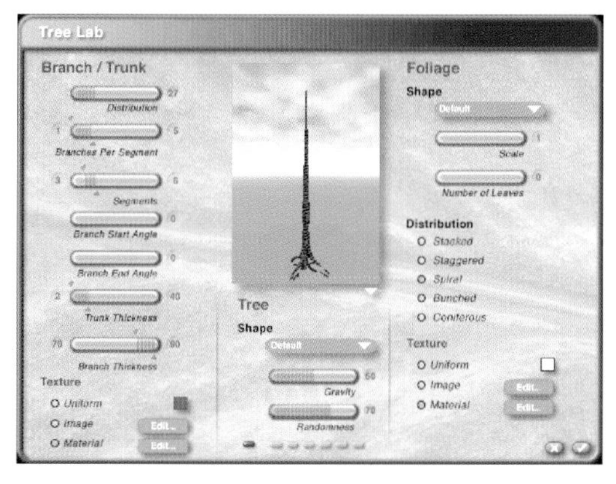

Branch Start Angle 0, Branch End Angle 0时，因为树枝没有角度，所以是一条线似的主杆。

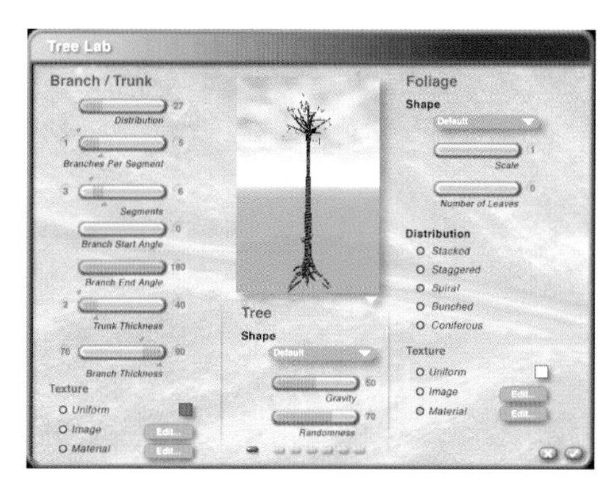

Branch Start Angle180时，树顶有很多展开的树枝。这是顶部的杂枝的角度是180度的状态。提高Start Angle就可以使下面的树枝展开。

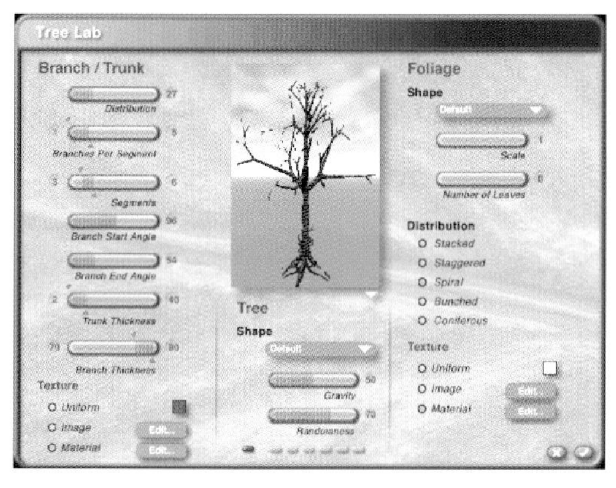

Branch Start Angle 16, Branch End Angle54 适当的调整Start Angle和End Angle来制作树枝。

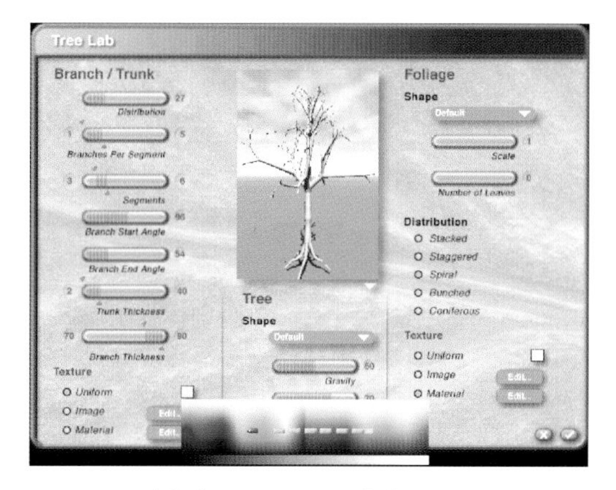

Unirorm-选择颜色后，可以换掉主杆和树枝的颜色。

Branch/Trunk

Texture

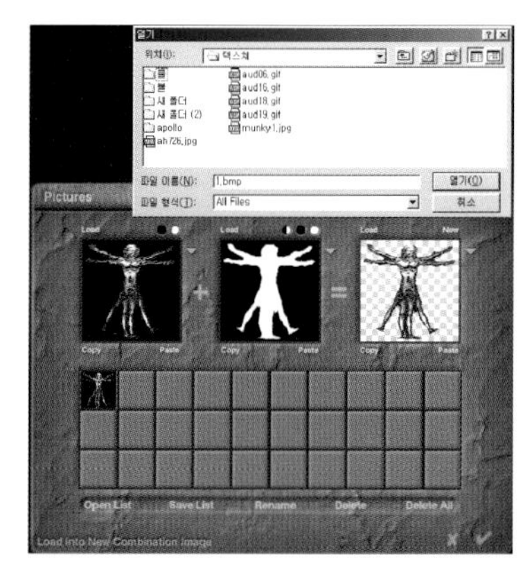

点击Image-Edit按钮后，导入图片可以给树枝和主杆Mapping。

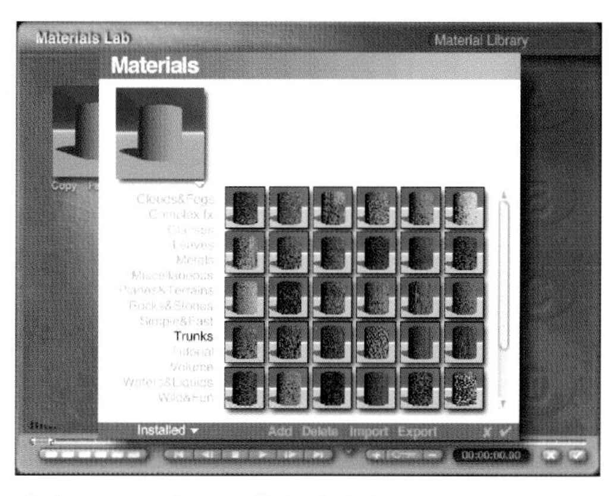

点击Material-Edit按钮就会出现Material Lab对话框。在Materials-Trunks里可以直接选择树的材质。

Tree

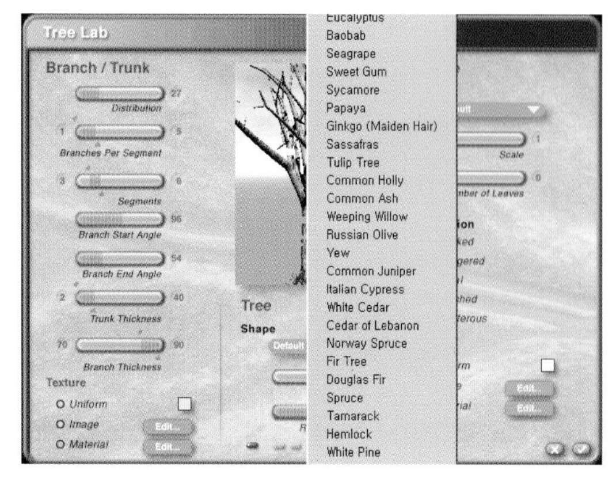

Shape- 选择树的种类。
可以选择 60 多种树来使用。

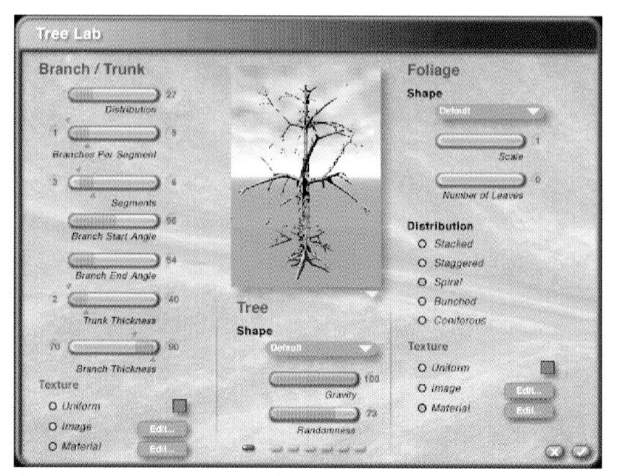

Gravity–也可以表现出树木受重力影响凋萎的程度。
把滚动条的数值提高时树枝会往下凋萎。

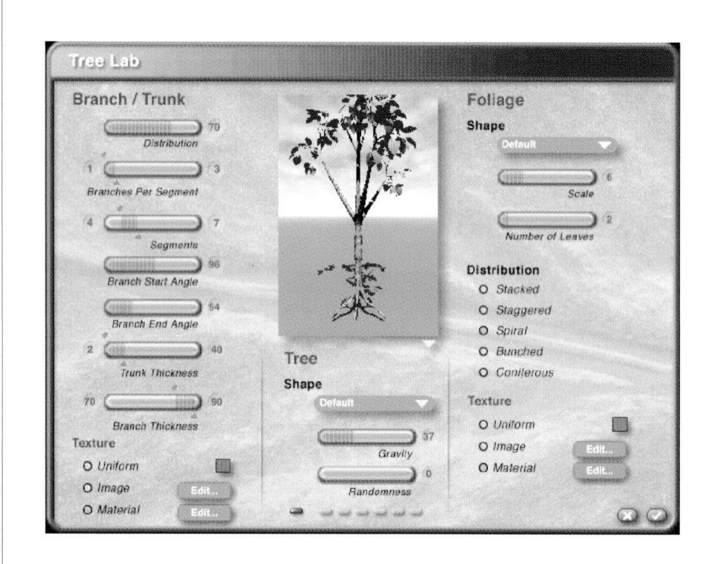

Foliage

Shape-可以选择树叶的种类来使用。
Scale-调整树叶的大小。
Number of Leaves-调整树叶的数字。

Distribution

Stacked-树叶堆堆的排列。

Staggered-树叶凌乱的排列。

Spiral- 把树叶分布成螺旋模样似的。

Bunched- 树叶分布成像一束花似的。

Coniferous- 表现针叶树林。因着树叶有大小差异，树叶排列的状态向四方展开的模样。

Foliage

Texture

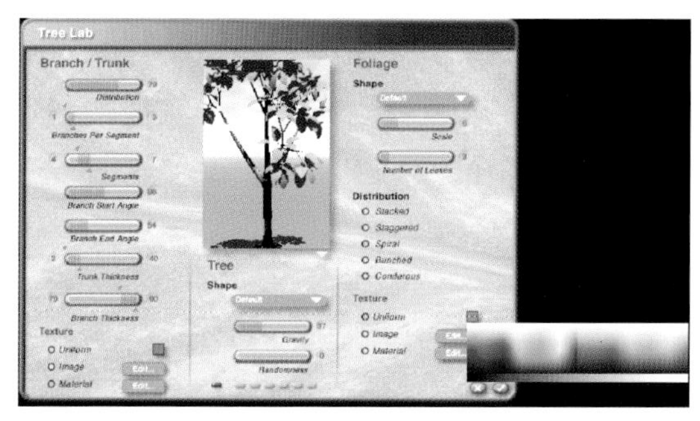

Uniform- 选择 Unirorm 后选择颜色，就是树叶的颜色了。

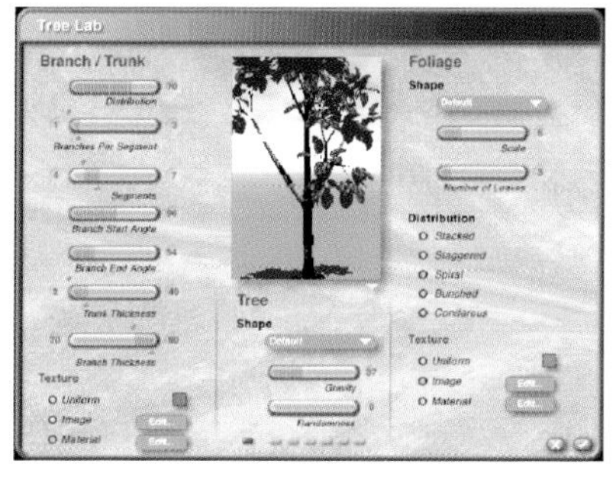

Lmage-点击Edit按钮在Pictures对话框里导入Texture图片后在树叶上Mapping。

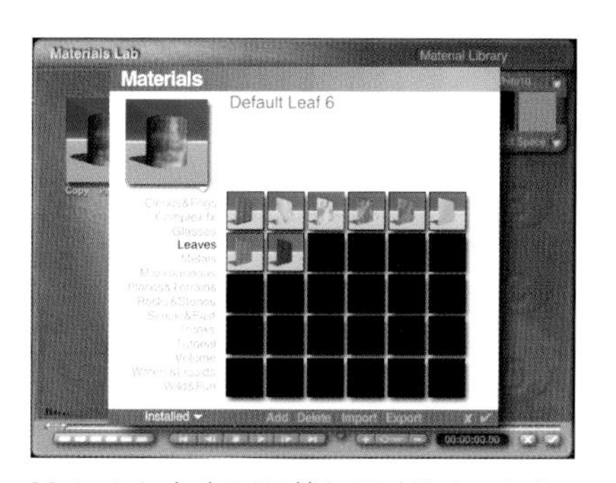

Material-点击Edit按钮后在Materials-Leaves里选择树叶使用。

9 制作有山有树的冬天风景

使用Bryce5制作一幅有山有树的冬天风景的图像。首先需要放置树的背景。先制作背景后再把树放置在背景上即可。

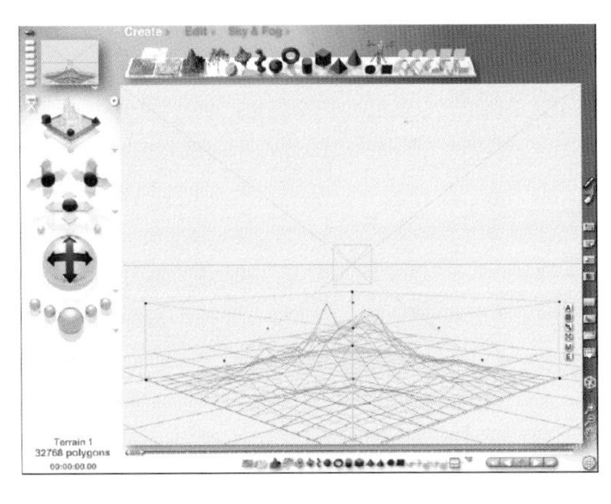

1 在Create面板点击Terrain图标制作山对象。

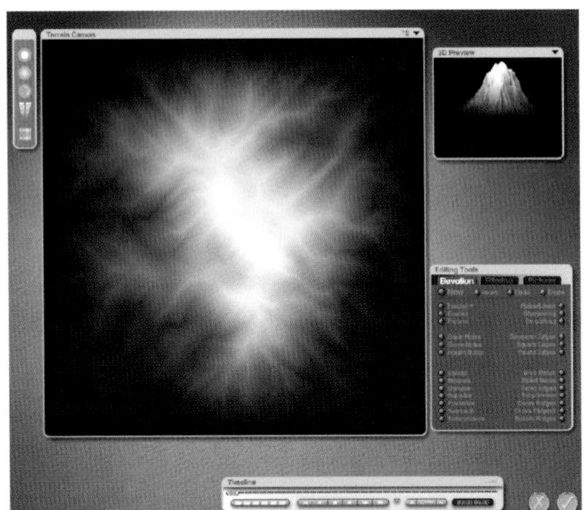

2 点击山对象的上拉菜单的E，打开Edit Terrain对话框。
比起Bryce4更新Terrain Canvas的大小和3D Preview技能，能更好的制作山对象。

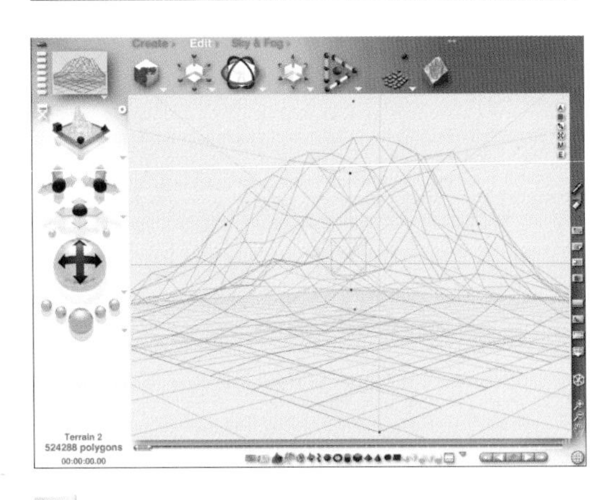

3 使用Edit面板的Resize control，扩大山对象。

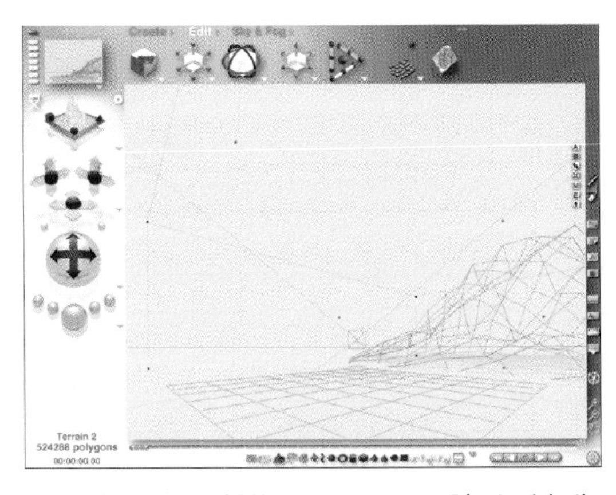

4 使用Edit面板的Resize control把山对象移动到离视野较远去，使用Field of view control来Zoom out。然后使用Camera Track Ball把水平线向下移动。

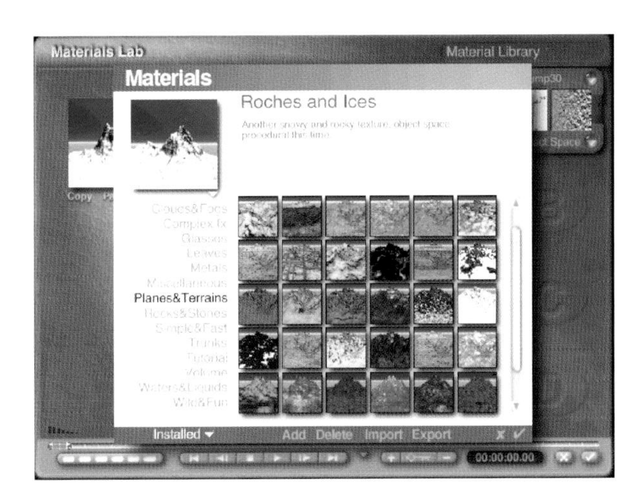

5 点击山对象的上拉菜单中的M打开Materials Lab后选择Materials-Planes & Terrains-Roches and Ices。

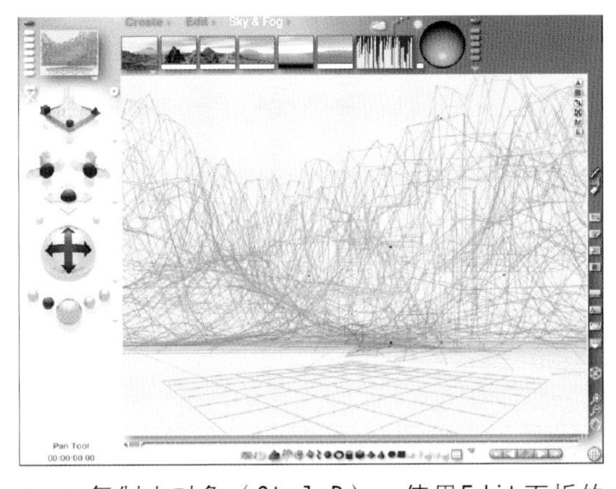

6 复制山对象（Ctrl+D）。使用Edit面板的Reposition control和Rotate Control，Resize control转动地形放到适当的大小排列。地形有点单调时在Edit Terrain修整。

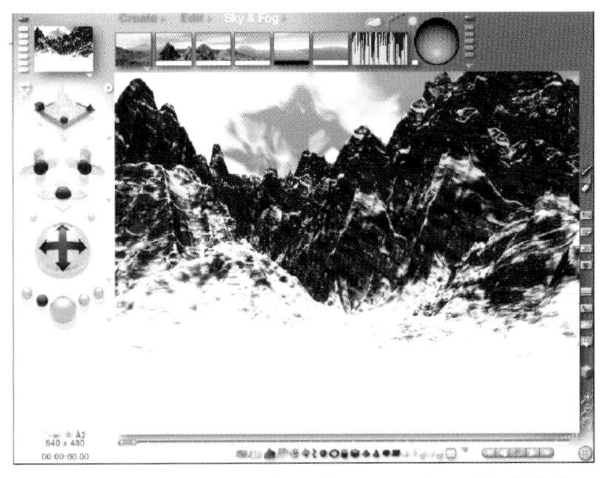

7 经常rendering确认位置后，想着排列的构图决定位置。

8 在Sky & Fog面板设定天空。
Sky Mode-Custom Sky
Shadows-软豆色100
Fog-白色12.71
Haze-白色6
Cloud Height-55
Cloud Cover-10。

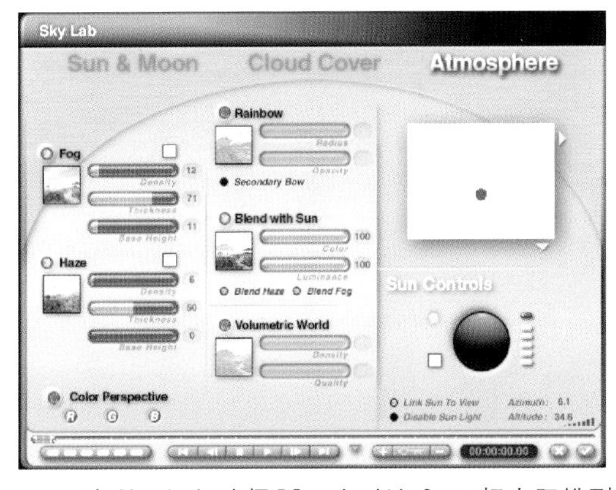

9 在Sky Lab 选择Blend with Sun，把太阳排列在Sun Controls 最上面。

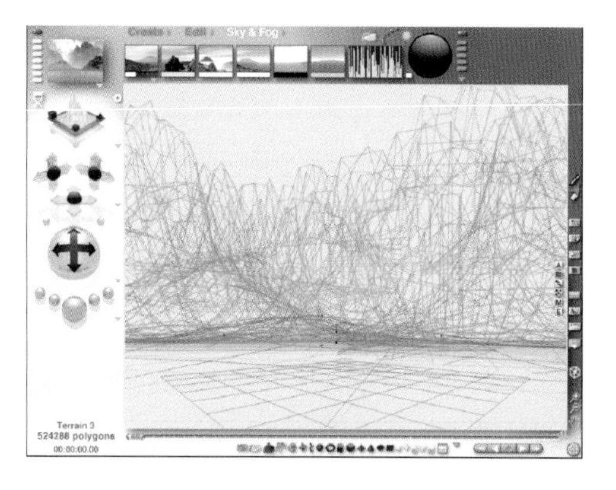

10 制作一个有树的小山。复制一个山对象后在Edit Terrain里使用Raise/Lower调低高度后使用Smoothing制作平滑一点。使用Edit面板的Resize control把高度稍微在调低一点后排列在较近的地方。

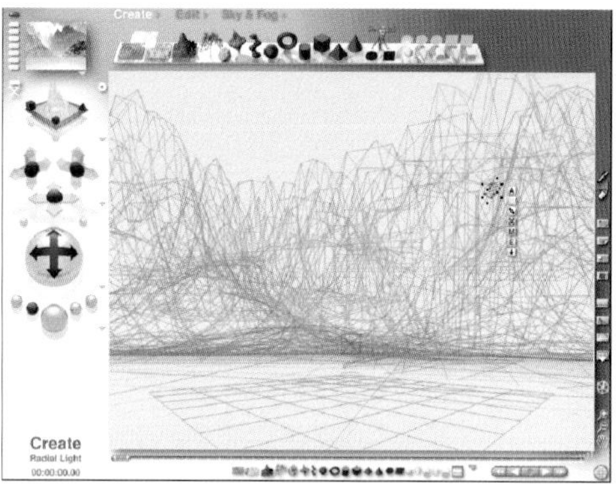

11 在Create 面板里选择RadialLight给予前面照明效果。Sky & Fog 面板的Shadows 是软豆色100，所以阴影的雪的图像会很暗的显示。加一点照明使一部分亮起来，就会更自然。

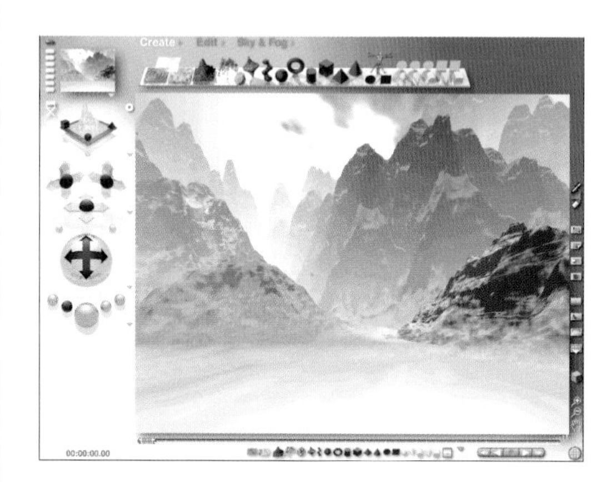

12 别的部分也是稍加一点光。

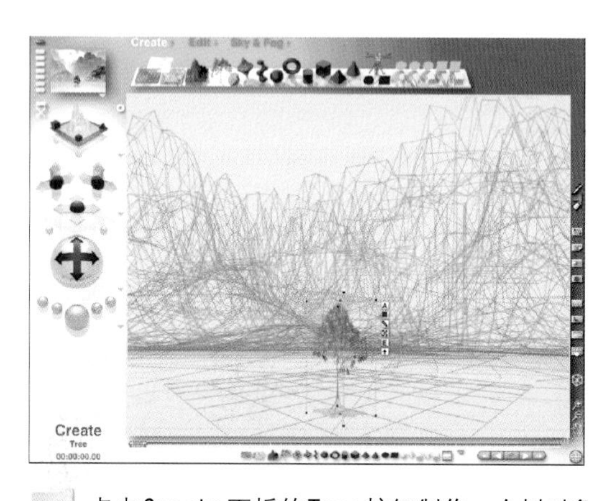

13 点击Create面板的Tree按钮制作一个树对象。

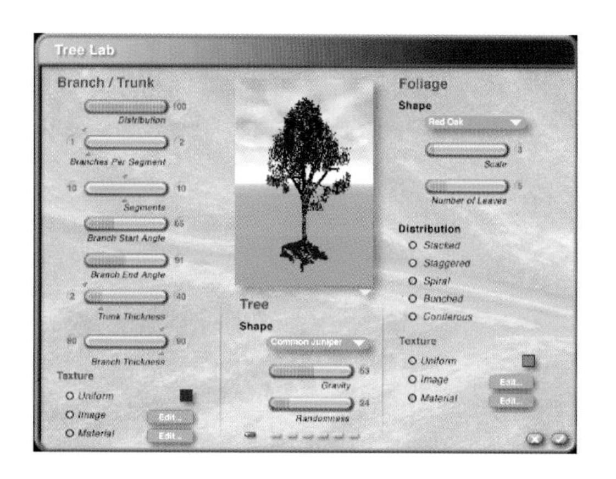

14 点击树对象的上拉菜单E导入Tree Lab后，在Branch/Trunk设定树枝和主杆。
在Tree选择Common juniger，在选择Foliage Red Oak。
Oak是山毛榉树类的树木。

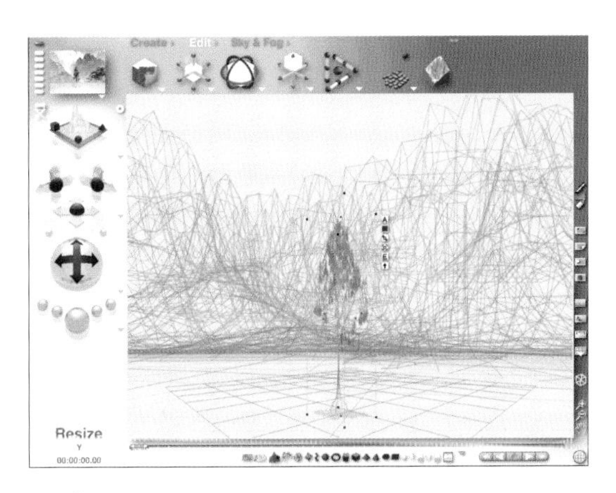

15 使用Edit面板的Resize control拉长树对象。

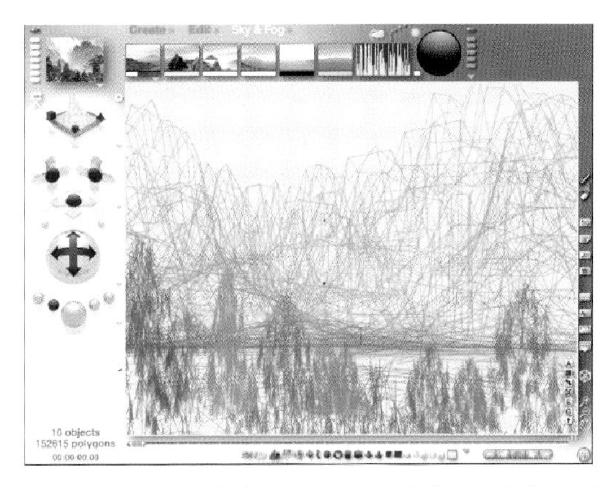

16 使用Edit面板把树对象排列在前面。按住Ctrl +D再复制了几棵。

rendering后就完成。

10 利用Bryce5 的漫画合成

适当的把Bryce5 的树木或人物合成可显示出有气氛的图像。
在Bryce5 里可以基本制作120 种树，应用选择可以制作出很多树的种类。

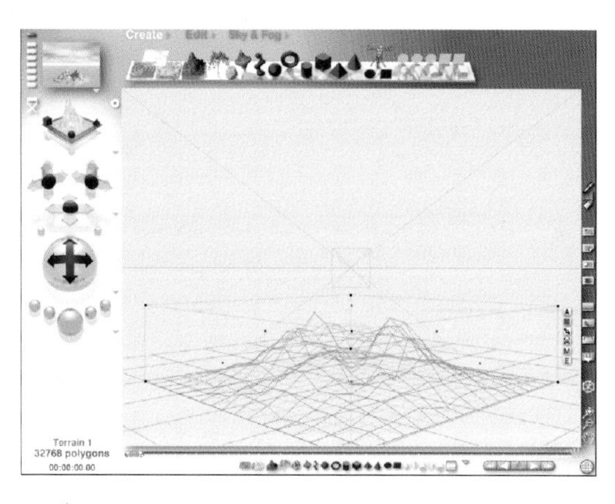

1 在Create 面板制作一个Terrain。

2 2 点击 Terrain对象的上拉菜单E导入 Edit Terrain。使用Basic Noise和Relief Noise制作凹凸不平的地形后，使用Smoothing 把地形做平滑一点。

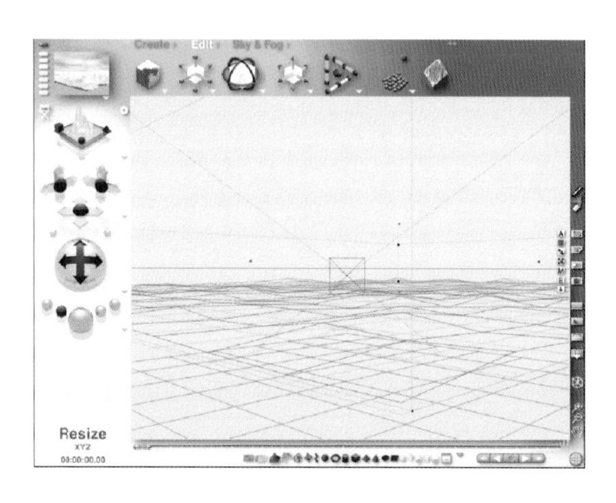

3 使用Edit 面板的Resize control把对象拉长。

4 按住Ctrl+D 复制Terrain 对象后向后移动。点击上拉菜单M选择Materials-Planes & Terrians-Classic Bryce Snow 把白雪部分换成黄色值。

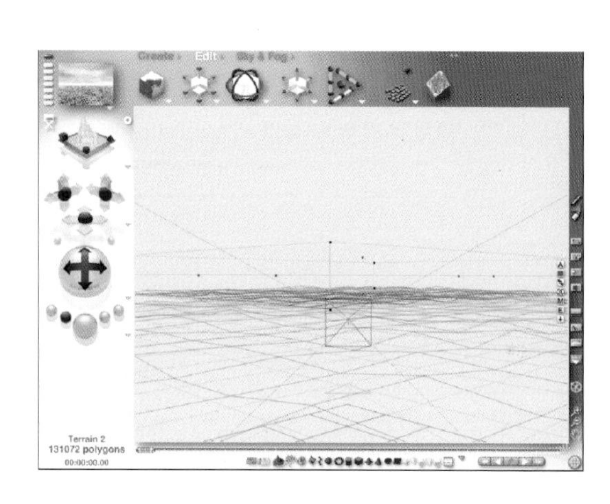

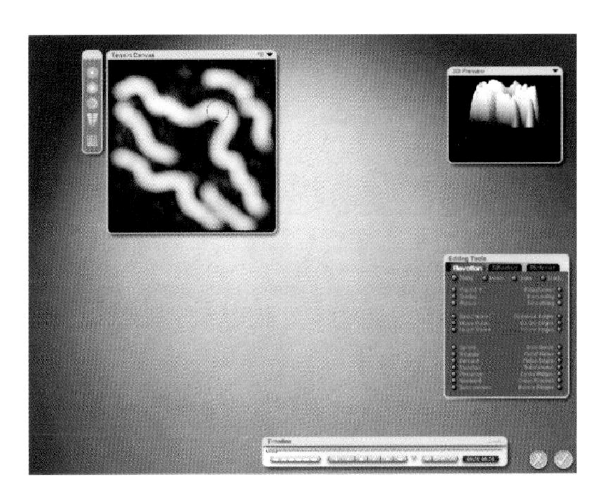

5 在Terrain Canvas 里直接画出小山的模样。

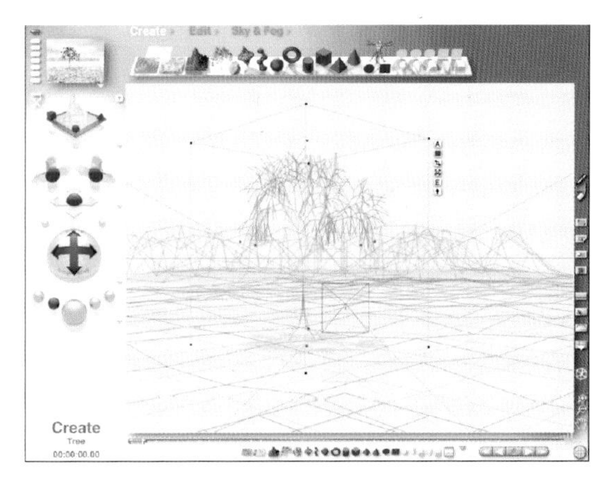

6 点击Create 面板的Tree 按钮制作树。然后点击上拉菜单的E导入Tree Lab。

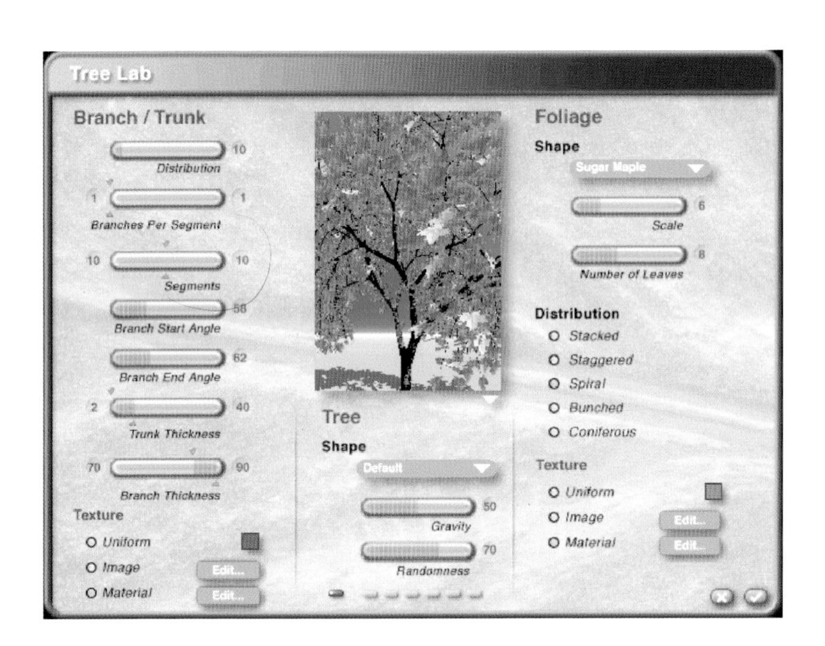

7 选 择 Foliage-Shape-Supar-maple后把树枝和树叶以Rendered preview 状态调整。

8 按住Ctrl+D 复制树对象排列。

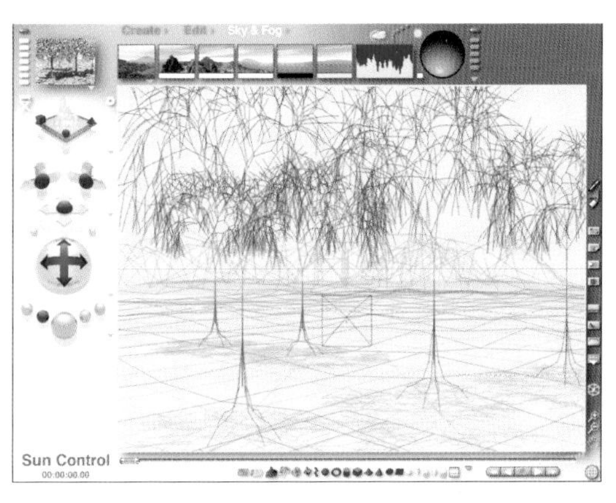

9 把太阳位置Sun Control 向下端移动。

10 把Sky & Fog面板的Shadows选成主黄色后，数值调到41。再为了把Fog选成天蓝色做成3，100。

11 使用Photoshop和painter给草图的漫画图像上色。

12 选择Create面板的2D Picture Object导入漫画人物，使用Edit面板的Reposition Control和Resize control适合的排列。

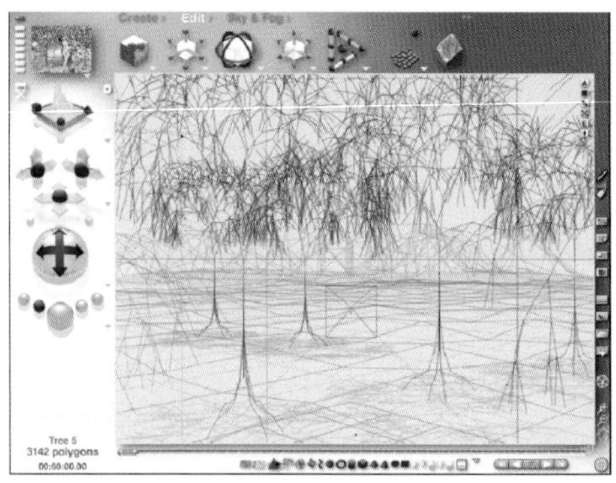

13 在漫画人物前面也排列树。

14 Rendering 图像。

15 使用Photoshop 的filter 效果和颜色修改后完成的。

Bryce画廊

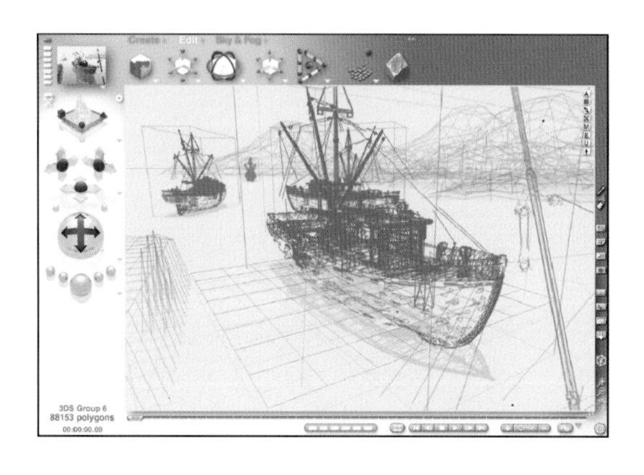

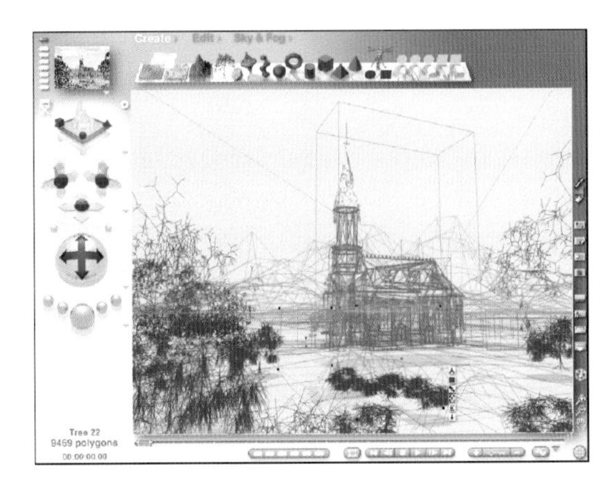
Create
Edit
Sky & Fog
Tree 22
9469 polygons
00:00:00:00

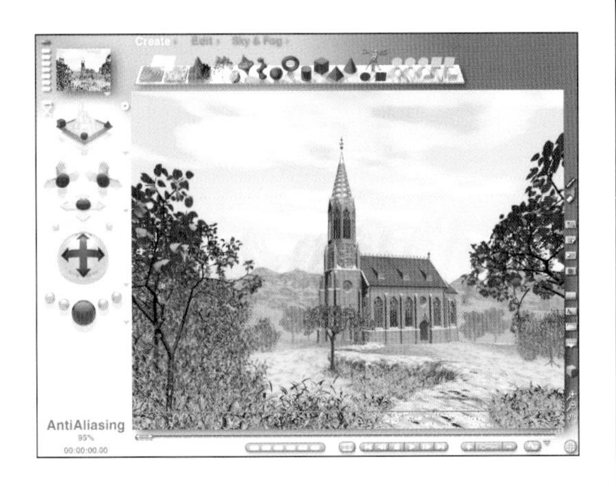
Create
Edit
Sky & Fog
AntiAliasing
95%
00:00:00:00

数码彩色画廊

POW

3D MAX+ PHOTOSHOP+ PAINTER+
GAME SWIRI
popup74@hanmir.com

A~B
Adjust_30
airbrushes_42
alignment control_285
ambience_283
angle_45
art materials 面板_40
artists_42
assorted brushes_258
atmosphere off_287
auto levels_30
backing control_281
blur more_154
blur_154
bmp_15
border_239
bounding box_176
branch/trunk_333
branch end angle_333
branch start angle_333
branch thickness_333
branches per segment
_333,334
brightness/contrast_30
bristle_45
brush behavior_286
brush controls 面板_40
brushes 面板_40
brushes_42
bump height_283
bunched_337

C~D
Camera trackball_281
camera view_279
canvas size_32
cloners_42
cloud cover_290
cloud frequency&litude_
290
cloud height_289
cloud 图标_273
cmyk color_30
color balance_30
color picker_145
color set 面板_40
coniferous_337
controls 面板_272
ambience 面板_40
copy_28
create 面板_272
crop_32
curver_30
custom sky_287
cut out_157
cutl_28
dark strokes_157
darker sky_287
default_44
define brush_163
desaturate_30
diffusion_283
distribution_333,336
dry media_42

E~F
edit terrain/object_286
edit 面板_272
eps_15
erasers_42
eroded_286
exit_28
F/X_42
fade gaussian blur_156
felt_42
field of view_281
fill_28
find edges_157
flatten image_32
flow_286
fog_288
foliage_336
fragment_157
free form pen tool_232
free transform_28
from back_279
from bottom_279
from front_279
from left_279
from right_279
from top_279
full screen mode_237

G~H
gaussian blur_154
gif_15
gradients_43
graphic pen_157
gravity_336
grayscale_30
ground 图标_273
halftone pattern_157
halftone screen_68
hard_286
hardness_246
haze_289
high pass_157
hue/saturation_30

I~J
image hose_42
image size_32
image_337
impasto_42
invert_30
inverse_32
jpeg_15

L~M
layer_32
lens flare_157
level_286
light lab_332
lighting effects_157
lights 图标_277
liquid_42
location inside_223
load selection_32
mac_12
merge linked_32
make work path_133
masks_44
material_337
materials control_282
materials library_282
materials_301
metallicity_283
mode_30
motion blur_155
multiply_44

N~O
new view_249
new_28
number of leaves_336
objects 面板_40
opacity_104
open_28
options bar_258
overlay_44

P~Q
papers_43
parallel light_278
paste_28
patterns_43
pc_12
pencil_42
pens_42
photo_42
pict object 图标_276
pict_15
picture_286
plastic wrap_157
popup_258
poser_15
poser_308
pressure_104
primitives 图标_275
print_28
psd_15
quark xpress_109

R~S
radial blur_155
radial light_277
raise/lower_286
ram_12
random_45
randomize control_285

reflection_283
refraction_283
render controls_281
reposition control_285
resize control_284
resolution_16
rgb color_30
rock 图标_274
rotate canvas_32
rotate control_284
rough pastels_157
save as_28
save selection_32
save_28
scale_336
screen_44
segment_333,334
select_32
selection 面板_272
shadows_288
shape_336
sharpening_286
shear_157
similar_32
size_286
sky & fog 面板_272
sky & fog_287
sky lab_290,332
sky lab_332
sky lab_atmosphere_291
sky lab_cloud cover_291
sky lab_sun & moon_291
smart blur_161
smoothing_286
soft sky_287
spacing_45
specularity_283
spiral_337
spot light_277
square spot light_277
stacked_336
staggered_336
stretched pyramid_300
stroke_28
surface_282
symmetrical lattice 图标_274

T~U
terrain editor_314
terrain 图标_274
tga_15
tiff_15
tools 面板_40
transparency_283
tree_336
tree lab_333
trunk thickness_333
undo_28
uniform_337

V~W
volume_282
water color_42
water 图标_273
width_223
wind_157
wmf_15

a~e
表演按钮_279
笔压装置_13
Bryce_14
补色_145
彩色蜡笔画_252
层的选择工具_41
初点工具_24
导航器面板_23
道具栏_23
打印机_13
第2位的颜色_43
动作面板_23
动作_15

f~j
放大镜工具_41
仿制图章工具_24
反射属性_261
分镜头_47
钢笔线为主的漫画_46
画笔工具_24
画笔工具_41
渐变线工具_26
矩形选框工具_24
集中线_101
解析度_16

k~o
毛笔_122
路径面板_23
历史记录面板_23
魔术棒工具_41
魔术棒工具_24
墨的浓度_122
玛卡_252
浓度_104
内存_12

p~t
泼墨法_122
喷笔工具_24
Painter_14
Paint 油漆桶工具_26
Photoshop_14
矢量_16
数码相机_13
锁定图层_70
色相环_144
色相模式_26
色的3原色_252
扫描仪_13
水彩画_252
缩放工具_26
手写板_13
四角选择工具_41
手撑工具_41
调整明度_43
套索工具_24
True space_15
通道面板_23
调整彩度_43

u~z
外存_12
位图_16
网点纸_22
显示卡_12
显存_12
吸管工具_26
选择工具_24
橡皮工具_24
信息面板_23
旋转纸工具_41
吸管工具_41
效果为主的漫画_46
效果线_98
移动工具_24
原始颜色_43
样式工具_26
油画_252
移除视点_279
压克笔画_252
预览_279
油漆桶工具_41
圆形选择工具_25
主题色_164
自由选择工具_41
抓手工具_26

图书在版编目（CIP）数据

卡通动画电脑创意与制作 / 徐正根著. -- 沈阳：辽宁美术出版社，2015.5
（中国设计教育实践）
ISBN 978-7-5314-5604-9

Ⅰ. ①卡… Ⅱ. ①徐… Ⅲ. ①动画—设计—图形软件 Ⅳ. ①TP391.41

中国版本图书馆CIP数据核字(2015)第022293号

出 版 者：辽宁美术出版社
地　　址：沈阳市和平区民族北街29号　邮编：110001
发 行 者：辽宁美术出版社
印 刷 者：沈阳市博益印刷有限公司
开　　本：889mm×1194mm　1/16
印　　张：22
字　　数：150千字
出版时间：2015年6月第1版
印刷时间：2015年6月第1次印刷
责任编辑：彭伟哲　李　彤
装帧设计：彭伟哲
责任校对：李　昂
ISBN 978-7-5314-5604-9
定　　价：300.00元

邮购部电话：024-83833008
E-mail:lnmscbs@163.com
http://www.lnmscbs.com
图书如有印装质量问题请与出版部联系调换
出版部电话：024-23835227